赢在项目开发

Java项目开发实战密码

陈 强 编著

清华大学出版社
北 京

内容简介

Java 语言是当今使用最为频繁的编程语言之一，一直在开发领域占据重要的地位。本书通过 12 个综合实例的实现过程，详细讲解了 Java 语言在实践项目中的综合运用过程，这些项目从作者的学生时代写起，到架构师结束，一直贯穿于作者最重要的开发时期。第 1 章讲解了一个画图板系统的具体实现流程；第 2 章讲解了一个航空订票管理系统的具体实现流程；第 3 章讲解了一个酒店管理系统的具体实现流程；第 4 章讲解了一个物业管理系统的具体实现流程；第 5 章讲解了众望书城网上系统的具体实现流程；第 6 章讲解了一个学校图书馆管理系统的具体实现流程；第 7 章讲解了一个 OA 办公系统的具体实现流程；第 8 章讲解了一个网吧管理系统的具体实现流程；第 9 章讲解了一个典型企业快信系统的具体实现流程；第 10 章讲解了利用 Java 技术开发当前最流行的 Android 地图(系统的基本流程)；第 11 章讲解了一个任务管理系统的具体实现流程；第 12 章讲解了开发音像公司管家婆系统的基本流程。在具体讲解每个实例时，都遵循项目的进度来讲解，从接到项目到具体开发，直到最后的调试和发布。内容循序渐进，并穿插了学习技巧和职场生存法则，引领读者成全面掌握 Java 语言。

本书不但适用于 Java 语言的初学者，也适于有一定 Java 语言基础的读者，甚至也可以作为有一定造诣程序员的参考书。

图书在版编目(CIP)数据

Java 项目开发实战密码/陈强编著. —北京：清华大学出版社，2015（2020. 1重印）
(赢在项目开发)
ISBN 978-7-302-40328-9

Ⅰ. ①J… Ⅱ. ①陈… Ⅲ. ①JAVA 语言—程序设计 Ⅳ. ①TP312

中国版本图书馆 CIP 数据核字(2015)第 113342 号

责任编辑： 魏 莹
封面设计： 杨玉兰
责任校对： 马素伟
责任印制： 宋 林
出版发行： 清华大学出版社
网 址：http://www.tup.com.cn, http://www.wqbook.com
地 址：北京清华大学学研大厦 A 座 邮 编：100084
社 总 机：010-62770175 邮 购：010-62786544
投稿与读者服务：010-62776969, c-service@tup.tsinghua.edu.cn
质量反馈：010-62772015, zhiliang@tup.tsinghua.edu.cn
印 装 者： 北京富博印刷有限公司
经 销： 全国新华书店
开 本： 185mm×260mm **印 张：** 29.5 **字 数：** 718 千字
版 次： 2015 年 9 月第 1 版 **印 次：** 2020 年 1 月第 4 次印刷
定 价： 62.00 元

产品编号：061317-01

前　言

Java 语言的重要性

Java 语言是目前国内外使用最为广泛的程序设计语言之一。它具有功能丰富、表达能力强、使用方便灵活、执行效率高、跨平台、可移植性好等优点，几乎可用于所有领域。Java 语言既具有高级语言的特点，又具有很强的系统处理能力，它已被广泛应用于系统软件和应用软件的开发。

使用 Java 语言进行程序设计和软件开发，可以熟悉并理解面向对象的精髓，对于深入学习计算机技术是大有裨益的。Java 语言是计算机科学与技术专业的基础课程，是读者以后学习 Java 框架的基础。因为 Java 语言和其他面向对象语言有很多的相似性，所以读者只要熟练地掌握了 Java 语言的基本知识，以后就可以更加方便并深入地掌握其他面向对象开发语言。

本书内容

从菜鸟到高手，从学生到系统架构师，详细记录了笔者在项目开发过程中如鱼得水的经历，传授了赢在项目开发的秘籍

第 1 章介绍画图板系统的运行流程，并通过具体的实例来讲解其具体的实现过程	赢在起点，做好职业规划和项目分析
第 2 章介绍航空订票管理系统的运行流程，并通过具体的实例来讲解其具体的实现过程	赢在自身，快速提升自身的开发修为
第 3 章介绍酒店管理系统的运行流程，并通过具体的实例来讲解其具体的实现过程	赢在职场，修炼程序员职场秘籍
第 4 章介绍物业管理系统的运行流程，并通过具体的实例来讲解其具体的实现过程	赢在公司，探讨部门沟通之道
第 5 章介绍如何开发众望书城网上系统，实现基本的电子商务功能	赢在代码本身，体现程序开发之美
第 6 章介绍如何创建一个学校图书馆管理系统，讲解图书借阅和归还处理操作的实现方法	赢在灵活，让程序具有更好的可扩展性
第 7 章介绍 OA 办公系统的开发流程，并通过具体的实例来讲解常见办公应用自动化处理的方法	赢在面向对象，实现高内聚和低耦合
第 8 章介绍开发一个网吧管理系统的过程，讲解 ASP.NET 技术在管理类网站中的重要作用	赢在技术，通过可移植性实现跨平台

从菜鸟到高手，从学生到系统架构师，详细记录了笔者在项目开发过程中如鱼得水的经历，传授了赢在项目开发的秘籍	第 9 章介绍典型企业快信系统的开发流程，讲解其具体实现过程，并剖析技术核心和实现技巧	赢在高质量，提高程序的健壮性
	第 10 章介绍开发 Android 地图系统的方法，展示了 Java 语言在移动设备应用程序中的作用	赢在管理，运转一个健步如飞的团队
	第 11 章介绍任务管理系统的开发流程，讲解其具体实现过程，并剖析技术核心和实现技巧	赢在技术沉淀，使用计算机中的算法技术
	第 12 章介绍音像公司管家婆系统的构建方法，对各种数据库操作处理流程进行详细阐述	赢在架构，打造一个美丽的架构

读者服务

为方便读者解决学习过程中的疑难问题，本书的编写团队特为广大读者提供了丰富的学习资源：

- 配书光盘：书中各项目的开发源代码和语音视频讲解。
- 网络下载资源：配书 PPT 电子课件、配套各章学习的电子书以及海量论文资料。

我们还特别开通了读者学习 QQ 群，群号是 105621466，欢迎广大读者加入本群，一起讨论并分享学习开发过程中的点点滴滴。

致谢

本书的主要编写人员有陈强、薛小龙、李淑芳、蒋凯、王梦、王书鹏、张子言、张建敏、陈德春、李藏、关立勋、秦雪薇、薛多鸯、李强、刘海洋、唐凯、吴善财、王石磊、席国庆、张家春、扶松柏、杨靖宇、王东华、罗红仙、曹文龙、胡郁、孙宇、于洋、李冬艳、代林峰、谭贞军、张玲玲、朱桂英、徐璐、徐娜子。

在编写本书的过程中，我们始终本着科学、严谨的态度，力求精益求精，但错误、疏漏之处在所难免，敬请广大读者批评指正。

最后感谢您购买本书，希望本书能成为您编程路上的领航者，祝您读书快乐！

编　者

目　　录

第1章　画图板系统

Windows 操作系统的附件中有一个出色的画图工具，它也是微软的经典程序，用户通过它可以绘制一幅又一幅漂亮的图形。当然，这个画图工具不是使用 Java 开发的，但是也可以通过 Java 程序来实现这个功能。本章将讲解如何使用 Java 编写一个画图板程序。

赠送的超值电子书

001.学习 Java 的优势
002.品 Java 语言的发展历史
003.Java 的特点
004.Java 的平台无关性
005.高级语言的运行机制
006.Java 的运行机制
007.Java 虚拟机——JVM
008.安装 JDK
009.设置 PATH 环境变量
010.体验第一个 Java 程序

1.1 赢 在 起 点

视频讲解 光盘：视频\第 1 章\赢在起点.avi

1.1.1 赢在起点——程序员的职业规划

国内每年都有成千上万的 IT 类应届毕业生走向社会，如果立志成为一名优秀程序员，那么从步入职场的那一刻起，就需要朝着自己的目标努力，从细节上为自己的成功做好准备。在优秀程序员的一生之中，最初的成功细节是从起点开始就做好职业规划。好的职业规划，能够为自己日后的学习和工作起到一个很好的指引作用。

通常来说，程序开发人员的职业发展有如下几个选择。

(1) 专注于技术，成为技术专家或架构师。如果在扎实的技术基础上(高级软件工程师)，又有比较强的抽象设计能力，且打算专注于技术开发，那么软件架构师是一个比较好的选择。

(2) 转型到技术型销售或技术支持等职位。

(3) 随着技术成长，从技术型管理到高级管理。如果性格更适合做管理，并且交际能力突出，则技术型管理应该是下一步的方向。

上述三个发展方向十分典型，绝大多数程序员们也都在向这些方向的金字塔尖努力，并且这三个方向都是以技术为基础的。例如，对于已经工作两年以上的程序员来说，可以有几种基本的职业规划：技术专家、软件架构师、实施顾问或销售。其中程序员最主要的发展方向是技术专家，无论是 C 语言、C++、C#、Java、.NET 还是数据库领域，都要首先成为专家，然后才可能继续发展为架构师。架构师的地位较高，待遇也很好，对于科班出身的程序员最为适合，但这种工作职位非常有限。因为在国内目前的 IT 行业中，软件架构师需要具备的条件比较复杂，而且需求量也比较少，这也是我国软件行业有待成熟的因素之一。

综上所述，通过对主流程序员三种发展方向的理解，读者可以根据自自身情况来规划自己的未来。

1.1.2 赢在起点——做好项目分析

很多开发者，特别是一些初级开发者在进行项目开发时，总是看到功能后就立即投入到代码编写工作中，需要什么功能就编写函数去一一实现。但是在后期调试时，总是会遇到这样或那样的错误，需要返回重新修改。幸运的是，初学者接触到的都是小项目，修改的工作量也不是很大。但是如果开发的是大型项目，面对的是几千行的代码，那么返回修改将会是一件很恐怖的事情。所以在求学时期，老师们都会反复强调提前进行项目规划的重要性。

一个软件项目的开发主要分为五个阶段，分别是：需求分析阶段、设计阶段、编码阶段、测试阶段和维护阶段。其中，需求分析阶段得到的结果是其他四个阶段的基础。从以往的经验来看，需求分析中的一个小的偏差，就可能导致整个项目无法达到预期的效果，或者说最终开发出来的产品不是用户所需要的。

软件需求分析阶段的任务不是确定系统怎样完成工作，而是确定系统必须完成哪些工作，也就是对目标系统提出完整、准确、清晰、具体的要求。这一阶段所做的工作包括：深入描述软件的功能和性能，确定软件设计的限制和软件同其他系统的接口细节，定义软件的其他有效性要求。

可以将软件需求分析阶段进一步分为 4 个子阶段，分别是：问题识别、分析与综合、制定规格说明和评审。

1. 问题识别

问题识别是指系统分析人员研究可行性分析报告和软件项目实施计划，确定目标系统的综合需求，并提出这些需求实现的条件以及应达到的标准。系统需求分为功能性需求和非功能性需求，具体如下。

(1) 功能需求：明确所开发软件的功能。

(2) 性能需求：明确所开发软件的技术性能指标，如数据库容量、应答响应速度等。

(3) 环境需求：明确所开发软件系统运行时对所处环境的要求，包括硬件方面(机型、外部设备、数据通信接口等)的要求、软件方面(操作系统、网络软件、数据库管理系统等)的要求、使用方面(使用制度、操作人员的技术水平等)的要求。

(4) 可靠性需求：对所开发软件在投入运行后不发生故障的概率，按实际的运行环境提出要求。对于重要的软件，或是运行失效会造成严重后果的软件，应提出较高的可靠性需求。

(5) 安全保密需求：明确所开发软件在安全保密方面的性能要求。

(6) 用户界面需求：明确所开发软件在用户界面设计上的要求，如人机交互方式、输入/输出数据格式。

(7) 资源使用需求：明确所开发软件在运行时和开发时所需要的各种资源。

(8) 软件成本消耗与开发进度需求：在软件项目立项后，要根据合同规定，对软件开发的进度和各步骤的费用提出要求，作为开发管理的依据。

(9) 开发目标需求：预先估计系统可能达到的目标，这样易于对系统进行必要的补充和修改。

除了明确以上需求外，问题识别的另一个工作是建立分析所需要的通信途径，以保证能顺利地对问题进行分析。

2. 分析与综合

分析与综合的目标是给出目标系统的详细逻辑模型。在此阶段，分析和综合工作需要反复地进行。

3. 制定规格说明

这一阶段需要编制文档，包括软件需求规格说明书(描述需求分析的文档)、数据要求说明书以及初步的用户手册。

4. 评审

评审是需求分析阶段的最后一步，要求对系统功能的正确性、完整性和清晰性，以及其他需求给予评价。

1.2 系统概述与预览

视频讲解 光盘：视频\第 1 章\系统概述与预览.avi

本实例使用 Java 开发一个窗口应用软件，用户可使用该软件绘制简单的图画。本节将对软件的基本信息和具体功能进行简要介绍。

1.2.1 软件概述

使用 Java 开发窗口程序，肯定会用到 AWT 和 Swing 的知识，它们是窗口的核心，通过使用它们的监听和事件，即可完成窗口程序。本项目的软件界面如图 1-1 所示。

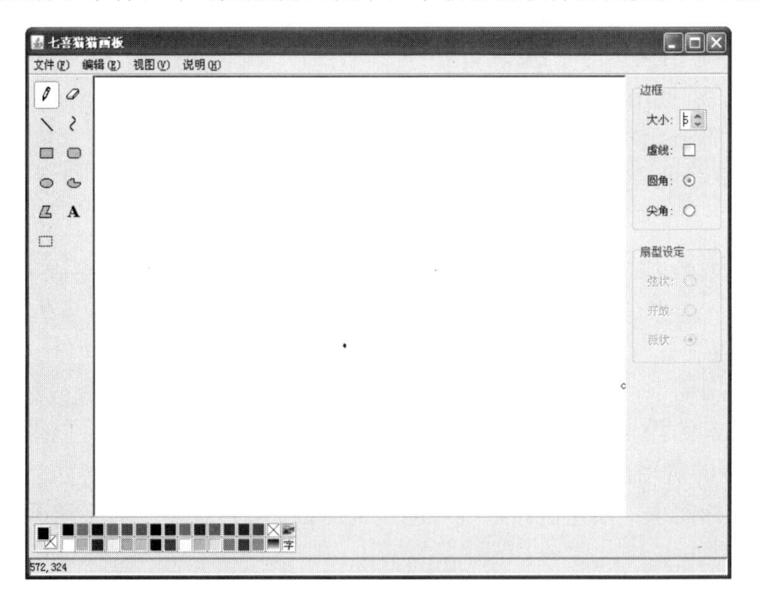

图 1-1 软件界面

1.2.2 项目预览

将 Java 源程序复制到某个目录下，然后在 Windows 操作系统中选择“开始”|“运行”命令打开“运行”对话框。在“打开”文本框中输入“cmd”，单击“确定”按钮，打开 cmd 窗口。如图 1-2 所示，进入存放 Java 源程序的目录，运行画图板软件。

打开软件界面，菜单命令如图 1-3 所示。

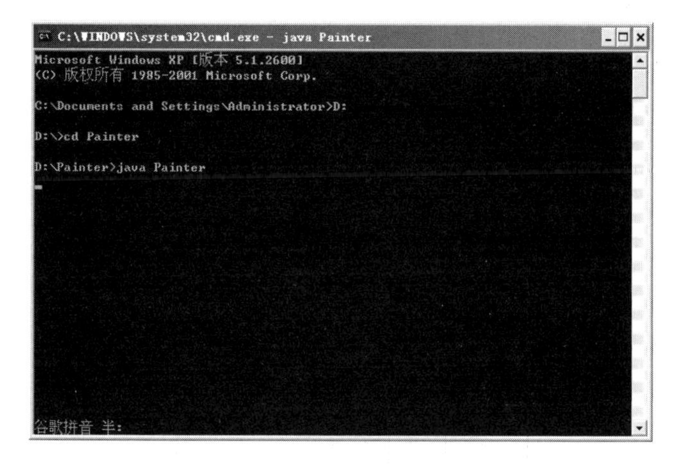

图 1-2　运行画图板软件

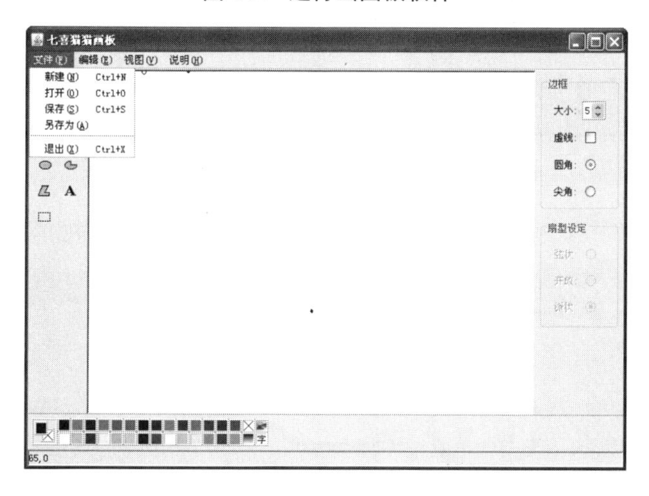

图 1-3　菜单命令

通常每款软件中都会有版权说明，如 Microsoft Office Word 2003 软件的版权说明如图 1-4 所示。本软件的版权说明如图 1-5 所示。

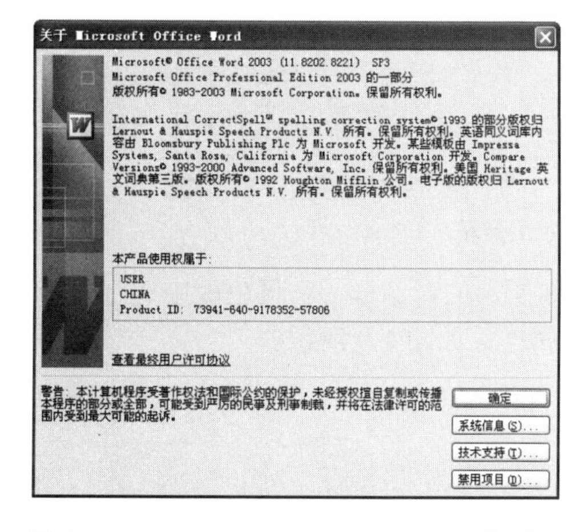

图 1-4　Microsoft Office Word 2003 版权说明

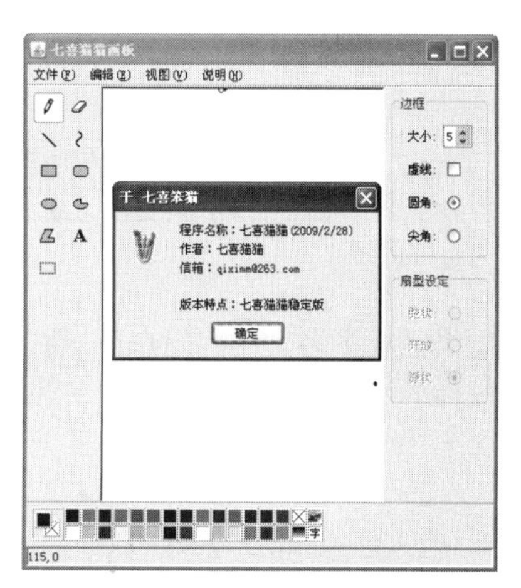

图 1-5　画图板软件的版权说明

在画图板软件中，画图工具是十分重要的。软件界面的左侧为画图工具箱，如图 1-6 所示。

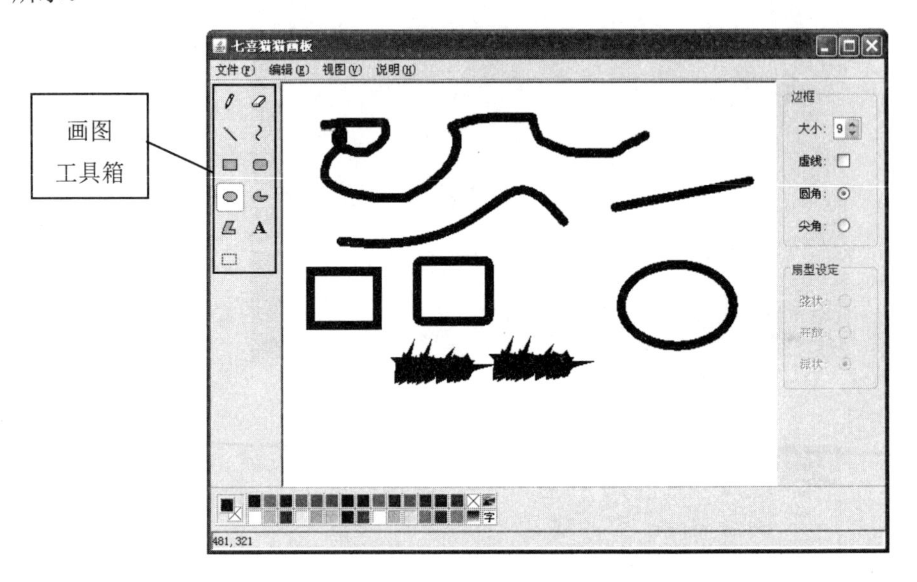

图 1-6　画图工具箱

软件界面的底部为颜色工具箱(色块)，用户可在其中选择不同的颜色，如图 1-7 所示。

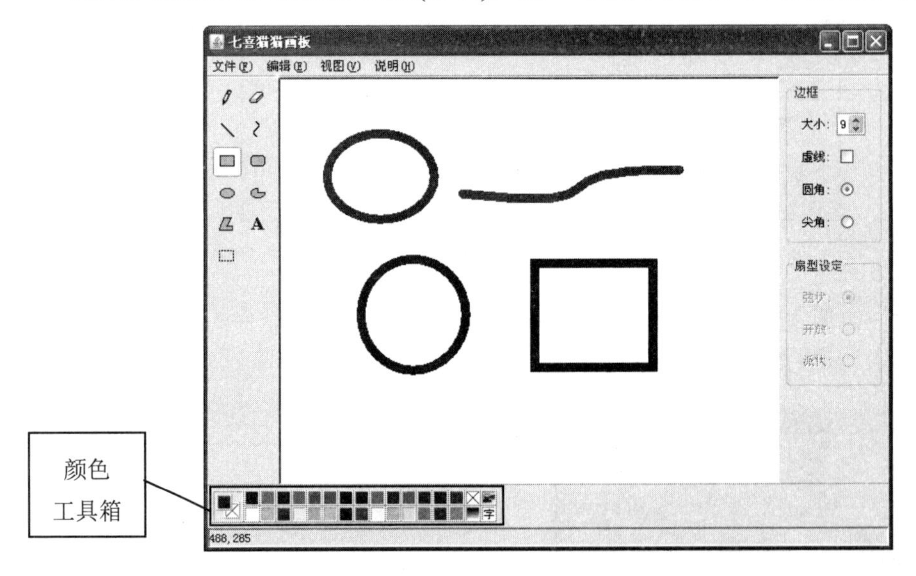

图 1-7　颜色工具箱

如果需要更多颜色，用户可以打开如图 1-8 所示的对话框，在调色板中进行选择。

软件界面的右侧是属性栏，可设置工具的属性，如图 1-9 所示。

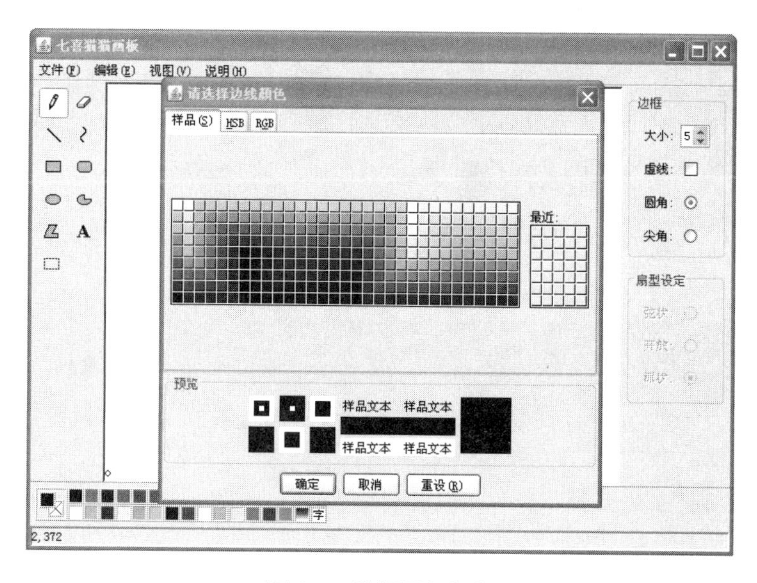

图 1-8　选择更多颜色

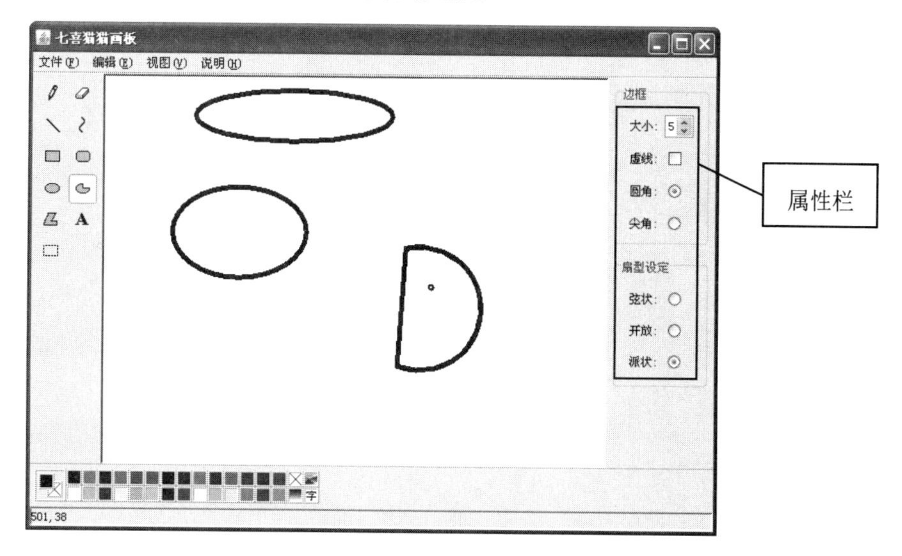

图 1-9　属性栏

根据上述预期效果可知，本系统是一个窗体项目程序。在 Java 语言中，实现窗体项目的技术是 AWT 和 Swing。在 AWT 组件中，由于控制组件外观的对等类(Peer)与具体平台相关，因此 AWT 组件只有与本机相关的外观。而通过使用 Swing，程序在一个平台上运行时就能够有不同的外观供用户选择。

Swing 是用于开发 Java 应用程序用户界面的开发工具包。它以 AWT 为基础，使跨平台应用程序可以使用任何可插拔的外观风格。Swing 开发人员只用很少的代码就可以利用 Swing 丰富、灵活的功能和模块化组件来创建优秀的用户界面。开发 Swing 界面的主要步骤是：导入 Swing 包、选择界面风格、设置顶层容器、设置按钮和标签、将组件添加到容器上、为组件增加边框、处理事件等。Swing 是 Java 平台的 UI，用于处理用户和计算机之间的全部交互，实际上充当了用户和计算机内部之间的中间人。Swing 组件是用 100%纯 Java 实现的轻量级(light-weight)组件，没有本地代码，不依赖操作系统的支持，是它与 AWT 组件的最大区别。Swing 比 AWT 具有更强的实用性，它在不同的平台上表现一致，并且有能力提供本地窗口系统不支持的其他特性。

1.3 准备工作

视频讲解 光盘：视频\第 1 章\准备工作.avi

在具体实现本软件之前，开发人员需要做一些准备工作，本节将对此进行详细讲解。

1.3.1 搜集素材

通过 1.2.2 节的项目预览可知，软件界面中有许多图标，这需要用户进行搜集。搜集的方法十分简单，用户可以打开 Windows 自带的画图工具进行抓图，然后进行保存，如图 1-10 所示。

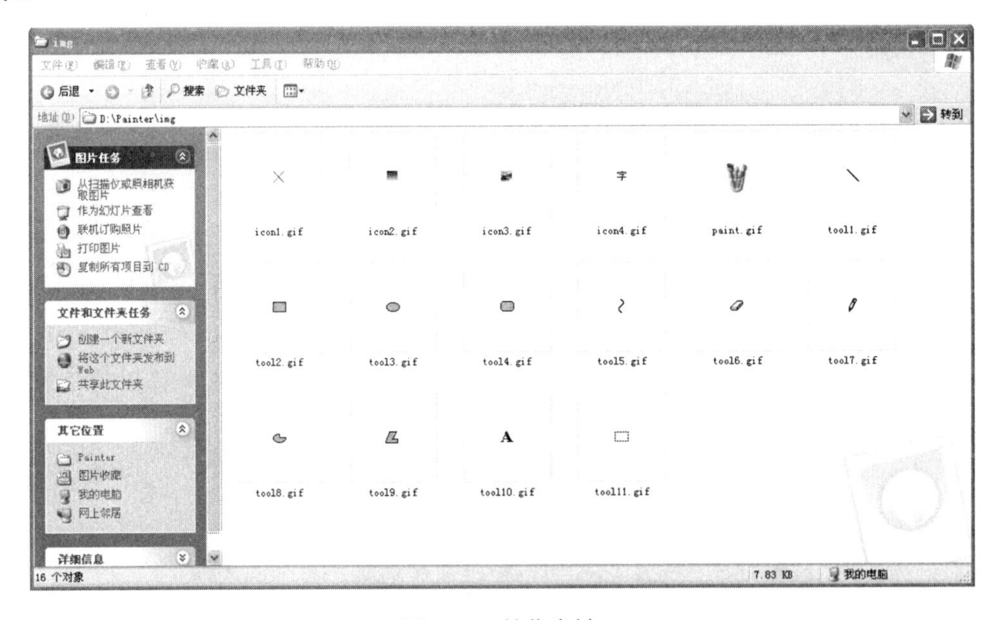

图 1-10 搜集素材

1.3.2 获得 Java API 手册

编写 Java 软件时经常需要查询一些方法和类，因此一定要获得 Java API 手册，读者可以从 Java 的官方网站获取，这里不再赘述。如果用户可以连接到互联网，则不需要下载，可以在网上查看，如图 1-11 所示。

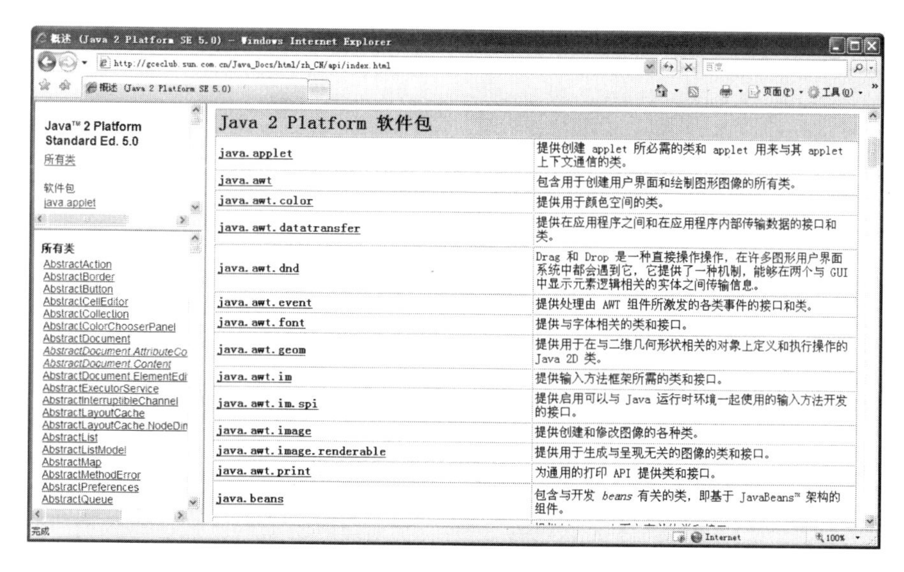

图 1-11　Java API 手册

1.4　具 体 实 现

视频讲解　光盘：视频\第 1 章\具体实现.avi

一个大软件往往是由多个小部分组成的，本节会将要实现的软件分成若干个部分进行讲解。这样做的好处是便于读者消化理解，并加深读者的印象。

1.4.1　创建一个类

提供了定义类、属性、方法等最基本的功能。类被认为是一种自定义的数据类型，用于描述客观世界里某一类对象的共同特征。不管是什么开发语言，只要是一门面向对象的语言，就一定有“类”这一概念，例如 C++、C#和 PHP 等。类是指将相同属性的东西放在一起，Java 的每一个源程序中至少都会有一个类。Java 是一门面向对象的程序设计语言，类是面向对象的重要内容，可以把类当成一种自定义数据类型，可以使用类来定义变量，这种类型的变量统称为引用型变量。也就是说，这种类是引用数据类型。

回到本项目，编写软件时，首先要创建一个类，让它继承 JFrame，并实现 ActionListener 接口；然后插入需要的包，代码如下：

```
import java.awt.*;
import java.awt.event.*;
import javax.swing.*;
import javax.swing.border.*;
import javax.swing.event.*;
import javax.imageio.ImageIO;
import java.io.*;
import java.awt.geom.*;
import java.awt.image.*;
import java.awt.font.*;
```

```
public class Painter extends JFrame implements ActionListener
 {
}
```

1.4.2 菜单栏和标题栏的实现

在软件界面中，标题栏和菜单栏是尤其重要的，它们好比软件的 GPS，为用户提供操作导航。这部分的代码如下：

```
    private  Container c = getContentPane();
    private  String menuBar[]={"文件(F)","编辑(E)","视图(V)","说明(H)"};
    private  String menuItem[][]={
         {"新建(N)|78","打开(O)|79","保存(S)|83","另存为(A)","退出(X)|88"},
         {"撤销(U)|90","重做(R)|89","剪切(T)|87","复制(C)|68","粘贴(P)|85"},
         {"工具箱(T)|84","色块(C)|76","状态栏(S)","属性栏(M)"},
         {"关于七喜猫猫画板(A)"}
    };
    private  JMenuItem jMenuItem[][]=new JMenuItem[4][5];
    private  JMenu jMenu[];
    private  JCheckBoxMenuItem jCheckBoxMenuItem[] = new JCheckBoxMenuItem[4];
    private  String ButtonName[]=
{"直线","矩形","椭圆","圆角矩形","贝氏曲线","扇形","多边形","铅笔","橡皮擦","文字","选取"};
    private JToggleButton jToggleButton[];
    private ButtonGroup buttonGroup;
    private  JPanel jPanel[]=new JPanel[5];
    //1 绘图区,2 工具箱,3 色块,4 属性栏
    private  JLabel jLabel[]=new JLabel[1];
    //状态列
    private  String toolname[]=
{"img/tool1.gif","img/tool2.gif","img/tool3.gif","img/tool4.gif","img/tool5.gif","img
/tool8.gif","img/tool9.gif","img/tool7.gif","img/tool6.gif","img/tool10.
gif","img/tool11.gif"};
    private  Icon tool[]=new ImageIcon[11];
    private  int
i,j,show_x,show_y,drawMethod=7,draw_panel_width=700,draw_panel_height=500;
    private Paint color_border,color_inside;
    private SetPanel setPanel;
    private DrawPanel drawPanel;
    private UnderDrawPanel underDrawPanel;
    private ColorPanel colorPanel;
    private Stroke stroke;
    private Shape shape;
    private String isFilled;
    public Painter()
    {
         //设定 JMenuBar，产生 MenuItem，并设置快捷键
         JMenuBar bar = new JMenuBar();
         jMenu=new JMenu[menuBar.length];
         for(i=0;i<menuBar.length;i++){
              jMenu[i] = new JMenu(menuBar[i]);
              jMenu[i].setMnemonic(menuBar[i].split("\\(")[1].charAt(0));
              bar.add(jMenu[i]);
         }

         for(i=0;i<menuItem.length;i++)
         {
              for(j=0;j<menuItem[i].length;j++)
              {
                   if(i==0 && j==4 || i==1 && j==2) jMenu[i].addSeparator();
```

```
                if(i!=2)
                {
                    jMenuItem[i][j] = new JMenuItem(menuItem[i][j].split("\\|")[0]);
                    if(menuItem[i][j].split("\\|").length!=1)
                    jMenuItem[i][j].setAccelerator(KeyStroke.getKeyStroke(Integer.
                    parseInt(menuItem[i][j].split("\\|")[1]),ActionEvent.CTRL_MASK) );
                    jMenuItem[i][j].addActionListener(this);
            jMenuItem[i][j].setMnemonic(menuItem[i][j].split("\\(")[1].charAt(0));
                    jMenu[i].add(jMenuItem[i][j]);
                }
                Else
                {
                    jCheckBoxMenuItem[j] =
new JCheckBoxMenuItem(menuItem[i][j].split("\\|")[0]);
                    if(menuItem[i][j].split("\\|").length!=1)
                    jCheckBoxMenuItem[j].setAccelerator(KeyStroke.getKeyStroke
                    (Integer.parseInt(menuItem[i][j].split("\\|")[1]), ActionEvent.
                    CTRL_MASK) );
                    jCheckBoxMenuItem[j].addActionListener(this);
    jCheckBoxMenuItem[j].setMnemonic(menuItem[i][j].split("\\(")[1].charAt(0));
                    jCheckBoxMenuItem[j].setSelected( true );
                    jMenu[i].add(jCheckBoxMenuItem[j]);
                }
            }
        }
        this.setJMenuBar( bar );
        c.setLayout( new BorderLayout() );
        for(i=0;i<5;i++)
            jPanel[i]=new JPanel();
        jLabel[0]=new JLabel(" 状态列");

        buttonGroup = new ButtonGroup();
        JToolBar jToolBar=new JToolBar("工具箱",JToolBar.VERTICAL);
        jToggleButton=new JToggleButton[ButtonName.length];
        for(i=0;i<ButtonName.length;i++)
        {
            tool[i] = new ImageIcon(toolname[i]);
            jToggleButton[i] = new JToggleButton(tool[i]);
            jToggleButton[i].addActionListener( this );
            jToggleButton[i].setFocusable( false );
            buttonGroup.add(jToggleButton[i]);
        }
        jToolBar.add(jToggleButton[7]);
        jToolBar.add(jToggleButton[8]);
        jToolBar.add(jToggleButton[0]);
        jToolBar.add(jToggleButton[4]);
        jToolBar.add(jToggleButton[1]);
        jToolBar.add(jToggleButton[3]);
        jToolBar.add(jToggleButton[2]);
        jToolBar.add(jToggleButton[5]);
        jToolBar.add(jToggleButton[6]);
        jToolBar.add(jToggleButton[9]);
        jToolBar.add(jToggleButton[10]);
        jToggleButton[7].setSelected(true);
        jToolBar.setLayout( new GridLayout( 6, 2, 2, 2 ) );
        jPanel[2].add(jToolBar);

        jToolBar.setFloatable(false);
        //无法移动

        colorPanel=new ColorPanel();
```

```
        jPanel[3].setLayout(new FlowLayout(FlowLayout.LEFT));
        jPanel[3].add(colorPanel);

        drawPanel=new DrawPanel();
        underDrawPanel=new UnderDrawPanel();
        underDrawPanel.setLayout(null);
        underDrawPanel.add(drawPanel);
        drawPanel.setBounds(new Rectangle(2, 2, draw_panel_width, draw_panel_height));
        setPanel=new SetPanel();
        jPanel[4].add(setPanel);

        jPanel[0].setLayout( new BorderLayout() );
        jPanel[0].add(underDrawPanel,BorderLayout.CENTER);
        jPanel[0].add(jPanel[2],BorderLayout.WEST);
        jPanel[0].add(jPanel[3],BorderLayout.SOUTH);
        jPanel[0].add(jPanel[4],BorderLayout.EAST);
        jLabel[0].setBorder(BorderFactory.createBevelBorder(BevelBorder.LOWERED));
    underDrawPanel.setBorder(BorderFactory.createBevelBorder(BevelBorder.LOWERED));
        underDrawPanel.setBackground(new Color(128,128,128));
        jPanel[3].setBorder(BorderFactory.createMatteBorder(1,0,0,0,new
Color(172,168,153)));

        c.add(jPanel[0],BorderLayout.CENTER);
        c.add(jLabel[0],BorderLayout.SOUTH);

        setSize(draw_panel_width,draw_panel_height);
        setTitle("七喜猫猫画板");
        setDefaultCloseOperation(JFrame.EXIT_ON_CLOSE);
        show();
```

1.4.3 保存文档的实现

保存文档的具体实现代码如下：

```
    public void save()
    {
        FileDialog fileDialog = new FileDialog( new Frame() , "请指定一个文件名",
FileDialog.SAVE );
        fileDialog.show();
        if(fileDialog.getFile()==null) return;
        drawPanel.filename = fileDialog.getDirectory()+fileDialog.getFile();
    }
```

通过上面的实现代码可知，Swing 组件是面向对象的。Swing 组件遵守一种被称为MVC(Model-View-Controller，即模型-视图-控制器)的设计模式，其中模型(Model)用于维护组件的各种状态，视图(View)是组件的可视化表现，控制器(Controller)用于控制组件对于各种事件做出的响应。当模型发生改变时，它会通知所有依赖它的视图，视图使用控制器指定响应机制。Swing 使用 UI 代理来包装视图和控制器，使用模型对象来维护 Swing 组件的状态。例如，按钮 JButton 有一个维护其状态信息的模型 ButtonModel 对象。Swing 组件的模型是自动设置的，因此一般都使用 JButton，而无须关心 ButtonModel 对象。于是，Swing 的 MVC 实现也被称为 Model-Delegate(模型-代理)。对于一些简单的 Swing 组件，通常无须关心它对应的模型对象；但对于一些高级的 Swing 组件，如 JTree、JTable 等需要维护复杂的数据，这些数据就是由该组件对应的模型对象来维护的。另外，通过创建模型类的子类或通过实现适当的接口，可以为组件建立自己的模型，然后用 setModel()方法把模型与组件联系起来。

1.4.4　界面的实现

新建一个类，在其中编写界面的布局代码，然后写入一定的方法，让软件实现大部分功能，其具体实现代码如下：

```
public class UnderDrawPanel extends JPanel
implements MouseListener, MouseMotionListener
{
        public int x,y;
        float data[]={2};
        public JPanel ctrl_area=new JPanel(),
ctrl_area2=new JPanel(),ctrl_area3=new JPanel();
        public UnderDrawPanel()
        {
            this.setLayout(null);
            this.add(ctrl_area);
            this.add(ctrl_area2);
            this.add(ctrl_area3);
            ctrl_area.setBounds(new Rectangle(draw_panel_width+3,
 draw_panel_height+3, 5, 5));
            ctrl_area.setBackground(new Color(0,0,0));
            ctrl_area2.setBounds(new Rectangle(draw_panel_width+3,
 draw_panel_height/2, 5, 5));
            ctrl_area2.setBackground(new Color(0,0,0));
            ctrl_area3.setBounds(new Rectangle(draw_panel_width/2,
 draw_panel_height+3, 5, 5));
            ctrl_area3.setBackground(new Color(0,0,0));
            ctrl_area.addMouseListener(this);
            ctrl_area.addMouseMotionListener(this);
            ctrl_area2.addMouseListener(this);
            ctrl_area2.addMouseMotionListener(this);
            ctrl_area3.addMouseListener(this);
            ctrl_area3.addMouseMotionListener(this);
        }
        public void mouseClicked(MouseEvent e)
        {
        }
        public void mousePressed(MouseEvent e)
        {
        }
        public void mouseReleased(MouseEvent e)
        {
            draw_panel_width=x;
            draw_panel_height=y;
            ctrl_area.setLocation(draw_panel_width+3,draw_panel_height+3);
            ctrl_area2.setLocation(draw_panel_width+3,draw_panel_height/2+3);
            ctrl_area3.setLocation(draw_panel_width/2+3,draw_panel_height+3);
            drawPanel.setSize(x,y);
            drawPanel.resize();
            repaint();
        }

        public void mouseEntered(MouseEvent e)
        {
        }
```

```
        public void mouseExited(MouseEvent e)
        {
        }
        public void mouseDragged(MouseEvent e)
        {
        if(e.getSource()==ctrl_area2)
        {
             x = e.getX()+draw_panel_width;
             y = draw_panel_height;
        }
        else if(e.getSource()==ctrl_area3)
        {
             x = draw_panel_width;
             y = e.getY()+draw_panel_height;
        }
        Else
        {
             x = e.getX()+draw_panel_width;
             y = e.getY()+draw_panel_height;
        }
        repaint();
        jLabel[0].setText(x+","+y);
        }
        public void mouseMoved(MouseEvent e)
        {
        }
        public void paint(Graphics g)
        {
             Graphics2D g2d = (Graphics2D) g;
             super.paint(g2d);
                           g2d.setPaint( new Color(128,128,128) );
             g2d.setStroke( new BasicStroke( 1,  BasicStroke.CAP_ROUND,
BasicStroke.JOIN_MITER, 10, data, 0 ) );
             g2d.draw( new Rectangle2D.Double( -1, -1, x+3, y+3 ) );
        }
}
public class SetPanel extends JPanel
implements ItemListener, ChangeListener, ActionListener{
        private  JPanel jPanel_set1=new JPanel();
        private  JPanel jPanel_set2=new JPanel();
        private  JPanel temp0=new JPanel(new GridLayout(4,1)), temp1=new JPanel(new
FlowLayout(FlowLayout.LEFT)), temp2=new JPanel(new FlowLayout
(FlowLayout.LEFT)), temp3=new JPanel(new FlowLayout(FlowLayout.LEFT)), temp4=new
JPanel(new FlowLayout(FlowLayout.LEFT)), temp5=new JPanel(new FlowLayout
(FlowLayout.LEFT)), temp6=new JPanel(new FlowLayout(FlowLayout.LEFT)), temp7=new
JPanel(new FlowLayout(FlowLayout.LEFT)), temp8=new JPanel(new GridLayout
(3,1));
        public JCheckBox jCheckBox = new JCheckBox();
        private BufferedImage bufImg = new BufferedImage(50 ,50,BufferedImage.TYPE_
3BYTE_BGR);
        private JLabel jlbImg=new JLabel();
        float data[]={20};
        JLabel pie[]=new JLabel[3];
        public int number=5;
        JSpinner lineWidthSelect = new JSpinner();
        JRadioButton style[] = new JRadioButton[ 5 ];
        ButtonGroup styleGroup =
new ButtonGroup() ,pieGroup = new ButtonGroup();

        public SetPanel(){//生成界面//
             this.setLayout(null);
```

```
            this.add(jPanel_set1);

            jlbImg.setIcon(new ImageIcon(bufImg));
            jPanel_set1.setLayout(new FlowLayout());
            jPanel_set1.setBounds(new Rectangle(0, 0, 100, 160));
            jPanel_set1.setBorder( new TitledBorder(null,
"边框",TitledBorder.LEFT, TitledBorder.TOP) );
            lineWidthSelect.setValue(new Integer(5));
            for(i=0;i<=1;i++)
            {
                style[i] = new JRadioButton();
                styleGroup.add(style[i]);
                style[i].addActionListener(this);
            }
            style[0].setSelected( true );
            temp1.add(new JLabel("大小:"));
            temp1.add(lineWidthSelect);
            temp2.add(new JLabel("虚线:"));
            temp2.add(jCheckBox);

            temp3.add(new JLabel("圆角:"));
            temp3.add(style[0]);

            temp4.add(new JLabel("尖角:"));
            temp4.add(style[1]);

            temp0.add(temp1);
            temp0.add(temp2);
            temp0.add(temp3);
            temp0.add(temp4);

            jPanel_set1.add(temp0);
            lineWidthSelect.addChangeListener( this );
            jCheckBox.addItemListener( this );

            jPanel_set2.setBounds(new Rectangle(0, 170, 100, 130));
           jPanel_set2.setBorder( new TitledBorder(null, "扇形设定",TitledBorder.LEFT,
TitledBorder.TOP) );

            for(i=2;i<=4;i++)
            {
                style[i] = new JRadioButton();
                pieGroup.add(style[i]);
                style[i].addActionListener(this);
            }
            style[4].setSelected( true );
            pie[0] = new JLabel("弦状:");
            temp5.add(pie[0]);
            temp5.add(style[2]);

            pie[1] = new JLabel("开放:");
            temp6.add(pie[1]);
            temp6.add(style[3]);

            pie[2] = new JLabel("派状:");
            temp7.add(pie[2]);
            temp7.add(style[4]);

            temp8.add(temp5);
            temp8.add(temp6);
            temp8.add(temp7);
```

```
            temp8.setPreferredSize(new Dimension( 71 , 95 ));

            jPanel_set2.add(temp8);
            this.add(jPanel_set2);

            pie_remove_ctrl();
            stroke = new BasicStroke(5, BasicStroke.CAP_ROUND, BasicStroke.JOIN_
MITER);
        }

        public void pencil_add_ctrl()
        {
            style[0].setSelected(true);
            style[1].setEnabled(false);
            jCheckBox.setSelected(false);
            jCheckBox.setEnabled(false);
            BasicStroke stroke2 = (BasicStroke) stroke;
            stroke = new BasicStroke(stroke2.getLineWidth(),
BasicStroke.CAP_ROUND, BasicStroke.JOIN_MITER);
        }

        public void pencil_remove_ctrl()
        {
            style[1].setEnabled(true);
            jCheckBox.setEnabled(true);
        }

        public void pie_add_ctrl(){
            pie[0].setEnabled(true);
            pie[1].setEnabled(true);
            pie[2].setEnabled(true);
            style[2].setEnabled(true);
            style[3].setEnabled(true);
            style[4].setEnabled(true);
        }

        public void pie_remove_ctrl()
        {
            pie[0].setEnabled(false);
            pie[1].setEnabled(false);
            pie[2].setEnabled(false);
            style[2].setEnabled(false);
            style[3].setEnabled(false);
            style[4].setEnabled(false);
        }

        public void actionPerformed( ActionEvent e )
        {
            BasicStroke stroke2 = (BasicStroke) stroke;
            if ( e.getSource() == style[0] )
                stroke = new BasicStroke( stroke2.getLineWidth(),
BasicStroke.CAP_ROUND, stroke2.getLineJoin(), stroke2.getMiterLimit(),
stroke2.getDashArray(), stroke2.getDashPhase() );
            else if ( e.getSource() == style[1] )
                stroke = new BasicStroke( stroke2.getLineWidth(), BasicStroke.CAP_BUTT,
stroke2.getLineJoin(), stroke2.getMiterLimit(),
stroke2.getDashArray(), stroke2.getDashPhase() );
            else if ( e.getSource() == style[2] )
                drawPanel.pie_shape=Arc2D.CHORD;
            else if ( e.getSource() == style[3] )
```

```
                drawPanel.pie_shape=Arc2D.OPEN;
            else if ( e.getSource() == style[4] )
                drawPanel.pie_shape=Arc2D.PIE;
        }

        public void stateChanged(ChangeEvent e)
        {
            number = Integer.parseInt(lineWidthSelect.getValue().toString());
            if(number <= 0)
 {
                lineWidthSelect.setValue(new Integer(1));
                number = 1;
            }
            BasicStroke stroke2 = (BasicStroke) stroke;
            stroke = new BasicStroke( number, stroke2.getEndCap(),
stroke2.getLineJoin(), stroke2.getMiterLimit(), stroke2.getDashArray(),
stroke2.getDashPhase() );
        }

        public void itemStateChanged( ItemEvent e )
        {
            BasicStroke stroke2 = (BasicStroke) stroke;
            if ( e.getSource() == jCheckBox )
            {
                if ( e.getStateChange() == ItemEvent.SELECTED )
stroke = new BasicStroke( stroke2.getLineWidth(), stroke2.getEndCap(),
 stroke2.getLineJoin(), 10, data, 0 );
                else
stroke = new BasicStroke(stroke2.getLineWidth(), stroke2.getEndCap(),
 stroke2.getLineJoin());
            }
        }

        public Dimension getPreferredSize()
        {
            return new Dimension( 100, 300 );
        }
    }
public class Gradient extends JPanel{//渐变预览用
        public Color G_color_left = new Color(255,255,255);
        public Color G_color_right = new Color(0,0,0);
        public Gradient()
        {
            repaint();
        }

        public void paint(Graphics g)
        {
            Graphics2D g2d = (Graphics2D) g;
            g2d.setPaint( new GradientPaint( 0, 0, G_color_left, 100, 0, G_color_right,
true ) );
            g2d.fill( new Rectangle2D.Double( 0, 0, 100, 25 ) );
        }

        public Dimension getPreferredSize()
        {
            return new Dimension( 100, 25 );
        }
}
```

1.4.5 调色板的实现

新建一个类，通过这个类实现调色板功能，其具体实现代码如下：

```
public class ColorPanel extends JPanel
implements MouseListener,ActionListener
{//调色板 class
        private  JPanel jPanel_color0[]=new JPanel[5];
        private  JPanel jPanel_color1[]=new JPanel[32];
        private  JPanel jPanel_color2[]=new JPanel[32];
        private  ImageIcon special_color[]= new ImageIcon[4];
        private BufferedImage bufImg =
new BufferedImage(12 ,12,BufferedImage.TYPE_3BYTE_BGR) ,bufImg2 = new BufferedImage(12
,12,BufferedImage.TYPE_3BYTE_BGR);
        private JLabel jlbImg=new JLabel() ,jlbImg2=new JLabel();
        private  ImageIcon icon;
        private JDialog jDialog;
        private JButton ok, cancel,left,right;
        private Gradient center = new Gradient();

        private  int rgb[][]={
            {0,255,128,192,128,255,128,255,0,0,0,0,0,0,128,255,128,255,0,0,0,128,0,
128,128,255,128,255,255,255,255,255},
            {0,255,128,192,0,0,128,255,128,255,128,255,0,0,0,0,128,255,64,255,128,
255,64,128,0,0,64,128,255,255,255,255},
            {0,255,128,192,0,0,0,0,0,0,128,255,128,255,128,255,64,128,64,128,255,
255,128,255,255,128,0,64,255,255,255,255}
        };

        public ColorPanel()

        {//生成界面
            addMouseListener( this );
            jlbImg.setIcon(new ImageIcon(bufImg));
            jlbImg2.setIcon(new ImageIcon(bufImg2));

            special_color[0] = new ImageIcon( "img/icon1.gif" );
            special_color[1] = new ImageIcon( "img/icon2.gif" );
            special_color[2] = new ImageIcon( "img/icon3.gif" );
            special_color[3] = new ImageIcon( "img/icon4.gif" );

            this.setLayout(null);
            color_border=new Color(0,0,0);
            color_inside=null;

            for(i=0;i<jPanel_color0.length;i++){
                jPanel_color0[i]=new JPanel();
                if(i<=2){
                    jPanel_color0[i].setBorder(BorderFactory.createEtchedBorder
(BevelBorder.RAISED));
                    jPanel_color0[i].setLayout(null);
                }
                else{
                    jPanel_color0[i].setBackground(new
Color(rgb[0][i-3],rgb[1][i-3],rgb[2][i-3]));
                    jPanel_color0[i].setLayout(new GridLayout(1,1));
                    jPanel_color0[i-2].add(jPanel_color0[i]);
                }
            }
```

```
            for(i=0;i<jPanel_color2.length;i++){
                jPanel_color2[i]=new JPanel();
                jPanel_color2[i].setLayout(new GridLayout(1,1));
                jPanel_color2[i].setBounds(new Rectangle(2, 2, 12, 12));
                jPanel_color2[i].setBackground(new
Color(rgb[0][i],rgb[1][i],rgb[2][i]));
                if(i>=28)
                    jPanel_color2[i].add(new JLabel(special_color[i-28]));
            }

            for(i=0;i<jPanel_color1.length;i++){
                jPanel_color1[i]=new JPanel();
                jPanel_color1[i].setLayout(null);
                jPanel_color1[i].add(jPanel_color2[i]);
                this.add(jPanel_color1[i]);
               if(i%2==0){jPanel_color1[i].setBounds(new Rectangle(32+i/2*16, 0, 16,
16));}
                else{jPanel_color1[i].setBounds(new Rectangle(32+i/2*16, 16, 16,
16));}
                jPanel_color1[i].setBorder(BorderFactory.createEtchedBorder
(BevelBorder.RAISED));
            }

            jPanel_color0[3].add(jlbImg);
            jPanel_color0[4].add(jlbImg2);

            Graphics2D g2d = bufImg2.createGraphics();
            g2d.setPaint( Color.white );
            g2d.fill( new Rectangle2D.Double( 0, 0, 12, 12 ) );
            g2d.setPaint( Color.red );
            g2d.draw( new Line2D.Double( 0, 0, 12, 12 ) );
            g2d.draw( new Line2D.Double( 11, 0, 0, 11 ) );
            repaint();

            this.add(jPanel_color0[1]);
            this.add(jPanel_color0[2]);
            this.add(jPanel_color0[0]);

            jPanel_color0[0].setBounds(new Rectangle(0, 0, 32, 32));
            jPanel_color0[1].setBounds(new Rectangle(4, 4, 16, 16));
            jPanel_color0[2].setBounds(new Rectangle(12,12,16, 16));
            jPanel_color0[3].setBounds(new Rectangle(2, 2, 12, 12));
            jPanel_color0[4].setBounds(new Rectangle(2, 2, 12, 12));

            jDialog = new JDialog(Painter.this, "请选择两种颜色渐变", true);
            jDialog.getContentPane().setLayout(new FlowLayout());
            jDialog.setDefaultCloseOperation(WindowConstants.DISPOSE_ON_CLOSE );
            jDialog.setSize(250, 110);
            JPanel temp = new JPanel(new GridLayout(2,1));
            JPanel up = new JPanel(new FlowLayout());
            JPanel down = new JPanel(new FlowLayout());

            ok = new JButton("确定");
            cancel = new JButton("取消");
            left = new JButton(" ");
            right = new JButton(" ");
            center.setBorder(BorderFactory.createEtchedBorder(BevelBorder.RAISED));
            up.add(left);
            up.add(center);
            up.add(right);
            down.add(ok);
```

```
            down.add(cancel);
            temp.add(up);
            temp.add(down);
            jDialog.getContentPane().add(temp);

            ok.addActionListener(this);
            cancel.addActionListener(this);
            left.addActionListener(this);
            right.addActionListener(this);
        }
        public void actionPerformed( ActionEvent e ){
            if(e.getSource() == left){
                center.G_color_left = JColorChooser.showDialog( Painter.this, "请选择
边线颜色", center.G_color_left );
                center.repaint();
            }
            else if(e.getSource() == right){
                center.G_color_right = JColorChooser.showDialog( Painter.this, "请选
择边线颜色", center.G_color_right );
                center.repaint();
            }
            else{
                jDialog.dispose();
            }
        }

        public Dimension getPreferredSize()
        {
            return new Dimension( 300, 32 );
        }
        public void mouseClicked( MouseEvent e )
        {
        }
        public void mousePressed( MouseEvent e ){
            Graphics2D g2d;
            if(e.getX()>=5 && e.getX()<=20 && e.getY()>=5 && e.getY()<=20)
        {
                g2d = bufImg.createGraphics();
                color_border = JColorChooser.showDialog( Painter.this, "请选择边线颜色",
(Color)color_border );
                g2d.setPaint(color_border);
                g2d.fill( new Rectangle2D.Double( 0, 0, 12, 12 ) );
                repaint();
            }
            else if(e.getX()>=13 && e.getX()<=28 && e.getY()>=13 && e.getY()<=28){
                g2d = bufImg2.createGraphics();
                color_inside = JColorChooser.showDialog( Painter.this, "请选择填充颜色",
(Color)color_inside );
                g2d.setPaint(color_inside);
                g2d.fill( new Rectangle2D.Double( 0, 0, 12, 12 ) );
                repaint();
            }

            if(!(e.getX()>=32 && e.getX()<=288)) return;
            int choose=(e.getX()-32)/16*2+e.getY()/16;

            if(e.getButton()==1)
                //判断填充边框或填满内部
                g2d = bufImg.createGraphics();
            else
                g2d = bufImg2.createGraphics();
```

```
            if(choose==28){//填充无颜色
                g2d.setPaint( Color.white );
                g2d.fill( new Rectangle2D.Double( 0, 0, 12, 12 ) );
                g2d.setPaint( Color.red );
                g2d.draw( new Line2D.Double( 0, 0, 12, 12 ) );
                g2d.draw( new Line2D.Double( 11, 0, 0, 11 ) );
                repaint();

                if(e.getButton()==1)
                    color_border=null;
                else
                    color_inside=null;
            }
            else if(choose==29)
            {//填充渐变
                jDialog.show();

                g2d.setPaint( new GradientPaint( 0, 0, center.G_color_left, 12, 12,
center.G_color_right, true ) );
                g2d.fill( new Rectangle2D.Double( 0, 0, 12, 12 ) );
                repaint();

                if(e.getButton()==1)
                    color_border=new GradientPaint(0, 0, center.G_color_left, 12, 12,
center.G_color_right, true );
                else
                    color_inside=new GradientPaint(0, 0, center.G_color_left, 12, 12,
center.G_color_right, true );
            }
            else if(choose==30)
            {//填充图案
                FileDialog fileDialog = new FileDialog( new Frame() , "选择一个图片",
FileDialog.LOAD );//利用FileDialog抓取文件名
                fileDialog.show();//显示对话框
                if(fileDialog.getFile()==null) return;//单击“取消”按钮时的处理
                g2d.drawImage(special_color[2].getImage(), 0, 0,this);
                //在调色板左侧显示一幅指定的图片

                icon = new ImageIcon(fileDialog.getDirectory()
+fileDialog.getFile());//利用FileDialog传进来的文件名读取图片
                BufferedImage bufferedImage = new BufferedImage
(icon.getIconWidth(),icon.getIconHeight(),BufferedImage.TYPE_3BYTE_BGR);
//读取图片文件的长和宽，创建一张新的BufferedImage对象，此处实现了删除空白处理
    bufferedImage.createGraphics().drawImage(icon.getImage(),0,0,this);
                //把icon画到BufferedImage上
                repaint();
                //重绘屏幕
                if(e.getButton()==1)
                //判断边线的颜色或内部填充满的颜色
                color_border=new TexturePaint(bufferedImage, new Rectangle
( icon.getIconWidth(), icon.getIconHeight() ) );
                //把这张BufferedImage设成TexturePaint来填满
                else
                    color_inside=new TexturePaint(bufferedImage, new
Rectangle( icon.getIconWidth(), icon.getIconHeight() ) );
            }
            else if(choose==31)
```

```
                {//填充文字
                    String text=JOptionPane.showInputDialog("请输入文字","文字");//输入文字
                    if(text==null) return;//单击"取消"按钮时的处理
                    Color FontColor=new Color(0,0,0);//设置文字的颜色
                    FontColor = JColorChooser.showDialog( Painter.this, "请选择一个颜色当文
                    字颜色", FontColor );//使用选择的颜色
                    g2d.drawImage(special_color[3].getImage(), 0, 0,this);//在调色板左侧显
                    示文字

                    BufferedImage bufferedImage = new BufferedImage
(draw_panel_width,draw_panel_height,BufferedImage.TYPE_3BYTE_BGR);
                    //创建一张新的BufferedImage
                    Graphics2D g2d_bufferedImage = bufferedImage.createGraphics();
                    FontRenderContext frc = g2d_bufferedImage.getFontRenderContext();
                    //读Graphics中的Font
                    Font f = new Font("新细明体",Font.BOLD,10);//新Font
                    TextLayout tl = new TextLayout(text, f, frc);
                    //创建新的TextLayout，并利用f(Font)绘制指定颜色的字体
                    int sw = (int) (tl.getBounds().getWidth()+tl.getCharacterCount());//
                    计算TextLayout的长
                    int sh = (int) (tl.getBounds().getHeight()+3);//计算TextLayout的高
                    bufferedImage = new BufferedImage
(sw,sh,BufferedImage.TYPE_3BYTE_BGR);
//再创建一张新的BufferedImage，这里利用和上面绘制字体相同的方式进行绘制
                    g2d_bufferedImage = bufferedImage.createGraphics();
                    //使用Graphics类来绘制，前一张BufferedImage只是为了计算文字长度与高度，这样
                    才能完整填满
                    g2d_bufferedImage.setPaint(Color.WHITE);//设定颜色为白色
                    g2d_bufferedImage.fill(new Rectangle(0,0,sw,sh));//画一个填满白色的矩形
                    g2d_bufferedImage.setPaint(FontColor);//设定颜色为之前选择的文字颜色
                    g2d_bufferedImage.drawString(text,0,10);
                    //在BufferedImage上绘制一个String文本
                    repaint();//更新画面

                    if(e.getButton()==1)//判断边线的颜色或内部填充的颜色
                        color_border=new TexturePaint(bufferedImage, new
Rectangle(sw,sh) );//把这张BufferedImage设成TexturePaint来填满
                    else
                        color_inside=new TexturePaint(bufferedImage, new
Rectangle(sw,sh) );
                }
                else{//填充一般色
                    g2d.setPaint(new
Color(rgb[0][choose],rgb[1][choose],rgb[2][choose]));
                    g2d.fill( new Rectangle2D.Double( 0, 0, 12, 12 ) );
                    repaint();

                    if(e.getButton()==1)
                        color_border=new
Color(rgb[0][choose],rgb[1][choose],rgb[2][choose]);
                    else
                        color_inside=new
Color(rgb[0][choose],rgb[1][choose],rgb[2][choose]);
                }
            }

            public void mouseReleased( MouseEvent e )
            {}
```

```
        public void mouseEntered( MouseEvent e )
        {}
        public void mouseExited( MouseEvent e )
        {}
}
```

上述代码中用到了 JButton 按钮控件。Swing 为所有的 AWT 组件提供了相应的内置实现，Ganvas 除外。和 AWT 组件相比，Swing 组件有如下四个额外的功能。

- 可以为 Swing 组件设置提示信息，使用 setToolTipText()方法，为组件设置对用户有帮助的提示信息。
- 很多 Swing 组件如按钮、标签、菜单项等，除了使用文字外，还可以使用图标修饰自己。为了允许在 Swing 组件中使用图标，Swing 为 Icon 接口提供了一个实现类 ImageIcon，该实现类代表一个图像图标。
- 支持插拔式的外观风格，每个 JComponent 对象都有一个相应的 ComponentUI 对象，为它完成所有的绘画、事件处理、决定尺寸大小等工作。ComponentUI 对象依赖当前使用的 PLAF，使用 UIManager.setLookAndFeel()方法可以改变图形界面的外观风格。
- 支持设置边框：Swing 组件可以设置一个或多个边框。Swing 中提供了各式各样的边框供用户选用，用户也能建立组合边框或自己设计边框。一种空白边框可以用于增大组件，同时协助布局管理器对容器中的组件进行合理的布局。

每个 Swing 组件都有一个对应的 UI 类，例如 JButton 组件就有一个对应的 ButtonUI 类来作为 UI。每个 Swing 组件的 UI 代理的类名总是将该 Swing 组件类名的 J 去掉，然后在后面增加 UI 后缀。UI 代理类通常是一个抽象基类，不同 PLAF 会有不同的 UI 代理实现类。Swing 类库中包含了几套 UI，每套 UI 代理都几乎包含了所有 Swing 组件的 ComponentUI 的实现，每套这样的实现，都被称为一种 PLAF 的实现。

1.4.6　中央画布的实现

在本项目软件中，中央画布是绘制图形的场所。在此新建一个类，通过编码实现中央画布功能，具体实现代码如下：

```
public class DrawPanel extends JPanel
implements MouseListener, MouseMotionListener, ItemListener,
ActionListener, ChangeListener
{//中央画布
        public BufferedImage bufImg;
        //记录最新画面，并在此上作画
        private BufferedImage bufImg_data[];
        //记录所有画面，索引值越大，画面越新，最大为最新
        private BufferedImage bufImg_cut;
        private ImageIcon img;
        private JLabel jlbImg;
        private int x1=-1,y1=-
1,x2,y2,count,redo_lim,press,temp_x1,temp_y1,temp_x2,temp_y2,temp_x3,temp_y3,step,ste
p_chk,step_arc,step_chk_arc,chk,first,click,cut;
        private Arc2D.Double arc2D = new Arc2D.Double();
        //扇形
        private Line2D.Double line2D = new Line2D.Double();
        //直线
```

```
        private Ellipse2D.Double ellipse2D = new Ellipse2D.Double();
        //椭圆
        private Rectangle2D.Double rectangle2D = new Rectangle2D.Double();
        //矩形
        private CubicCurve2D.Double cubicCurve2D = new CubicCurve2D.Double();
        //贝氏曲线
        private RoundRectangle2D.Double roundRectangle2D =
new RoundRectangle2D.Double();
        //圆角矩形
        private Polygon polygon;
        //多边形
        private float data[]={5};
        private Rectangle2D.Double rectangle2D_select =
new Rectangle2D.Double();//矩形
        private Ellipse2D.Double ellipse2D_pan = new Ellipse2D.Double();
        private BasicStroke basicStroke_pen = new BasicStroke(1, BasicStroke.CAP_ROUND,
BasicStroke.JOIN_MITER);
        private BasicStroke basicStroke_select = new BasicStroke(1,
BasicStroke.CAP_ROUND, BasicStroke.JOIN_MITER,10, data, 0);
        private double center_point_x;
        private double center_point_y;
        private double start;
        private double end;
        public String filename;
        private JTextField textField_font = new JTextField("Fixedsys",16),
textField_word = new JTextField("猫猫不累",16);
        private int size=100;
        private JSpinner fontsize = new JSpinner();
        private JDialog jDialog;
        private JCheckBox bold, italic;
        private JButton ok, cancel;
        public int pie_shape=Arc2D.PIE;
        private int valBold = Font.BOLD;
        private int valItalic = Font.ITALIC;
        private int select_x,select_y,select_w,select_h;

        public void resize()
        {
        //改变大小
            bufImg = new BufferedImage
(draw_panel_width, draw_panel_height,BufferedImage.TYPE_3BYTE_BGR);
            jlbImg = new JLabel(new ImageIcon(bufImg));
            //在JLabel上放置bufImg，用来绘图
            this.removeAll();
            this.add(jlbImg);
            jlbImg.setBounds(new
Rectangle(0, 0, draw_panel_width, draw_panel_height));

            //画出原本图形//
            Graphics2D g2d_bufImg = (Graphics2D) bufImg.getGraphics();
            g2d_bufImg.setPaint(Color.white);
            g2d_bufImg.fill(new
Rectangle2D.Double(0,0,draw_panel_width,draw_panel_height));
            g2d_bufImg.drawImage(bufImg_data[count],0,0,this);

            //记录可重做的最大次数，并使“重做”菜单项不可用//
            redo_lim=count++;
            jMenuItem[1][1].setEnabled(false);

//新增一张BufferedImage图形至bufImg_data[count]，并将bufImg绘制至bufImg_data[count]//
```

```
            bufImg_data[count] = new BufferedImage
(draw_panel_width, draw_panel_height, BufferedImage.TYPE_3BYTE_BGR);
            Graphics2D g2d_bufImg_data =
(Graphics2D) bufImg_data[count].getGraphics();
            g2d_bufImg_data.drawImage(bufImg,0,0,this);

            //判断坐标是否为新起点//
            press=0;

            //使“撤销”菜单项可用//
            if(count>0)
                jMenuItem[1][0].setEnabled(true);
        }

        public DrawPanel() {
            bufImg_data = new BufferedImage[1000];
            bufImg = new BufferedImage(draw_panel_width,
draw_panel_height,BufferedImage.TYPE_3BYTE_BGR);
            jlbImg = new JLabel(new ImageIcon(bufImg));
            //在 JLabel 上放置 bufImg，用来绘图

            this.setLayout(null);
            this.add(jlbImg);
            jlbImg.setBounds(new Rectangle(0, 0, draw_panel_width,
draw_panel_height));

            jMenuItem[1][0].setEnabled(false);
            jMenuItem[1][1].setEnabled(false);
            jMenuItem[1][2].setEnabled(false);
            jMenuItem[1][3].setEnabled(false);
            jMenuItem[1][4].setEnabled(false);

            //画出空白//
            Graphics2D g2d_bufImg = (Graphics2D) bufImg.getGraphics();
            g2d_bufImg.setPaint(Color.WHITE);
            g2d_bufImg.fill(new
Rectangle2D.Double(0,0,draw_panel_width,draw_panel_height));

          bufImg_data[count] = new BufferedImage(draw_panel_width, draw_panel_height,
BufferedImage.TYPE_3BYTE_BGR);
            Graphics2D g2d_bufImg_data = (Graphics2D)
 bufImg_data[count].getGraphics();
            g2d_bufImg_data.drawImage(bufImg,0,0,this);
            …
```

1.4.7　输入字体的实现

对于绘图程序来说，输入字体功能是必不可少的。该功能的具体实现代码如下：

```
            …
            jDialog = new JDialog(Painter.this, "请选择文字、字形、大小与属性", true);
            fontsize.setValue(new Integer(100));
            bold = new JCheckBox( "粗体" ,true);
            italic = new JCheckBox( "斜体" ,true);
            ok = new JButton("确定");
            cancel = new JButton("取消");
            JPanel temp_0 = new JPanel(new GridLayout(5,1));
            JPanel temp_1 = new JPanel(new FlowLayout(FlowLayout.LEFT));
            JPanel temp_2 = new JPanel(new FlowLayout(FlowLayout.LEFT));
            JPanel temp_3 = new JPanel(new FlowLayout(FlowLayout.LEFT));
```

```
        JPanel temp_4 = new JPanel(new FlowLayout());
        JPanel temp_5 = new JPanel(new FlowLayout(FlowLayout.LEFT));
        Container jDialog_c = jDialog.getContentPane();
        jDialog_c.setLayout(new FlowLayout());
        jDialog.setDefaultCloseOperation(WindowConstants.DISPOSE_ON_CLOSE );
        jDialog.setSize(250, 200);
        temp_5.add(new JLabel("文字:"));
        temp_5.add(textField_word);
        temp_1.add(new JLabel("字体:"));
        temp_1.add(textField_font);
        temp_2.add(new JLabel("大小:"));
        temp_2.add(fontsize);
        temp_3.add(new JLabel("属性:"));
        temp_3.add(bold);
        temp_3.add(italic);
        temp_4.add(ok);
        temp_4.add(cancel);
        temp_0.add(temp_5);
        temp_0.add(temp_1);
        temp_0.add(temp_2);
        temp_0.add(temp_3);
        temp_0.add(temp_4);
        jDialog_c.add(temp_0);

        bold.addItemListener( this );
        italic.addItemListener( this );
        fontsize.addChangeListener( this );
        ok.addActionListener(this);
        cancel.addActionListener(this);
        temp_0.setPreferredSize(new Dimension( 180 , 150 ));

        repaint();
        addMouseListener(this);
        addMouseMotionListener(this);
    }
    public void stateChanged(ChangeEvent e)
    {
        size = Integer.parseInt(fontsize.getValue().toString());
        if(size <= 0)
        {
            fontsize.setValue(new Integer(1));
            size = 1;
        }
    }

    public void actionPerformed( ActionEvent e )
    {
        jDialog.dispose();
    }
    public void itemStateChanged( ItemEvent e )
    {
        if ( e.getSource() == bold )
            if ( e.getStateChange() == ItemEvent.SELECTED )
                valBold = Font.BOLD;
            else
                valBold = Font.PLAIN;
        if ( e.getSource() == italic )
            if ( e.getStateChange() == ItemEvent.SELECTED )
                valItalic = Font.ITALIC;
            else
                valItalic = Font.PLAIN;
```

```
        }

        public Dimension getPreferredSize()
        {
            return new Dimension( draw_panel_width, draw_panel_height );
        }
```

1.4.8　打开旧文档的实现

打开旧文档的具体实现代码如下：

```
            …
            Graphics2D g2d_bufImg = (Graphics2D) bufImg.getGraphics();
            ImageIcon icon = new ImageIcon(filename);
            g2d_bufImg.drawImage(icon.getImage(),0,0,this);

            count++;
            bufImg_data[count] = new BufferedImage(draw_panel_width,
 draw_panel_height, BufferedImage.TYPE_3BYTE_BGR);
            Graphics2D g2d_bufImg_data =
(Graphics2D) bufImg_data[count].getGraphics();
            g2d_bufImg_data.drawImage(bufImg,0,0,this);

            repaint();
        }

        public void undo()
        {
        //撤销
            count--;

            draw_panel_width=bufImg_data[count].getWidth();
            draw_panel_height=bufImg_data[count].getHeight();
            drawPanel.setSize(draw_panel_width,draw_panel_height);

            bufImg = new
BufferedImage(draw_panel_width, draw_panel_height,BufferedImage.TYPE_3BYTE_BGR);
            jlbImg = new JLabel(new ImageIcon(bufImg));
            //在 JLabel 上放置 bufImg，用来绘图
            this.removeAll();
            this.add(jlbImg);
            jlbImg.setBounds(new Rectangle(0, 0, draw_panel_width,
 draw_panel_height));

            Graphics2D g2d_bufImg = (Graphics2D) bufImg.getGraphics();
            g2d_bufImg.setPaint(Color.white);
            g2d_bufImg.fill(new
Rectangle2D.Double(0,0,draw_panel_width,draw_panel_height));
            g2d_bufImg.drawImage(bufImg_data[count],0,0,this);
    underDrawPanel.ctrl_area.setLocation(draw_panel_width+3,draw_panel_height+3);
    underDrawPanel.ctrl_area2.setLocation(draw_panel_width+3,draw_panel_height/2+3);
    underDrawPanel.ctrl_area3.setLocation(draw_panel_width/2+3,draw_panel_height+3);

            underDrawPanel.x=draw_panel_width;
            underDrawPanel.y=draw_panel_height;

            if(count<=0)
                jMenuItem[1][0].setEnabled(false);
            jMenuItem[1][1].setEnabled(true);
            cut=3;
```

```
            repaint();
        }

        public void redo(){//重做
            count++;

            draw_panel_width=bufImg_data[count].getWidth();
            draw_panel_height=bufImg_data[count].getHeight();
            drawPanel.setSize(draw_panel_width,draw_panel_height);

            bufImg =
new BufferedImage(draw_panel_width,draw_panel_height,BufferedImage.TYPE_3BYTE_BGR);
            jlbImg = new JLabel(new ImageIcon(bufImg));
            //在 JLabel 上放置 bufImg，用来绘图
            this.removeAll();
            this.add(jlbImg);
            jlbImg.setBounds(new Rectangle
(0, 0, draw_panel_width, draw_panel_height));

            Graphics2D g2d_bufImg = (Graphics2D) bufImg.getGraphics();
            g2d_bufImg.setPaint(Color.white);
            g2d_bufImg.fill(new
Rectangle2D.Double(0,0,draw_panel_width,draw_panel_height));
            g2d_bufImg.drawImage(bufImg_data[count],0,0,this);

    underDrawPanel.ctrl_area.setLocation(draw_panel_width+3,draw_panel_height+3);
    underDrawPanel.ctrl_area2.setLocation(draw_panel_width+3,draw_panel_height/2+3);
    underDrawPanel.ctrl_area3.setLocation(draw_panel_width/2+3,draw_panel_height+3);

            underDrawPanel.x=draw_panel_width;
            underDrawPanel.y=draw_panel_height;

            if(redo_lim<count)
                jMenuItem[1][1].setEnabled(false);
            jMenuItem[1][0].setEnabled(true);
            cut=3;
            repaint();
        }

        public void cut(){
            bufImg_cut = new BufferedImage
((int)rectangle2D_select.getWidth(), (int)rectangle2D_select.getHeight(),
BufferedImage.TYPE_3BYTE_BGR);
            BufferedImage copy = bufImg.getSubimage
((int)rectangle2D_select.getX(),(int)rectangle2D_select.getY(),(int)
rectangle2D_select.getWidth(),(int)rectangle2D_select.getHeight());
            Graphics2D g2d_bufImg_cut = (Graphics2D) bufImg_cut.createGraphics();
            g2d_bufImg_cut.drawImage(copy,0,0,this);

            Graphics2D g2d_bufImg = (Graphics2D) bufImg.getGraphics();
            g2d_bufImg.setPaint(Color.WHITE);
            g2d_bufImg.fill(new Rectangle2D.Double((int)rectangle2D_select.getX(),
(int)rectangle2D_select.getY(),(int) rectangle2D_select.getWidth(),(int)rectangle2D_
select.getHeight()));

            redo_lim=count++;
            jMenuItem[1][1].setEnabled(false);

//新增一张 BufferedImage 图形至 bufImg_data[count]，并将 bufImg 绘制至 bufImg_data[count]//
            bufImg_data[count]=new BufferedImage(draw_panel_width, draw_panel_height,
BufferedImage.TYPE_3BYTE_BGR);
```

```
            Graphics2D g2d_bufImg_data = (Graphics2D)
bufImg_data[count].getGraphics();
            g2d_bufImg_data.drawImage(bufImg,0,0,this);

            //判断坐标是否为新起点//
            press=0;

            //使“摊销”菜单项可用//
            if(count>0)
                jMenuItem[1][0].setEnabled(true);
            jMenuItem[1][2].setEnabled(false);
            jMenuItem[1][3].setEnabled(false);
            jMenuItem[1][4].setEnabled(true);
            cut=3;
            repaint();
        }
        public void copy()
        {
            bufImg_cut = new BufferedImage
((int)rectangle2D_select.getWidth(), (int)rectangle2D_select.getHeight(),
BufferedImage.TYPE_3BYTE_BGR);
            BufferedImage copy = bufImg.getSubimage((int)
rectangle2D_select.getX(),(int)rectangle2D_select.getY(),(int)
rectangle2D_select.getWidth(),(int)rectangle2D_select.getHeight());
            Graphics2D g2d_bufImg_cut = (Graphics2D) bufImg_cut.createGraphics();
            g2d_bufImg_cut.drawImage(copy,0,0,this);
            jMenuItem[1][4].setEnabled(true);
            cut=1;
            repaint();
        }
        public void paste()
        {
            cut=2;
            repaint();
        }
        public void mousePressed(MouseEvent e)
        {
            x1=e.getX();
            y1=e.getY();
            if(first==0){
                polygon = new Polygon();
                polygon.addPoint(x1, y1);
                first=1;
            }
            //判断坐标是否为新起点//
            press=1;
            chk=0;
            if(cut!=2) cut=0;
        }

        public void mouseReleased(MouseEvent e)
    {
            x2=e.getX();
            y2=e.getY();

            if(step_chk==0)
            //控制贝氏曲线
                step=1;
            else if(step_chk==1)
                step=2;
```

```
            if(step_chk_arc==0)
            //控制扇形
                chk=step_arc=1;
            else if(step_chk_arc==1)
                chk=step_arc=2;

            if(drawMethod==6 && click!=1)
            {
                polygon.addPoint(x2, y2);
                repaint();
            }
            if(drawMethod==10)
{
                if(cut!=2) cut=1;
                select_x=(int)rectangle2D_select.getX();
                select_y=(int)rectangle2D_select.getY();
                select_w=(int)rectangle2D_select.getWidth();
                select_h=(int)rectangle2D_select.getHeight();
                jMenuItem[1][2].setEnabled(true);
                jMenuItem[1][3].setEnabled(true);
            }

            if((step_chk==2 && step==2) || (step_chk_arc==2 && step_arc==2)
            || drawMethod==0 || drawMethod==1 || drawMethod==2 || drawMethod==3
            ||  drawMethod==7 || drawMethod==8 || drawMethod==9 || cut==2)
            {
            //当不是画贝氏曲线操作时的绘制处理
                toDraw();
            }
        }
        public void clear()
        {          cut=select_x=select_y=select_w=select_h=step_chk_arc=
step_arc=first=step_chk=step=0;
            x1=x2=y1=y2=-1;
        }

        public void toDraw()
        {
            if(x1<0 || y1<0) return;
            //防止误按
            chk=3;
            draw(x1,y1,x2,y2);
            //画出图形至 bufImg//
            Graphics2D g2d_bufImg = (Graphics2D) bufImg.getGraphics();
            if(cut!=2){
                if(color_inside!=null && drawMethod!=8){
                    g2d_bufImg.setPaint(color_inside);
                    g2d_bufImg.fill(shape);
                }
                if(color_border!=null && drawMethod!=8){
                    g2d_bufImg.setPaint(color_border);
                    g2d_bufImg.setStroke(stroke);
                    g2d_bufImg.draw(shape);
                }
            }
            else{
                g2d_bufImg.drawImage(bufImg_cut,x2,y2,this);
            }
            repaint();
            clear();
            //记录可重做最大次数，并使“重做”菜单项不可用//
```

```
            redo_lim=count++;
            jMenuItem[1][1].setEnabled(false);

//新增一张 BufferedImage 图形至 bufImg_data[count]，并将 bufImg 绘制至 bufImg_data[count]//
           bufImg_data[count] = new BufferedImage(draw_panel_width, draw_panel_height,
BufferedImage.TYPE_3BYTE_BGR);
            Graphics2D g2d_bufImg_data = (Graphics2D)
bufImg_data[count].getGraphics();
            g2d_bufImg_data.drawImage(bufImg,0,0,this);

            //判断坐标是否为新起点//
            press=0;

            //使“撤销”菜单项可用//
            if(count>0)
                jMenuItem[1][0].setEnabled(true);
        }

        public void mouseEntered(MouseEvent e){}
        public void mouseExited(MouseEvent e){}
        public void mouseClicked(MouseEvent e){
            if(click==1){//双击时
                toDraw();
            }
            click=1;
            }

            public void mouseDragged(MouseEvent e){
                x2=e.getX();
                y2=e.getY();
            if(drawMethod==7 || drawMethod==8){
                draw(x1,y1,x2,y2);
                x1=e.getX();
                y1=e.getY();
            }
            if(drawMethod!=9)
            repaint();
        }

        public void mouseMoved(MouseEvent e) {
            show_x=x2=e.getX();
            show_y=y2=e.getY();

            jLabel[0].setText(show_x+","+show_y);
            click=0;
            if(drawMethod==7 || drawMethod==8 || cut==2)
                repaint();
        }
```

1.4.9　其他功能的实现

除了前面介绍的功能之外，本系统还具备一些其他功能，具体实现代码如下：

```
        public void draw(int input_x1,int input_y1,int input_x2,int input_y2){
            if(drawMethod==0){//直线时，让 shape 为 Line2D
                shape=line2D;
                line2D.setLine(input_x1,input_y1,input_x2,input_y2);
            }
            else if(drawMethod==1){//矩形时，让 shape 为 Rectangle2D
```

```
                shape=rectangle2D;
            rectangle2D.setRect(Math.min(input_x1,input_x2),Math.min(input_ y1,input_
y2),Math.abs(input_x1-input_x2),Math.abs(input_y1-input_y2));
            }
            else if(drawMethod==2)
            {
            //椭圆时
                shape=ellipse2D;
                ellipse2D.setFrame(Math.min(input_x1,input_x2),Math.min(input_y1,
input_y2),Math.abs(input_x1-input_x2),Math.abs(input_y1-input_y2));
            }
            else if(drawMethod==3)
            {
            //圆角矩形
                shape=roundRectangle2D;
                roundRectangle2D.setRoundRect(Math.min(input_x1,input_x2),Math.min
(input_y1,input_y2),Math.abs(input_x1-input_x2),Math.abs(input_y1-input_y2),10.0f,10.
0f);
            }
            else if(drawMethod==4){//贝氏曲线
                shape=cubicCurve2D;
                if(step==0)
                {
                    cubicCurve2D.setCurve(input_x1,input_y1,input_x1,input_y1,input_
x2,input_y2,input_x2,input_y2);
                    temp_x1=input_x1;
                    temp_y1=input_y1;
                    temp_x2=input_x2;
                    temp_y2=input_y2;
                    step_chk=0;
                }
                else if(step==1){
                    cubicCurve2D.setCurve(temp_x1,temp_y1,input_x2,input_y2, input_
x2,input_y2,temp_x2,temp_y2);
                    temp_x3=input_x2;
                    temp_y3=input_y2;
                    step_chk=1;
                }
                else if(step==2)
                {
                cubicCurve2D.setCurve(temp_x1,temp_y1,temp_x3,temp_y3,input_x2,
input_y2,temp_x2,temp_y2);
                    step_chk=2;
                }
            }
            else if(drawMethod==5)
            {
            //扇形，chk 用来防止意外的重绘//
                if(step_arc==0 || chk==1)
                {
                //步骤控制
                    shape=ellipse2D;
                    ellipse2D.setFrame(Math.min(input_x1,input_x2),Math.min(input_
y1,input_y2),Math.abs(input_x1-input_x2),Math.abs(input_y1-input_y2));
                    temp_x1=input_x1;
                    temp_y1=input_y1;
                    temp_x2=input_x2;
                    temp_y2=input_y2;
                    step_chk_arc=0;
                }
                else if(step_arc==1 || chk==2)
```

```
                {
                //步骤控制
                    shape=arc2D;

                    center_point_x =
Math.min(temp_x1,temp_x2)+Math.abs(temp_x1-temp_x2)/2;
                    center_point_y =
Math.min(temp_y1,temp_y2)+Math.abs(temp_y1-temp_y2)/2;

                    double a =
Math.pow(Math.pow(input_x2-center_point_x,2)+Math.pow(input_y2-center_point_y,2),0.5);
                    double b = input_x2-center_point_x;
                    if(input_y2>center_point_y)
                        start=360+Math.acos(b/a)/Math.PI*-180;
                    else
                        start=Math.acos(b/a)/Math.PI*180;

                    arc2D.setArc(Math.min(temp_x1,temp_x2),Math.min(temp_y1,temp_
y2),Math.abs(temp_x1-temp_x2),Math.abs(temp_y1-temp_y2),start,0,pie_shape);
                    step_chk_arc=1;
                }
                else if(step_arc==2 || chk==3)
                {
                //步骤控制
                    shape=arc2D;

                    double a = Math.pow(Math.pow(input_x2-center_point_x,2)+Math.pow
(input_y2-center_point_y,2),0.5);
                    double b = input_x2-center_point_x;
                    if(input_y2>center_point_y)
                        end=360+Math.acos(b/a)/Math.PI*-180-start;
                    else
                        end=Math.acos(b/a)/Math.PI*180-start;
                    if(end<0){end=360-Math.abs(end);}
                    arc2D.setArc(Math.min(temp_x1,temp_x2),Math.min(temp_y1,temp_
y2),Math.abs(temp_x1-temp_x2),Math.abs(temp_y1-temp_y2),start,end,pie_shape);
                    step_chk_arc=2;
                }
            }
            else if(drawMethod==6)
            {
            //多边形
                shape=polygon;
            }
            else if(drawMethod==7 || drawMethod==8)
            {
            //任意线&橡皮擦
                Graphics2D g2d_bufImg = (Graphics2D) bufImg.getGraphics();

                shape=line2D;
                line2D.setLine(input_x1,input_y1,input_x2,input_y2);
                if(drawMethod==7)
                    g2d_bufImg.setPaint(color_border);
                else
                    g2d_bufImg.setPaint(Color.white);
                g2d_bufImg.setStroke(stroke);
                g2d_bufImg.draw(shape);
            }

            else if(drawMethod==9)
            {
```

```
          //文字
               Graphics2D g2d_bufImg = (Graphics2D) bufImg.getGraphics();
               FontRenderContext frc = g2d_bufImg.getFontRenderContext();
               jDialog.show();

               Font f = new Font(textField_font.getText(),valBold + valItalic,size);
               TextLayout tl = new TextLayout(textField_word.getText(), f, frc);
               double sw = tl.getBounds().getWidth();
               double sh = tl.getBounds().getHeight();

               AffineTransform Tx = AffineTransform.getScaleInstance(1, 1);
               Tx.translate(input_x2,input_y2+sh);
               shape = tl.getOutline(Tx);
          }
          else if(drawMethod==10)
          {
          //选取工具
               shape=rectangle2D;
               rectangle2D.setRect(Math.min(input_x1,input_x2),Math.min(input_
y1,input_y2),Math.abs(input_x1-input_x2),Math.abs(input_y1-input_y2));
          }
          if(color_border instanceof GradientPaint)
          {
          //使用渐层填色读取拖拉坐标
               color_border = new GradientPaint( input_x1,input_y1,
(Color)((GradientPaint)color_border).getColor1(), input_x2,input_y2,
(Color)((GradientPaint)color_border).getColor2(), true );
          }
          if(color_inside instanceof GradientPaint){
               color_inside = new GradientPaint( input_x1,input_y1,
(Color)((GradientPaint)color_inside).getColor1(), input_x2,input_y2,
(Color)((GradientPaint)color_inside).getColor2(), true );
          }
     }

     public void paint(Graphics g)
     {
          Graphics2D g2d = (Graphics2D) g;
          super.paint(g2d);
          //重绘底层 JPanel 以及上面所有组件

          if(press==1 && drawMethod!=10 && !(x1<0 || y1<0))
          {//在最上面的 JLabel 上进行绘制，判断是不是起点
               draw(x1,y1,x2,y2);
               if(drawMethod==8) return;
               if(color_inside!=null){
                    g2d.setPaint(color_inside);
                    g2d.fill(shape);
               }
               if(color_border!=null){
                    g2d.setPaint(color_border);
                    g2d.setStroke(stroke);
                    g2d.draw(shape);
               }
          }

          if(drawMethod==10 && cut==0)
          {
          //实现选取控制功能，即判断是选取、剪切还是粘贴
               g2d.setPaint(Color.black);
               g2d.setStroke(basicStroke_select);
```

```
                rectangle2D_select.setRect(Math.min(x1,x2),Math.min(y1,y2),Math.abs
(x1-x2),Math.abs(y1-y2));
                g2d.draw(rectangle2D_select);
            }
            if(cut==1)
            {
                g2d.setPaint(Color.black);
                g2d.setStroke(basicStroke_select);
                rectangle2D_select.setRect(select_x,select_y,select_w,select_h);
                g2d.draw(rectangle2D_select);
            }
            if(cut==2)
            {
                g2d.drawImage(bufImg_cut,x2,y2,this);
            }

            //跟随游标的圆形//
            if(drawMethod==7 || drawMethod==8){
                g2d.setPaint(Color.black);
                g2d.setStroke(basicStroke_pen);
                ellipse2D_pan.setFrame(x2-setPanel.number/2,y2-setPanel.number/2,
setPanel.number,setPanel.number);
                g2d.draw(ellipse2D_pan);
            }
        }
    }

    public static void main( String args[] )
    {
        try{UIManager.setLookAndFeel(UIManager.getSystemLookAndFeelClassName());
    }
        catch(Exception e)
        {e.printStackTrace();
        }

        Painter app = new Painter();
        app.setVisible(true);
        app.setExtendedState(Frame.MAXIMIZED_BOTH);
    }
```

到此为止，整个项目的具体实现全部讲解完毕。

MVC 是现有的编程语言中制作图形用户界面的一种通用的思想，其思路是把数据的内容本身和显示方式分离开，这样就使得数据的显示更加灵活多样。比如，某年级各个班级的学生人数是数据，而显示方式是多种多样的，可以采用柱状图显示，也可以采用饼图显示，还可以直接输出数据。因此，在设计的时候就考虑把数据和显示方式分开，对于实现多种多样的显示是非常有帮助的。

第 2 章　航空订票管理系统

飞机作为一种便捷的交通工具，在人们的生活中扮演着越来越重要的角色。越来越多的人选择乘坐飞机出行，各航空公司也力争为顾客提供最好的服务。对航空公司来说，售票是第一个与顾客打交道的服务，提供快捷、准确、及时的订票服务非常必要。

本章将详细讲解航空订票管理系统的构建过程，旨在让读者牢固掌握 SQL 后台数据库的建立、维护以及前台应用程序的开发方法，为以后的深入学习打下坚实的基础。

赠送的超值电子书

011.学习编程的正确观念
012.什么是面向对象
013.面向对象的五个基本特性
014.Java 的面向对象
015.Java 的面向对象特性
016.最受欢迎的工具——Eclipse
017.Sun 推出的工具——Netbeans
018.一般“火”的商业工具——JBuilder
019.快速学习语法的诀窍
020.不可变的量叫常量

2.1 修炼自身

视频讲解 光盘：视频\第 2 章\修炼自身.avi

一名优秀的程序员必须具备程序员基本的修为能力。修为是指一个人的修养、素质和能力，对于程序员来说，最重要的修为能力是自身的技术水平。

2.1.1 “码农”和“高大上”

程序员从事的是创造性的工作，十分注重个人的修为。IT 界的程序员们可以笼统地分为如下两类。

(1) 码农：因为学艺不精，自身技术水平有限，所以主要工作是加班修改代码。

(2) 牛人大佬：开发经验丰富，技术水平高，主要负责系统架构和项目管理等工作。

世界就是这么残酷：在众多的程序员中，总有那么一些人能从众多的“码农”中脱颖而出，成为高高在上的架构师或 CTO，拥有令人羡慕的薪资待遇；与之相对应的是，也总有一些普通的程序员总是在加班，而得到的仅仅是微薄的工资。

为什么有些人能成为“高大上”的工程师和架构师？这是因为他们具备了码农们没有的特质。在众多特质当中，自身修为这一硬实力是实实在在的。

2.1.2 赢在自身——快速提升自身修为

很明显，程序员们都想成为金字塔顶端的“高大上”一族。但是现实情况是，用人单位对架构师和 CTO 的要求非常高，其中最基本的一条要求是：自身修为较高。那么，该如何迅速提高自己的修为呢？建议广大读者从如下 8 条开始做起。

(1) 掌握基础。

对于任何行业、任何工作来说，融会贯通是获得成功的关键。一个人要想成为优秀的程序员，就必须有坚实的基础。理解核心理念会帮助你用最好的方法设计和实施出最完美的方案。如果你感觉自己还没有掌握计算机科学或者某个编程语言的核心知识点，现在开始回顾基础一点都不晚。

(2) 尽量编写简单易懂、有逻辑性的代码。

编写的代码要保持短小而精悍的特点，尽量编写有逻辑的代码，避免复杂化，这样产生的问题较少，也较容易扩展。

(3) 花更多的时间分析问题，将会花更少的时间解决问题。

花更多的时间理解和分析问题，然后再设计方案，你就会发现剩下的事情变得很容易了。那些一遇到问题就开始敲代码的人最终往往会偏离需求。

(4) 成为第一个检查自己代码的人。

代码编写完成后，你需要在其他人之前对自己的代码进行没有任何偏见的检查，长此以往，你代码中的错误(bug)就会越来越少。同时也要请其他人来检查自己的代码，和其他优秀的程序员一起工作，接受他们的意见，能够帮助自己也成长为一名优秀的程序员。

(5) 养成阅读文档的习惯。

阅读很多文档是优秀程序员的习惯之一。这些文档可能是产品说明书、JSR(Java 规范请求)、API 文档、教程等。阅读文档能够帮助你获得必要的基础知识，写出更好的代码。

(6) 及时把握技术风向标。

IT 界的新技术层出不穷，新版本、新工具和新语言充斥在我们耳边。一项新的技术有可能会彻底颠覆一个行业，例如 Android 彻底颠覆了智能手机世界。要想迅速成为一名优秀的程序员，并且做到脱颖而出，就需要你具备随时学习新技术的能力。学习新技术的好处很多，例如使你的知识面更广，使你能够对各项开发技术进行横向比较，使自己掌握的开发技术融会贯通。更为重要的是，你能够站在技术前沿的最高点，不但增加了自己的一项生存技能，而且也能够做到与他人的不同，你能够更快地从整个团队，甚至公司中脱颖而出。

(7) 不要迷失在快速更迭的科技世界。

及时把握技术风向标并不意味着每出现一门新技术，都要马上投入到学习中。在 IT 行业中，我们每天听到的都是能让程序更简单、速度更快的新工具、新接口、新框架，这在科技世界中司空见惯并且会一直如此。但是，最基本、最核心的科技变化比那些工具、接口、框架的变化小得多。

例如，在 Java 企业级应用中，每个星期都会出现新的框架，但是核心的技术基本不变，包括基于客户端-服务器端的请求、MVS 模式、数据源绑定、XML 解析等。所以，要花功夫去学习核心概念，而不是去担忧日新月异的框架和工具的出现。只要打好了核心技术的基础，你就会发现学习新的框架、工具以及接口变得十分容易。

(8) 阅读别人的代码，让别人无路可走。

如果你不能吸收 IT 界前辈大师的经验知识，那么你永远都无法成为一位大师。成为大师的方法之一是，找到一位大师，让其倾囊传授其所知。有这种可能么？当然有。大师们的经验和技巧都保存在他们所编写的代码中，我们要做的就是去阅读他们的代码。例如，Linux 是全世界大师们的呕心力作，而 Android 更是软件巨头谷歌公司开发大师们的心血之作，阅读这些代码，分析其架构，在消化吸收之后，我们就距离大师更近了一步。

2.2　新的项目

视频讲解　光盘:视频\第 2 章\新的项目.avi

本项目来源于大学老师的介绍，他的同学是一家航空售票公司的主管，需要为他们开发一个航空订票管理系统。本项目开发团队的成员具体如下。

- 软件工程师 A：负责系统美工，撰写系统设计规划书、用户使用手册。
- 软件工程师 B：负责需求分析和数据库设计。
- 软件工程师 C：负责设计航班管理模块。
- 软件工程师 D：负责设计网点管理模块。
- 软件工程师 E：负责设计订票管理模块。
- 软件工程师 F：负责设计系统整体框架、编写参数操作手册，并协调项目中各个模块的进展。

本项目的开发流程如图 2-1 所示。

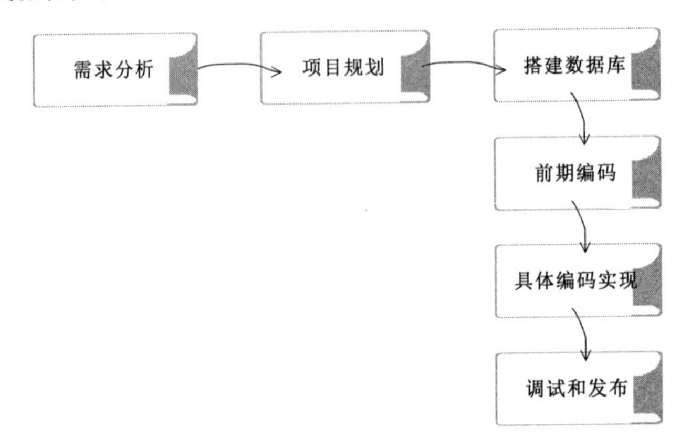

图 2-1　开发流程

整个项目的具体操作流程如下：需求调研→整理需求→需求讨论→整理需求→需求确认→项目规划→数据库设计→框架设计→航班管理、网点管理、订票管理模块设计。

本项目采用 C/S 结构，后台数据库采用 MySQL，并利用 Hibernate 对前台程序所用基础表的字段进行对象封装，使得 Java 程序员可以随心所欲地使用面向对象的编程思维来操纵数据库，具体实现流程如图 2-2 所示。

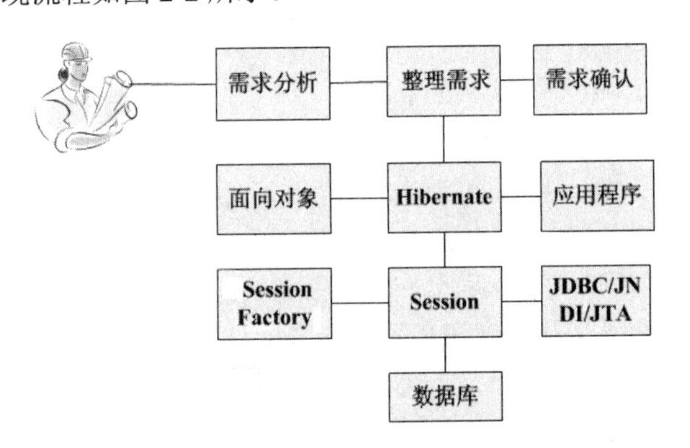

图 2-2　具体实现流程

要开发一个让用户满意的航空订票管理系统，首先需要详细地进行系统需求分析工作，一般分为初步需求调研和详细需求调研。我们没从事过订票项目的开发工作，虽然这个项目的需求已经有了，但都非常杂乱，所以我们得在需求整理上多下功夫，认真记录文档中提出的要求，多查资料，搞懂每个需求。老师一直提醒我们一定要按照规范的软件开发流程去做这个项目，在项目启动前，老师还给我们传授了很多经验：需求分析和整理是开发软件项目的基础，每个步骤都应该有相应的文档，包括需求文档、概要设计、详细设计和表结构，另外还要编写项目开发的 WBS(工作分解结构)计划书；要对系统要求的性能进行分析，以确定开发平台；每个环节都应该记录下来，以备项目后期管理和维护。在软件开发过程中，文档是相当重要的组成部分，应保证文档齐全、准确。

2.3　系统概述和总体设计

视频讲解　光盘:视频\第 2 章\系统概述和总体设计.avi

本项目的系统规划书分为如下两个部分。

- 系统需求分析文档。
- 系统运行流程说明。

2.3.1　系统需求分析

使用航空订票管理系统的用户主要是航空公司的信息管理员、电话(网点)售票员。该系统包含的核心功能如下。

(1) 航班管理模块，主要功能包括：查询航班信息和维护航班信息。

(2) 网点管理模块，主要功能包括：查询网点信息和维护网点信息。

(3) 订票管理模块，其功能相对复杂，主要包括：用户管理、出票管理、订票管理、查询管理和登录管理。

根据需求分析设计系统的体系结构，如图 2-3 所示。图中的每一个叶节点是一个最小的功能模块。每一个功能模块都需要针对不同的表完成相同的数据库操作，即添加记录、删除记录、查询记录、更新记录。

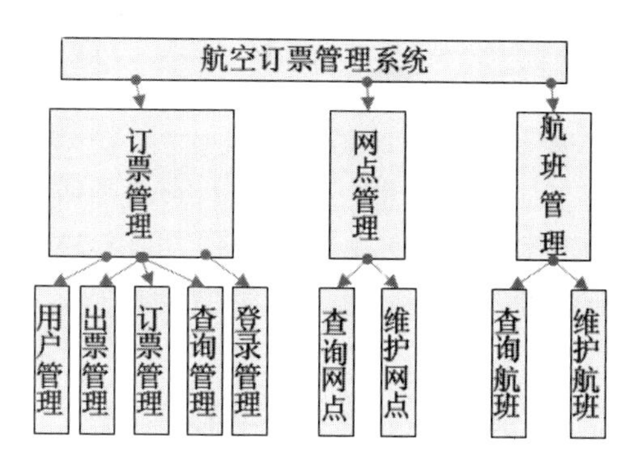

图 2-3　航空订票管理系统体系结构示意图

2.3.2　系统 demo 流程

下面模拟系统的运行流程：运行服务器系统后，首先会弹出服务器端窗口，对用户的身份进行认证并确定用户的权限。使用 admin 用户(系统管理员)登录，可创建其他用户，并在系统维护菜单下进行添加、修改、删除操作。运行客户端系统后，首先会弹出客户端窗口，对用户的身份进行认证并确定用户的权限，如图 2-4 所示。如果需要登录系统，建议使用 user 用户进行登录。

系统初始化时会生成两个默认用户：系统管理员、普通用户。系统管理员的用户名为 admin，密码为 admin；普通用户的用户名为 user，密码为 user。这是由程序设计人员添加到数据库表中的。

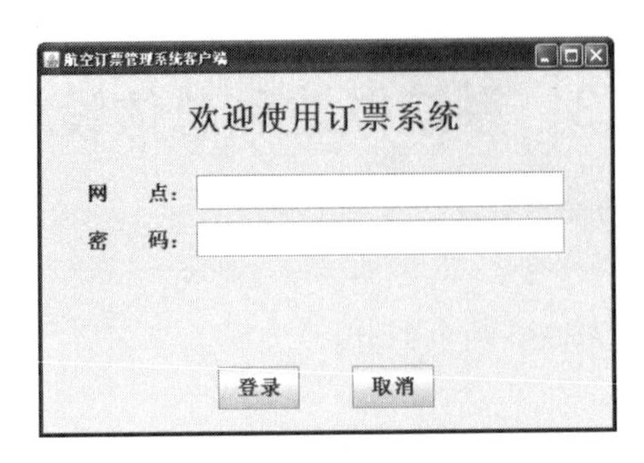

图 2-4　客户端窗口

进入系统后，首先需要添加基础信息，包括飞机信息、航班信息。基础信息是航空订票管理系统的基础数据，它为航空订票管理系统中的各功能模块提供数据参考。系统中基础信息和其他信息的具体说明如下。

- 飞机信息：包括型号、头等舱座位数、公务舱座位数、经济舱座位数和最大航程属性描述等。
- 航班信息：包括航班编号、出发地、目的地、起飞时间、到达时间、开始生效日期、结束日期、总公里数和全价等。
- 航班信息查询：包括查询起始地址和到达地址的航班信息。
- 网点管理：包括添加、修改和删除网点信息。
- 订票管理：包括添加、修改和删除订单信息。

对于初次开发完整软件项目的程序员来说，第一个项目十分重要。在开发伊始可能会信心不足，此时就需要建立充分的自信心。自信心使人勇敢，自信的人总是能够以一种轻松自然的态度来面对生活中复杂的情景或挑战，表现出一种大智大勇的气度；自信的人勇于承担责任，不会因为事关重大而优柔寡断，不会为了逃避不好的结果而瞻前顾后，因而会保持一贯的果断作风。作为一名程序员，面对项目时我们要仔细分析，不断尝试，尽力实现，这样才能进步，才能找到自己的不足。另外，在开发第一个完整项目时，还应充分认识到项目分析和规划的重要性。

2.4　数据库设计

视频讲解　光盘:视频\第 2 章\数据库设计.avi

本项目系统的开发主要包括后台数据库的建立、测试数据的录入以及前台应用程序的开发三个方面。数据库设计是系统设计的一个重要组成部分，数据库设计的好坏直接影响程序编码的复杂程度。

2.4.1　选择数据库

在开发数据库管理信息系统时，需要根据用户需求、系统功能和性能要求等因素，来选择后台数据库的类型和相应的数据库访问接口。结合本项目的并发性需求情况，并根据远程访问数据库的特性，可以得出本系统所要管理的数据量比较大，并且要求极高的数据准确性。另外，因为本项目需要实现多网点同时销售，所以一定要考虑数据的并发性和其他数据库的特性，并发性决定了整个项目的访问效率。

基于上述分析，此应用程序采用目前比较流行的 Hibernate 数据库访问技术。Hibernate 不仅负责从 Java 类到数据库表的映射(还包括从 Java 数据类型到 SQL 数据类型的映射)，还可提供面向对象的数据查询检索机制，从而极大地缩短了手动处理 SQL 和 JDBC 的开发时间。随着消费市场日新月异的发展，如果采用 Access 等轻量级的数据库，后期不可避免地会需要进行升级。所以综合考虑之下，本项目选择使用 MySQL 数据库。

2.4.2　数据库结构的设计

由需求分析可知，整个项目包含 5 种信息，对应的数据库也需要包含这 5 种信息，因此系统需要包含 5 个数据库表，分别如下。

- user：网点信息表。
- flight：航班信息表。
- flightschedular：航班计划信息表。
- planemodel：飞机信息表。
- ticketorder：订票信息表。

下面给出了具体的数据库表结构信息。

(1) 网点信息表 user，用来保存网点信息，表结构如表 2-1 所示。

表 2-1　网点信息表结构

编　号	字段名称	数据结构	说　明
1	oid	bigint(20)	网点 ID
2	name	varchar(12)	网点名称
3	passwd	varchar(12)	网点密码
4	city	varchar(20)	城市
5	address	varchar(20)	地址

(2) 航班信息表 flight，用来保存航班信息，表结构如表 2-2 所示。

表 2-2　航班信息表结构

编　号	字段名称	数据类型	说　明
1	oid	bigint(20)	航班 ID
2	first_class_remain_seats	int(11)	头等舱余位数
3	business_class_remain_seats	int(11)	商务舱余位数
4	economy_class_remain_seats	int(11)	经济舱余位数
5	priceOff	double	折扣
6	calendar	datetime	飞行日期
7	schid	bigint(20)	航班计划 ID

(3) 航班计划信息表 flightschedular，用来保存航班计划信息，表结构如表 2-3 所示。

表 2-3　航班计划信息表结构

编　号	字段名称	数据结构	说　明
1	oid	bigint(20)	航班计划 ID
2	flightNumber	varchar(6)	航班号
3	fromAddress	varchar(10)	出发地
4	toAddress	varchar(10)	目的地
5	length	int(11)	总里程
6	schedular	tinyint(4)	班期
7	price	double	全价
8	startDate	datetime	开始日期
9	endDate	datetime	结束日期
10	fromhour	int(11)	起飞时
11	frommin	int(11)	起飞分
12	tohour	int(11)	到达时
13	tomin	int(11)	到达分
14	planemodel	bigint(20)	执行机型

(4) 飞机信息表 planemodel，用来保存飞机信息，表结构如表 2-4 所示。

表 2-4　飞机信息表结构

编　号	字段名称	数据结构	说　明
1	oid	bigint(20)	飞机 ID
2	model	varchar(255)	机型
3	first_class_seats	int(11)	头等舱座位数
4	business_class_seats	int(11)	商务舱座位数
5	economy_class_seats	int(11)	经济舱座位数
6	maxLength	int(11)	最大里程

(5) 订票信息表 ticketorder，用来保存订票信息，表结构如表 2-5 所示。

表 2-5　订票信息表结构

编　号	字段名称	数据结构	说　明
1	oid	bigint(20)	订票 ID
2	passengerName	varchar(12)	订票人名称
3	passengerId	varchar(18)	订票人代号
4	cabinclass	varchar(15)	舱位
5	tickettype	varchar(15)	订票类型

续表

编　号	字段名称	数据结构	说　明
6	cal	datetime	订票日期
7	branchid	bigint(20)	网点 ID
8	flightid	bigint(20)	航班 ID

数据库设计是在系统需求分析之后进行的，这时功能需求已经明确，只需在 DBA(数据库管理员)的参与下对数据库方案进行详细设计即可。在本阶段的设计过程中，为了提高开发效率，可以考虑使用第三方设计工具，最佳工具首推 PowerDesigner(以下简称 PD)。PD 不仅能满足我们的设计需求，还可以通过逆向工程由数据库对象生成设计模型，并且具有很大的灵活性。本项目的 PD 设计界面如图 2-5 所示。

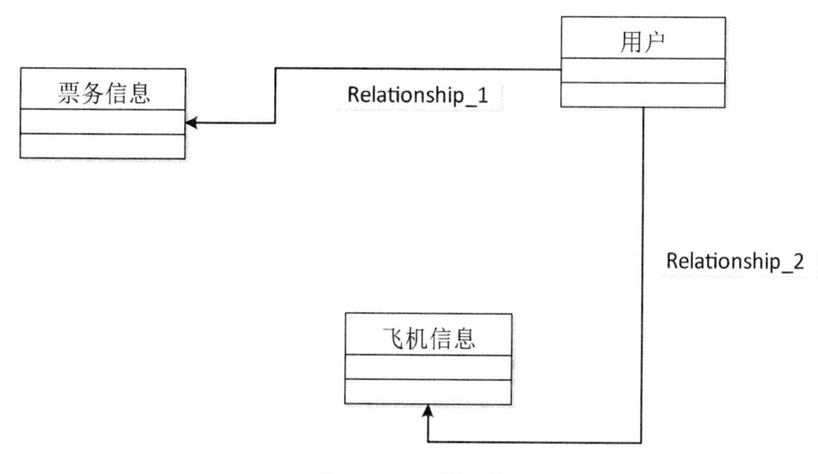

图 2-5　PD 设计界面

2.5　系统框架设计

视频讲解 光盘:视频\第 2 章\系统框架设计.avi

系统框架设计属于整个项目开发过程中的前期工作，框架设计得好与坏直接关系到后面开发，同样影响后期升级是否复杂。经过细心的分析规划，本项目将引入 Hibernate 技术进行数据库操作。

(1) 开发环境。

- 操作系统：Windows XP。
- 数据库：MySQL 5.1。

(2) 主界面设计：主界面是整个系统的外观，也是系统与用户直接交互的窗口，界面效果会影响用户对整个系统的第一感觉。

(3) 数据库访问技术：数据库访问技术的设计目标是将软件开发人员从大量相同的数据持久层相关编程工作中解放出来。无论是从设计草案还是从一个遗留数据库开始，开发人员都可以采用 Hibernate。

(4) 系统登录验证：确保只有合法的用户才能登录系统。

(5) C/S 架构设计：由于本系统采用的是服务器端集中管理数据，多个网点销售机票的方式，所以采用 C/S 模式非常适合。

2.5.1 创建工程及设计主界面

1. 创建工程

(1) 创建名为 JavaPrj_num2 的工程，如图 2-6 所示。

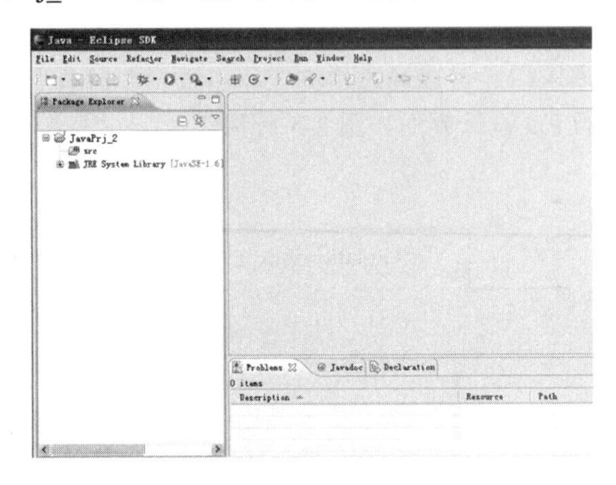

图 2-6　创建工程

(2) 新建的工程下已自动生成 src 目录用于存放源代码，JRE System Library 目录下已添加了系统要引用的 jar 包。如果在开发中需要引用第三方 jar 包，可右击工程名，在弹出的快捷菜单中选择 build path 子菜单，然后在弹出的对话框中单击右侧的 Libraries 标签，在 Libraries 选项卡中添加第三方 jar 包，如图 2-7 所示。

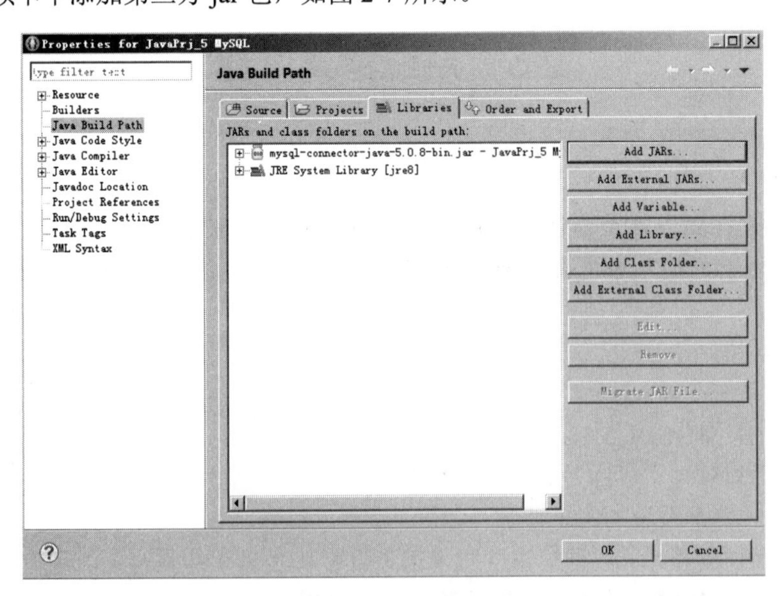

图 2-7　Libraries 选项卡

(3) 该工程用到了 Hibernate 3.0，因此要引入 jar 包。不同版本的 Hibernate 所配套使用的 jar 包也各不相同。如果引入版本相互冲突的 jar 包，可能会导致不明错误的出现。Hibernate 3.0 所要引用的 jar 包如图 2-8 所示。

名称	大小	类型
antlr-2.7.6rc1.jar	435 KB	Executable Jar File
cactus.integration.mave...	27 KB	Executable Jar File
cglib-full-2.0.jar	281 KB	Executable Jar File
commons-collections-3.1...	547 KB	Executable Jar File
de.huxhorn.lilith.slf4j...	9 KB	Executable Jar File
dom4j-1.6.jar	307 KB	Executable Jar File
hibernate3.jar	3,994 KB	Executable Jar File
hibernate-jpa-2.0-api-1...	99 KB	Executable Jar File
javassist-2.5.1.jar	310 KB	Executable Jar File
jpox-ehcache-1.1.1.jar	18 KB	Executable Jar File
jta-1.1.jar	15 KB	Executable Jar File
log4j-1.1.3.jar	156 KB	Executable Jar File
mysql-connector-java-5....	694 KB	Executable Jar File
slf4j-api-1.5.8.jar	23 KB	Executable Jar File
slf4j-nop-1.5.8.jar	6 KB	Executable Jar File

图 2-8　Hibernate 3.0 的相关 jar 包

在界面设计的过程中，必须保证界面的一致性。如果可以通过在某个列表框里双击其中一个条目来触发一个事件，那必须保证在所有的列表框里双击条目都会产生相似的反应。所有窗口里的按钮都应该放在同一个位置，按钮标题与提示的措辞应保持一致，还应保持一致的色彩设置。一致的用户界面会使得使用者建立起关于应用程序工作流程的正确理解，而用户对应用程序工作流程的正确理解会带来更低的训练与支持费用。

另外，在窗口之间进行导航与指引是非常重要的。如果从一个窗口进入到另一个窗口变得很困难或者复杂，则用户会有强烈的失败感从而放弃使用软件。用户会试图尽量使得自己的工作流程与界面转接流程合拍，如果用户能够成功地做到这一点，他就会觉得在使用你的应用程序时非常顺手。但必须注意，不同的使用者有不同的工作流程，你的界面转接流程必须足够灵活以适应各种不同的用户习惯与需求。界面流程图可以很方便地用来设计并实现一个优秀的用户界面窗口转接流程。

2．设计主界面

用户运行服务器终端后，进入系统的服务器端界面。系统的所有功能都分类放置在不同的菜单下，包括“航班管理”、“网点管理”和“订单管理”，如图 2-9 所示。

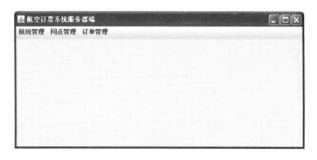

图 2-9　服务器端界面

(1) 考虑到订票系统的特性，软件界面要做到布局合理、操作快捷。主界面是整个系统通往各个功能模块的窗口，所以要将各个功能模块的窗体加入主界面中。因此在主界面中应加入整个系统的入口方法main，通过执行该方法进而执行整个系统。main方法在窗体初始化时调用，建立com.hk.server包，定义菜单栏中的主菜单信息。添加main.java类主窗体的代码如下：

```
public class ServerMainFrame extends JFrame implements ActionListener{
    private JMenuBar jmb;
    private JMenu flight,agent,order;
    private SearchPanel center,tempPanel;
    //初始化窗体菜单
    public ServerMainFrame(){
        super("航空订票系统服务器端");
        jmb=new JMenuBar(); //菜单栏
        flight=new JMenu("航班管理");
        agent=new JMenu("网点管理");
        order=new JMenu("订单管理");
        init();
    }
```

(2) 定义每个主菜单下的子菜单，且将各子菜单添加到相应的上级菜单中，然后将上级菜单加入菜单栏中，并通过调用showme方法显示最终效果。其代码如下：

```
    //初始化子菜单
    private void init(){
        JMenuItem item;
        flight.add(item=new JMenuItem("添加航班"));item.addActionListener(this);
        flight.add(item=new JMenuItem("删除航班"));item.addActionListener(this);
        flight.add(item=new JMenuItem("查询航班"));item.addActionListener(this);
        flight.add(item=new JMenuItem("添加飞机"));item.addActionListener(this);
        flight.add(item=new JMenuItem("添加航班计划"));item.addActionListener(this);
        flight.add(item=new JMenuItem("退出系统"));item.addActionListener(this);
        agent.add(item=new JMenuItem("添加网点"));item.addActionListener(this);
        agent.add(item=new JMenuItem("删除网点"));item.addActionListener(this);
        agent.add(item=new
JMenuItem("查询在线营业网点"));item.addActionListener(this);
        agent.add(item=new
JMenuItem("查询所有营业网点"));item.addActionListener(this);
        order.add(item=new JMenuItem("查看所有订票"));item.addActionListener(this);
        order.add(item=new JMenuItem("查看网点订单"));item.addActionListener(this);
        order.add(item=new JMenuItem("网点业绩统计"));item.addActionListener(this);
        //添加操作
        jmb.add(flight);
        jmb.add(agent);
        jmb.add(order);
        this.setJMenuBar(jmb);
    }
    //设置主界面的中心JScrollpanel的jtable
    public void setCenterPanel(String msg,ArrayList arr){
        if(center==null){
            center=new SearchPanel(msg,arr);
            this.add(center,BorderLayout.CENTER);
            this.setVisible(true);
        }else{
            center.setMsg(msg);
            center.setArr(arr);
        }
    }
    public void showMe(){
        this.setDefaultCloseOperation(JFrame.DO_NOTHING_ON_CLOSE);
        this.addWindowListener(new WindowAdapter(){
```

```
            public void windowClosing(WindowEvent e) {
                askQuit();
            }
        });
        this.setSize(800,600);    //窗体大小
        this.setVisible(true);    //设置可见性
    }
```

(3) 单击窗体右上角的“关闭”按钮时，会弹出如图 2-10 所示的对话框，询问用户是否要退出服务器端。其代码如下：

```
    private void askQuit(){
        int choice=JOptionPane.showConfirmDialog(this,"退出服务器将无法售票，是否确定退出？",
"确定退出？",JOptionPane.YES_NO_CANCEL_OPTION);
        switch(choice){
        case JOptionPane.OK_OPTION : System.exit(0);
        case JOptionPane.NO_OPTION :return;
        case JOptionPane.CANCEL_OPTION : return;
        }
    }
```

图 2-10　是否退出服务器端

(4) 以下代码用于实现各子菜单的具体功能。actionPerformed 方法的参数 ActionEvent e 的功能是调用 getActionCommand()方法得到控件 Command 中的字符串，以确定执行的是哪个控件的动作，进而来执行具体回调，即根据菜单上的字符串名字来确定用户单击了哪个菜单项。其代码如下：

```
    //航班基本信息
    public void actionPerformed(ActionEvent e) {
        String command=e.getActionCommand();
        if(command.equals("添加航班")){
            new AddFlightSchedularDialog(this).showMe();
        }
        if(command.equals("删除航班")){
            new RemoveFlightSchedularDialog(this).showMe();
        }
        if(command.equals("查询航班")){
            new SearchFlightSch(this).showMe();
        }
        if(command.equals("添加飞机")){
            new AddPlaneModelDialog(this).showMe();
        }
        if(command.equals("添加航班计划")){
            new AddFlight(this);
        }
        if(command.equals("退出系统")){
            askQuit();
        }
      //订票业务
        if(command.equals("查看所有网点订票")){
```

```
                new SearchAllOrder().start();
            }
        }
}
```

(5) 前面代码中的 showMe 方法和 start 方法是自定义的。showMe 方法集中处理窗体显示时的大小、退出窗体时的设置和窗体可见性。start 方法是每个子菜单窗体下的数据初始化方法。SearchAllOrder 实例对象用于引用 Hibernate 的技术框架，以实现数据获取。相关代码如下：

```
public void showMe() {
        this.setSize(500, 250);                                     //设置大小
        this.setDefaultCloseOperation(JDialog.DISPOSE_ON_CLOSE);
        this.setVisible(true);
    }
public class SearchAllOrder {
    public void start() {
        TicketOrderDAO dao = ServerMainClass.ticketOrderDao;    //获取订单 dao
        HashSet hs = (HashSet) dao.getAllTicketOrder();         //获取全部订单
        if (hs == null || hs.size() == 0) {  //判断是否有订单
            JOptionPane.showMessageDialog(new JFrame(), "当前没有订单");
        } else {
            ArrayList arr = new ArrayList();                    //创建集合
            arr.addAll(hs);                                     //设置到 List 集合中
            String msg = "所有订单的信息:";
            ServerMainClass.serverMainFrame.setCenterPanel(msg, arr);
        }
    }
}
```

(6) TicketOrderDAO 接口汇总定义了针对所有操作底层数据的方法，这样可以一目了然地对数据进行操作管理。其代码如下：

```
public interface TicketOrderDAO {

    /**
     * 执行出票操作
     * @param ord 订单对象
     * @return 若出票成功返回 true，否则返回 false
     */
    public boolean order(Order ord);

    /**
     * 执行退票操作
     * @param TicketNumber 机票编号
     * @return 若退票成功返回 true，否则返回 false。
     */
    public boolean cancelOrder(int TicketNumber);

    /**
     * 查询指定营业网点在指定时间段内的出票记录
     * @param branch 营业网点
     * @param startDate 开始日期
     * @param endDate 结束日期
     * @return 满足条件的出票记录集合
     */
    public Set<TicketOrder> getAllTicketOrder(Oper branch,Calendar startDate,Calendar
endDate);
```

```
    /**
     * 得到指定营业网点指定日期内的营业额
     * @param branch 营业网点
     * @param startDate 开始日期
     * @param endDate 结束日期
     * @return 营业额
     */
    public double getAllTicketMoney(Oper branch,Calendar startDate,Calendar endDate);
```

(7) getAuTicketOrder 类中实现了具体针对底层数据进行操作的方法，在具体实现时，可以使多处数据访问操作共用一个 SQL 语句或使多个管理操作共用同一数据库访问语句。其代码如下：

```
public Set<TicketOrder> getAllTicketOrder(Oper branch,
            Calendar startDate, Calendar endDate) {
        Session s = null;
        Transaction t = null;
        HashSet<TicketOrder> hs = new HashSet<TicketOrder>();      //订单集合
        List l = null;
        try {
            s = HbnUtil.getSession();                              //获取会话对象
            t = s.beginTransaction();                              //开启事务
            String hql = "from " + table + " where branch.name=?";
            l = s.createQuery(hql).setString(0, branch.getName()).list();
                                                                   //获取网点所有订单
            for (TicketOrder item : (List<TicketOrder>) l) {
                                                                   //遍历所有订单
                if (item.getCal().after(startDate)
                        && item.getCal().before(endDate)) {        //规定日期段
                    hs.add(item);                                  //添加到集合中
                }
            }
            t.commit();
        } catch (HibernateException e) {
            e.printStackTrace();
            t.rollback();
        } finally {
            if (s != null)
                try {
                    s.close();
                } catch (Exception e) {
                    e.printStackTrace();
                }
        }
        return hs;
    }
```

以上方法查询指定营业网点在指定时间段内的出票记录，其他窗体要用到此数据可直接调用。

3. 设计菜单

系统的具体功能都是通过操作菜单实现的，所以下面进行菜单设计。

(1) 右击 com.hk.server 包，在弹出的快捷菜单中选择 new | class 菜单项，打开 New Java Class 窗口，设置 name 为 ServerMainFrame，添加如表 2-6 所示的菜单。

表 2-6　菜单名称和 ID 属性

菜单名称	ID 属性
添加航班计划	AddFlightSchedularDialog
删除航班	RemoveFlightSchedularDialog
查询航班	SearchFlightSch
添加飞机	AddPlaneModelDialog
添加航班	AddFlight
退出系统	askQuit
添加网点	AddBranchDialog
删除网点	RemoveBranchDialog
查询所有营业网点	SearchAllBranchs

(2) 右击 com.hk.base 包，在弹出的快捷菜单中选择 new | class 菜单项，打开 New Java Class 窗口，设置 name 为 Business，添加 Business 类，用于实现和数据库的连接。Business 类的定义代码如下：

```
public class Business{
    //加载驱动，创建连接，释放资源
    private static final String driver = "com.mysql.jdbc.Driver";
    private static final String url="jdbc:mysql://localhost:3306/hk";
    private static final String username="root";
    private static final String pwd="root";
    static{
        try{
            Class.forName(driver);   //加载驱动
        }catch(Exception e){
            e.printStackTrace();
        }
    }
    public static Connection getConnection(){
        Connection con = null;
        try{
            con = DriverManager.getConnection(url,username,pwd);  //建立连接
        }catch(Exception e){
            e.printStackTrace();
        }
        return con;
    }
    public static void release(ResultSet rs,Statement stmt,Connection con){
        try{if(rs!=null)rs.close();}catch(Exception e){e.printStackTrace();}
        try{if(stmt!=null)stmt.close();}catch(Exception e){e.printStackTrace();}
        try{if(con!=null)con.close();}catch(Exception e){e.printStackTrace();}
                if(rs==null)System.out.println("rs==null"+"util");
                      //断开某会话连接
    }
    public static void release(Object o){
    try{
        if(o instanceof ResultSet){
            ((ResultSet)o).close();
        }else if(o instanceof Statement){
            ((Statement)o).close();
        }else if(o instanceof Connection){
```

```
                ((Connection)o).close();
            }
        }catch(Exception e){
            e.printStackTrace();
        }
    }
    public static void printRs(ResultSet rs){
            if(rs==null) return;
        try{
            ResultSetMetaData md = rs.getMetaData();
            int colmun = md.getColumnCount();
            StringBuffer sb = new StringBuffer();
            for(int i=1; i<=colmun; i++){
                sb.append(md.getColumnName(i)+"\t");
            }
            sb.append("\n");
                while(rs.next()){
                    for(int i=1; i<=colmun; i++){
                        sb.append(rs.getString(i)+"\t");
                    }
                    sb.append("\n");
                }
                System.out.println(sb.toString());
        }catch(Exception e){
            e.printStackTrace();
        }
    }
}
```

(3) HbnBusiness 类用于与数据库建立连接，结合 hibernate.cfg.xml 配置文件，使 Hibernate 和数据库表建立访问机制。其代码如下：

```
public class HbnBusiness {
  private static SessionFactory sf;   //建立会话库
  static{
     try {
         sf = new Configuration().configure().buildSessionFactory();
     } catch (HibernateException e) {
         e.printStackTrace();
     }
  }
  public static Session getSession(){  //获取会话
      Session s = null;
      if(sf!=null){
          s = sf.openSession();
      }
      return s;
  }
}
```

2.5.2　配置 Hibernate 访问类

目前企业级应用一般均采用面向对象的开发方法，而内存中的对象数据不能永久存在，如想借用关系数据库来永久保存这些数据的话，无疑就存在一个对象-关系的映射过程。在这种情形下，诞生了许多解决对象持久化问题的中间件，其中开源的 Hibernate 由于其功能与性能的优越而备受 Java 程序员青睐。Hibernate 是一个开放源代码的对象关系映射框架，它对 JDBC 进行了非常轻量级的封装，使得 Java 程序员可以随心所欲地使用面向对象的编程思想来操纵数据库。Hibernate 可以应用在任何使用 JDBC 的场合，既可以在 Java Application 中使用，也可以在 Servlet/JSP 的 Web 应用中使用。最具革命意义的是，Hibernate 可以在应用 EJB 的 Java EE 架构中取代 CMP，完成数据持久化的重任。

下面将为系统中涉及的数据表进行 Hibernate 相关配置。

1. UserDAO 接口

(1) 新建 UserDAO 接口，用于对数据库中的表 user 进行操作。该接口中存放操作该表的方法，包括添加、删除、修改和查询等。其代码如下：

```
//对网点数据进行访问的接口
public interface UserDAO{
    /**
     * 根据给定的姓名和密码在底层数据源中查找网点的记录
     * 若找到，则返回该网点对象;若没找到或密码错误,则返回 null
     * @param name 网点名称
     * @param passwd 网点密码
     * @return 找到的网点对象或 null
     */
    public Oper getBranch(String name,String passwd);
    /**
     * 向底层数据中添加一个网点记录
     * @param user 要添加的网点对象
     * @return 若添加成功返回 true，否则返回 false
     */
    public boolean addBranch(Oper user);
    /**
     * 根据指定的网点名称在底层数据源中删除该网点
     * @param name 网点名称
     * @return 若删除成功返回 true，否则返回 false
     */
    public boolean removeBranch(String name);
    /**
     * 修改指定网点的密码
     * @param name 网点名称
     * @param oldPassword 旧密码
     * @param newPassword 新密码
     * @return 若修改成功返回 true，否则返回 false
     */
    public boolean modifyPassword(String name,String oldPassword,String newPassword);
    public Set getAllBranch();
}
```

(2) 新建 UserDaoFromHbn 类，用于实现 UserDAO 接口中的各方法。下面仅给出修改密码 modifyPassword 方法的代码：

```
public class UserDaoFromHbn implements UserDao {
    public boolean modifyPassword(String name, String oldPassword,
            String newPassword) {
        Session s = null;
        Transaction t = null;
        boolean b = false;
        try {
            s = HbnBusiness.getSession();    //获得会话
            t = s.beginTransaction();
            String hql = "from Branch where name=? and passwd=?";  //SQL 语句
            Oper a = (Oper) s.createQuery(hql).setString(0, name)
```

```
                .setString(1, oldPassword).uniqueResult();  //执行修改密码动作
            a.setPasswd(newPassword);
            s.update(a);                            //操作数据库
            t.commit();                             //提交事务
            b = true;
        } catch (HibernateException e) {
            e.printStackTrace();
            t.rollback();                           //发生异常回滚
        } finally {
            if (s != null)
                try {
                    s.close();                      //关闭会话对象
                } catch (Exception e) {
                    e.printStackTrace();
                }
        }
        return b;
    }
}
```

2. FlightDAO 接口

(1) 新建 FlightDAO 接口，用于对数据库中的表 flight 进行操作。该接口中存放操作该表的方法，包括添加、删除、修改和查询等。其代码如下：

```
/**
 * 航班和航班计划数据访问接口
 *
 *
 */
public interface FlightDAO{
    /**
     * 根据指定出发地、目的地和出发日期在底层数据源中查找
     * 得到所有航班对象的集合
     * @param fromAddr 出发地
     * @param toAddr 目的地
     * @param date 出发日期
     * @return 航班集合
     */
    public Set getAllFlights(String fromAddr,String toAddr,Calendar date);

    /**
     * 执行出票操作
     * @param ord 订单对象
     * @return 出票成功返回 true，否则返回 false
     */
    public boolean order(Order ord);

    /**
     * 添加指定的航班计划对象
     * @param fs 要添加的航班计划对象
     * @return 添加成功返回 true,否则返回 false
     */
    public boolean addFlightSchedular(FlightSchedular fs);

    /**
     * 根据给定的航班编号在底层数据源中删除该航班计划，以及该计划下的所有航班
     * @param flightNumber 要删除的航班计划的航班编号
     * @return 删除成功返回 true,否则返回 false
```

```
     */
    public boolean removeFlightSchedular(String flightNumber);

    /**
     * 删除过期航班
     *
     */
    public void removeOverDateFlights();


    /**
     * 得到所有航班计划对象
     * @return
     */
    public Set getAllFlightSchedulars();
        public boolean addFlight(Flight fl);
```

(2) 新建 FlightDaoFromHbn 类，用于实现 FlightDAO 接口中的各方法。下面仅给出添加飞机 addFlight 方法的代码：

```
public class FlightDaoFromHbn implements FlightDAO {
    public boolean addFlight(Flight fl) {
        Session s = null;                          //Hibernate 会话对象
        Transaction t = null;                      //事务
        boolean b = false;
        try {
            s = HbnBusiness.getSession();          //获取会话对象
            t = s.beginTransaction();              //开启事务
            s.save(fl);                            //执行保存
            t.commit();                            //提交事务
            b = true;
        } catch (HibernateException e) {
            e.printStackTrace();
            t.rollback(); //发生异常回滚
        } finally {
            if (s != null)
                try {
                    s.close();                     //关闭会话对象
                } catch (Exception e) {
                    e.printStackTrace();
                }
        }
        return b;
    }
```

(3) 按照以上方法为系统中的其他表增加相应的数据库访问方法，即一个用于定义类，另一个用于具体实现，类似 C 语言中的头文件.h 和.c 文件。这样方便程序员管理代码，高度提高代码的可重用性。

2.5.3 系统登录模块设计

因为本系统采用 C/S 模式进行架构，所以必须为网点设置系统登录功能，同时也增加系统的安全性，使得只有通过系统身份验证的用户才能够使用系统。为此，必须增加一个系统登录模块。

(1) 添加 LoginFrame 类，定义成员变量，用来记录当前登录名和用户类型信息。

(2) LoginFrame 类继承 JFrame 类，JFrame 类是 Java 系统函数中窗体的基类。在登录窗体中添加三个 JLable 控件、两个 JButton 控件、二个 JTextField 控件。具体代码如下：

```
public class LoginFrame extends JFrame  implements ActionListener{
    private JLabel[] label;//所有标签
    private JTextField name;
    private JPasswordField password;
    private JButton ok;
    private JButton cancel;
    private JPanel jp1,jp2,jp3;
    public LoginFrame(){
         super("航空订票管理系统客户端");
         label=new JLabel[3];
         label[0]=new JLabel("网      点：");
         label[1]=new JLabel("密      码：");
         label[2]=new JLabel("欢迎使用订票系统");
         name=new JTextField(20);
         password=new JPasswordField(20);
         ok=new JButton("登录");
         cancel=new JButton("取消");
         jp1=new JPanel();
         jp2=new JPanel();
         jp3=new JPanel();
         init();                        //界面初始化
         setAllFont();                  //设置字体
         addEventHandle();              //添加监听器
    }
    }
```

(3) init 方法是登录窗体初始化方法，利用 setLayout 方法进行窗体布局处理，通过 add 方法将窗体加到 jp2 容器中。init 方法的具体实现代码如下：

```
private void init(){
      jp1.setLayout(new FlowLayout(FlowLayout.CENTER,10,20)); //窗体布局处理
      jp1.add(label[2]);   //添加组件
      this.add(jp1,BorderLayout.NORTH);
      jp2.setLayout(new FlowLayout(FlowLayout.CENTER,5,10));
      jp2.add(label[0]);jp2.add(name);
      jp2.add(label[1]);jp2.add(password);
      this.add(jp2,BorderLayout.CENTER);
      jp3.setLayout(new FlowLayout(FlowLayout.CENTER,50,20));
      jp3.add(ok);jp3.add(cancel);
      this.add(jp3,BorderLayout.SOUTH);
```

(4) 在 addEventHandle 方法中增加两个监听器，通过 addActionListener 监听登录动作。首先建立 Request 对象向服务器端发送登录用户名和密码，服务器端根据输入的信息判断是否为合法用户。若是合法用户则登录成功，否则提示重新输入名称和密码。若单击“取消”按钮，则退出会话、清除缓冲区并退出系统操作。

```
private void addEventHandle(){
     ok.addActionListener(this);
     cancel.addActionListener(this);
}
public void actionPerformed(ActionEvent e) {
     if(e.getActionCommand().equals("登录")){//如果单击“登录”按钮
          //判断文本框中的内容是否为空
if(name.getText().equals("")||newString(password.getPassword()).equals("")){
               JOptionPane.showMessageDialog(this,"名称和密码不能为空！");
               return; }
```

```
                try {
                    //创建一个请求对象，该请求的类型为登录请求
                    Request req=new Request("login");
                    //向请求对象中添加数据
                    req.setData("UserName",name.getText());
                    req.setData("Password",new String(password.getPassword()));
                    //将请求对象写往服务器
                    ClientMainClass.oos.writeObject(req);
                    ClientMainClass.oos.flush();
                    //从服务器获得一个应答对象
                    Response res=(Response)ClientMainClass.ois.readObject();
                    //解析应答对象中封装的数据
                    Oper user=(Oper)res.getData();
                    if(user!=null){//如果返回了一个合法的网点商(登录成功)
                    //把当前网点对象保存成全局变量
                        ClientMainClass.currentUser=user;          //创建客户端主界面
            ClientMainClass.clientFrame=new ClientMainFrame();    //显示客户端主界面
                        ClientMainClass.clientFrame.showMe();     //销毁登录界面
                        this.dispose();
                    }else{//如果登录不成功
    JOptionPane.showMessageDialog(this,"对不起，名称和密码不正确，请重新输入！");
                    }
                } catch (Exception e1) {
                    e1.printStackTrace();
                }
            }else if(e.getActionCommand().equals("取消")){
                try {
                    Request req=new Request("quit");
                    ClientMainClass.oos.writeObject(req);
                    ClientMainClass.oos.flush();
                    System.exit(0);
                } catch (Exception e1) {
                    e1.printStackTrace();
                }
            }
        }
```

到此为止，已经完成了主界面的设计工作，并且搭建了 Hibernate 开发平台，接下来只需在这个平台中开发各功能模块，并配置操作和访问数据的类即可。Hibernate 配置文件可以通过 MyEclipse 自动生成，但对于初学者，建议手工编写，以加深理解。

2.6 航班管理模块

视频讲解 光盘:视频\第 2 章\航班管理模块.avi

航班管理是指对如下信息的管理。

- 添加飞机信息。
- 添加航班。
- 添加航班计划。
- 查询航班。
- 删除航班。

本节主要介绍添加飞机信息、添加航班、添加航班计划的具体实现。

2.6.1　添加飞机信息

(1) 在工程中增加添加飞机信息类 AddPlaneModel，该类继承 Java 系统的 Jdialog 类，负责定义“添加飞机信息”窗体需要的各种组件，同时初始化窗体。其部分代码如下：

```
public class AddPlaneModel extends JDialog implements ActionListener{
    private JLabel label1=new JLabel("     添加飞机信息:       ");  //标题标签
    private JLabel label2=new JLabel("机型: ");                     //"机型"标签
    private JTextField text1=new JTextField(20);                    //"机型"文本框
    private JLabel label3=new JLabel("头等舱座位数: ");             //座位数标签
    private JTextField text2=new JTextField(20);                    //座位数文本框
    private JLabel label4=new JLabel("公务舱座位数: ");
    private JTextField text3=new JTextField(20);
    private JLabel label5=new JLabel("经济舱座位数: ");
    private JTextField text4=new JTextField(20);
    private JLabel label6=new JLabel("最大里程: ");                 //"最大里程"标签
    private JTextField text5=new JTextField(20);                    //"最大里程"文本框
    private JLabel label7=new JLabel("公里");                       //里程单位
    private JButton ok=new JButton("添加");                         //"添加"按钮
    private JButton cancel=new JButton("取消");                     //"取消"按钮
    public AddPlaneModel(JFrame parentFrame){
        super(parentFrame,"添加飞机信息");
        init();                                                     //添加组件进 panel 容器
    }
```

(2) 窗体初始化后，要为窗体中的按钮增加相应的监听器，actionPerformed 监听器的功能是实现添加操作后具体的数据库操作。在该监听器中首先创建 PlaneModel 实例对象，传入实际参数，然后通过 Hibernate 框架直接进行数据库的插入操作，这样程序员可以在不了解底层数据库的情况下，直接利用已定义好的方法，最终实现业务逻辑操作。相关代码如下：

```
public void actionPerformed(ActionEvent e) {                       //按钮事件方法
        if(e.getActionCommand().equals("添加")){                   //如果事件源"添加"按钮
            String model=text1.getText();                          //获取机型
            int maxLength=Integer.parseInt(text5.getText());       //获取里程数
            int FCS=Integer.parseInt(text2.getText());             //获取头等舱座位数
            int BCS=Integer.parseInt(text3.getText());             //获取商务舱座位数
            int ECS=Integer.parseInt(text4.getText());             //获取经济舱座位数
            PlaneModel pm=new PlaneModel(model,maxLength,FCS,BCS,ECS);
            //创建飞机对象
            boolean isOk=ServerMainClass.planeModelDao.addPlaneModel(pm);   //保存
            if(isOk){
                ServerMainClass.allPlaneModels.add(pm);            //保存飞机机型集合
                JOptionPane.showMessageDialog(this,"添加飞机型号成功! ");
                this.dispose();                                    //关闭对话框
            }else{
                JOptionPane.showMessageDialog(this,
"添加飞机型号失败，有可能已存在同型号飞机! ");
            }
        }else if(e.getActionCommand().equals("取消")){
            this.dispose();                                        //关闭对话框
        }
    }
```

“添加飞机信息”窗体的运行效果如图 2-11 所示。

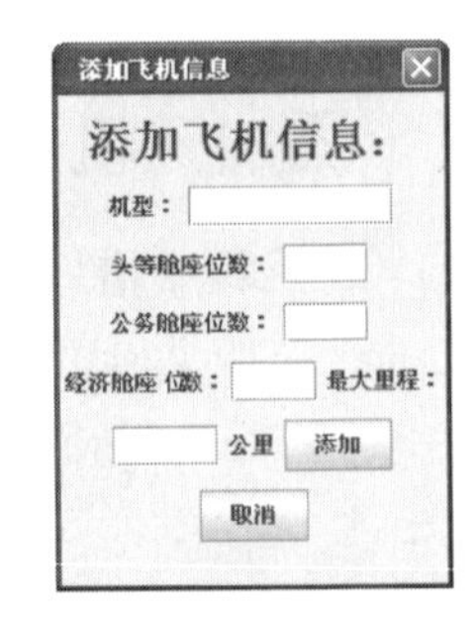

图 2-11 “添加飞机信息”窗体

2.6.2 添加航班

(1) 在工程中增加添加航班类 AddFlight，并且定义“添加航班”窗体需要的各种组件，包括文本框、JLable 标签、JButton 按钮等，再分别为“确定”和“取消”按钮增加监听器，调用 init 方法进行窗体初始化，调用 showMe 方法进行大小控制。其部分代码如下：

```
public class AddFlight extends JDialog implements ActionListener {
public AddFlight(JFrame frame) {
        super(frame, "添加航班");                    // 定义标题
        label0 = new JLabel("添加航班");              // 创建相关标签
        label1 = new JLabel("航 班 号:");
        label2 = new JLabel("折    扣:");
        label3 = new JLabel("日    期:");
        label4 = new JLabel("年");
        label5 = new JLabel("月");
        label6 = new JLabel("日");
        t = new JTextField(20);                      // 创建文本框
        t0 = new JTextField(10);
        t1 = new JTextField(5);
        t2 = new JTextField(5);
        t3 = new JTextField(5);
        ok = new JButton("添加");                    // 创建"添加"按钮
        ok.addActionListener(this);                  // 为"添加"按钮注册事件
        cancel = new JButton("取消");                // 创建"取消"按钮
        cancel.addActionListener(this);              // 为"取消"按钮注册事件
        init();                                      // 调用初始化方法
        showMe();                                    // 调用显示方法
}
```

(2) 为窗体中的“添加”按钮设置对应的操作方法。getActionCommand 方法用于获得系统菜单名称，并通过 getAllFlightSchedulars 方法查询系统中所有航班计划信息。将取得的航班号与现在所添加的航班号进行对比，若系统中无该航班号则添加，否则提示航班已存在。代码如下：

```
    public void actionPerformed(ActionEvent e) { // 事件方法
        if (e.getActionCommand().equals("添加")) { // 如果事件源是"添加"按钮
            FlightDAO dao = ServerMainClass.flightDaoSch; // 获取航班 dao
            HashSet hs = (HashSet) dao.getAllFlightSchedulars(); // 获得航班计划信息
            if (hs.size() != 0) { // 判断是否有航班计划
                boolean b = false;
                for (Object obj : hs) { // 对所有航班计划进行遍历
            FlightSchedular fsc = (FlightSchedular) obj; // 获取航班计划对象
          if (fsc.getFlightNumber().equals(t.getText())) { // 判断是否存在航班号
                Calendar date = Calendar.getInstance();
                date.set(Calendar.YEAR, Integer.parseInt(t1.getText()));
                date.set(Calendar.MONTH, Integer.parseInt(t2.getText())-1);
                date.set(Calendar.DATE, Integer.parseInt(t3.getText()));
                Flight f = fsc.createNewFlight(date, (Double
                    .parseDouble(t0.getText()))); // 创建航班(日期，折扣)
                boolean success = false;
                success = ServerMainClass.flightDao.addFlight(f); //保存航班
```

```
                        if (success) {
                            JOptionPane.showMessageDialog(this, "添加航班成功! ");
                            b = true;
                            this.dispose();
                            return;
                        }
                    }
                }
        if (e.getActionCommand().equals("取消"))
            this.dispose();
    }
```

2.6.3　添加航班计划

(1) 在工程中增加添加航班计划类 AddFlightPlan，并且定义“添加航班计划”窗体需要的各种显示组件，包括文本框、JLable 标签，JButton 按钮和 JPanel 容器等组件。此处采用了动态生成 JLabel 的形式，虽然这种形式比较耗费资源，但是因为本窗体要求显示的信息较多，采用动态生成 JLabel 的形式可以减少代码量。其代码如下：

```
String[] str1 = { "添加航班计划", "航班号: ", "出发地: ", "目的地: ", "起飞时间: ","时","分",
"到达时间: ", "时", "分", "班期: ", "开始日期: ", "年", "月", "日", "结束日期: ", "年","月", "
日", "总里程", "公里", "全价", "元", "执行机型" };
String[] str2 = { "星期日", "星期一", "星期二", "星期三", "星期四", "星期五", "星期六" };
    public AddFlightPlan(JFrame f) {
        super(f, "添加航班计划", true);
        labs = new JLabel[str1.length];      //创建标签数组
        texts = new JTextField[15];          //文本框数组
        checks = new JCheckBox[7];           //复选框数组
        ok = new JButton("添加");            //"添加"按钮
        cancel = new JButton("取消");        //"取消"按钮
        jp1 = new JPanel();
        jp2 = new JPanel();
        jp3 = new JPanel();
        jps = new JPanel[11];
```

(2) 利用 for 循环的方式将各个组件添加到容器中，最后对所有组件进行布局管理。其中，length 表示组件的个数，JLabel(str1[i])参数表示在组件中显示的文字信息。setColumns 方法用于设置 TextField 中内容的列数，最后通过 checks 验证布局。代码如下：

```
    for (int i = 0; i < jps.length; i++) {
            jps[i] = new JPanel();
            jps[i].setLayout(new FlowLayout(FlowLayout.LEFT));
        }
        for (int i = 0; i < labs.length; i++) {
            labs[i] = new JLabel(str1[i]);
        }
        for (int i = 0; i < texts.length; i++) {
            texts[i] = new JTextField(10);
        }
        texts[3].setColumns(2);
        texts[4].setColumns(2);
        texts[5].setColumns(2);
        texts[6].setColumns(2);
        texts[7].setColumns(4);
        texts[8].setColumns(2);
        texts[9].setColumns(2);
        texts[10].setColumns(4);
```

```
        texts[11].setColumns(2);
        texts[12].setColumns(2);
        for (int i = 0; i < checks.length; i++) {
            checks[i] = new JCheckBox(str2[i], true);
        }
    jcb = new JComboBox(ServerMainClass.allPlaneModels.toArray());  //获取全部机型
        init();  //界面实例初始化
        addEventHandle();  //增加监听事件
    }
```

(3) 在已定义的窗体上，给“添加”和“取消”按钮实现监听动作，此处通过定义 action Performed 方法实现。单击“添加”按钮时，创建 FlightSchedular 实例对象，对航班计划信息进行赋值以完成添加操作。代码如下：

```
    ok.addActionListener(this);            //为"添加"按钮注册事件
    cancel.addActionListener(this);        //为"取消"按钮注册事件
public void actionPerformed(ActionEvent e) {
        if (e.getActionCommand().equals("取消")) {      //如果单击"取消"按钮
            this.dispose();          //关闭对话框
        } else if (e.getActionCommand().equals("添加")) {  //如果单击"添加"按钮
            FlightSchedular fs = new FlightSchedular(texts[0].getText());
            //创建航班计划对象
            fs.setFromAddress(texts[1].getText());    //设置出发地
            fs.setToAddress(texts[2].getText()); //设置目的地
            fs.setFromTime(new MyTime(Integer.parseInt(texts[3].getText()),
                    Integer.parseInt(texts[4].getText())));        //设置起飞时间
            fs.setToTime(new MyTime(Integer.parseInt(texts[5].getText()),
                    Integer.parseInt(texts[6].getText())));        //设置到达时间
            fs.setSchedular(getSch());             //设置班期
            Calendar startcal = Calendar.getInstance();
            startcal.set(Calendar.YEAR, Integer.parseInt(texts[7].getText()));
            startcal.set(Calendar.MONTH, Integer.parseInt(texts[8].getText()));
            startcal.set(Calendar.DATE, Integer.parseInt(texts[9].getText()));
            fs.setStartDate(startcal);         //设置开始日期
            Calendar endcal = Calendar.getInstance();
            endcal.set(Calendar.YEAR, Integer.parseInt(texts[10].getText()));
            endcal.set(Calendar.MONTH, Integer.parseInt(texts[11].getText()));
            endcal.set(Calendar.DATE, Integer.parseInt(texts[12].getText()));
            fs.setEndDate(endcal);             //设置结束日期
            fs.setLength(Integer.parseInt(texts[13].getText()));    //设置总里程
            fs.setPrice(Double.parseDouble(texts[14].getText()));  //设置全价
            fs.setPlane((PlaneModel) jcb.getSelectedItem());    //设置机型
```

(4) 创建 FlightDAO 对象实例 f，利用 Hibernate 框架完成数据访问。调用 f 对象的 addFlightSchedular 方法，参数 fs 是航班信息的实例。所以，利用 Hibernate 对数据访问进行封装对象，其他模板的开发人员只需知道方法的参数、返回类型和功能即可。具体代码如下：

```
            try {
                FlightDAO f = ServerMainClass.flightDaoSch;    //获取航班计划实例
                boolean success = f.addFlightSchedular(fs);   //保存航班计划对象
                if (success) {
                    JOptionPane.showMessageDialog(this, "添加航班计划成功！");
                    this.dispose();
                } else {
                    JOptionPane.showMessageDialog(this, "添加航班计划失败！");
                    this.dispose();
                }
```

```
            } catch (Exception e1) {
                e1.printStackTrace();
            }
        }
    }
```

“添加航班计划”窗体的运行效果如图 2-12 所示。

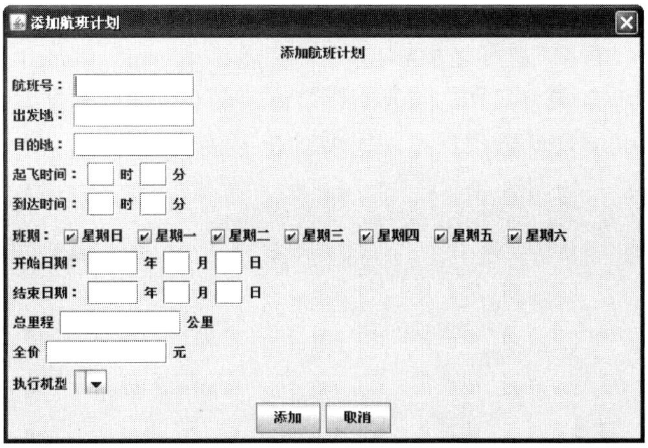

图 2-12　“添加航班计划”窗体

2.7　网点管理模块

视频讲解　光盘:视频\第 2 章\网点管理模块.avi

设计完航班管理模块后，开始进行网点管理模块的编码工作。本节介绍网点管理模块中的如下内容。

- 添加网点：添加网点信息。
- 删除网点：删除网点信息。

2.7.1　添加网点

(1) 在工程中增加添加网点类 AddBranch，并且定义“添加网点”窗体需要的各种组件，包括文本框、JLable 标签，JButton 按钮等。在 AddBranch 类的构造方法中调用 init 和 eventHandle 方法。其代码如下：

```
public class AddBranch extends JDialog implements ActionListener {
    JLabel label0, label1, label2, label3, label4;
    JButton ok, cancel;
    JTextField name, city, passwd, address;
    public AddBranch(JFrame frame) {
        super(frame, "添加网点");    //设置标题
        label0 = new JLabel("请输入网点信息: ");            //设置头标题
        label1 = new JLabel(" 网点名: ");                   //创建"网点"名标签
        label2 = new JLabel(" 密码: ");                     //创建"密码"标签
        label3 = new JLabel(" 城市: ");                     //创建"城市"标签
        label4 = new JLabel(" 地址: ");                     //创建"地址"标签
        ok = new JButton("添加");                           //创建"添加"按钮
```

```
        cancel = new JButton("取消");                          //创建"取消"按钮
        name = new JTextField(15);                            //创建"网点名"文本框
        passwd = new JTextField(15);                          //创建"密码"文本框
        city = new JTextField(15);                            //创建"城市"文本框
        address = new JTextField(15);                         //创建"地址"文本框
        init();                                               //调用初始化方法
        eventHandle();                                        //调用注册事件方法
    }
```

(2) 为“添加”和“取消”按钮增加监听动作实现方法 actionPerformed，getActionCommand 方法用于获得用户选择的菜单名称，创建 UserDao 实例对象完成数据库的访问，addBranch 方法用于向数据中写入新增加的用户。其代码如下：

```
    private void eventHandle() {                                  //注册事件方法
        ok.addActionListener(this);                               //为"添加"按钮注册事件
        cancel.addActionListener(this);                           //为"取消"按钮注册事件
    }
    public void actionPerformed(ActionEvent e) {
        String comm = e.getActionCommand();                       //获取事件源
        if (comm.equals("添加")) {                                 //判断事件源是否为"添加"按钮
            if (name.getText().equals("") || passwd.getText().equals("")
                    || city.getText().equals("")
                    || address.getText().equals("")) {            //判断输入内容是否为空
                JOptionPane.showMessageDialog(this, "请填写所有信息！");
                return;
            }
            UserDao dao = ServerMainClass.agentDao;               //获取网点 dao
            boolean success = dao.addBranch(new Oper(name.getText(), passwd
                    .getText(), city.getText(), address.getText()));//保存
            if (success) {
                JOptionPane.showMessageDialog(this, "祝贺，网点添加成功！");
                this.dispose();
            } else {
        JOptionPane.showMessageDialog(this, "网点添加不成功，可能已存在同名的网点！");
                name.setText("");                                 //清空所有选项
                passwd.setText("");
                city.setText("");
                address.setText("");
            }
        } else if (comm.equals("取消")) {
            this.dispose();
        }
    }
```

“添加网点”窗体的运行效果如图 2-13 所示。

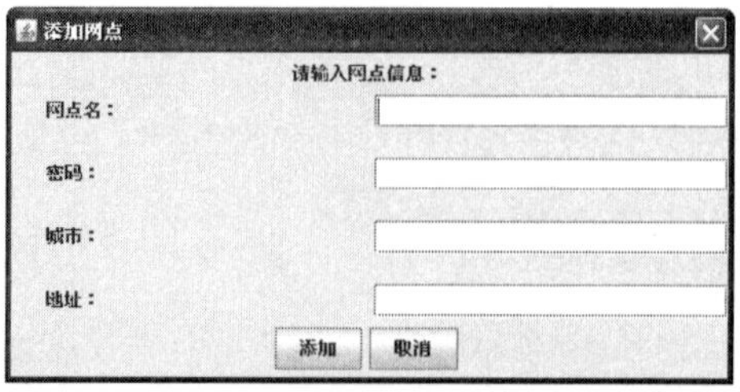

图 2-13　“添加网点”窗体

2.7.2　删除网点

(1) 在工程中增加删除网点类 RemoveBranch，并且定义“删除网点”窗体需要的各种组件，包括文本框，JLable 标签，Jbutton 按钮，JPanel 容器等。在 RemoveBranch 构造方法中创建组件，在 init 方法中针对组件进行布局。其部分代码如下：

```
    public RemoveBranch(JFrame frame) {
        super(frame, "删除网点");                          //设置对话框标题
        label0 = new JLabel("请输入网点信息：");
        label1 = new JLabel("        用户名：");            //创建"用户名"标签
        ok = new JButton("删除");                          //创建"删除"按钮
        cancel = new JButton("取消");                      //创建"取消"按钮
        name = new JTextField(15);                         //创建"用户名"文本框
        init();                                            //调用初始化方法
        eventHandle();                                     //调用注册事件方法
    }
    private void init() {
        JPanel p1 = new JPanel();
        p1.add(label0);
        this.add(p1, BorderLayout.NORTH);
        JPanel p2 = new JPanel();
        p2.setLayout(new GridLayout(1, 2, 10, 20));
        p2.add(label1);
        p2.add(name);
        this.add(p2, BorderLayout.CENTER);
        JPanel p3 = new JPanel();
        p3.add(ok);
        p3.add(cancel);
        this.add(p3, BorderLayout.SOUTH);
    }
```

(2) 为窗体中的“删除”按钮增加监听动作实现方法 actionPerformed，getActionCommand 方法用于获得用户选择的菜单名称，创建 UserDao 实例对象完成数据库的访问，removeBranch 方法用于在数据库中删除网点。其具体代码如下：

```
    public void actionPerformed(ActionEvent e) {  //事件方法
        String comm = e.getActionCommand();       //获取事件源
        if (comm.equals("删除")) {  //判断事件源是否为"删除"按钮
            if (name.getText().equals("")) {      //判断文本框是否为空
                JOptionPane.showMessageDialog(this, "用户名不能为空！");
                return;
            }
        UserDao dao = ServerMainClass.agentDao;  //获取网点 dao
        boolean success = dao.removeBranch(name.getText());     //执行删除
            if (success) {
                JOptionPane.showMessageDialog(this, "网点商删除成功！");
                this.dispose();
            } else {
                JOptionPane.showMessageDialog(this, "网点商删除失败！");
                name.setText(""); //清空
            }
        } else if (comm.equals("取消")) {
            this.dispose();
        }
    }
```

“删除网点”窗体的运行效果如图 2-14 所示。

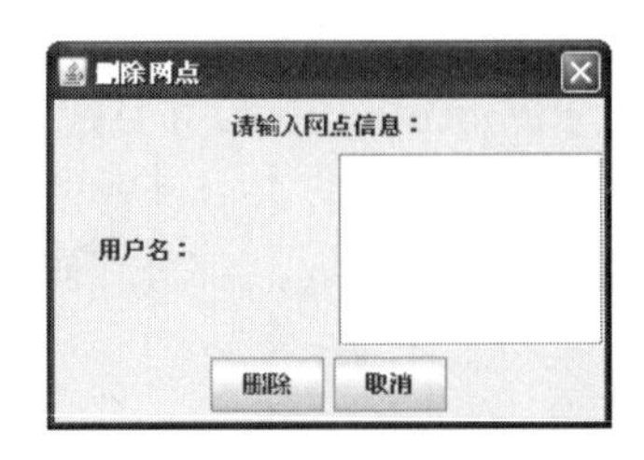

图 2-14　“删除网点”窗体

2.8　订票管理模块

视频讲解 光盘：视频\第 2 章\订票管理模块.avi

完成网点管理模块的编码工作后，马上开始进行订票管理模块的编码工作，这也是整个项目的核心部分。在项目开发过程中，为了养成良好的习惯，规定每一名程序员的代码都要交给专人进行审查，看是否有不满意的地方，做到相互监督，争取在逻辑设计上做到非常漂亮。

本节介绍订票管理模块中的如下内容。

- 登录管理。
- 添加订票。

2.8.1　登录管理

(1) 在工程中增加登录类 ClientMain，添加好各种组件信息。客户端程序利用 Socket 与服务器端进行通信。Socket 网络编程其实非常简单，首先在服务器端创建 Socket 服务来监听来自客户端的请求，然后通过 newFileInputStream 方法加载工程中的端口配置文件。其代码如下：

```
public class ClientMain {
    public static Socket socket;                              //套接字
    public static ObjectInputStream ois;                      //Socket 对象输入流
    public static ObjectOutputStream oos;                     //Socket 对象输出流
    public static List flights;                               //航班对象集合
    public static Oper currentUser;                           //当前登录的网点
    public static ClientMainFrame clientFrame;                //客户端主界面
    public static OrderFrame currentOrderFrame;               //当前订单界面
    public static void init() {                               //初始化方法
    Properties p = new Properties();                          //创建配置文件对象
        try {
            p.load(newFileInputStream(System.getProperty("user.dir")+"\\src\\com
\\hk\\client\\client.properties"));                          //读取配置文件
        } catch (IOException e) {
            JOptionPane.showMessageDialog(new JFrame(), "配置文件丢失或已损坏，请重新定义
配置文件！");
            System.exit(0);
        }
        String hostName = p.getProperty("ServerIP");  //获取服务器端 IP
        String port = p.getProperty("ServerPort");    //获取端口号
```

(2) 创建 Socket 实例对象，第一个参数是服务器端 IP 地址，第二个参数是服务器端的实现接口。建立客户端和服务器端之间的 ObjectOutputStream 输出流和 ObjectInputStream 输入流通信过程。其代码如下：

```
    try {
            socket = new Socket(hostName, Integer.parseInt(port));
            //创建套接字对象
            oos = new ObjectOutputStream(socket.getOutputStream());
            //创建对象输出流
            ois = new ObjectInputStream(socket.getInputStream());
            //创建对象输入流
        } catch (Exception e) {
            JOptionPane.showMessageDialog(new JFrame(), "网络连接失败1，请检查配置参数！");
                try {
                    socket.close();
                } catch (IOException e1) {
                    e1.printStackTrace();
                }
            System.exit(0);
        }
    }
    public static void main(String[] args) {
        ClientMain.init();          //调用初始化方法
        new LoginFrame().showMe();  //显示登录界面
    }
}
```

(3) 增加登录窗体类 LoginFrame，为窗体相应增加组件。在客户端与服务器端建立连接后，就可以通过输入网点名和密码进行验证登录。其代码如下：

```
public LoginFrame(){
        super("航空订票管理系统客户端");
        label=new JLabel[3];
        label[0]=new JLabel("网    点：");
        label[1]=new JLabel("密    码：");
        label[2]=new JLabel("欢迎使用订票系统"); //提示信息
        name=new JTextField(20);
        password=new JPasswordField(20);
        ok=new JButton("登录");
        cancel=new JButton("取消");
        jp1=new JPanel();
        jp2=new JPanel();
        jp3=new JPanel();
        init();
        setAllFont();
        addEventHandle();
    }
```

(4) 为登录窗体增加相应的监听器，通过 getActionCommand 方法获得菜单名称。为了检验用户名是否为空，可以新建一个 Request 对象与服务器端进行通信。其代码如下：

```
public void actionPerformed(ActionEvent e) {
        if(e.getActionCommand().equals("登录")){//如果事件源是"登录"按钮
            //判断文本框中的内容是否为空
            if(name.getText().equals("") || new
String(password.getPassword()).equals("")){
                JOptionPane.showMessageDialog(this,"名称和密码不能为空！");
                return;
```

```
            }
            try {
                //创建一个请求对象，该请求的类型为登录请求
                Request req=new Request("login");
                //向请求对象中添加数据
                req.setData("UserName",name.getText());
                req.setData("Password",new String(password.getPassword()));
                //将请求对象写往服务器
                ClientMain.oos.writeObject(req);
                ClientMain.oos.flush();
                //从服务器获得一个应答对象
                Response res=(Response)ClientMain.ois.readObject();
                //解析应答对象中封装的数据
                Oper user=(Oper)res.getData();
                if(user!=null){//如果返回了一个合法的网点商(登录成功)
                    //把当前网点商对象保存成全局变量
                    ClientMain.currentUser=user;
                    //创建客户端主界面
                    ClientMain.clientFrame=new ClientMainFrame();
                    //显示客户端主界面
                    ClientMain.clientFrame.showMe();
                    //销毁登录界面
                    this.dispose();
                }else{//如果登录不成功
                    JOptionPane.showMessageDialog(this,"对不起，名称和密码不正确，请重新
输入！");
                }
            } catch (Exception e1) {
                e1.printStackTrace();
            }
    }
```

2.8.2 添加订票

(1) 在工程中增加添加订票类 AddOrder，该类主要完成乘客订票信息的添加。创建窗体需要的组件信息，利用 init 方法进行界面布局初始化。其代码如下：

```
public class AddOrder extends JPanel implements ActionListener {
JLabel label1 = new JLabel("添加订单项：");                    //创建"添加订单项"标签
JLabel label2 = new JLabel("乘客姓名：");                      //创建"乘客姓名"标签
JTextField passengerName = new JTextField(12);                //创建"乘客姓名"文本框
JLabel label3 = new JLabel("证件号码：");                      //创建"证件号码"标签
JTextField passengerId = new JTextField(18);                  //创建"证件号码"文本框
JLabel label4 = new JLabel("机票类型：");                      //创建"机票类型"标签
JComboBox ticketType = new JComboBox(TicketType.values());    //创建"机票类型"下拉列表框
JLabel label5 = new JLabel("舱位等级：");                      //创建"舱位等级"标签
JComboBox cabinClass = new JComboBox(CabinClass.values());    //创建"舱位等级"下拉列表框
JButton button = new JButton("订票");                          //创建"订单"按钮
public AddOrder() {
    init();                                                   //调用初始化方法
    eventHandle();                                            //调用注册事件方法
}
```

(2) 为窗体中的“订票”按钮增加监听 actionPerformed 方法，在该方法中判断是否有乘客要订的航班，为乘客输入身份信息，完成订票操作。其代码如下：

```
public void actionPerformed(ActionEvent arg0) {               //事件方法
    if (ClientMain.clientFrame.getTable() == null) {          //如果没有查询航班
```

```
            JOptionPane.showMessageDialog(this, "请先查询航班！");
            return;
        }
    int i = ClientMain.clientFrame.getTable().getSelectedRow();//获取航班索引
        if (i == -1) {      //如果没有选择航班
            JOptionPane.showMessageDialog(this, "请先选择航班！");
            return;
        }
        Flight flight = (Flight) ClientMain.flights.get(i);     //获取航班对象
        if (flight == null) {  //判断航班对象
            JOptionPane.showMessageDialog(this, "选择的航班无效，请重新选择！");
            return;
        }
        if (passengerName.getText().trim().isEmpty()
                || passengerId.getText().trim().isEmpty()) {
        //判断是否输入客户信息
            JOptionPane.showMessageDialog(this, "请输入您的姓名和证件号码！");
            return;
        }
        TicketOrder item = new TicketOrder();     //创建订单对象
        item.setPassengerName(passengerName.getText());    //设置客户姓名
        item.setPassengerId(passengerId.getText());        //设置客户证件号码
        item.setFlight(flight);           //设置所乘航班
        item.setF_class((CabinClass) cabinClass.getSelectedItem());//设置机票类型
        item.setT_type((TicketType) ticketType.getSelectedItem());//设置舱位等级
        item.setBranch(ClientMain.currentUser);  //设置营业网点
        if (ClientMain.currentOrderFrame == null) {   //如果没有界面
            ClientMain.currentOrderFrame = new OrderFrame();  //创建订单界面
            ClientMain.currentOrderFrame.setOrder(new Order(
                    ClientMain.currentUser, new java.util.Date(),
                    ClientMain.socket.getInetAddress()));     //加入到界面
            ClientMain.currentOrderFrame.showMe();
        }
        ClientMain.currentOrderFrame
                .addOrderItem(new OrderItemPanel(item)); //加入新订单
}
```

此时就完成了整个项目的开发工作。

2.9 系统测试

视频讲解 光盘：视频\第 2 章\系统测试.avi

整个项目全部完成后，开始进入整体测试阶段。

(1) 对基础数据进行维护，实现网点注册、飞机管理、航班计划管理等功能，并实现相应的添加、修改和删除操作。

(2) 系统中现在已有部分基础信息，接下来要在多台计算机上安装客户端进行访问、查询。

(3) 若查询数据操作和界面表现统一，且在多个客户端进行并发操作成功，则进行大流量访问压力测试。

(4) 前面三步对基本流程都测试了一次，接下来就是反复删除、添加、修改各基础信息。最后着重测试第三步。

注意： 本项目的具体代码保存在附赠光盘的“daima\第 2 章\”目录下。请读者首先将其复制到硬盘中，去掉文件的只读属性，再导入 Eclipse 即可查阅。导入时注意：一定要导入 jdk 环境和此工程 lib 目录下的所有第三方 jar 包，否则将无法运行。

第 3 章　酒店管理系统

随着人类社会的发展，市区规模不断扩大，人口数量不断增加，城市内的酒店数量也不断增加。而随着人类生活节奏的加快，顾客对酒店的服务要求也越来越高，利用信息化技术管理酒店势在必行。使用酒店管理系统管理不同种类且数量繁多的事务，可以提高酒店管理工作的效率，减少工作中可能出现的错误，为顾客提供更好的服务。本章将介绍如何利用 Eclipse 开发酒店管理系统，将详细讲解酒店管理系统项目的构建流程，旨在让读者牢固掌握 SQL 后台数据库的建立、维护以及前台应用程序的开发方法，为以后的软件开发打下坚实的基础。

赠送的超值电子书

021.可以变的量叫变量
022.简单数据类型值的范围
023.字符型
024.整型
025.浮点型
026.布尔型
027.if 语句
028.if 语句可以有多个条件判断
029.switch 语句的基本用法
030.理解 switch 语句的执行顺序

3.1 程序员职场生存秘籍

视频讲解 光盘：视频\第 3 章\程序员职场生存秘籍.avi

作为一名程序员，怎样做才能使自己的职场生涯变得多姿多彩呢？本节将探讨程序员在职场中如鱼得水的秘籍。

3.1.1 程序员的生存现状

IT 在中国的大发展不过近 30 年，但却是风起云涌、豪杰四起的 30 年，马云、马化腾、张朝阳和李彦宏的故事并不久远。不可否认，在中国的 IT 人中诞生了许多天才和富豪，但我们比较关心的还是人数最多的大众 IT 人的生存现状，毕竟是千千万万的他们盖起了中国的 IT 大厦。

(1) 高薪，个体差异巨大。

IT 从业者的确高薪，但是个体贫富差距很大，刚刚入门的程序员和高级顾问的收入差距往往会有几十倍。而中国 IT 从业人员的薪水又是呈两头小、中间大的梭子型分布，拿低薪和高薪的人少，大部分人都在中间徘徊。

(2) 低龄化

中国 IT 专业人员的年龄主要集中在 21～35 岁，其中 26～30 岁比例最高，占到四成；其次是 21～25 岁人群，略少于前者；31～35 岁居第三位，不足两成；剩下的不足半成的是其他年龄段的，大都是 35 岁以上的开发人员。

(3) 理科天才的汇聚地。

IT 行业是理科天才的聚集地，是对个人能力要求比较高的行业，没有真本事的人立刻会被踢出队伍。IT 研究的是毫无趣味的代码和算法，但是创造出来的却是极大方便人们生活的各种软件，这些软件功能强大，却简单易用。

(4) 改变了人们的生活。

IT 正以前所未有的速度改变着人们的生活，用神奇来说一点也不为过。例如，阿里巴巴和京东已经改变了人们传统的购物习惯，谷歌的技术创新产品已经彻底颠覆了人们的生活形态。

3.1.2 赢在职场——修炼程序员职场秘籍

当你怀揣毕业证书加入浩浩荡荡的求职大军时，一定要明确自己心中的目标，并结合自身的现状选择目标应聘公司。在求职应聘时，一定要注意如下两点。

(1) 明确自己要加入“大”公司还是“小”公司。

很多计算机专业的学生在第一次求职的时候，几乎都会遇到“到大公司还是到小公司”的问题。人们通常认为大公司的薪水高、工作稳定、技术水平高、升迁机会多，但是，大公司要求高，竞争激烈；而小公司薪水相对低一些，工作稳定性较差，技术水平参差不齐，升迁机会不多，但是，录取率相对较高。针对每个人不同的情况，这是给出如下建议。

- 如果希望有一份安稳的工作，同时又具有大公司所要求的学历、经验、证书、能力，则应该首选大公司。这里说的大公司是指国内外著名企业，或者地区内的著名企业。进入大公司后，可以保证收入高，岗位稳定。
- 如果技术水平一般，那么只能选择进入小公司了。小公司的好处是起点低、机会多，缺点是收入低、开发流程不规范。
- 对于有理想和抱负的程序员，建议先进小公司，然后再进大公司。小公司专业化分工比较粗糙，有时一个人就会负责一个项目，对人的锻炼机会很多。程序员既可以学到编程，又可以学到设计和项目管理，往往会成为一个“全能型”的程序员，这对个人以后的发展有很大的好处。但是，程序员在小公司完成编程积累之后，应该转向到大公司发展，学习大公司的软件开发流程、团队意识、大项目的开发经验、规范和管理、企业间的合作以及技术交流和运用等。
- 对于缺乏远大理想、把软件开发当作普通工作、只希望获得平均工资和正常收入的程序员来说，最好能到一些较为稳定的部门工作，以确保获得稳定的收入。这部分人不管进入大公司还是小公司，都可能面临被解雇的危险。最好的情况就是处于一个岗位多年不动、工资多年不涨的局面。

(2) 在简历中体现出自己的亮点。

简历是程序员进入大公司或小公司的敲门砖，在简历中除了需要真实地反映你做过的工作，不要浮夸之外，还需要尽可能地体现出自己的亮点，尽可能地列出所有能提升你形象的事情(如奖励、经历过的特别的项目等)，例如：

- 曾任××公司产品的技术负责人，此产品为用户执行×任务提供了完整的企业级解决方案。
- 曾优化×××组件代码，使其执行效率提高 40%。

3.2 新的项目

视频讲解　光盘：视频\第 3 章\新的项目.avi

本项目是为当地著名的连锁酒店开发一个酒店管理系统，项目团队成员的具体职责如下。

- 软件工程师 A：负责设置系统界面，撰写系统设计规划书。
- 软件工程师 B：负责进行需求分析，并设计数据库框架和订房/查询管理模块。
- 软件工程师 C(经理)：负责系统架构设计，并监管项目总进度。
- 软件工程师 D：负责设计基本信息管理模块和旅客信息管理模块。

本项目的具体开发流程如图 3-1 所示。

整个项目的具体操作流程如下：项目规划→数据库设计→框架设计→基本信息管理、订房/查询管理、旅客信息管理模块设计。

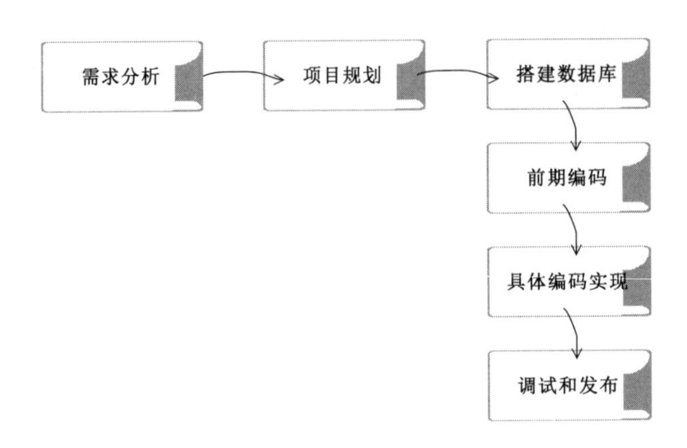

图 3-1　开发流程

3.3　系统概述和总体设计

视频讲解 光盘：视频\第 3 章\系统概述和总体设计.avi

根据酒店管理的运作规则和要求，可以总结出酒店管理软件系统的基本功能模块。当然，因为各种类型的酒店管理工作是大同小异的，所以具体功能划分、职责划分和管理流程也都是大同小异的。如果是一个全新运营模式的特色酒店，这就需要在项目规划伊始进行详细的规则设计工作，这是一个十分“浩瀚”的工程，相关内容将在本书后面的章节中进行讲解。

本项目的系统规划书分为如下两个部分。

- 系统需求分析文档。
- 系统运行流程说明。

3.3.1　系统需求分析

酒店管理系统的用户主要是前台工作人员。该系统具备的核心功能模块如下。

(1) 基本信息管理模块，主要包括房间信息管理、旅客类型管理、收费信息管理等子模块。

(2) 订房/查询管理模块，用于管理和查询针对酒店应用的最主要的信息，主要包括个人订房管理、多人订房管理、营业查询管理等子模块。

(3) 旅客信息管理模块，主要包括旅客信息查询、会员信息管理等子模块。

根据需求分析设计系统的体系结构，如图 3-2 所示。

图 3-2 中详细列出了本系统的主要功能模块，因为本书篇幅的限制，在本书后面的内容讲解过程中，只是讲解了图 3-2 中的重要模块的具体实现过程。对于其他模块的具体实现，请读者参阅本书附带光盘中的源代码和讲解视频。

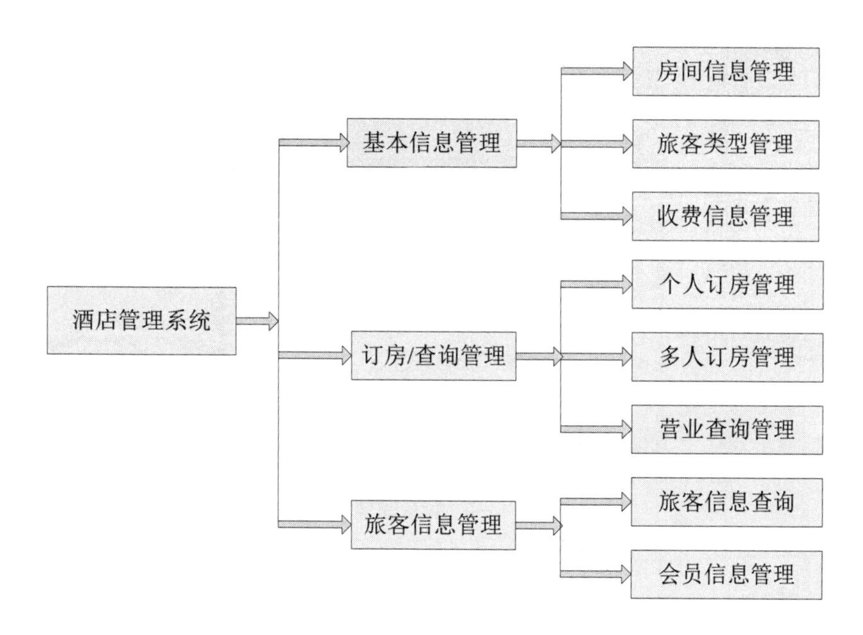

图 3-2　酒店管理系统体系结构示意图

3.3.2　实现流程分析

本项目包括后台数据库的建立以及前端应用程序的开发两个方面。后台数据库采用 MySQL 数据库，并将前台程序所用基础表的字段和操作封装到相应的类中，使应用程序的各个窗体之间都能够共享对表的操作，而不需要重复编码，使程序更加易于维护。整个项目的具体实现流程如图 3-3 所示。

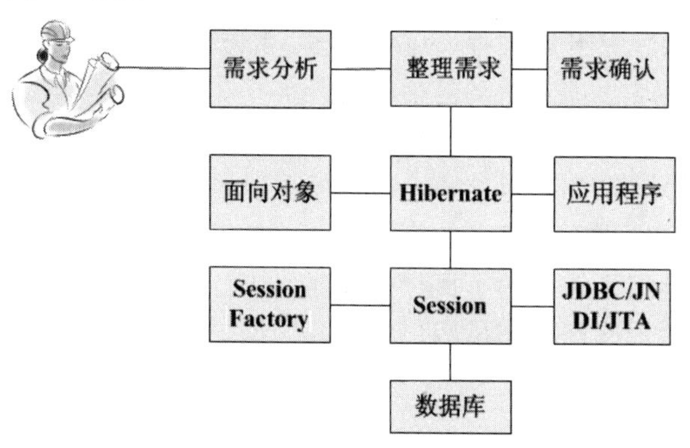

图 3-3　实现流程

3.3.3　系统 demo 流程

下面模拟系统的运行流程：运行系统后，首先会弹出“系统”登录对话框，对用户的身份进行认证并确定用户的权限，如图 3-4 所示。

系统初始化时会生成两个默认用户：系统管理员和普通用户。系统管理员的用户多为 admin，密码为 admin；普通用户的用户为 user，密码为 user。这是由程序设计人员添加到数据库表中的。使用admin用户(系统管理员)登录，可创建其他用户，并在系统维护菜单下进行添加、修改、删除操作；如果不需要对其他用户进行管理，建议使用user用户进行登录。

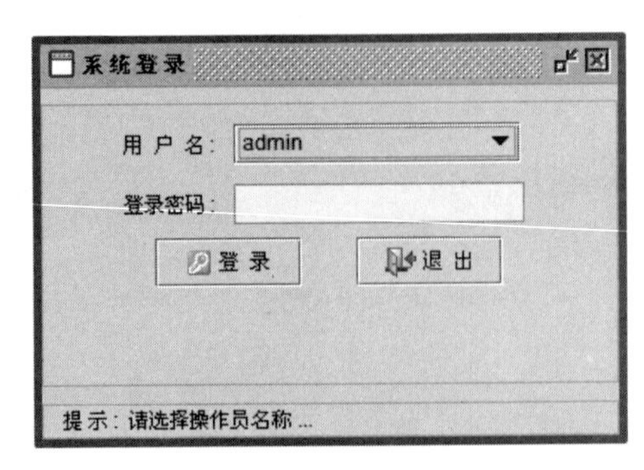

图 3-4　登录窗体

进入系统后，首先需要添加基本信息，设置系统的配置参数，然后可以对系统内的旅客信息进行管理维护。为了帮助用户快速找到相关信息，可以通过信息查询模块进行检索。

软件的开发是一个系统的工程，需要开发人员对软件工程有一个深层次的了解。软件工程是一门研究用工程化方法构建和维护有效的、实用的和高质量的软件的学科。它涉及程序设计语言、数据库、软件开发工具、系统平台、标准、设计模式等方面。由此可见，软件工程在软件开发的过程中始终贯穿整个工程。所以，开发人员从始至终都要遵循软件工程的要求来进行具体的开发。软件工程的目标是：在给定成本、进度的前提下，开发出具有适用性、有效性、可修改性、可靠性、可理解性、可维护性、可重用性、可移植性、可追踪性、可互操作性和满足用户需求的软件产品。追求这些目标有助于提高软件产品的质量和开发效率，减少维护的困难。

软件工程过程主要包括开发过程、运作过程、维护过程，它们覆盖了需求、设计、实现、确认以及维护等活动。需求活动包括问题分析和需求分析。问题分析获取需求定义，又称软件需求规约。需求分析生成功能规约。设计活动一般包括概要设计和详细设计。概要设计建立整个软件系统结构，包括子系统、模块以及相关层次的说明，以及每一模块的接口定义。详细设计产生程序员可用的模块说明，包括每一模块中的数据结构说明及加工描述。实现活动把设计结果转换为可执行的程序代码。确认活动贯穿于整个开发过程，实现完成后的确认，保证最终产品满足用户的要求。维护活动包括使用过程中的扩充、修改与完善。伴随以上过程，还有管理过程、支持过程、培训过程等。

3.4　数据库设计

视频讲解　光盘：视频\第3章\数据库设计.avi

本项目系统的开发工作主要包括后台数据库的建立、测试数据的录入以及前台应用程序的开发三个方面。数据库设计是系统设计的一个重要组成部分，数据库设计的好坏直接影响程序编码的复杂程度。

3.4.1　选择数据库

本项目的数据库相关工作是由 B 来完成，他重点强调：在开发数据库管理信息系统时，需要根据用户需求、系统功能和性能要求等因素，来选择后台数据库的类型和相应的数据库访问接口。考虑到本系统所要管理的数据量比较大，且需要多用户同时运行访问，本项目将使用 MySQL 作为后台数据库管理平台。

3.4.2　数据库结构的设计

在进行具体的数据库设计时，B 参考了 A 的需求分析文档。由需求分析可知，整个项目包含 7 种信息，对应的数据库也需要包含这 7 种信息，因此系统需要包含 7 个数据库表，分别如下。

- customertype：旅客类型信息表。
- livein：旅客入住信息表。
- roomtype：房间类型信息表。
- roominfo：房间信息表。
- user：用户信息表。
- engage：预订信息表。
- checkout：结账信息表。

下面给出了具体的数据库表结构信息。

(1) 旅客类型信息表 customertype，用来保存旅客信息，表结构如表 3-1 所示。

表 3-1　旅客信息表结构

编　号	字段名称	数据类型	说　明
1	pk	int(11)	序列号，主键
2	id	int(11)	旅客 ID 号
3	c_type	int(11)	旅客类型
4	price	decimal(152)	打折价格
5	dis_price	varchar(12)	原价
6	remark	char(4)	标记
7	delmark	varchar(20)	删除标记
8	other1	longtext	备注 1
9	other2	longtext	备注 2

(2) 旅客入住信息表 livein，用来保存旅客入住信息，表结构如表 3-2 所示。

表 3-2　旅客入住信息表结构

编　号	字段名称	数据结构	说　明
1	pk	decimal(20,0)	序列号，主键
2	in_no	varchar(50)	旅客 ID 号
3	r_no	varchar(50)	房间 ID 号
4	r_type_id	varchar(50)	房间类型 ID 号
5	main_room	varchar(50)	主房间
6	c_type_id	varchar(50)	旅客类型
7	c_name	varchar(50)	旅客姓名
8	sex	varchar(50)	性别
9	zj_type	varchar(50)	证件类型
10	zj_no	varchar(50)	证件号
11	address	text	地址
12	renshu	int(11)	人数
13	in_time	varchar(50)	入住时间

(3) 房间类型信息表 roomtype，用来保存房间类型信息，表结构如表 3-3 所示。

表 3-3　房间类型信息表结构

编　号	字段名称	数据结构	说　明
1	pk	int(11)	序列号
2	id	varchar(13)	房间类型 ID 号
3	r_type	int(11)	类型名称
4	bed	varchar(13)	床位
5	price	int(11)	价格
6	other1	datetime	备注 1
7	other2	datetime	备注 2

(4) 房间信息表 roominfo，用来保存房间信息，表结构如表 3-4 所示。

表 3-4　房间信息表结构

编　号	字段名称	数据结构	说　明
1	pk	decimal(20,0)	序列号
2	id	varchar(50)	房间 ID 号
3	r_type_id	varchar(50)	房间类型 ID 号
4	state	varchar(50)	状态
5	location	varchar(50)	房间位置
6	r_tel	varchar(50)	房间电话
7	remark	varchar(50)	标记
8	statetime	int(11)	房间状态(计时格式)

(5) 用户信息表 user，用来保存用户信息，表结构如表 3-5 所示。

表 3-5　用户信息表结构

编　号	字段名称	数据结构	说　明
1	pk	decimal(20,0)	序列号
2	userid	varchar(50)	用户 ID 号
3	pwd	varchar(50)	密码
4	delmark	int(11)	标记
5	other1	varchar(50)	备注 1
6	other2	varchar(50)	备注 2

(6) 预订信息表 engage，用来保存预订信息，表结构如表 3-6 所示。

表 3-6　预订信息表结构

编　号	字段名称	数据结构	说　明
1	pk	decimal(20,0)	ID 号
2	c_name	varchar(50)	姓名
3	c_tel	varchar(50)	电话
4	r_type_id	varchar(50)	房间类型 ID 号
5	r_no	varchar(50)	房间号
6	pa_time	varchar(50)	预订开始时间
7	keep_time	varchar(50)	保留时间
8	eng_time	varchar(50)	预订结束时间
9	remark	varchar(50)	标记

结账信息表 checkout 的具体设计，请读者参考本书附带光盘中的数据库文件。

合理的数据库设计是一个项目是否高效的基础。其实，作为一个更为完善的酒店管理系统，应提供更为便捷与强大的信息查询功能，例如相应的网络操作及服务。由于开发时间和计算机数量有限，该系统并未提供这一功能。本系统中的信息保护手段仅限于设置用户级别，以及提供数据文件的备份，比较简单，不能防止恶意破坏，其安全性能有待进一步完善。

3.5　系统框架设计

视频讲解　光盘：视频\第 3 章\系统框架设计.avi

系统框架设计步骤属于整个项目开发过程中的前期工作，项目中的具体功能将以此为基础进行扩展。

本项目的系统框架设计工作需要如下三个阶段来完成。

(1) 搭建开发环境：操作系统 Windows 7、数据库 MySQL、开发工具 Eclipse SDK。

(2) 设计主界面：主界面是项目与用户直接交互的窗口。

(3) 设计各个对象类：类是面向对象的核心，每个类能独立实现某个具体的功能，能够减少代码的冗余性。

3.5.1 创建工程及设计主界面

1. 创建工程

(1) 创建名为 JavaPrj_num3 的工程，如图 3-5 所示。

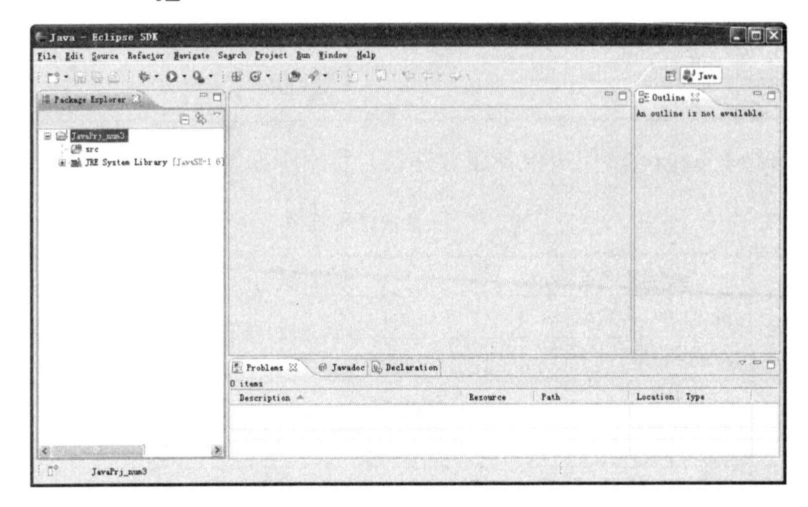

图 3-5 创建工程

(2) 新建的工程下已自动生成 src 目录用于存放源代码，JRE System Library 目录下已添加了系统要引用的 jar 包。如果在开发中需要引用第三方 jar 包，可右击工程名，在弹出的快捷菜单中选择 build path 菜单项，然后在弹出的对话框中单击左侧的 Installed JREs 选项，如图 3-6 所示。

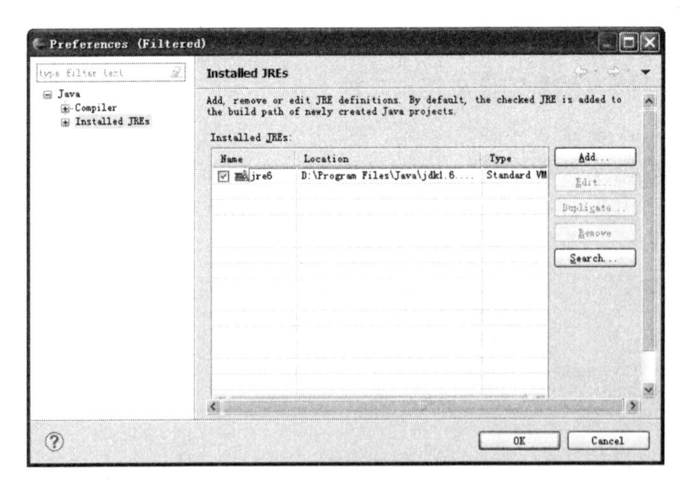

图 3-6 JDK 路径对话框

2. 设计主界面

当用户登录后，进入系统的主界面。主界面包括三部分内容：位于界面顶部的菜单栏，用于将系统所具有的功能进行归类展示；位于菜单栏下面的工具栏，用于以按钮的方式列出系统中常用的功能；位于菜单栏下面的工作区，用于进行各种操作，如图 3-7 所示。

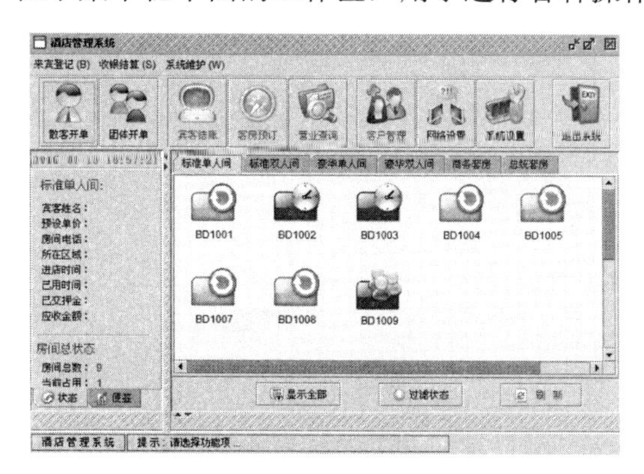

图 3-7　系统主界面

(1) 主界面是整个系统通往各个功能模块的窗口，所以要将各个功能模块的窗体加入主界面中，同时要保证各窗体在主界面中布局合理，让用户方便操作。因此，在主界面中应加入整个系统的入口方法 main，通过执行该方法进而执行整个系统。main 方法在窗体初始化时调用。主窗体文件 HotelFrame.java 的实现代码如下：

```
public class HotelFrame extends JFrame
implements ActionListener, MouseListener, Runnable {
    //功能模块
        Individual idv = new Individual(this);     //散客开单
        Team tm = new Team(this);                  //团体开单
        CheckOut co = new CheckOut(this);          //宾客结账
        Engage eg = new Engage(this);              //客房预订
        Query qr = new Query(this);                //营业查询
        Customer ct = new Customer(this);          //客户管理
        NetSetup ns = new NetSetup(this);          //网络设置
        Setup st = new Setup(this);                //系统设置
        GoOn go = new GoOn(this);                  //宾客续住
        Change cg = new Change(this);              //更换房间
        UniteBillub = new UniteBill(this);         //合并账单
        ApartBillap = new ApartBill(this);         //拆分账单
        Record rc = new Record(this);              //系统日志
```

(2) 下面实现工具栏、菜单栏、分割面板和底端信息框等部分，这需要在文件 HotelFrame.java 中添加 JMenuBar、JMenu、JMenuItem、JPanel 和 JButton 等组件，然后对这些组件进行初始化操作。其代码如下：

```
public HotelFrame (String us, String pu) {
        super ("酒店管理系统");
        userid = us;                                    //获得操作员名称
        puil   = pu;                                    //获得操作员权限
        panelMain = new JPanel (new BorderLayout());    //主面板
        buildMenuBar ();                                //制作菜单
        buildToolBar ();                                //制作工具栏
        buildSpaneMain ();                              //制作分割面板
        buildBott ();                                   //制作窗口底端信息框
        //加入组件到主面板
        panelMain.add ("North", tb);                    //加入工具栏
```

```
        panelMain.add ("South", bott);                          //加入窗口底端信息框
        panelMain.add ("Center", spaneMain);                    //加入分割面板
        //加入菜单栏
        this.setJMenuBar (mb);                                  //加事件监听
        addListener ();
        this.addWindowListener (new WindowAdapter () {
            public void windowClosing (WindowEvent we) {
                quit ();
            }
        });
        this.setContentPane (panelMain);
        this.setBounds (2, 2, 500, 500);
        this.setDefaultCloseOperation (JFrame.DO_NOTHING_ON_CLOSE);
        this.setMinimumSize (new Dimension (500, 500));    //设置窗口最小尺寸
        this.setVisible (true);
        (new Thread(this)).start();                             //启动房间状态检查线程
    }
```

以上代码实现了窗体构造方法并实现了初始化操作，同时也设置了工具栏的相关属性。

(3) 接下来需要为窗体添加按钮，并且实现布局管理功能。为窗体增加 addWindow Listener 监听方法，当窗体执行关闭操作动作时程序退出。工具栏的实现代码如下：

```
//制作工具栏
private void buildToolBar () {
        tb = new JToolBar();//制作按键
bt1 = new TJButton ("pic/ToolBar/m01.gif", " 散客开单 ", "零散宾客入住登记", true);
bt2 = new TJButton ("pic/ToolBar/m02.gif", " 团体开单 ", "团体入住登记", true);
bt4 = new TJButton ("pic/ToolBar/m04.gif", " 宾客结账 ", "宾客退房结算", true);
bt5 = new TJButton ("pic/ToolBar/m03.gif", " 客房预订 ", "为宾客预订房间", true);
bt6 = new TJButton ("pic/ToolBar/m06.gif", " 营业查询 ", "查询营业情况", true);
bt7 = new TJButton ("pic/ToolBar/m07.gif", " 客户管理 ", "为酒店固定客户设置", true);
bt8 = new TJButton ("pic/ToolBar/m08.gif", " 网络设置 ", "设置连接方式", true);
bt9 = new TJButton ("pic/ToolBar/m09.gif", " 系统设置 ", "设置系统参数", true);
btA = new TJButton ("pic/ToolBar/m10.gif", " 退出系统 ", "返回Windows", true);
        //把按键加入工具栏
        tb.addSeparator ();
        tb.add (bt1);
        tb.add (bt2);
        tb.addSeparator ();
        tb.add (bt4);
        tb.add (bt5);
        tb.add (bt6);
        tb.addSeparator ();
        tb.add (bt7);
        tb.add (bt8);
        tb.add (bt9);
        tb.addSeparator ();
        tb.addSeparator ();
        tb.add (btA);
        //设置工具栏不可浮动
        tb.setFloatable(false);
    }
```

以上代码在窗体中创建了多个 TJButton 实例对象，通过类似“new TJButton ("pic/Tool Bar/m01.gif", "散客开单", "零散宾客入住登记", true);”的格式实现，方法中各个参数的具体说明如下。

第一个参数：按钮上显示的图片素材。

第二个参数：按钮上显示的名字。

第三个参数：当鼠标移动到按钮上时显示的提示信息。

第四个参数：是否显示。

3. 设计菜单

系统的具体功能都是通过操作菜单实现的，所以下面进行菜单设计。

单击 HotelFrame 类，在其中添加如表 3-7 所示的菜单。

表 3-7　菜单名称和 ID 属性

菜单名称	ID 属性
散客开单	initIDV
团体开单	initTeam
宾客结账	initCKO
客房预订	eg
营业查询	lbB
客户管理	ct
网络设置	ns
系统设置	st
宾客续住	go
更换房间	cg
修改登记	idv
合并账单	ub
折分账单	ap

3.5.2　为数据库建立连接类

类是面向对象编程的核心，为了便于对数据库的控制，可添加 sunsql 类进行数据访问管理。添加这个管理类的原因是，由于在项目开发过程中可能会发生数据库变动的情形，所以可以用配置文件的方式配置关于数据库连接的信息，这样方便管理系统的运行环境。

(1) sunsql 类用于建立与数据库的连接，通过获得的 Default_Link 标志，可以判断数据库采用的连接方式，此处是通过 sunini 类从文件中读取配置文件信息，并赋值给相应的变量实现的。其代码如下：

```
public class sunsql {
    private static Statement ste = null;  //SQL
    private static Connection conn = null;
    static {
        try {
            if(sunini.getIniKey ("Default_Link").equals ("1")) {//JDBC 连接方式
                String user = sunini.getIniKey ("UserID");
                String pwd  = sunini.getIniKey ("Password");
                String ip   = sunini.getIniKey ("IP");
                String acc  = sunini.getIniKey ("Access");
                String dbf  = sunini.getIniKey ("DBFname");
```

```
                String url  = "jdbc:mysql://localhost:3306/" + dbf;//注册驱动
        DriverManager.registerDriver (new com.mysql.jdbc.Driver()); //获得一个连接
                conn = DriverManager.getConnection (url, user, pwd);
            }
            conn.setAutoCommit (false); //设置自动提交为 false
            //建立高级载体
            ste = conn.createStatement (ResultSet.TYPE_SCROLL_SENSITIVE,
ResultSet.CONCUR_UPDATABLE);
        }
        catch (Exception ex) {
          JOptionPane.showMessageDialog (null, "数据库连接失败...", "错误",
JOptionPane.ERROR_MESSAGE);
          System.exit(0);
        }
    }
    private sunsql(){
    }
    public static int executeUpdate(String sql) {
        int i = 0 ;
        try {
            i = ste.executeUpdate(sql) ;          //执行更新操作
            conn.commit();                        //提交事务
        }catch(Exception e) {
            e.printStackTrace() ;
        }
        return i ;
    }}
```

(2) sunini 类用于读取工程目录下的配置文件信息，包括 IP、端口、用户名、密码等一些常用信息。采用这种方式的好处是当环境发生变化时，不用打开开发工具修改程序，更不需要重新编译，只需直接编辑文本即可。其代码如下：

```
public class sunini {
    private static Properties ini = null;
    static {
        try {
            ini = new Properties ();
            ini.load (new FileInputStream ("config.ini")); //导入文件
        }catch (Exception ex) {
        }
    }
public static String getIniKey (String k) { //读取属性
        if(!ini.containsKey (k)) {       //是否有 k 这个键
            return "";
        } if(!ini.containsKey (k))
        return ini.get (k).toString ();
    }
    public static void setIniKey (String k, String v) { //设置属性
        if(!ini.containsKey (k)) {       //是否有 k 这个键
            return;
        } if(!ini.containsKey (k))
        ini.put (k, v);
    }
public static void saveIni (String k[]) { //保存整个配置文件
        try {
            FileWriter fw = new FileWriter ("config.ini");
            BufferedWriter bw = new BufferedWriter ( fw );
            //循环变量 i 是 k 字符串数组的下标
            for (int i = 0; i < k.length; i++) {
```

```
                bw.write (k[i] + "=" + getIniKey (k[i]));
                bw.newLine ();
            }
            bw.close ();
            fw.close ();
        }catch (Exception ex) {
        }
    }
```

此处 sunini 类的定义有如下两个功能：第一，通过 getInikey 方法获得相应属性，并传递给程序进行初始化，方便程序员管理；第二，利用 saveini 方法用户可以通过界面进行系统属性的配置，方便用户修改配置，不用开发人员动手。在系统中修改数据连接方式的界面如图 3-8 所示。

图 3-8　修改数据连接方式

3.5.3　系统登录模块设计

作为一款在公共场所使用的软件管理系统，当然要考虑系统的安全性，应设置为只有通过系统身份验证的用户才能够使用本系统，为此必须增加一个系统登录模块。

(1) 添加登录类 Login，定义成员变量用来记录当前登录名和用户密码信息，并且通过触发事件判断用户名和密码是否存在，然后进行登录操作。其代码如下：

```
public class Login extends JFrame  implements
ActionListener, KeyListener, ItemListener, FocusListener {
    public Login() {
        super("系 统 登 录");
        top = new JLabel (new ImageIcon("pic/login_top.jpg"));
        bott = new JLabel();
        panelMain = new JPanel(new BorderLayout(10, 10));
        bott.setBorder(new LineBorder (new Color(184, 173, 151)));
        buildCenter();
        panelMain.add("North", top);
        panelMain.add("South", bott);
        panelMain.add(panelInfo);
        //加事件监听
        bt1.addActionListener(this);
        bt2.addActionListener(this);
        bt1.addFocusListener (this);
        bt2.addFocusListener (this);
        bt1.addKeyListener (this);
        bt2.addKeyListener (this);
        cb.addItemListener (this);
        cb.addFocusListener(this);
```

```
        pf.addFocusListener(this);
        cb.addKeyListener (this);
        pf.addKeyListener (this);
        //加窗口监听 new WindowAdapter 适配器类
        this.addWindowListener(new WindowAdapter() {
            public void windowClosing(WindowEvent we) {
                quit();
            }
        });
```

通过上述代码，当用户触发界面上的任意事件时，都将导致登录窗体上的所有事件或者监听器重新刷新一次，以便即时反映出用户的操作行为。其中 ImageIcon 方法用于从本地加载图片，然后将此图片置于窗体顶部，为界面增添一点光彩。

(2) 进一步对窗体进行布局，其代码如下：

```
        this.setContentPane(panelMain);      //设置窗口面板
        this.setSize(350, 235);
        this.setResizable (false);           //设置窗口不可放大缩小
        this.setDefaultCloseOperation(JFrame.DO_NOTHING_ON_CLOSE);
        sunswing.setWindowCenter(this);
        this.setVisible(true);
        pf.requestFocus(true);               //设置焦点给密码框
    }
public static void main(String sd[]) {
        sunswing.setWindowStyle(sunini.getIniKey("Sys_style").charAt(0));
        new FStartWindow ("pic/Login.gif", new Frame(), 1200);
        new Login();
    }
}
```

在以上代码中，setContentPane 方法利用 panelMain 组件初始化窗体，setSize 方法用于设置窗体大小，setWindowCenter 方法用于使登录窗体居于桌面中心位置，requestFocus 方法用于设置界面初始的焦点组件。

(3) 定义登录验证方法 login，其代码如下：

```
        private void login () {
        String user = cb.getSelectedItem() + "";
        String pwd   = String.valueOf(pf.getPassword());
String code = "select pwd,puis from pwd where delmark=0 and userid='" + user + "'";
        ResultSet rs = sunsql.executeQuery (code);
        try {
            if(rs.next()) {              //用户名存在
                if(pwd.equals(rs.getString(1))) {
                    bott.setText(clue + "登录成功，正在进入系统 ...");
                    String puis = rs.getString(2);       //获得操作员权限
                  boolean flag = Journal.writeJournalInfo(user, "登录本系统",
Journal.TYPE_LG);
                    if(flag) {          //记录日志
new com.jd.mainframe.HotelFrame(user, puis);       //进入主程序窗口(用户名，权限)
                        this.setVisible(false);
                    }else {
                        String msg = "写日志错误，请与系统管理员联系 ...";
JOptionPane.showMessageDialog(null, msg, "错误", JOptionPane.ERROR_MESSAGE);
                        System.exit(0);
                    }
                }
```

(4) 在系统登录中限制登录尝试次数，若密码错误超过三次，则提出警告。在登录时执行 code 定义的 SQL 语句访问数据库，查看是否存在所输入的用户名，若存在，则取出密码与输入框中的变量进行对比：若密码输入正确，则可进入系统主界面；若密码不正确，则提示请重新输入。其代码如下：

```
                    else {
        bott.setText(clue + "用户 [ " + user + " ] 的密码不正确，请重新输入 ...");
                        flag++;
                        if(flag == 3) {         //三次密码验证
        JOptionPane.showMessageDialog(null, "您不是本系统的管理员，系统关闭 ...", "警告",
JOptionPane.ERROR_MESSAGE);
                            System.exit(0);
                        } if(flag == 3)
                        return;
                    } if(pwd.equals(rs.getString(1)))
                }
                else {
                    bott.setText(clue + "用户 ID [ " + user + " ] 不存在 ...");
                } if(rs.next())
            }
            catch (Exception ex) {
                ex.printStackTrace();
            }
        }
```

在本系统的登录模块中，为了提高系统的健壮性，可以增加验证码功能。现在许多系统的注册、登录或者发布信息模块都添加了这一功能，就是为了避免自动注册程序或者自动发布程序的使用。验证码实际上就是随机选择一些字符以图片的形式展现在页面上，用户进行提交操作的同时需要同时提交图片上的字符，如果提交的字符与服务器 session 保存的不同，则认为提交信息无效。为了避免自动程序解析图片，通常会在图片上随机生成一些干扰线或者将字符进行扭曲，以增加自动识别的难度。

3.6 基本信息管理模块

视频讲解 光盘：视频\第 3 章\基本信息管理模块.avi

本节主要介绍房间项目设置、客户类型设置、计费设置的实现。

3.6.1 房间项目设置

(1) 在工程中增加系统设置类 Setup，此类继承 Java 系统的 JDialog 类；同时实现监听器，只要在窗体上发生动作或者单击鼠标，都会触发相应事件；再定义“系统设置”窗体需要的各种组件。相应代码如下：

```
public class Setup extends JDialog implements ActionListener, MouseListener {
    public Setup(JFrame frame) {
        super (frame, "系统设置", true);       //标题
        top = new JLabel();                    //
        panelMain = new JPanel(new BorderLayout(0,10));
        tab();                                 //制作系统设置项目标签面板
```

```
        addListener();              //加入事件监听
        panelMain.add("North",top);
        panelMain.add("Center",tp);   //居中显示
        this.setContentPane(panelMain);
        this.setPreferredSize (new Dimension (718,508));
        this.setMinimumSize (new Dimension (718,508));
        this.setResizable(false);         //不允许改变窗口大小
        pack();
        sunswing.setWindowCenter(this); //窗口屏幕居中
    }
    private void addListener() {
        bt11.addActionListener(this);          //加动作监听
        bt12.addActionListener(this);
        bt13.addActionListener(this);
        bt14.addActionListener(this);
        bt15.addActionListener(this);
        bt16.addActionListener(this);
```

以上代码中定义了 setup 类的构造方法 Setup，其中利用 super 方法为窗体设置标题，并对窗体中的组件进行布局管理。

(2) 通过 tab 方法初始化标签面板，同一面板根据不同的标签显示更多的组件信息。其代码如下：

```
    private void tab() {
        JPanel jp1,jp2,jp3,jp4;
        jp1 = fangjian();              //房间项目设置
        jp2 = kehu();                  //客户类型设置
        jp3 = caozuo();                //操作员设置
        jp4 = jiFei();                 //计费设置
        tp = new JTabbedPane();
        tp.addTab("房间项目设置", new ImageIcon("pic/u01.gif"), jp1);
        tp.addTab("客户类型设置", new ImageIcon("pic/u02.gif"), jp2);
        tp.addTab("操作员设置", new ImageIcon("pic/u03.gif"), jp3);
        tp.addTab("计费设置", new ImageIcon("pic/u04.gif"), jp4);
    }
```

在以上代码中，分别创建了“房间项目设置”对象 fangjian、“客户类型设置”对象 kehu、“操作员设置”对象 caozuo 和“计费设置”对象 jiFei，并将这四个对象加入了窗体面板。

(3) 下面详细讲解“房间项目设置”面板 fangjian 的具体布局管理，其代码如下：

```
private JPanel fangjian() {
        dtm11 = new DefaultTableModel(); //表模型
        tb11  = new JTable(dtm11); //表格
        sp11  = new JScrollPane(tb11);
        dtm12 = new DefaultTableModel();//表模型
        tb12  = new JTable(dtm12); //表格
        sp12  = new JScrollPane(tb12);
        JPanel pfangjian,pTop,pBott,pTn,pTc,pBn,pBc,pTcc,pTcs,pBcc,pBcs;
        pfangjian = new JPanel(new GridLayout(2,1,0,5)); //网格布局管理
        pTop  = new JPanel(new BorderLayout());
        pBott  = new JPanel(new BorderLayout());
        pTn = new JPanel();                          //放置保存按钮等...
        pTc  = new JPanel(new BorderLayout());     //放置房间类型列表及四个按钮
        pBn  = new JPanel(new FlowLayout(FlowLayout.LEFT,10,0));//放置下拉列表
```

```
pBc  = new JPanel(new BorderLayout());    //放置房间信息列表及四个按钮
pTcc  = new JPanel(new GridLayout(1,1));//放置房间类型列表
pTcs  = new JPanel(new FlowLayout(FlowLayout.CENTER,20,5));//放置四个按钮
pBcc  = new JPanel(new GridLayout(1,1));//放置房间信息列表
pBcs  = new JPanel(new FlowLayout(FlowLayout.CENTER,20,5));//放置四个按钮
//保存按钮等 ...
JLabel lb1,lb2,lb3;
lb1 = new JLabel("结账后房间状态变为:    ");
lb2 = new JLabel("          结账后");
lb3 = new JLabel("分钟后变为可供状态          ");
tf11 = new TJTextField(sunini.getIniKey(ini[17]),5);//根据 INI 文件给初值
tf11.setHorizontalAlignment(JTextField.RIGHT);
cb12 = new JComboBox();
cb12.addItem("  可供状态     ");
cb12.addItem("  清理状态     ");                //根据 INI 文件给初值
cb12.setSelectedIndex(Integer.parseInt(sunini.getIniKey(ini[16])));
bt19 = new TJButton ("pic/save.gif", "  保  存  ", "保存设置");
pTn.add(lb1);
pTn.add(cb12);
pTn.add(lb2);
pTn.add(tf11);
pTn.add(lb3);
pTn.add(bt19);
pTn.setBorder(BorderFactory.createTitledBorder(""));
```

以上代码中的DefaultTableModel是第一次使用，它是和表格布局分不开的。通过Default TableModel 表格数据模型，可以很方便地对表格所展示的数据进行添加、删除操作。通过 sunini 配置文件读取类的 getIniKey 方法，可以获得 TJTextField 控件的默认值。

(4) 其他代码如下：

```
//房间类型列表及四个按钮
bt11 = new TJButton ("pic/new.gif", "添加类型", "添加房间类型");
bt12 = new TJButton ("pic/modi0.gif", "修改类型", "修改房间类型");
bt13 = new TJButton ("pic/del.gif", "删除类型", "删除房间类型");
bt14 = new TJButton ("pic/modi3.gif", "房费打折", "设置房费折扣");
pTcc.add(sp11);
pTc.add(pTcc);
pTc.add("South",pTcs);
pTc.setBorder(BorderFactory.createTitledBorder("房间类型"));
//完成上半部分
pTop.add("North",pTn);
pTop.add(pTc);
//下拉列表
JLabel lb0 = new JLabel("按包厢类型过滤: ");
cb11 = new JComboBox();
bt20 = new TJButton ("pic/choose1.gif", "筛  选", "筛选房间信息");
bt20.setBorderPainted(false);
bt20.setFocusPainted(false);
pBn.add(bt20);
buildDTM11();                    //初始化房间类型列表和下拉列表的值
buildDTM12("");                  //初始化房间号列表
//房间信息列表及四个按钮
bt15 = new TJButton ("pic/new.gif", "单个添加", "添加单个房间信息");
bt16 = new TJButton ("pic/book.gif", "批量添加", "批量添加房间信息");
bt17 = new TJButton ("pic/del.gif", "删除房间", "删除某个房间信息");
bt18 = new TJButton ("pic/modi0.gif", "修改房间", "修改某个房间信息");
pBcc.add(sp12);
```

```
        pBcs.add(bt18);
        pBc.add(pBcc);
        pBc.add("South",pBcs);
        pBc.setBorder ( BorderFactory.createTitledBorder ("房间信息") );
        //完成下半部分
        pBott.add("North",pBn);
        pBott.add(pBc);
        //组合
        pfangjian.add(pTop);
        pfangjian.add(pBott);
        return pfangjian;
    }
```

以上代码中除了设置了一些添加、删除和修改按钮外，还为按钮设置了图形信息，并设置了 JComboBox 下拉列表信息等。另外，在网格布局管理器 pTop 对象的布局中，采用方位参数进行了方向管理，分别是 North 上方向、South 下方向。

"房间项目设置"界面如图 3-9 所示。

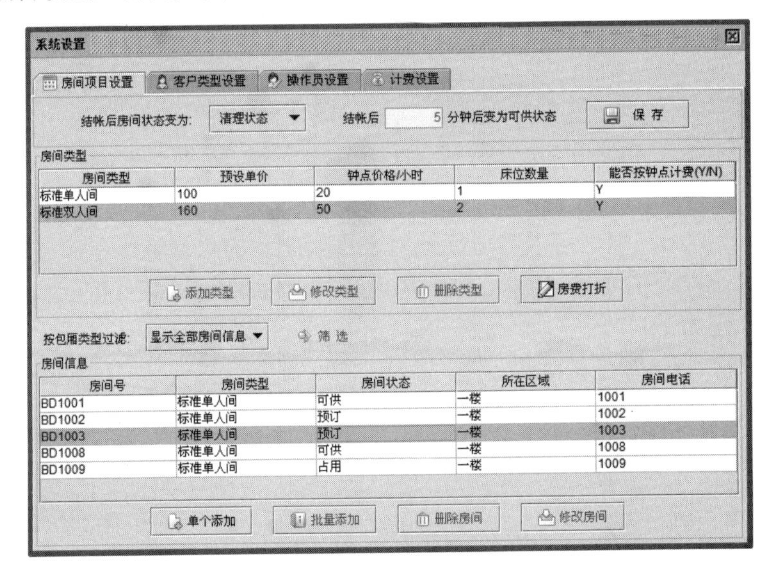

图 3-9 "房间项目设置"界面

3.6.2 客户类型设置

(1) 在工程中增加客户类型添加类 AddCustomerType，此类继承 Java 系统的 JDialog 类；同时实现监听器，只要窗体上发生动作或者单击鼠标，都会触发相应事件；再定义该窗体需要的各种组件。其代码如下：

```
public class AddCustomerType extends JDialog implements ActionListener {
public AddCustomerType(JDialog dialog) {
        super(dialog, "客户类型", true);
        JLabel lb, lb1, lb2, lb4;
        JPanel panelMain, panelInfo, p1, p2, p3, p4, p5;        //定义各组件面板
        p1 = new JPanel(new FlowLayout(FlowLayout.CENTER, 10, 0));
        p2 = new JPanel(new FlowLayout(FlowLayout.CENTER, 10, 0));
        p3 = new JPanel(new FlowLayout(FlowLayout.CENTER, 10, 0));
```

```
            p5 = new JPanel(new FlowLayout(FlowLayout.CENTER, 10, 0));
            p4 = new JPanel(new FlowLayout(FlowLayout.CENTER, 30, 6));
            panelInfo = new JPanel(new GridLayout(4, 1, 0, 0));
            panelMain = new JPanel(new BorderLayout());
            lb1 = new JLabel("客户类型: ");
            lb2 = new JLabel("打折比例: ");
            lb4 = new JLabel("类型编号: ");
            lb  = new JLabel("<html>注: 此打折比例仅适用于商品项目! <br>    8 为八折, 10 为不打折
<html>");
            lb.setForeground(new Color(255, 138, 0));
            tf1 = new TJTextField(7);
            tf2 = new TJTextField(7);
            tf3 = new TJTextField("10", 7);
            bt1 = new TJButton ("pic/save.gif", "确定", "确定添加客户类型");
            bt2 = new TJButton ("pic/cancel.gif", "取消", "取消操作");
private void addListener() {
            bt1.addActionListener(this);
            bt2.addActionListener(this);
            tf1.addActionListener(this);
            tf2.addActionListener(this);
            tf3.addActionListener(this);
      }
}
```

以上代码中定义了 AddCustomerType 类的构造方法 AddCustomerType，其中利用 super 方法为窗体设置标题，并为窗体中的组件进行布局管理，以网格布局管理初始化面板，并且为面板上的按钮增加相应的监听器。

(2) 下面定义 actionPerformed 方法，其代码如下：

```
public void actionPerformed(ActionEvent ae) {
         Object o = ae.getSource();
         if(o == bt1) {                      //确定
             saveAddCustomerType();          //保存数据
         }else if(o == bt2) {                //取消
             this.setVisible(false);
         }else if(o == tf1) {                //客户类型
             tf2.requestFocus(true);
         }else if(o == tf2) {                //客户类型
             tf3.requestFocus(true);
         }else if(o == tf3) {                //折扣
             saveAddCustomerType();          //保存数据
         }
    }
```

以上代码中，actionPerformed 方法的功能是，监听器根据判断动作类型的不同进入不同的操作。这样管理监听器有利于代码的精简，使代码便于阅读。setVisible 方法用于隐蔽显示，requestFocus 方法用于设置焦点。

(3) saveAddCustomerType 方法用于保存用户所添加的旅客信息类型。其代码如下：

```
    private void saveAddCustomerType() {
        if(isValidity()) {//检测用户输入的数据是否合法,判断输入的内容是否符合标准
        try {
ResultSet rs = sunsql.executeQuery("select c_type from customertype " +  "where delmark=0
and id='" + tf1.getText() + "'");
                  if(rs.next()) {                  //检测新的类型编号是否存在
                       JOptionPane.showMessageDialog(null, "新的客户类型编号 [ " +
tf1.getText() +" ] 已存在", "提示", JOptionPane.INFORMATION_MESSAGE);
```

```
                    tf1.requestFocus(true);
                    return; }
               rs = sunsql.executeQuery("select id from customertype " +
               "where delmark=0 and c_type='" + tf2.getText() + "'");
               if(rs.next()) {          //检测新的类型名称是否存在
                    JOptionPane.showMessageDialog(null, "新的客户类型名称 [ " +
tf2.getText() +" ] 已存在", "提示", JOptionPane.INFORMATION_MESSAGE);
                    tf2.requestFocus(true);
                    return;
               }//Endif
               //获得房间类型名称
               long pk = sunsql.getPrimaryKey();              //获得主键
     rs = sunsql.executeQuery("select id,price from roomtype where delmark=0");
               int type = sunsql.recCount(rs);                //获得房间类型总数
               String sqlCode[] = new String[type+1];
               for (int i = 0; i < type; i++) { rs.next();
//生成 SQL 语句
sqlCode[i] = "insert into customertype(pk,id,c_type,dis_attr,discount,price) " +"values
(" + pk + ",'" + tf1.getText() + "','" + tf2.getText() + "','" +  rs.getString(1) + "',"
+ tf3.getText() + "," + rs.getFloat(2) + ")";
               }
```

以上代码中，isValidity 方法用于检查输入的值的长度是否合法，读者可以尝试增加其他限制条件进行验证操作。若客户类型编号已存在，则提示该客户类型编号已存在；若客户类型名称已存在，则提示客户类型名称已存在。

(4) 通过一系列的验证后，就可以向数据库中插入数据。其代码如下：

```
 sqlCode[type] =
"insert into customertype(pk,id,c_type,dis_attr,discount,price) " +
                    "values(" + pk + ",'" + tf1.getText() + "','" + tf2.getText() +
"','购物折扣'," +  tf3.getText() + ",0)";
               int rec = sunsql.runTransaction(sqlCode);//将数据保存到数据库
               if(rec < sqlCode.length) {
                    JOptionPane.showMessageDialog(null, "保存新的客户类型失败，" +
                    "请检查网络连接或联系管理员", "错误", JOptionPane.ERROR_MESSAGE);
               }else {
                    String journal = "添加了新的客户类型-- [ " + tf2.getText() + " ]";
                    Journal.writeJournalInfo(HotelFrame.userid,
 journal, Journal.TYPE_US);//记录操作日志
                    tf1.setText("");          //保存成功，则将所有控件清零
                    tf2.setText("");
                    tf3.setText("10");
                    tf1.requestFocus(true); }
          }
          catch (Exception ex) {
           System.out.println ("AddRoomType false");
          }
     }
```

以上代码中，sqlCode[type]用于生成将要执行的 SQL 语句，将输入的值插入数据表 customertype 中。runTransaction 方法实现事务提交功能，若该语句执行不成功，则该动作的所有操作数据库都将回滚，表示插入失败，否则成功完成插入数据的操作。

“客户类型设置”界面如图 3-10 所示。

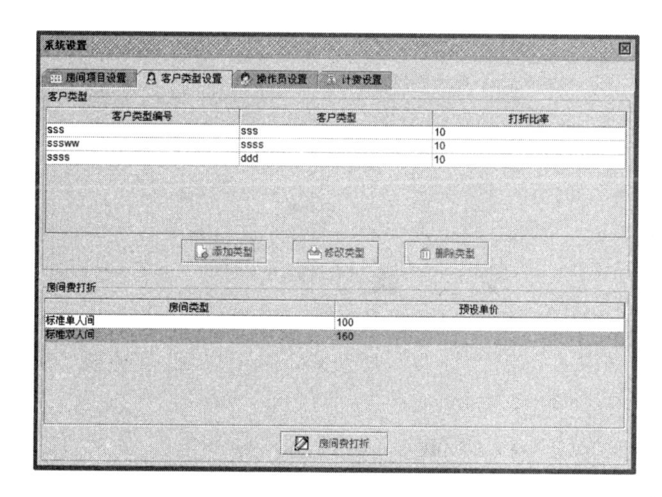

图 3-10　“客户类型设置”界面

3.6.3　计费设置

(1) 在 Setup 类中增加 jiFei 方法，其代码如下：

```
private JPanel jiFei() {//定义各方位面板
     JPanel panelJF, jfTop, jfLeft, jfRight, jfBott;
     JPanel jp1, jp2, jp3, jp4, jp5, jp6, jp7, jp8, jp9;//定义标签
     lb1 = new JLabel("    客人开房时间在");
     lb2 = new JLabel("点之后按新的一天开始计费");
     lb3 = new JLabel("    客人退房时间在");
     lb4 = new JLabel("点之后计价天数自动追加半天");
     lb5 = new JLabel("    客人退房时间在");
     lb6 = new JLabel("点之后计价天数自动追加一天");
     lb7 = new JLabel("    开房后");
     lb8 = new JLabel("分钟开始计费");
     lb9 = new JLabel("    最少按");
     lb10 = new JLabel("小时计费，小于这个时间的按此时间计费");
     lb11 = new JLabel("    若不足一小时但超过");
     //初始化计时计费设置
     tf41 = new TJTextField(sunini.getIniKey("In_Room"),    5);
     tf42 = new TJTextField(sunini.getIniKey("Out_Room1"),  5);
     tf43 = new TJTextField(sunini.getIniKey("Out_Room2"),  5);
     tf44 = new TJTextField(sunini.getIniKey("ClockRoom1"), 5);
     tf45 = new TJTextField(sunini.getIniKey("ClockRoom2"), 5);
     tf46 = new TJTextField(sunini.getIniKey("InsuHour1"),  5);
     tf47 = new TJTextField(sunini.getIniKey("InsuHour2"),  5);
```

以上代码中利用 sunini 对象的 getIniKey 方法取得初始费用标准值。另外还获取了一些窗体组件的布局设置参数，当用户登录到系统中时，可以手动修改不同条件的费用标准值。

(2) 保存这些值，以完善系统的基本信息管理。其代码如下：

```
  int saveJf = JOptionPane.showConfirmDialog(null, "您 确 实 要 保 存 " +
            "当 前 的 计 费 设 置 吗 ? ","保存设置",JOptionPane.YES_NO_OPTION);
            if(saveJf == JOptionPane.YES_OPTION) {    //保存计费设置
                 sunini.setIniKey("In_Room", tf41.getText());//将设置保存至缓冲区
                 sunini.setIniKey("Out_Room1", tf42.getText());
                 sunini.setIniKey("Out_Room2", tf43.getText());
                 sunini.setIniKey("ClockRoom1", tf44.getText());
```

```
                sunini.setIniKey("ClockRoom2", tf43.getText());
                sunini.setIniKey("InsuHour1", tf46.getText());
                sunini.setIniKey("InsuHour2", tf47.getText());
                if(ck.isSelected()) {  //不足一天按一天收费
                    sunini.setIniKey("InsuDay","1");
                }else {
                    sunini.setIniKey("InsuDay","0");
                }
                sunini.saveIni(ini);//将缓冲区的设置保存至 INI 文件
                journal = "修改了系统的计费设置";
```

以上代码利用了文件配置初始参数的优点，无须导入数据库的附加操作，可以在工程目录下直接修改。这种方式访问快捷并且不影响系统的其他部分操作，便于产品的推广，直观且易管理。

“计费设置”界面如图 3-11 所示：

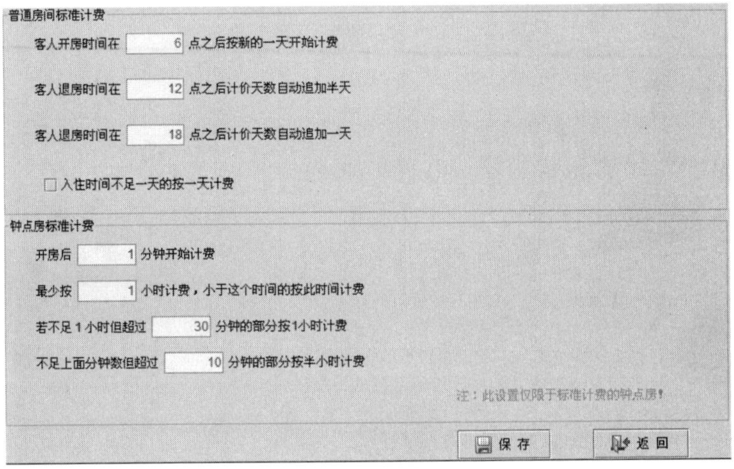

图 3-11 “计费设置”界面

上述各种维护操作都涉及对数据库数据的操作处理，细心的读者应该发现上述代码中有很多类似的语句，那么，难道所有的数据库项目都十分相似，都离不开查询、添加、删除和修改这些操作范畴吗？事实确实如此，无论是 Web 项目还是窗体项目，只要使用了数据库存储技术，都离不开对数据库中数据的查询、添加、修改和删除操作。唯一的区别只是用什么具体方法来实现这些操作，例如用不用存储过程。这些查询、添加、删除和修改操作一般是基于 SQL 语言实现的，SQL 为我们提供了一整套的对数据库进行操作的方案。读者只要掌握了 SQL 语言的知识，则对数据库操作的问题便可迎刃而解。所以在此建议读者，如果对数据库项目有什么疑问，建议多了解一些 SQL 语言的知识。

3.7 订房/查询管理模块

视频讲解 光盘：视频\第 3 章\订房\查询管理模块.avi

本节主要介绍个人订房、多人订房、营业查询的实现。

3.7.1　个人订房

(1) 在工程中添加个人订房类 Individual，并且定义“个人订房”窗体需要的各种组件，此类继承 Java 系统的 Jdialog 类；同时实现监听器，只要窗体上发生动作或者单击鼠标，都会触发相应事件。其代码如下：

```
public class Individual extends JDialog implements ActionListener, MouseListener {
public Individual(JFrame frame) {
        super (frame, "个人订房", true);
        panelMain = new JPanel(new BorderLayout());//主面板为边界布局,设置"确定"和"取消"按钮
        buildPanel();
        addListener();
        this.setContentPane(panelMain);
        this.setPreferredSize (new Dimension (530,510));
        this.setMinimumSize (new Dimension (530, 510));
        this.setResizable(false);         //不允许改变窗口大小
        pack();
        sunswing.setWindowCenter(this); //窗口屏幕居中
    }
       private void addListener() {
        tf1.addActionListener(this);
        tf2.addActionListener(this);
        tf3.addActionListener(this);
}
```

以上代码中定义了 Individual 类的构造方法 Individual，其中利用 super 方法为窗体设置标题；setContentPane 方法用于为窗体中的组件进行布局管理；setResizable 方法的参数为 false，代表禁止改变窗体的大小；setWindowCenter 方法用于设置窗体在屏幕中间显示。另外还有大量的窗体布局管理操作，在此不一一列出。

(2) 和其他窗体一样，要执行订房操作，就必须为“确定”按钮增加监听器。其代码如下：

```
public void actionPerformed (ActionEvent ae) {
        Object o = ae.getSource ();
        if(o == bt1 || o ==mi11) {//==
            lbB.setText(face + "个人订房-");
            if(initIDV()) {                                          //传数据给散客开单窗口
                idv.show();                                          //散客开单
                initLeftData();                                      //刷新左房间信息栏数据
            }
```

在以上代码中，initIDV 方法用于实现和窗体有关的订房参数的初始化，并判断操作员所输入的数据是否满足条件。在使用本窗体进行订房时，有关的房源信息都是数据库中的最新数据。其代码如下：

```
private boolean initIDV() {
        try {
            //从房间信息表里获得当前房间的状态和房间类型编号
    ResultSet rs = sunsql.executeQuery("select state,r_type_id from roominfo " +
            "where delmark=0 and id='" + LeftTopPanel.title1.getText() + "'");
            if(!rs.next()) {        //如果无结果集，提示用户刷新房间数据
          if(LeftTopPanel.title1.getText().length() == 0) {
            JOptionPane.showMessageDialog(null,"请选定房间后，再为宾客开设房间",
                    "提示", JOptionPane.INFORMATION_MESSAGE);
```

```
                }else {JOptionPane.showMessageDialog(null, "[ " +
LeftTopPanel.title1.getText() +
                        " ] 房间信息已更改，请刷新房间信息，再为宾客开设房间", "提示",
JOptionPane.INFORMATION_MESSAGE);
                }
                return false;
            }else {
        if(!rs.getString(1).equals("可供")) {//只有状态是可供房间，才能为宾客开设
            JOptionPane.showMessageDialog(null, "请选择空房间，再为宾客开设房间",
                    "提示", JOptionPane.INFORMATION_MESSAGE);
                    return false;
                }
                //将房间号传到开单窗口
                Individual.lbA.setText(LeftTopPanel.title1.getText());
                //将房间类型传到开单窗口
        Individual.lbB.setText(LeftTopPanel.title0.getText().substring(0,
                     LeftTopPanel.title0.getText().length()-2));
                //将房间单价传到开单窗口
                Individual.lbC.setText(LeftTopPanel.lt[1].getText());
                //房间类型编号
                String clRoom = rs.getString(2);
                //获得此类型房间是否可以开设钟点房
                rs = sunsql.executeQuery("select cl_room from roomtype where " +
                "delmark=0 and id='" + clRoom + "'");
                rs.next();
```

以上代码中有两次访问数据库的操作，第一次查询出 roominfo 表中是否有可供入住的房间信息；第二次在进行窗体有关订房参数的初始化后，判断操作员所输入的数据是否满足条件。

(3) 如下代码用于获取旅客的类型信息，并且循环加入下拉列表框中：

```
                if(rs.getString(1).equals("N")){//不能开设，则开单窗口的钟点选项不可用
                    Individual.chk1.setSelected(false);       //取消选中状态
                    Individual.chk1.setEnabled(false);        //设置不可用
                }else {
                    Individual.chk1.setEnabled(true);         //可用
                }
                //传宾客类型数据给开单窗口
    rs = sunsql.executeQuery("select distinct c_type from customertype where " +
                "delmark = 0 and pk!=0");
                int ct = sunsql.recCount(rs);
                String cType[] = new String[ct];
                for (int i = 0; i < ct; i++) {
                    rs.next();
                    cType[i] = rs.getString(1);
               }
               Individual.cb2.removeAllItems();
                for (int i = 0; i < ct; i++) {
                    Individual.cb2.addItem(cType[i]);
                }
```

以上代码中将获取宾客类型信息，并且循环加入到下拉列表框中，在加入时是利用 addItem 方法实现的。其代码如下：

```
               Individual.cb2.setSelectedItem("普通宾客");
                //初始化开单房间表---------临时表
                sunsql.executeUpdate("delete from roomnum");         //清空临时表
                sunsql.executeUpdate("insert into roomnum(roomid) values('" +
```

```
        LeftTopPanel.title1.getText() + "')");//加入当前房间信息
                //初始化开单窗口的开单房间表
        sunsql.initDTM(Individual.dtm2,"select roomid 房间编号 from roomnum");
                //初始化追加房间表---------当前类型的除当前房间的所有可供房间
    sunsql.executeUpdate("update roominfo set indimark=0");    //刷新所有房间的开单状态
            sunsql.executeUpdate("update roominfo set indimark=1 where id='" +
                LeftTopPanel.title1.getText() + "'");//设置当前房间为开单状态
                //初始化开单窗口的可供房间表
        sunsql.initDTM(Individual.dtm1,"select a.id 房间编号1 from roominfo " +
        "a,(select id from roomtype where r_type='" + Individual.lbB.getText() +
"') b where a.delmark=0 and a.indimark=0 and a.state='可供' and a.r_type_id=b.id");
    }
        return true;
    }
```

“个人订房”窗体如图 3-12 所示。

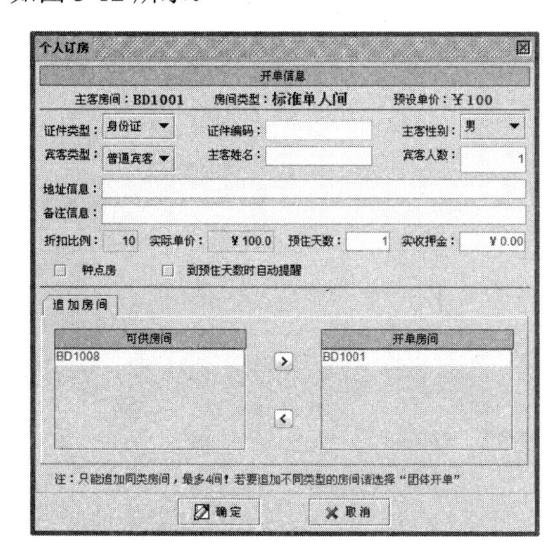

图 3-12　“个人订房”窗体

下面介绍一下关于 setContentPane()和 getContentPane()的应用。在布局管理中添加 JFrame 组件的方式有两种。第一种，用 getContentPane()方法获得 JFrame 的内容面板，再对其加入组件：frame.getContentPane().add(childComponent)。第二种，建立一个 JPanel 或 JDesktopPane 之类的中间容器，把组件添加到容器中，用 setContentPane()方法把该容器置为 JFrame 的内容面板。

3.7.2　多人订房

(1) 在工程中添加多人订房类 Team，并且定义“多人订房”窗体需要的各种组件，此类继承 Java 系统的 JDialog 类；同时实现监听器，只要窗体上发生动作或者单击鼠标，都会触发相应事件。其代码如下：

```
public class Team extends JDialog implements ActionListener, MouseListener {
public Team(JFrame frame) {
        super (frame, "多人订房", true);
        panelMain = new JPanel(new GridLayout(2, 1, 0, 10));    //主面板为表格布局
        buildPanel();
        addListener();
```

```
        this.setContentPane(panelMain);
        this.setPreferredSize (new Dimension (540,500));
        this.setMinimumSize (new Dimension (540, 500));
        this.setResizable(false);       //不允许改变窗口大小
        pack();
        sunswing.setWindowCenter(this); //窗口屏幕居中
    }
```

(2) 要执行订房操作，必须为“确定”按钮增加监听器。其代码如下：

```
public void actionPerformed(ActionEvent ae) {
        Object o = ae.getSource();      //获取事件源
        try {
            ResultSet rs = null;
            if(o == tf1) {          //当"证件编码"文本框获得焦点时回车
                //查找宾客以前入住记录
                rs = sunsql.executeQuery("select c_name,address from " +
                "livein where delmark=0 and zj_no='" + tf1.getText() + "'");
                if(rs.next()) {
                    tf2.setText(rs.getString(1));   //宾客姓名
                    tf7.setText(rs.getString(2));   //宾客地址
                }
            }else if(o == tf2) {
                tf3.requestFocus(true);         //将焦点设置为"宾客人数"
            }else if(o == tf3) {
                tf4.requestFocus(true);         //将焦点设置为"实收押金"
            }else if(o == tf4) {
                tf6.requestFocus(true);         //将焦点设置为"预住天数"
            }else if(o == tf6) {
                tf7.requestFocus(true);         //将焦点设置为"地址信息"
            }else if(o == tf7) {
                tf8.requestFocus(true);         //将焦点设置为"备注信息"
            }else if(o == cb) {
                rt = cb.getSelectedItem()+"";
                initDTM1(rt);               //将指定的房间类型作为可供房间类型
            }else if(o == bt1) {            //单击"确定"按钮
                if(isValidity()) {
                    int isAdd = JOptionPane.showConfirmDialog(null, "您确定以当前多人
信息开设房间吗? \n" + "主房间 [ " + tf3.getText() + " ]    主宾客 [ " + tf2.getText() + " ]",
"提示", JOptionPane.YES_NO_OPTION);

                    if(isAdd == JOptionPane.YES_OPTION) {
                        saveLiveIn();                   //保存入住信息
                    }
                }
```

在以上代码中，输入宾客证件编码时，需要从系统中的入住信息表 livein 中检查是否有该宾客信息。getSource 方法在一个对象上注册 ActionListener 或者其他的监听器后，通过调用事件源的 getSource()方法就能获得注册的这个组件对象。另外，isValidity 方法能够检验数据的合法性。

“多人订房”窗体如图 3-13 所示。

在此需要提醒读者注意 getSource 方法与 getActionCommand 方法的区别，在获得对象事件触发时经常会用到这两个方法。其中前者依赖于事件对象，得到的是组件的名称；后者依赖于组件上的字符串，得到的是标签。

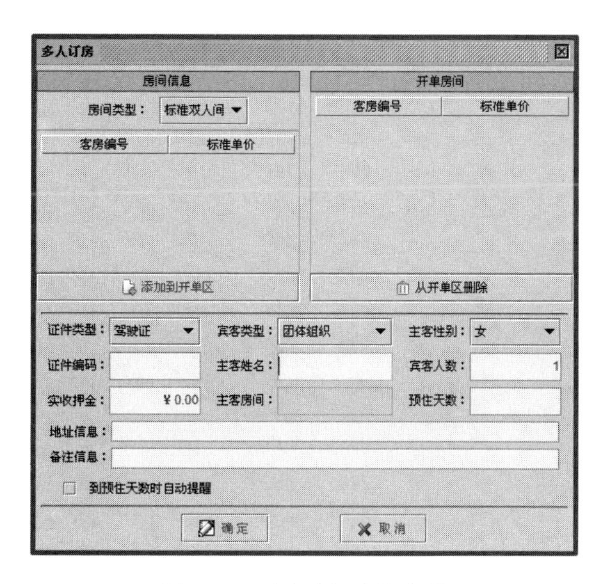

图 3-13　“多人订房”窗体

3.7.3　营业查询

(1) 在工程中添加营业查询类 Query，并定义好“营业查询”窗体需要的各种组件。本模块的查询操作包括结账单查询、全部宾客信息查询、在店宾客消费查询、离店宾客消费查询等。本项目集查询功能于同一窗体。在代码中增加各种查询所需的监听器，只要窗体上发生动作或者单击鼠标，都会触发相应事件。其代码如下：

```
public class Query
extends JDialog
implements ActionListener, MouseListener {
public Query(JFrame frame) {
        super(frame,"营业查询",true);
        top = new JLabel();             //假空格
        panelMain = new JPanel(new BorderLayout(0,5));
        tab();                          //制作营业查询项目标签面板
        addListener();                  //加入事件监听
        panelMain.add("North",top);
        panelMain.add("Center",tp);
        this.setContentPane(panelMain);
        this.setPreferredSize (new Dimension (800,500));
        this.setMinimumSize (new Dimension (800,500));
        this.setResizable(false);           //不允许改变窗口大小
        pack();
        sunswing.setWindowCenter(this); //窗口屏幕居中
    }
```

(2) “营业查询”窗体中的“结账单查询”界面如图 3-14 所示。该界面中的“查询”按钮增加监听器，在此界面中可输入的查询参数包括结账时间、旅客姓名、房间号或账单号。其代码如下：

```
public void actionPerformed(ActionEvent ae) {
        Object o = ae.getSource();              //获取事件源
        if(o==bt11) {                           //如果单击"查询"按钮
            if(chk11.isSelected()) {            //选中结账时间查询
```

```
            if(!chk12.isSelected()) {   //没有选中具体信息查询
                String start,end;
                start = tf11.getText();//获取起始时间
                end = tf12.getText();  //获取终止时间
        if(!suntools.isDate(start)||!suntools.isDate(end)) {//判断日期格式是否合法
        JOptionPane.showMessageDialog(null,"日期输入有误,请正确输入(yyyy-mm-dd)");
                    tf11.setText(""); //如果不合法，清空选项
                    tf12.setText("");
                    tf13.setText("");
                    tf11.requestFocus();
                }else {  //如果日期合法
        start = tf11.getText()+" 00:00:00";        //在日期基础上加上时间
        end = tf12.getText()+" 23:59:59";
    String sqlCode = "select a.chk_no 账单号,b.r_no 房间号,b.c_name 宾客姓名,b.foregift 已收押金,a.money 实收金额,a.chk_time 结算时间,a.remark 备注 "+
 "from checkout as a,livein as b where a.delmark = 0 and a.in_no = b.in_no and a.chk_time between '"+start+"' and '"+end+"'";
            sunsql.initDTM(dtm1,sqlCode);    //执行查询
            tf13.setText(""); //清空条件
                }
            }else {               //如果选中两种查询条件，则进行联合查询
                String start = tf11.getText();  //获取起始时间
                String end = tf12.getText();    //获取终止时间
                if(!suntools.isDate(start)||!suntools.isDate(end)) {
        JOptionPane.showMessageDialog(null,"日期输入有误,请正确输入(yyyy-mm-dd)");
                    tf11.setText(""); //如果不合法，清空选项
                    tf12.setText("");
                    tf11.requestFocus();
                }else {//若日期合法
                    String nrc = tf13.getText();
                    String sqlCode = "select a.chk_no 账单号,b.r_no 房间号,b.c_name 宾客姓名,b.foregift 已收押金,a.money 实收金额,a.chk_time 结算时间,a.remark 备注 "+ "from checkout as a,livein as b where a.delmark = 0 and a.in_no = b.in_no and  (a.chk_no like '%"+nrc+"%' or b.r_no like '%"+nrc+"%' or b.c_name like '%"+nrc+"%') and a.chk_time between '"+start+"' and '"+end+"'";
                    sunsql.initDTM(dtm1,sqlCode);    //执行联合查询
                }
            }
```

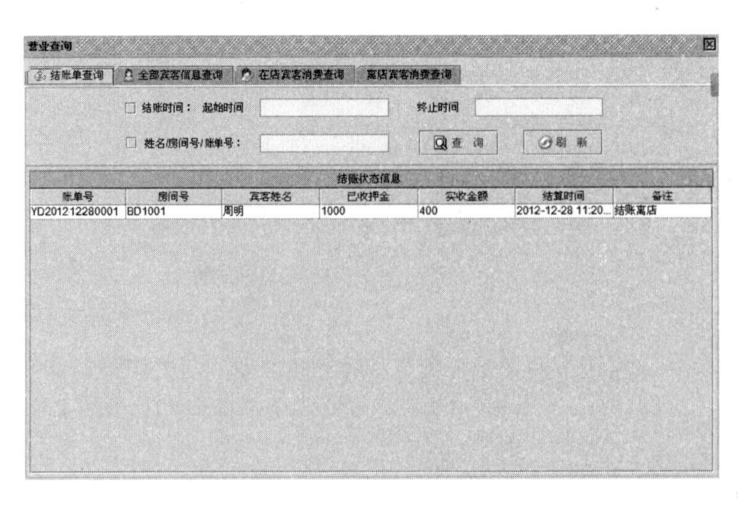

图 3-14 “结账单查询”界面

以上代码中定义了操作员在查询时要输入起始时间和结束时间，利用结账信息表 checkout 和旅客入住信息表 Livein 联合查询相应的数据信息。

(3) 如果没有选择查询条件，则弹出提示窗体。其代码如下：

```
            }else {
                if(!chk12.isSelected()) {   //没有选择查询条件
                    JOptionPane.showMessageDialog(null,"请选择查询方式!");
                    tf11.setText("");
                    tf12.setText("");
                    tf13.setText("");
                    tf11.requestFocus();
                }else {                //具体信息查询
                    String nrc = tf13.getText();
        String sqlCode = "select a.chk_no 账单号,b.r_no 房间号,b.c_name 宾客姓
名,b.foregift 已收押金,a.money 实收金额,a.chk_time 结算时间,a.remark 备注 "+
"from checkout as a,livein as b where a.delmark = 0 and a.in_no = b.in_no and  (a.chk_no
like '%"+nrc+"%' or b.r_no like '%"+nrc+"%' or b.c_name like '%"+nrc+"%')";
                    sunsql.initDTM(dtm1,sqlCode);
                    tf11.setText("");
                    tf12.setText("");
                }
            }
        }else if(o==bt12) {          //如果单击“刷新”按钮
            String sqlCode = "select a.chk_no 账单号,b.r_no 房间号,b.c_name 宾客姓
名,b.foregift 已收押金,a.money 实收金额,a.chk_time 结算时间,a.remark 备注 "+
        "from checkout as a,livein as b where a.delmark = 0 and a.in_no = b.in_no";
            sunsql.initDTM(dtm1,sqlCode);
            tf11.setText("");
            tf12.setText("");
            tf13.setText("");
            chk11.setSelected(false);
            chk12.setSelected(false);
```

以上代码中，根据判断是否单击了“刷新”按钮，可以在不重新输入条件的情况下查询出默认数据。

(4) “营业查询”窗体中的“全部宾客信息查询”界面如图 3-15 所示。查询全部旅客信息的相关代码如下：

```
        }else if(o==bt21) {          //单击"查询"按钮
            String nzr = tf21.getText();    //获取查询条件
            String sqlCode = "select m_id 会员编号,r_no 房间号,c_name 宾客姓名,sex 性
别,zj_type 证件类型,zj_no 证件编号,renshu 人数,foregift 押金,"+
                        "days 预住天数,statemark 当前状态,in_time 入住时
间,chk_time 结账时间,chk_no 结算单号 from livein where delmark = 0 and (c_name like
'%"+nzr+"%' or zj_no like '%"+nzr+"%' or r_no like '%"+nzr+"%')";
            sunsql.initDTM(dtm2,sqlCode);
        }else if(o==bt22) {          //单击"刷新"按钮
            String sqlCode = "select m_id 会员编号,r_no 房间号,c_name 宾客姓名,sex 性
别,zj_type 证件类型,zj_no 证件编号,renshu 人数,foregift 押金,"+
                        "days 预住天数,statemark 当前状态,in_time 入住时
间,chk_time 结账时间,chk_no 结算单号 from livein where delmark = 0";
            sunsql.initDTM(dtm2,sqlCode);
            tf21.setText("");
        }else if(o==bt23) {          //单击"今日来宾"按钮
            GregorianCalendar gc = new GregorianCalendar();         //创建当前时间
            String year = gc.get (GregorianCalendar.YEAR) + "";     //获取年
            String month = gc.get (GregorianCalendar.MONTH) + 1 + "";   //获取月
```

```
            if( month.length() == 1)
                month = "0" + month;
            String day = gc.get (GregorianCalendar.DAY_OF_MONTH) + "";  //获取日
            if( day.length () == 1)
                day = "0" + day;
            String in_time = year+"-"+month+"-"+day; //组成日期
            String nzr = tf21.getText();      //获取查询条件
            String sqlCode = "select m_id 会员编号,r_no 房间号,c_name 宾客姓名,sex 性
别,zj_type 证件类型,zj_no 证件编号,renshu 人数,foregift 押金,"+
    "days 预住天数,statemark 当前状态,in_time 入住时间,chk_time 结账时间,chk_no 结算单号
from livein where delmark = 0 and (c_name like '%"+nzr+"%' or zj_no like '%"+nzr+"%' or
r_no like '%"+nzr+"%') and in_time = '"+in_time+"'";
            sunsql.initDTM(dtm2,sqlCode);
```

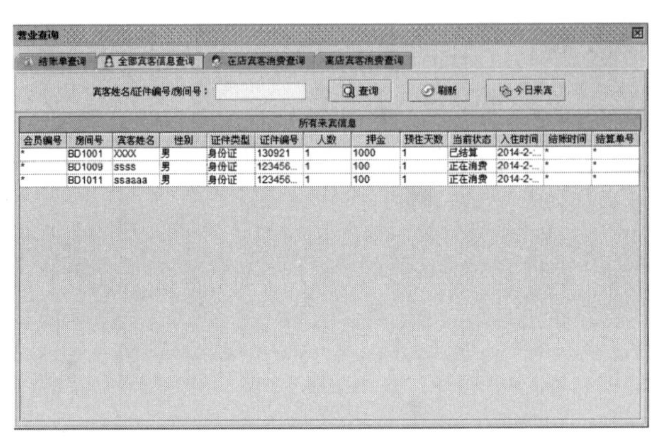

图 3-15 “全部宾客信息查询”界面

以上代码中，根据获得的事件触发器判断是属于哪个按钮的事件触发，根据操作员输入的旅客信息(如姓名、证件编号或房间号)进行查询。

(5) 在店宾客消费情况查询的相关代码如下：

```
        }else if(o==bt31) {          //单击"在线宾客查询"按钮
            if(rb31.isSelected()) {          //选择按照入住时间查询
                String start = tf31.getText();        //获取起始时间
                String end = tf32.getText();          //获取终止时间
                if(!suntools.isDate(start)||!suntools.isDate(end)) {//判断日期格式
        JOptionPane.showMessageDialog(null,"日期输入有误,请正确输入(yyyy-mm-dd)");
                    tf31.setText(""); //清空所有选项
                    tf32.setText("");
                    tf33.setText("");
                    tf31.requestFocus();
                }else {        //如果日期格式合法
                    start = tf31.getText()+" 00:00:00";
                    end = tf32.getText()+" 23:59:59";
    String sqlCode = "select a.r_no 房间号,b.r_type 房间类型,b.price 单价,c.discount 折扣
比例,c.dis_price 折后单价,(c.price - c.dis_price) 优惠金额,a.in_time 入住时间 "+
                                    "from livein as a,roomtype as b,customertype
as c where a.statemark = '正在消费' and a.delmark = 0 and a.r_type_id = b.id and a.c_type_id
= c.id and a.r_type_id = c.dis_attr and a.in_time between '"+start+"' and '"+end+"'";
                    sunsql.initDTM(dtm3,sqlCode);
                    tf33.setText("");
                    }
            }else if(rb32.isSelected()) {   //按照房间号查询
                String r_no = tf33.getText();         //获取房间号
```

```
                    String sqlCode = "select a.r_no 房间号,b.r_type 房间类型,b.price 单价,c.discount 折扣比例,c.dis_price 折后单价,(c.price - c.dis_price) 优惠金额,a.in_time 入住时间 "+ "from livein as a,roomtype as b,customertype as c where a.statemark = '正在消费' and a.delmark = 0 and a.r_type_id = b.id and a.c_type_id = c.id and a.r_type_id = c.dis_attr and a.r_no like '%"+r_no+"%'";
                    sunsql.initDTM(dtm3,sqlCode);
                    tf31.setText("");
                    tf32.setText("");
                }
            }
```

3.8　旅客信息管理模块

视频讲解　光盘：视频\第 3 章\旅客信息管理模块.avi

下面主要介绍旅客信息查询和会员信息管理的实现。

3.8.1　旅客信息查询

(1) 在工程中添加客户管理类 Customer，并且定义“客户管理”窗体需要的各种组件，此类继承 Java 系统的 Jdialog 类；同时实现监听器，只要窗体上发生动作或者单击鼠标，都会触发相应事件。其代码如下：

```
public class Customer  extends JDialog  implements ActionListener,MouseListener {public Customer(JFrame frame) {
        super(frame,"客户管理",true);
        top = new JLabel();          //假空格
        panelMain = new JPanel(new BorderLayout(0,5));
        tab();                        //制作客户管理项目标签面板
        addListener();                //加入事件监听
        panelMain.add("North",top);
        panelMain.add("Center",tp);
        this.setContentPane(panelMain);
        this.setPreferredSize (new Dimension (750,500));
        this.setMinimumSize (new Dimension (750,500));
        this.setResizable(false);        //不允许改变窗口大小
        pack();
        sunswing.setWindowCenter(this); //窗口屏幕居中
    } //制作客户管理项目标签面板
       private void tab() {
        JPanel jp1,jp2;
        jp1 = huiYuan();              //会员基本信息维护
        jp2 = laiBin();               //来宾信息一览表
        tp = new JTabbedPane();
        tp.addTab("会员基本信息维护", new ImageIcon("pic/u02.gif"), jp1);
        tp.addTab("来宾信息一览表", new ImageIcon("pic/u03.gif"), jp2);
    }
```

以上代码中定义了 Customer 类的构造方法 Customer，利用 tab 方法实现了项目标签面板。

(2) 和其他窗体一样，要执行查询和管理操作，就必须为按钮增加监听器。其代码如下：

```
    public void actionPerformed(ActionEvent ae) {
Object o = ae.getSource();
String cz = tf21.getText();
```

```
String sqlCode = "select c_name 宾客姓名,sex 性别,zj_type 证件类型,zj_no 证件编号,address 详细地址 "+"from livein where delmark = 0 and (c_name like '%"+cz+"%' or zj_no like '%"+cz+"%')";
sunsql.initDTM(dtm2,sqlCode);
public static void initDTM (DefaultTableModel fdtm, String sqlCode) {
        try {
            ResultSet rs = executeQuery(sqlCode);      //获得结果集
            int row = recCount( rs );                  //获取查询结果数量
            ResultSetMetaData rsm =rs.getMetaData(); //获得列集
            int col = rsm.getColumnCount();            //获得列的个数
            String colName[] = new String[col];        //定义表头名数组
            for (int i = 0; i < col; i++) {
                colName[i] = rsm.getColumnName( i + 1 ); //将表头信息设置到数组中
            }
            rs.beforeFirst();
            String data[][] = new String[row][col];
            for (int i = 0; i < row; i++) {        //遍历获取查询数据
                rs.next();
                for (int j = 0; j < col; j++) {
                    data[i][j] = rs.getString (j + 1);
                }
            }
            fdtm.setDataVector (data, colName);       //设置到表格中
        }
        catch (Exception ex) {
        }
    }
```

以上代码为“查询”按钮增加了监听器，当用户单击“查询”按钮后，会查询 livein 表中的信息，并将获得的数据源信息通过 initDTM 方法展示在表格中。在 SQL 查询语句中，并没有使用“*”查询所有信息，而是只查询了需要的列。即使想在 SELECT 子句中列出所有的列时，使用动态 SQL 列引用“*”也不是一个高效的方法。实际上，数据库在解析的过程中会将“*” 依次转换成所有的列名，这个工作是通过查询数据字典完成的，这意味着将耗费更多的时间。

3.8.2 会员信息管理

下面以添加会员信息为例介绍会员信息管理的实现。添加会员信息类 AddHuiYuan 的代码如下：

```
public class AddHuiYuan  extends JDialog implements ActionListener,MouseListener {
public void actionPerformed(ActionEvent ae) {
        Object o = ae.getSource();
        if(o==bt1) {
            String m_id,m_name,sex,zj_no,m_tel,address;
            m_id = tf1.getText();
            m_name = tf2.getText();
            sex = cb1.getSelectedItem()+"";
            zj_no = tf3.getText();
            m_tel = tf4.getText();
            address = tf3.getText();
    if(m_id.equals("")||m_name.equals("")||zj_no.equals("")||m_tel.equals("")||address.equals("")) { //若添加项有空值
                JOptionPane.showMessageDialog(null,"会员信息有空值，请重新输入！");
                return;
            }else {
```

```
                try {
ResultSet rs = sunsql.executeQuery("select m_id from member where m_id = '"+m_id+"' and
delmark = 0");
          if(rs.next()) {
          JOptionPane.showMessageDialog(null,"该会员编号已存在，请重新输入！");
          tf1.requestFocus();
        tf1.setText("");
      }else if(!suntools.isNum(tf4.getText())) {//判断电话是否由数字组成
          JOptionPane.showMessageDialog(null,"联系电话必须由数字组成,请重新输入!");
                tf4.setText("");
      }else {//将添加的信息插入会员表
          String sqlCode =
"insert into member (pk,m_id,m_name,sex,zj_no,m_tel,address)"
+"values("+pk+",'"+m_id+"','"+m_name+"','"+sex+"','"+zj_no+"','"+m_tel+"','"+address+
"')";
                sunsql.executeUpdate(sqlCode);
              this.setVisible(false); }
                    }
                    catch (Exception ex) {
                    }
                }
      }
```

以上代码中定义了 actionPerformed 监听器方法，功能是判断是否输入了完整的会员信息，若未输入完整则弹出提示信息。在完成添加会员信息的操作之前，需要查询数据库并检查该会员编号是否存在，若系统中无此会员编号则允许添加。

第 4 章　物业管理系统

世界经济快速发展，房地产业在经济发展中扮演着重要的角色，全国各地城市规模不断扩大，住进城市的人口日益增多，怎么管理好社区成为当今居民们最热议的话题。利用信息化技术管理社区信息，打造宜居城市势在必行。使用物业管理系统管理不同种类且数量繁多的小区，可以提高物业管理工作的效率，减少工作中可能出现的错误，为居民提供更好的服务，是提高城市生活水平的重要组成部分。本章将介绍如何利用 Eclipse 来开发一个物业管理系统，旨在让读者牢固掌握 SQL 后台数据库的建立、维护以及前台应用程序的开发方法，为以后的深入学习打下坚实的基础。

赠送的超值电子书

031.for 循环
032.有多个表达式的 for 循环
033.for 语句可以嵌套
034.while 循环语句
035.do-while 循环语句
036.使用 break 语句
037.使用 continue 语句实现跳转
038.声明一维数组
039.创建一维数组
040.一维数组的初始化

4.1 部门沟通之“钥”

视频讲解 光盘：视频\第 4 章\部门沟通之钥.avi

职场如战场，职场菜鸟们需要经过摸爬滚打之后才能在职场中立于不败之地。在程序员职场生涯中，开发者们往往不只是生活在开发团队这个圈子中，还需要经常和其他的部门进行沟通。公司内各部门之间的沟通十分重要，它决定了程序员在职场中的生存环境和人际关系。

4.1.1 开发公司部门现状

对于大多数开发公司来说，整个公司通常分为财务部、销售部、产品部、开发部、培训部和市场部。

- 财务部：负责公司财务、费用、预算决策和战略规划等工作。
- 销售部：负责销售本公司的产品，拉客户来公司做项目。
- 产品部：负责和客户沟通，了解客户的真实需求，并将客户的需求传达给开发人员。
- 开发部：负责程序开发，包括从规划到调试。
- 培训部：负责内部员工培训，提升员工业务能力。
- 市场部：负责市场调研、市场宣传和产品包装等工作。

上述每一个部门都有一个部门总监，直接向老总负责。每个部门之间相互协调，将整个公司运转起来。

下面接着分析和程序员密切相关的开发部，在笔者所在的开发部中，除去部门总监外，下面有十几个程序员，五个软件工程师，三个高级软件工程师。具体结构如图 4-1 所示。

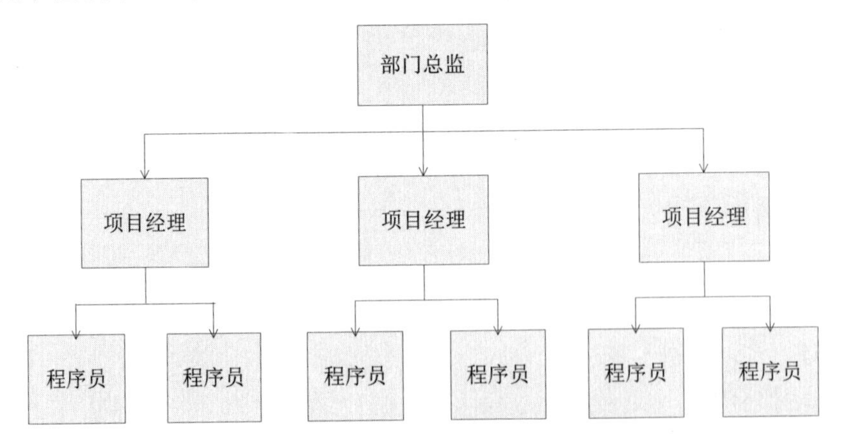

图 4-1　开发部组织结构

图中的三个项目经理即为三个高级软件工程师，每个项目经理下的程序员实行弹性调动，即接到一个新项目时，项目经理可以抽调任何程序员组织自己的项目团队。另外，每个程序员的任务也不一样。在一个开发团队中，有的负责具体编码工作，有的负责产品测试工作。

4.1.2 赢在公司——探讨部门沟通之道

在开发公司中，和程序员所在的开发部打交道最多的是产品部，请看下面的一个场景：

晚上 8 点多了，程序员小菜仍在公司噼里啪啦地敲着代码，此时产品部的赵经理走过来说："小菜呀，我发现 A 页面上的×××几个字很不美观，大小也不合适，你调整一下吧！"

小菜忙打开 Visual Studio 2010，经过长达七八分钟的等待，终于将项目加载完毕了。小菜瞪着布满血丝的双眼，在几千个页面中。找到了赵经理所说的 A 页面，然后找到了他提到的那几个字，就问赵经理说："字改成多大的？"

"多大的？就改大一点就行呀！"小菜将原来的 9pt 更改为了 10pt，按 Ctrl+S 快捷键保存后，又按下 F5 键，经过漫长的等待。页面终于出来了。赵经理看了看说："还有点小再大点！"，小菜只好又将 10pt 更改为了 12pt。

赵经理端着杯子喝了口水说："这次感觉大了点，再调小一点。"此时快 8:30 了，小菜和好朋友商量好 8:30 在超市门口见的，见赵经理没完没了地改，于是极不情愿地又将字体改为了 11pt。见赵经理还站在边上一个劲地端详，小菜拿起包，快速地关机闪人了，一边走，一边想："什么人呀！事先没有界面设计，没有美工，程序员将界面做出来之后，对字体还调来调去，没完没了！"

上述案例中涉及的工作只是修改字号大小，还算简单。如果产品部在设计产品伊始便出现问题，而开发部已经根据当初的规划完成了整个开发工作，那么如果此时客户觉得不满意，开发部将面临整个项目重新架构开发的境地，这将给公司带来不可估量的损失。

部门与部门之间的沟通的确比较麻烦，有时虽然明知很多问题的根源，但因为身处不同的部门而没有力气去解决。例如在上述案例中，产品部觉得稍微地调整十分简单，此时的开发人员应该有一些容人之量，然后主动和对方部门作沟通，作交流，尽量本着解决问题的态度来做事。但是，让开发人员改来改去，又体现了产品部对研发人员工作成果的不尊重。站在开发者的角度，最不希望的就是干完了活却因为其他部门的原因不被认可。当发生类似情况时，应该按照如下规则进行处理。

(1) 产品部：要学会尊重研发人员的劳动，认识到研发人员不是实现自己毫无边际遐想的工具。

(2) 开发部：在开发过程中，如果一直抱怨不公平，却不思考解决问题的方法，也是不对的。当程序员因为情绪不满而影响到工作动力和态度的时候，应该及时找到问题所在，并及时加以解决。出现沟通问题后，研发人员应该将出现问题的地方及时反馈给项目经理，让他去帮助大家来解决此类问题，毕竟抱怨是没有用的。

(3) 企业运维：产品部和开发部之间的沟通不要仅仅局限于口头，建议和项目有关的沟通全部实现文字化，将需求和实现统一体现在文档中，并经过部门经理签字盖章。这样，每个部门发出的指令就都具有很强的效力，能够避免出现问题时的相互扯皮问题。

4.2 新的项目

视频讲解 光盘：视频\第 4 章\新的项目.avi

本项目是为公司所在小区的物业公司开发一个物业管理系统，本项目开发团队成员的具体职责如下。

- 软件工程师 A：负责设置系统界面，撰写系统设计规划书。
- 软件工程师 B：负责分析系统需求和设计数据库。
- 软件工程师 C：负责基本信息管理模块的编码工作。
- 软件工程师 D：负责消费指数管理模块的编码工作。
- 软件工程师 E：负责各项费用管理模块的编码工作。
- 软件工程师 F：负责设计系统整体框架，并协调项目中各个模块的进展。

本项目的具体开发流程如图 4-2 所示。

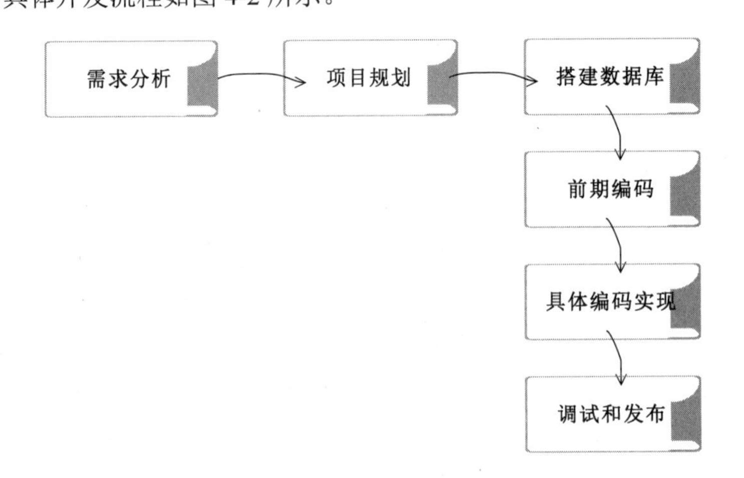

图 4-2　开发流程

整个项目的具体操作流程如下：项目规划→数据库设计→框架设计→基本信息管理、消费指数管理和各项费用管理模块设计。

本项目包括后台数据库的建立以及前端应用程序的开发两个方面。其中后台数据库采用 MySQL，同时将面向对象的程序设计思想成功应用于应用程序设计中，这也是本系统的优势和特色。本项目的具体实现流程如图 4-3 所示。

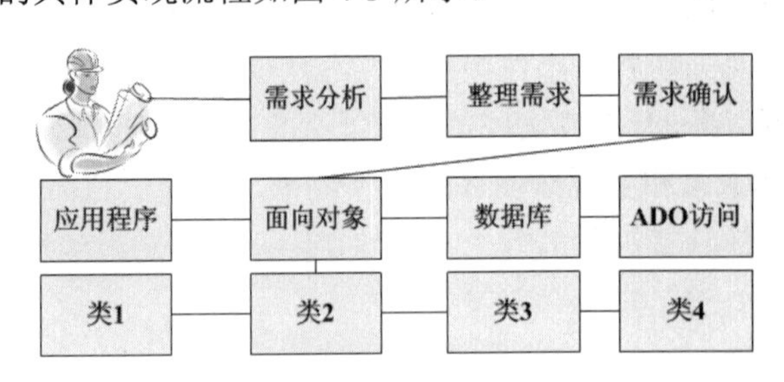

图 4-3　实现流程

4.3　系统概述和总体设计

视频讲解 光盘：视频\第 4 章\系统概述和总体设计.avi

本项目的系统规划书分为如下两个部分：

- 系统需求分析文档。
- 系统运行流程说明。

4.3.1　系统需求分析

物业管理系统的用户主要是物业公司的办公人员。该系统包含的核心功能如下。

(1) 基本信息管理模块，主要包括小区信息维护、楼宇信息维护、业主信息维护、收费信息维护、收费单价清单等子模块。

(2) 消费指数管理模块，用于录入业主的各种用量信息和物业公共用量信息指数，主要包括业主消费录入、物业消费录入等子模块。

(3) 各项费用管理模块，涉及针对物业最主要的水、电、气应缴费汇总相关数据记录的查询操作，主要包括业主费用查询、物业费用查询等子模块。

根据需求分析设计系统的体系结构，如图 4-4 所示。

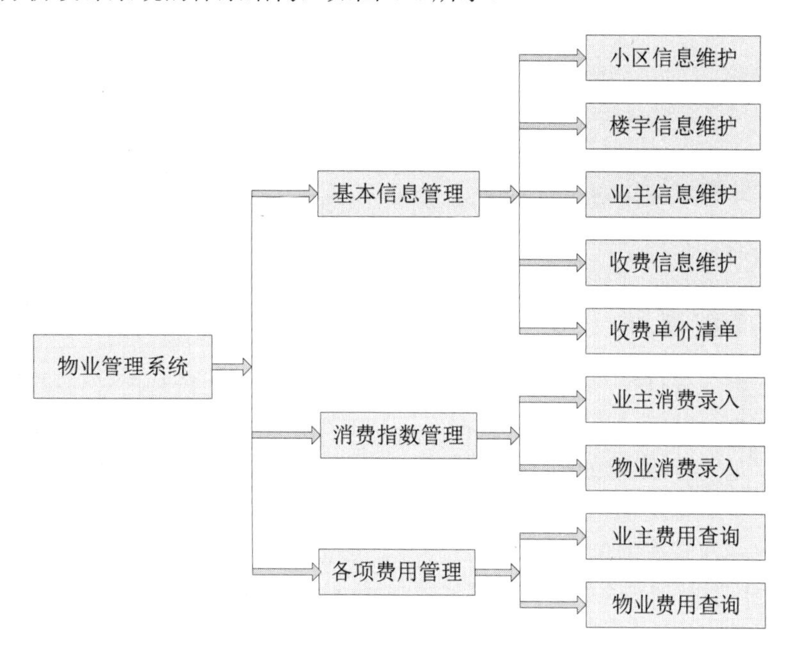

图 4-4　物业管理系统体系结构示意图

图 4-4 中详细列出了本系统的主要功能模块，因为本书篇幅的限制，在本书后面的内容讲解过程中，只是讲解了图 4-4 中的重要模块的具体实现过程。对于其他模块的具体实现，请读者参阅本书附带光盘中的源代码和讲解视频。

4.3.2　系统 demo 流程

下面模拟系统的运行流程：运行系统后，首先会弹出用户登录窗口，对用户的身份进行认证并确定用户的合法性，如图 4-5 所示。

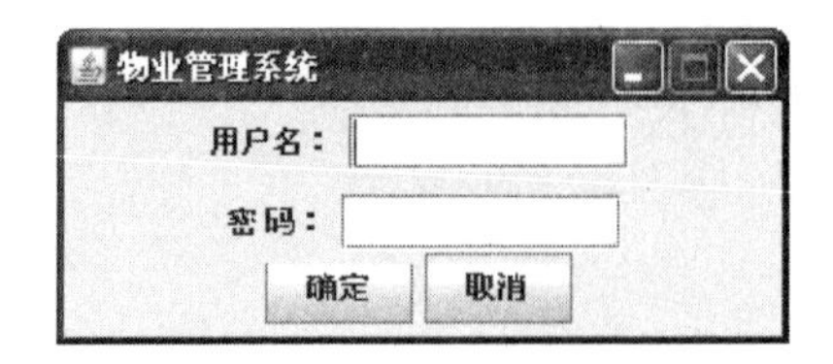

图 4-5　用户登录窗口

由于本系统只涉及简单的数据处理工作，所以目前规划只有系统管理员用户。系统管理员的用户名为 admin，密码为 admin，由程序设计人员添加到数据库表中。

进入系统后，首先需要添加基本信息。基本信息是物业管理系统的基础数据，可为物业管理系统各模块提供数据参考。基本信息包括小区信息、楼宇信息、业主信息等。其中，小区信息包括小区名称、小区编号、地址等，楼宇信息包括小区编号、楼宇编号、楼层数、总面积等，业主信息包括业主姓名、电话、地址和性别等。

4.4　数据库设计

视频讲解 光盘：视频\第 4 章\数据库设计.avi

本项目系统的开发工作主要包括后台数据库的建立、测试数据的录入以及前台应用程序的开发三个方面。数据库设计是系统设计的一个重要组成部分，数据库设计的好坏直接影响程序编码的复杂程度。

4.4.1　选择数据库

在开发数据库管理信息系统时，需要根据用户需求、系统功能和性能要求等因素，来设计和优化数据的分类及选择后台数据库。数据库是数据管理的最新技术，是计算机科学的重要分支。近几年来，数据库管理系统已从专用的应用程序包发展成为通用系统软件。由于数据库具有数据结构化、冗余度最低、程序与数据独立性较高、易于扩充、易于编制应用程序等优点，较大的信息系统都是建立在数据库设计之上的。由于本系统用到的数据表格较多，另外考虑到本系统所要管理的数据量不大，并且 MySQL 是一款免费的数据库软件，所以本项目将使用 MySQL 作为后台数据库管理平台。

数据库访问技术决定了整个项目的访问效率，当前数据库应用程序通常采用比较流行的 ADO(ActiveX Data Objects)数据库访问技术，因此本项目也将使用这一技术。

4.4.2　数据库结构的设计

在进行具体的数据库设计时，需要参考需求分析文档。由需求分析可知，整个项目包含 7 种信息，对应的数据库也需要包含这 7 种信息，因此系统需要包含 7 个数据库表，分别如下。

- user：用户信息表。
- price_type：费用类型表。
- master_info：业主信息表。
- master_use：业主消费指数表。
- community_info：小区信息表。
- building_info：楼宇信息表。
- community_use：物业消费信息表。

(1) 用户信息表 user，用来保存用户信息，表结构如表 4-1 所示。

表 4-1　用户信息表结构

编　号	字段名称	数据类型	说　明
1	uname	varchar12	用户名
2	paswrd	varchar20	密码
3	purview	smallint6	权限

(2) 费用类型表 price_type，用来保存费用类型信息，表结构如表 4-2 所示。

表 4-2　费用类型表结构

编　号	字段名称	数据结构	说　明
1	charge_id	smallint6	费用 ID
2	charge_name	varchar20	费用名称
3	unit_price	double	价格

(3) 业主信息表 master_info，用来保存系统内的业主信息，表结构如表 4-3 所示。

表 4-3　业主信息表结构

编　号	字段名称	数据结构	说　明
1	district_id	smallint6	小区 ID
2	building_id	smallint6	楼宇 ID
3	room_id	smallint6	业主 ID
4	area	double	房屋面积
5	status	varchar9	房屋状态
6	purpose	varchar10	房屋当前用途
7	oname	varchar20	业主姓名
8	sex	varchar7	性别
9	id_num	位 varchar18	证件号
10	address	varchar60	地址
11	phone	double	电话

(4) 业主消费指数表 master_use，用来保存业主消费指数信息，表结构如表 4-4 所示。

表 4-4　业主消费指数表结构

编　号	字段名称	数据结构	说　明
1	district_id	smallint6	小区 ID
2	building_id	smallint6	楼宇 ID
3	room_id	smallint6	业主 ID
4	date	int11	日期
5	water_reading	double	用水量
6	elec_reading	double	用电量
7	gas_reading	double	用气量

(5) 小区信息表 community_info，用来保存小区信息，表结构如表 4-5 所示。

表 4-5　小区信息表结构

编　号	字段名称	数据结构	说　明
1	district_id	smallint6	小区 ID
2	district_name	varchar12	小区名称
3	address	varchar60	地址
4	floor_space	double	小区面积

(6) 楼宇信息表 building_info，用来保存楼宇信息，表结构如表 4-6 所示。

表 4-6　楼宇信息表结构

编　号	字段名称	数据结构	说　明
1	district_id	smallint6	小区 ID
2	building_id	smallint6	楼宇 ID
3	total_storey	smallint6	楼层数
4	total_area	double	总面积
5	height	double	楼高
6	type	smallint6	类型
7	status	varchar9	状态

(7) 物业消费信息表 community_use，用来保存物业消费信息，表结构如表 4-7 所示。

表 4-7　物业消费信息表结构

编　号	字段名称	数据结构	说　明
1	district_id	smallint6	小区 ID
2	date int11	int(11)	日期
3	tot_water_reading	double	用水量
4	tot_elec_reading	double	用电量
5	sec_supply_reading	double	用气量

在数据库设计过程中，数据库逻辑结构设计比较重要。概念结构是独立于任何一种数据模型的信息结构。逻辑结构设计的任务，就是把概念结构设计阶段设计好的基本 E-R 图转换为与选用 DBMS(数据库管理系统)产品所支持的数据模型相符合的逻辑结构。在现实应用中，设计逻辑结构时一般要分为如下三步进行。

(1) 将概念结构转换为一般的关系、网状、层次模型。

(2) 将转换来的关系、网状、层次模型转换为特定 DBMS 支持下的数据模型。

(3) 对数据模型进行优化。

数据库的概念结构和逻辑结构设计是数据库设计过程中最重要的两个环节。将概念模型转换为全局逻辑模型后，还应根据局部应用需求，结合具体 DBMS 设计用户的外模式。当利用关系数据库管理系统的视图来完成外模式时，需要遵循如下的设计原则。

- 使用符合用户习惯的别名。
- 针对不同级别的用户定义不同的外模式，以满足对安全性的要求。
- 简化用户对系统的使用：将经常使用的某些复杂查询定义为视图。

4.5 系统框架设计

视频讲解 光盘：视频\第4章\系统框架设计.avi

系统框架设计步骤属于整个项目开发过程中的前期工作，项目中的具体功能将以此为基础进行扩展。本项目的系统框架设计工作需要如下四个阶段来实现。

(1) 搭建开发环境：操作系统 Windows 7、数据库 MySQL、开发工具 Eclipse SDK。

(2) ADO 访问：建立 ADO 数据库访问连接类，这是窗体能够访问数据库的前提。

(3) 系统登录验证：确保合法的用户才能登录系统。

(4) 系统总体框架：本项目的业务逻辑非常简单，所以各业务节点采用直接访问数据库的方式。

4.5.1 创建工程及设计主界面

1. 创建工程

开发项目之前，要创建一个 Java 工程，用于管理以及调用整个工程中所用到的资源和代码；还要准备开发框架中所引用的第三方 jar 包和相应的技术文档。

(1) 打开 Eclipse 新建 Java 项目，依次单击 Next 按钮，打开如图 4-6 所示的窗口。

(2) 设置 Project name(工程名称)为 JavaPrj_num4，默认选中 Use default location 复选框，工程默认保存路径为 Eclipse 工作空间，读者也可以自定义保存路径。

(3) 在 JRE 选项组中选中 Use an execution environment JRE 单选按钮，并在其后的下拉列表框中选择 JavaSE-1.6 选项。要配置 JDK 安装路径，可单击 Configure JREs 超链接，会弹出如图 4-7 所示的对话框。

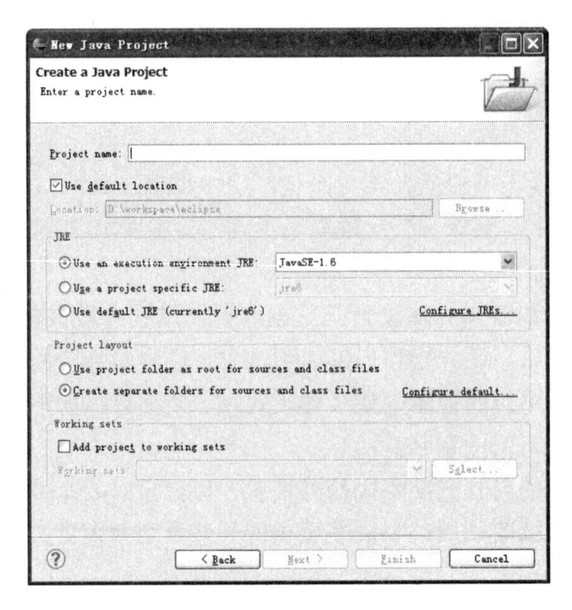

图 4-6　New Java Project 窗口

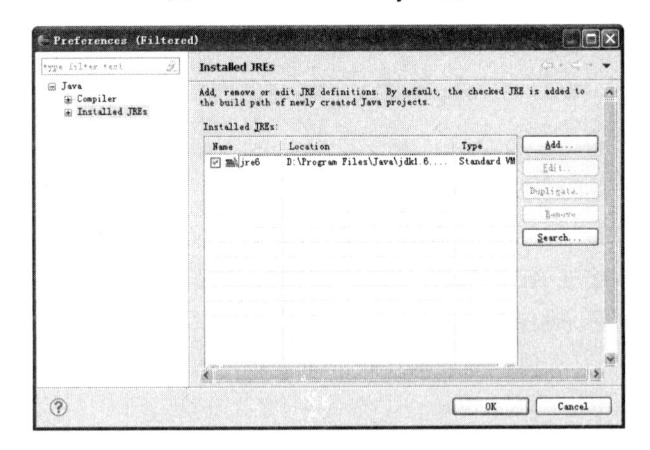

图 4-7　JDK 路径对话框

(4) 设置完以上信息，单击 Finish 按钮，成功建立 Java 工程，如图 4-8 所示。

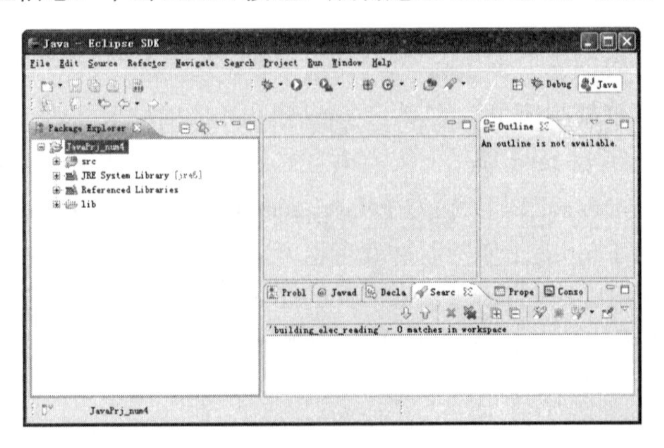

图 4-8　创建工程

(5) 新建工程下已自动生成 src 目录用于存放源代码，JRE System Library 目录下已添加了系统要引用的 jar 包。如果在开发中需要引用第三方 jar 包，可右击工程名，在弹出的快捷菜单中选择 build path 菜单项进行引用。

2. 设计主界面

用户登录成功后会进入系统的主界面。主界面包括如下两大区域：位于界面顶部的菜单栏，用于将系统所具有的功能进行归类展示；位于菜单栏下方的工作区，用于进行各项功能操作，如图 4-9 所示。

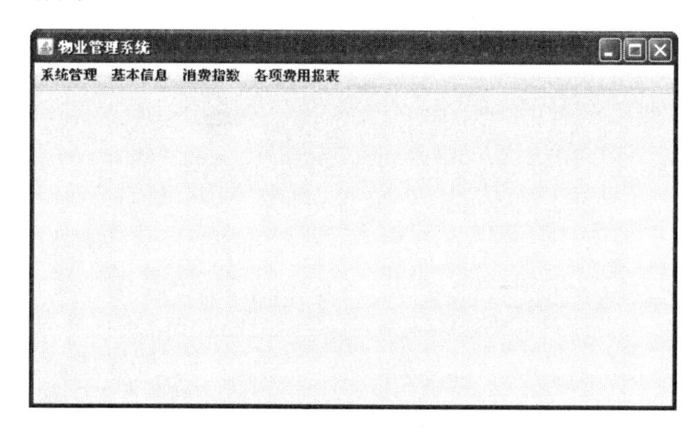

图 4-9　系统主界面

(1) 主界面是整个系统通往各个功能模块的必经通道，因此要将各个功能模块的窗体加入主界面中，同时要保证各窗体在主界面中布局合理，让用户方便操作。因此，在主界面中应加入整个系统的入口方法 main，通过执行该方法进而执行整个系统。主窗体文件 Main.java 的实现代码如下：

```
 public class Main extends JFrame
{       super("物业管理系统");
            Container con=getContentPane();
            //设置系统菜单以及其下的子菜单
            JMenuBar bar=new JMenuBar();
            setJMenuBar(bar);
            JMenu systemMenu=new JMenu("系统管理");
            JMenu infMenu=new JMenu("基本信息");
            JMenu enterMenu=new JMenu("消费指数");
            JMenu printMenu=new JMenu("各项费用报表");
}
```

以上代码中通过 super 方法设置了主窗体标题，为窗体增加了菜单栏，并创建了多个 Jmenu 实例对象。

(2) 为各一级菜单添加二级菜单，指向具体的各功能模块的窗体。例如，“退出系统”子菜单的定义代码如下：

```
JMenuItem exitItem=new JMenuItem("退出");
          exitItem.addActionListener(
               new ActionListener()
               {
                    public void actionPerformed(ActionEvent event)
                    {
                         System.exit(0);
```

```
            }
        }
    );
    systemMenu.add(exitItem);//退出
    bar.add(systemMenu); //把 systemMenu 加到菜单栏中
```

以上代码为子菜单 exitItem 添加了监听器 addActionListener，由 actionPerformed 方法的参数 event 识别该操作，最后执行 Java 系统方法 exit 退出系统。add 方法的功能是将创建的子菜单加入到一级菜单中。

(3) 下面将定义“基本信息”菜单的子菜单，其代码如下：

```
    //设置物业信息维护菜单
    JMenuItem placeItem=new JMenuItem("小区信息维护");
    placeItem.addActionListener(new ActionListener()
    {
        public void actionPerformed(ActionEvent event){
            Community_info xq = new Community_info();
        }
    }
    );
    JMenuItem buildingItem=new JMenuItem("楼宇信息维护");
    buildingItem.addActionListener(new ActionListener()
    {
        public void actionPerformed(ActionEvent event){
            Building_info ly = new Building_info();
        }
    }
    );
    JMenuItem hostItem=new JMenuItem("房屋信息维护");
    hostItem.addActionListener(new ActionListener()
    {
        public void actionPerformed(ActionEvent event){
            MasterInfo ui = new MasterInfo();
        }
    }
    );
    infMenu.add(placeItem);
    infMenu.add(buildingItem);
    infMenu.add(hostItem);
    JMenuItem enterPerPrice=new JMenuItem("修改收费单价");
    enterPerPrice.addActionListener(new ActionListener()
    {
        public void actionPerformed(ActionEvent event){
            PriceChange cp1 = new PriceChange();
        }
    }
    );
    JMenuItem printPerPrice=new JMenuItem("查询收费单价");
    printPerPrice.addActionListener(new ActionListener()
    {
        public void actionPerformed(ActionEvent event){
            Payment sf1 = new Payment();
        }
    }
    );
    infMenu.add(enterPerPrice);
    infMenu.add(printPerPrice);
    bar.add(infMenu);
```

上述代码为系统中的“基本信息”菜单增加了多个子菜单，并且分别为这些子菜单增加了各自的窗体链接，这样当用户选择子菜单时就会进入各个功能窗体，以进行相应业务流程的操作。

3. 设计菜单

系统的具体功能都是通过操作菜单实现，所以下面进行菜单设计。

系统菜单需要根据系统的整体功能进行规划，然后针对各个需要的功能来增加对应的窗体类。在 Main 类中进行菜单的管理，具体说明如表 4-8 所示。

表 4-8　菜单名称和 ID 属性

菜单名称	ID 属性
小区信息维护	placeItem
楼宇信息维护	buildingItem
房屋信息维护	hostItem
修改收费单价	enterPerPrice
查询收费单价	printPerPrice
业主水/电/气指数录入	b1
公共水/电指数录入	b2
电费收费报表	a1
水费收费报表	a2
气费收费报表	a3
用户收费报表	a4
物业收费报表	a5

4.5.2 数据库 ADO 访问类

下面创建 Business 类。

右击 com.wy.util 包，在弹出的快捷菜单中选择 new | class 菜单项，打开 New Java Class 窗口，设置 name 为 Business，添加 Business 类，用于实现和数据库的连接。Business 类的代码如下：

```
public class Business {
    private static final String DBDRIVER = "com.mysql.jdbc.Driver" ;     //驱动类类名
    private static final String DBURL = "jdbc:mysql://localhost:3306/wy";//连接 URL
    private static final String DBUSER = "root" ;
    //数据库用户名
    private static final String DBPASSWORD = "root";
    //数据库密码
    private static Connection conn = null;
    //声明一个连接对象
    public static Connection getConnection(){

        try {
            Class.forName(DBDRIVER);                          //注册驱动
        conn = DriverManager.getConnection(DBURL,DBUSER,DBPASSWORD);//获得连接对象
        } catch (ClassNotFoundException e) {
            e.printStackTrace();
```

```
        } catch (SQLException e) {
            e.printStackTrace();
        }
        return conn;
    }
    public static ResultSet executeQuery(String sql) {//执行查询方法
        try {
            if(conn==null)  new Business();             //如果连接对象为空，则重新调用构造方法
            return conn.createStatement(ResultSet.TYPE_SCROLL_SENSITIVE,
                    ResultSet.CONCUR_UPDATABLE).executeQuery(sql);//执行查询
        } catch (SQLException e) {
            e.printStackTrace();
            return null;                                //返回 null 值
        } finally {
        }
    }
    public static int executeUpdate(String sql) {       //更新方法
        try {
            if(conn==null)  new Business();             //如果连接对象为空，则重新调用构造方法
            return conn.createStatement().executeUpdate(sql);       //执行更新
        } catch (SQLException e) {
            e.printStackTrace();
            return -1;
        } finally {
        }
    }
    public static void close() {//关闭方法
        try {
            conn.close();//关闭连接对象
        } catch (SQLException e) {
            e.printStackTrace();
        }finally{
            conn = null;  //设置连接对象为 null 值
        }
    }
}
```

以上代码中，Business 方法用于与数据库建立连接，在执行任何操作前都要调用此方法；executeQuery 方法用于执行查询返回结果；executeUpdate 方法用于更新数据动作；close 方法用于断开与数据库的连接，在执行完任何访问数据库的相关操作后调用。

4.5.3 系统登录模块设计

为了增加系统的安全性，应设置为只有通过系统身份验证的用户才能够使用本系统，为此必须增加一个系统登录模块。

(1) 添加 Login 类，定义成员变量用来记录当前登录名和用户类型信息。

(2) Login 类应该继承 JFrame 类，JFrame 类是 Java 系统中窗体的基类。在登录窗体中添加 JLable、JButton 和 JTextField 控件。其代码如下：

```
public class Login extends JFrame
{
    public Login()
    {
        super("物业管理系统");
        Container con = getContentPane();
        con.setLayout(new BorderLayout());
```

```
        nameLabel=new JLabel("用户名：");
        nameText=new JTextField("",10);
        fieldPanel1=new JPanel();
        fieldPanel1.setLayout(new FlowLayout());
        fieldPanel1.add(nameLabel);
        passwordLabel = new JLabel(" 密 码：");
        passField=new JPasswordField(10);
        fieldPanel2=new JPanel();
        fieldPanel2.setLayout(new FlowLayout());
        fieldPanel2.add(passwordLabel);
        fieldPanel2.add(passField);
        fieldPanel = new JPanel();
        fieldPanel.setLayout(new BorderLayout());
        fieldPanel.add(fieldPanel1,BorderLayout.NORTH);
        fieldPanel.add(fieldPanel2,BorderLayout.SOUTH);
        okButton=new JButton("确定");
        okButton.addActionListener(new LoginCheck());
        cancelButton = new JButton("取消");
        cancelButton.addActionListener(
            new ActionListener()
            {
                public void actionPerformed(ActionEvent event)
                {
                    System.exit(0);
                }
            }
        );
```

以上代码实现的是一个典型的登录验证模块，在软件项目中，这个模块十分具有代表性。对于本项目来说，因为使用的是 Access 数据库，所以一旦遭到黑客攻击，如果数据库信息被盗的话，登录信息就很容易被窃取。此时读者可能会有一个疑问：既然登录信息这么重要，本项目可以使用 MD5 加密技术吗？当然可以！我们可以考虑采用 MD5 加密技术对系统进行升级。对于初学者来说，不要对 MD5 技术敬而远之，其实它非常简单。在用户设置登录密码时，我们可以使用 MD5 进行加密，然后在数据库中存储的便是 MD5 加密后的数据。此时即使黑客获取了数据库，打开后看见的也是加密信息，因而不能得到正确的密码。

在上述代码中，super 方法用于设置窗体标题，getContentPane 方法用于刷新窗体为添加组件做准备。接下来创建 setLayout 对象进行窗口初始化布局，再通过 add 方法将新建的组件加入 JPanel 组件中，所以窗体中的组件都是通过 Panel 组件进行统一管理的。

(3) 为窗体中的“确定”按钮增加监听 addActionListener 方法，以实现用户的登录操作。其代码如下：

```
        private class LoginCheck implements ActionListener
    {
        public void actionPerformed(ActionEvent event)
        {
            user = nameText.getText();    //获得用户名
            pwd = new String( passField.getPassword() );

            try{
                connection=Business.getConnection();    //建立连接
                String sql = "select * from user";
                statement = connection.prepareStatement(sql);
                ResultSet result = statement.executeQuery();
```

```
                    while(result.next())
                    {
        if(user.compareTo(result.getString("uname"))==0&&
pwd.compareTo(result.getString("paswrd")) == 0 ) {
                              found = true;
                              Main.mainFrame(user,result.getInt("purview"));
                              Login.this.setVisible(false);
                         }
                    }
                    if( !found ){
                         JOptionPane.showMessageDialog(null,"用户名或密码错误，请重输","错
误",JOptionPane.ERROR_MESSAGE);
                         nameText.setText("");
                         passField.setText("");
                    }
                    result.close();
                    statement.close();
               }
               catch(Exception e) {
                    e.printStackTrace();
               }
          }
     }
```

输入“用户名”和“密码”后，系统会获取用户名和密码并提交到数据库进行查询。若系统中存用户所输入的用户名和密码，则启动主界面窗体 Main 的实例；否则提示输入错误，请用户重新输入。

用户登录窗口如图 4-10 所示。

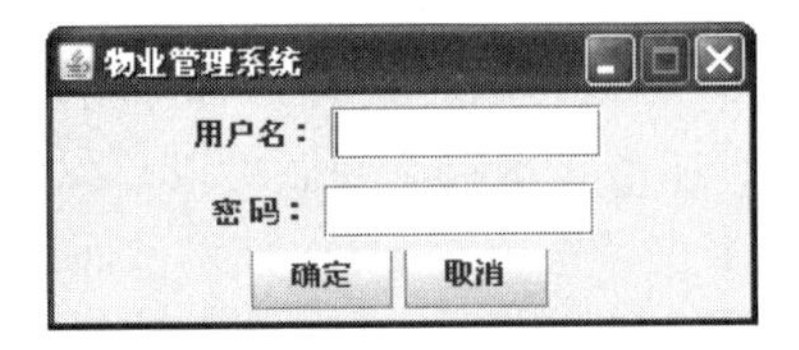

图 4-10　用户登录窗口

4.6　基本信息管理模块

视频讲解　光盘：视频\第 4 章\基本信息管理模块.avi

本节主要介绍小区信息维护、楼宇信息维护、业主信息维护、收费信息维护、收费单价清单的实现。

4.6.1　小区信息维护

(1) 在工程中增加小区信息维护类 Community_info，该类继承 Java 框架中的 JFrame 类。在“小区信息维护”窗体中不但可以增加小区信息，而且增加后要将结果显示在窗体上，所以要在窗体上进行表格布局以展示处理结果。其代码如下：

```
public class Community_info extends JFrame{
private JButton addButton = new JButton("添加");
```

```
    private JButton changeButton = new JButton("修改");
    private JButton deleteButton = new JButton("删除");
    private JButton renewButton = new JButton("重置");
    private JButton updateButton= new JButton("更新");
    String title[]= {"小区编号","小区名称","小区地址","占地面积"};
    Vector vector=new Vector();
    Connection connection = null;
    ResultSet rSet = null;
    Statement statement = null;
    AbstractTableModel tm;
    public Community_info()
    {
        enableEvents(AWTEvent.WINDOW_EVENT_MASK);
        try
        {
            jbInit();
        }
        catch(Exception e)
        {
            e.printStackTrace();
        }
    }
```

以上代码集中实现了“添加”、“修改”、“删除”、“重置”和“更新”按钮。代码中的 enableEvents 方法的功能是屏蔽掉窗体中的表格触发事件。

(2) 实现表格布局的代码如下：

```
    private void createtable() //创建小区信息表格
    {
        JTable table;           //表格
        JScrollPane scroll;           //滚动条
        tm = new AbstractTableModel() {
            public int getColumnCount() {
                return title.length;
            }
            public int getRowCount() {
                return vector.size();
            }
            public String getColumnName(int col) {
                return title[col];
            }
            public Object getValueAt(int row, int column) {
                if (!vector.isEmpty()) {
                    return ((Vector) vector.elementAt(row)).elementAt(column);
                } else {
                    return null;
                }
            }
            public void setValueAt(Object value, int row, int column) {
            }
            public Class getColumnClass(int c) {
                return getValueAt(0, c).getClass();
            }
            public boolean isCellEditable(int row, int column) {
                return false;
            }
        };
        table = new JTable(tm);
        table.setToolTipText("Display Query Result");
        table.setAutoResizeMode(table.AUTO_RESIZE_OFF);
```

```
        table.setCellSelectionEnabled(false);
        table.setShowHorizontalLines(true);
        table.setShowVerticalLines(true);
        scroll = new JScrollPane(table);
        scroll.setBounds(6,20,540,250) ;
        tablePanel.add(scroll);
    }
```

在上述代码中用到了 AbstractTableModel 类，Java 提供的 AbstractTableModel 是一个抽象类，这个类可以帮助我们实现除了 getRowCount()、getColumnCount()、getValueAt()这三个方法以外的大部分的 TableModel 方法。因此我们的主要任务就是去实现这三个方法，再利用这个抽象类就可以设计出不同格式的表格。AbstractTableModel 类提供了如下方法。

- void addTableModelListener(TableModelListener l)：使表格具有处理 TableModelEvent 的能力。当表格的 Table Model 有所变化时，会发出 TableModelEvent 事件信息。
- int findColumn(String columnName)：寻找在行名称中是否含有 columnName 这个项目。若有，则返回其所在行的位置；反之则返回-1，表示未找到。
- void fireTableCellUpdated(int row, int column)：通知所有的 Listener，表格中(row,column)字段的内容已经更新。
- void fireTableChanged(TableModelEvent e)：将所收到的事件通知传送给所有在这个 Table Model 中注册过的 TableModelListeners。
- void fireTableDataChanged()：通知所有的 Listener，表格中列的内容已经改变了。由于列的数目可能已经改变了，因此 JTable 可能需要重新显示此表格的结构。
- void fireTableRowsDeleted(int firstRow, int lastRow)：通知所有的 listener，表格中第 firstRow 行至 lastrOw 行已经被删除了。
- void fireTableRowsUpdated(int firstRow, int lastRow)：通知所有的 Listener，表格中第 firstrow 行至 lastRow 行已经被修改了。
- void fireTableRowsInserted(int firstRow, int lastRow)：通知所有的 Listener，表格中第 firstrow 行至 lastrow 行已经被插入了。
- void fireTableStructureChanged()：通知所有的 Listener，表格的结构已经改变了，行的数目、名称以及数据类型都可能已经改变了。
- Class getColumnClass(int columnIndex)：返回字段数据类型的类名称。
- String getColumnName(int column)：若没有设置列标题则返回默认值，依次为 A,B,C,…,Z,AA,AB…；若无此 column，则返回一个空的字符串
- Public EventListener[] getListeners(Class listenerType)：返回所有在这个 Table Model 所建立的 Listener 中符合 listenerType 的 Listener，并以数组形式返回。
- boolean isCellEditable(int rowIndex, int columnIndex)：返回 false，这是所有单元格的默认实现。
- void removeTableModelListener(TableModelListener l)：从 TableModelListener 中移除一个 Listener。
- void setValueAt(Object aValue, int rowIndex, int columnIndex)：设置某个单元格(rowIndex,columnIndex)的值。

(3) 为窗体中的“添加”按钮增加监听器实现方法 addButton_actionPerformed。在该方法中，与数据库建立连接后，将窗体中各输入组件的值赋值给变量，并通过执行 SQL 语句

将信息插入小区信息表中。其代码如下：

```
void addButton_actionPerformed(ActionEvent e) //添加按钮事件方法
    {
        try{
            connection=Business.getConnection(); //建立连接
            statement = connection.createStatement();
            String sql1=
 "insert into community_info(district_id,district_name,address,floor_space)
values("+Integer.parseInt(districtid.getText())+",'"+buildingid.getText()+"','"+stac.
getText()+"',"+Integer.parseInt(func.getText())+")";
            statement.executeUpdate(sql1);  //执行插入操作
        }
        catch(Exception ex){
            JOptionPane.showMessageDialog(Community_info.this,"添加数据出错","错误",
JOptionPane.ERROR_MESSAGE);
        }
        finally{
            try{
                if(statement != null){
                    statement.close();
                }
                if(connection != null){
                    connection.close();
                }
            }
            catch(SQLException ex){
            }
        }
        selectDistrict();
    }
    void changeButton_actionPerformed(ActionEvent e);  //修改监听器
    void deleteButton_actionPerformed(ActionEvent e);  // 删除监听器
    void updateButton_actionPerformed(ActionEvent e);  //更新监听器
```

(4) 为窗体中的其他按钮增加监听器。

"小区信息维护"窗体的运行效果如图 4-11 所示。

图 4-11　"小区信息维护"窗体

4.6.2 楼宇信息维护

(1) 在工程中增加楼宇信息维护类 Building_info，该类继承 Java 框架中的 JFrame 类。在“楼宇信息维护”窗体中不但可以增加楼宇信息，而且增加后要将结果显示在窗体上，所以要在窗体上进行表格布局以展示处理结果。其代码如下：

```
public class Building_info extends JFrame
{
    private JButton searchButton = new JButton("按小区查询");
    private JButton addButton = new JButton("添加");
    private JButton changeButton = new JButton("修改");
    private JButton deleteButton = new JButton("删除");
    private JButton renewButton = new JButton("重置");
    private JButton updateButton= new JButton("更新");
     public Building_info(){
        enableEvents(AWTEvent.WINDOW_EVENT_MASK);
        try {
            jbInit();
        }
        catch(Exception e)
        {
            e.printStackTrace();
        }
    }
    private void jbInit() throws Exception
    {
        Container con = getContentPane();
        con.setLayout(new BorderLayout());
        label1.setText("小区编号");
        label2.setText("楼宇编号");
        label3.setText("楼宇层数");
        label4.setText("产权面积");
        label5.setText("楼宇高度");
        label6.setText("类型");
        label7.setText("楼宇状态");
    }
}
```

以上代码集中实现了“按小区查询”、“添加”、“修改”、“删除”、“重置”和“更新”按钮。代码中的 getContentPane 方法用于刷新窗体，初始化窗体组件，为新加入的组件做准备。

(2) 为窗体中的“添加”按钮增加监听器的实现方法，其代码如下：

```
void addButton_actionPerformed(ActionEvent e)
    {
        try{
            connection=Business.getConnection();  //建立连接
            statement = connection.createStatement(); //创建 SQL 会话
            String sql1= "insert into
building_info(district_id,building_id,total_storey,
total_area,height,type,status)values("+Integer.parseInt(districtid.getText())+","+Int
eger.parseInt(buildingid.getText())+","+Integer.parseInt(storey.getText())+","+Intege
r.parseInt(area.getText())+","+Integer.parseInt(height.getText())+","+Integer.parseIn
t(type.getText())+",'"+state.getText()+"')";
            statement.executeUpdate(sql1);
        }
        catch(Exception ex){
```

```
            JOptionPane.showMessageDialog(Building_info.this,"添加数据出错","错误",
JOptionPane.ERROR_MESSAGE);
        }
        finally{
            try{
                if(statement != null){
                    statement.close();
                }
                if(connection != null){
                    connection.close();
                }
            }
            catch(SQLException ex){
            }
        }
        selectBuilding();
    }
```

(3) 为窗体中的其他按钮增加监听器。

“楼宇信息维护”窗体的运行效果如图 4-12 所示。

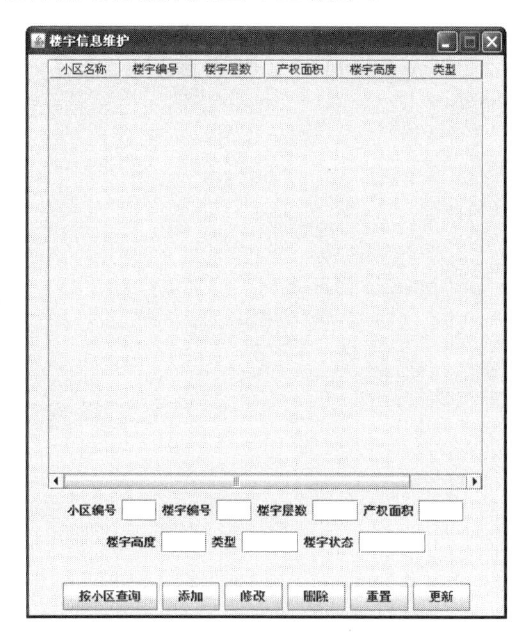

图 4-12　“楼宇信息维护”窗体

以上代码中用到了 INSERT INTO 语句，此语句的功能和 REPLACE INTO 类似。唯一的区别是，使用 REPLACE 语句时，假如表中的一个旧记录与一个用于 PRIMARY KEY 或 UNIQUE 索引的新记录具有相同的值，则在新记录被插入之前，旧记录被删除。除非在数据表中有一个 PRIMARY KEY 或 UNIQUE 索引，否则使用 REPLACE 语句没有意义。该语句会与 INSERT 语句相同，因为没有索引被用于确定是否新行复制了其他的行。

所有列的值均取自在 REPLACE 语句中被指定的值。所有缺失的列均被设置为各自的默认值，这和 INSERT 语句一样。不能从当前行中引用值，也不能在新行中使用值。如果您使用一个例如“SET col_name = col_name + 1”的赋值，则对位于等号右侧的列名称的引用会被作为 DEFAULT(col_name)处理。因此，该赋值相当于 SET col_name = DEFAULT(col_ name) + 1。

为了能够使用 REPLACE 语句，必须同时拥有表的 INSERT 和 DELETE 权限。REPLACE 语句会返回一个数，来指示受影响的行的数目。该数是被删除和被插入的行数的和。如果对于一个单行 REPLACE，该数为 1，则一行被插入，同时没有行被删除。如果该数大于 1，则在新行被插入前，有一个或多个旧行被删除。如果表包含多个唯一索引，并且新行复制了在不同的唯一索引中的不同旧行的值，则有可能是一个单行替换了多个旧行。

4.6.3 业主信息维护

(1) 在工程中增加业主信息维护类 MasterInfo，该类继承 Java 框架中的 JFrame 类。在“业主信息维护”窗体中不但可以增加业主信息，而且增加后要将结果显示在窗体后，所以窗体同样采用表格布局以展示处理结果。在 MasterInfo 类的构造方法中实现窗体初始化操作，并利用 jbInit 方法进行组件布局管理。其代码如下：

```
public MasterInfo() {
        enableEvents(AWTEvent.WINDOW_EVENT_MASK);
        try {
            jbInit();      //调用初始化方法
        } catch (Exception e) {
            e.printStackTrace();
        }
        setSize(480, 600);
        setResizable(false);
        setVisible(true);
    }
    private void jbInit() throws Exception {
        Container con = getContentPane();
        con.setLayout(new BorderLayout());
        label1.setText("小区");
        label2.setText("楼号");
        label3.setText("房号");
        label4.setText("产权面积");
        label5.setText("房屋状态");
        label6.setText("用途");
        label7.setText("姓名");
        label8.setText("性别");
        label9.setText("身份证");
        label10.setText("联系地址");
        label11.setText("联系电话");
        setTitle("业主信息维护");
```

(2) 为窗体中的“删除”按钮增加监听器的实现方法，其代码如下：

```
void deleteButton_actionPerformed(ActionEvent e) {       //"删除"按钮事件方法
        try {
            connection = Business.getConnection();
            statement = connection.createStatement();
            String sql2 = "delete from room_info where district_id="
                + Integer.parseInt(districtid.getText())
                + "AND building_id="
                + Integer.parseInt(buildingid.getText()) + "AND room_id="
                + Integer.parseInt(roomid.getText());//
+"area="+Integer.parseInt(area.getText())+"||oname="+ownername.getText()+"||sex="+sex
.getText()+"||id_num="+idnum.getText()+"||address="+addr.getText()+"||phone="+Integer
.parseInt(tetel.getText());
```

```
            statement.executeUpdate(sql2);

        } catch (Exception ex) {
            JOptionPane.showMessageDialog(MasterInfo.this, "删除数据出错", "错误",
                    JOptionPane.ERROR_MESSAGE);
        } finally {
            try {
                if (statement != null) {
                    statement.close();
                }
                if (connection != null) {
                    connection.close();
                }
            } catch (SQLException ex) {
            }
        }
        selectUser();
}
```

(3) 为窗体中的其他按钮增加监听器。

“业主信息维护”窗体的运行效果如图 4-13 所示。

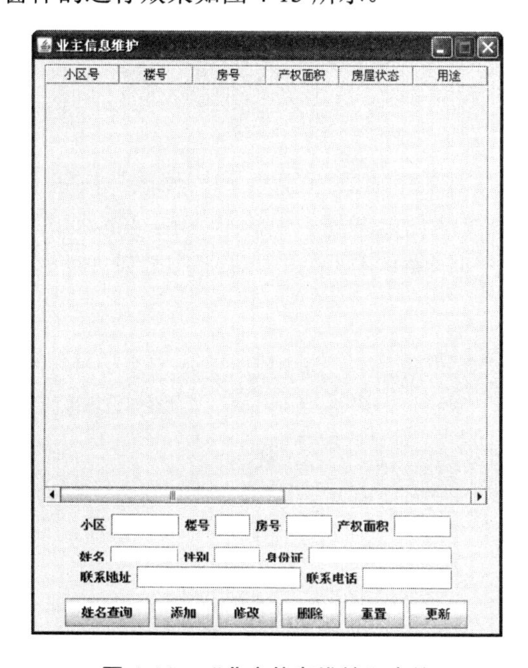

图 4-13　“业主信息维护”窗体

4.6.4　收费信息维护

(1) 在工程中增加收费信息维护类 PriceChange，该类继承 Java 框架中的 JFrame 类。在 PriceChange 类中定义“收费信息维护”窗体需要的各种组件，包括文本输入框、JLable 标签、JButton 按钮、Panel 容器等。该类采用 GridLayout 布局管理，其代码如下：

```
public PriceChange() {
        try {
            c1 = Business.getConnection();                    //建立连接
            String sql = "SELECT * FROM price_type";          //查询收费信息
            stmt1 = c1.createStatement();
```

```
            rsl1 = stmt1.executeQuery(sql);                  //执行 SQL 查询
            rsmd1 = rsl1.getMetaData();                      // 获取表的字段名称
        } catch (Exception err) {
            err.printStackTrace();
        }
        JPanel button_con = new JPanel();
        button_con.setLayout(new FlowLayout());
        comm_1 = new JButton("增加");
        comm_1.addActionListener(new ActionListener() {
            public void actionPerformed(ActionEvent e) {
                addPrice();
            }
        });
        comm_2 = new JButton("修改");
        comm_2.addActionListener(new ActionListener() {
            public void actionPerformed(ActionEvent e) {
                changePrice();
            }
        });
        comm_3 = new JButton("删除");
        comm_3.addActionListener(new ActionListener() {
            public void actionPerformed(ActionEvent e) {
                deletePrice();
            }
        });
    }
```

以上代码中分别创建了“添加”、“删除”和“修改”按钮，并增加了相应的监听器。

(2) GridLayout 类是一个布局处理器，它以矩形网格的形式对容器的组件进行布置。GridLayout 容器被分成大小相等的矩形，在一个矩形中放置一个组件，利用表格的形式展示信息。其代码如下：

```
public void getpriceTable() {
        try {
            Vector columnName = new Vector();                        //创建表头
            Vector rows = new Vector();                              //表格信息集合
            columnName.addElement("项目编号");                        //添加信息
            columnName.addElement("项目名称");
            columnName.addElement("单位：元");
            while (rsl1.next()) {                                    //遍历结果集
                Vector currentRow = new Vector();                    //创建收费信息集合
                for (int i = 1; i <= rsmd1.getColumnCount(); ++i) {
                    currentRow.addElement(rsl1.getString(i));        //添加信息
                }
                rows.addElement(currentRow);                         //保存到集合中
            }
            display = new JTable(rows, columnName);                  //创建显示表格
            JScrollPane scroller = new JScrollPane(display);
            Container temp = getContentPane();
            temp.add(scroller, BorderLayout.CENTER);
            temp.validate();
        } catch (SQLException sqlex) {
            sqlex.printStackTrace();
        }
    }
```

“收费信息维护”窗体的运行效果如图 4-14 所示。

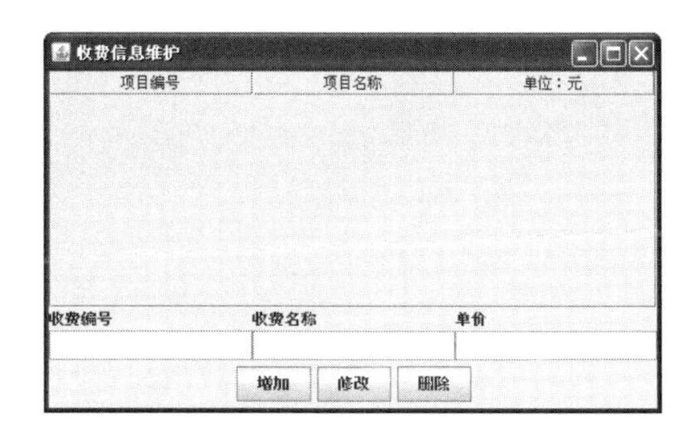

图 4-14　“收费信息维护”窗体

上述实现代码中用到了 Swing 中的 JTable 组件。JTable 中有如下两个接收数据的 JTable 构造器：

- JTable(Object[][] rowData, Object[] columnNames)；
- JTable(Vector rowData, Vector columNames)。

上述构造方法的优点是容易实现，而其缺点也十分明显，具体如下。

- 会自动设置每个单元格为可编辑。
- 会将数据类型都视为一样的(字符串类型)。例如，如果表格的一列中有 Boolean 数据，表格应用单选按钮来展示这个数据。可是，如果采用上面两种构造方法，则 Boolean 数据将显示为字符串。
- 要求把所有表格数据放入一个数组或者向量中，这些数据结构可能不适合某些数据类型。例如，要实体化一组数据库对象，并复制所有值放入数组和向量，但在项目中仅仅想要直接查询这些对象的值。

如果想要避免这些限制，就需要进行自定义开发，实现自己的表格模型。

4.6.5　收费单价清单

在工程中增加收费单价清单类 Payment，该类继承 Java 框架中的 JFrame 类，类中定义了“收费单价清单”窗体需要的各种组件。该窗体采用表格布局的形式展示清单信息。实现时首先创建表格实例，为表格增加表头；然后循环取出数据源集中的数据，写入到表格的每一行中。其代码如下：

```
public class Payment extends JFrame {
public void getpriceTable(){
        try {
                Vector columnName = new Vector();  //显示列名
                Vector rows = new Vector();//定义向量，进行数据库数据操作
                String sql="SELECT * FROM price_type";
                Statement stmt1  = c1.createStatement();
                ResultSet rsl1 = stmt1.executeQuery(sql);
                ResultSetMetaData rsmd1 = rsl1.getMetaData();//获取表的字段名称
                columnName.addElement("收费项目");
                columnName.addElement("单位：元)");
                while(rsl1.next())
                {                                       // 获取记录集
                    Vector currentRow = new Vector();
                    for ( int i = 2; i <= rsmd1.getColumnCount(); ++i )
```

```
                    {
                        currentRow.addElement( rsl1.getString( i ) );
                    }
                    rows.addElement( currentRow);
                }
                display = new JTable(rows,columnName);
                JScrollPane scroller = new JScrollPane(display);
                Container temp = getContentPane();
                temp.add(scroller,BorderLayout.CENTER);
                temp.validate();
            }
            catch(SQLException sqlex)
            {
                sqlex.printStackTrace();
            }
        }
}
```

上述代码中通过 JTable 函数中的两个参数，建立了一个以向量为输入来源的数据表格，可以显示行的名称。addElement 方法用于将每一行加入到表格中。

“收费单价清单”窗体的运行效果如图 4-15 所示。

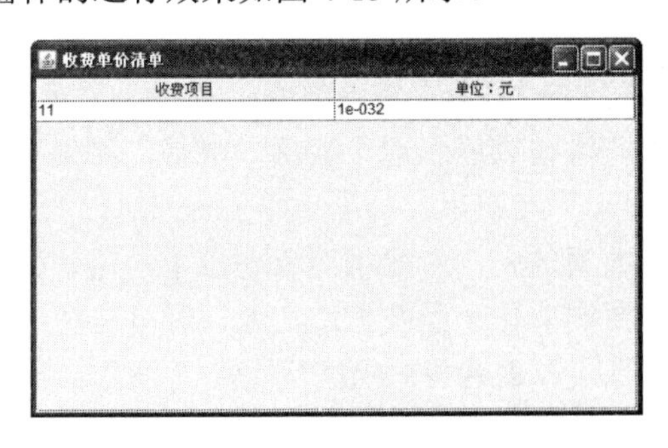

图 4-15 “收费单价清单”窗体

向量中的 add 方法与 addElement 方法是有区别的。add 方法能够将指定元素添加到向量的末尾，主要针对元素进行操作。addElement 方法能够将指定的组件添加到向量的末尾，将向量大小增加 1，主要针对组件进行操作。

4.7 消费指数管理模块

视频讲解 光盘：视频\第 4 章\消费指数管理模块.avi

本节主要介绍业主消费录入和物业消费录入的实现。

4.7.1 业主消费录入

(1) 在工程中增加业主消费录入类 MonthDataInput，并且定义对应窗体需要的各种组件，如 Panel 容器和下拉列表框等组件。在录入业主消费指数的操作中，先要选择对应的楼宇和小区信息，然后进入另外一个窗体中进行录入。其代码如下：

```
    public MonthDataInput(int tt) {  //不带参数的界面
        super("选择小区和楼宇");
        type = tt;
        mainperform(type);
        time = 0;
        t = 0;
    }
    public MonthDataInput(String uptown, String uptown_id, int tt) {
        super("选择小区和楼宇"); //输入参数：小区名
        type = tt;
        mainperform(uptown, uptown_id, type);
        time = 0;
    }
    public MonthDataInput(String uptown, String building, String uptown_id) { //输入参数:楼房号和小区
        super("输入数据");
        mainperform(uptown, building, uptown_id);
        time = 0;
    }
```

以上代码中定义了三个构造方法，第一个为窗体默认情况构造方法，主要用于默认初始化；第二个为物业消费指数添加界面，主要针对物业；第三个为业主消费指数添加界面，主要针对业主，这种分类标识的模式更易管理。其中，“选择小区和楼宇”窗体的运行效果如图 4-16 所示。

图 4-16　“选择小区和楼宇”窗体

(2) 以下是 mainperform 方法的具体实现，采用 GridBagLayout 进行布局管理。用户单击下拉列表框后，会根据所选参数的不同进入不同的界面中。其代码如下：

```
public void mainperform(String inuptown, String inuptownid, int tt)// 输入参数:小区名
    {
        time++;
        Container panelin = getContentPane();
        gridbag = new GridBagLayout();
        panelin.setLayout(gridbag);
        uptownid = new String[100];
        uptownname = new String[100];
        uptownname[0] = new String(inuptown);
        getuptown();
        type = tt;
        int i = 0;
        do {
            i++;
        } while (!uptownname[i].equals(inuptown));
```

```
        buildingid = new String[150];
        getbuilding(inuptownid);
        buildingid[0] = new String("选择楼宇");
        roomid = new String[150];
        uptown = new String(inuptown);
        uptownid_select = new String(inuptownid);
        uptownlabel = new JLabel("选择小区");
        uptownlabel.setToolTipText("点击选择小区");
        inset = new Insets(5, 5, 5, 5);
        c = new GridBagConstraints(2, 1, 1, 1, 0, 0, 10, 0, inset, 0, 0);
        gridbag.setConstraints(uptownlabel, c);
        panelin.add(uptownlabel);
        uptownselect = new JComboBox(uptownname);
        uptownselect.setSelectedIndex(i);
        uptownselect.setMaximumRowCount(5);
        uptownselect.addItemListener(new ItemListener() {
            public void itemStateChanged(ItemEvent event) {
                int i = 0;
                i = uptownselect.getSelectedIndex();
                t++;
                getbuilding(uptownid[i]);
                if (t < 2) {
                    MonthDataInput mdif2 = new MonthDataInput(
                            uptownname[i], uptownid[i], type);
                }
                MonthDataInput.this.setVisible(false);
            }
        });
        c = new GridBagConstraints(5, 4, 1, 2, 0, 0, 10, 0, inset, 0, 0);
        gridbag.setConstraints(button2, c);
```

上述代码中使用了 GridBagLayout 窗体布局的知识。java.awt.GridBagLayout 是一个灵活的布局管理器，它不要求组件的大小相同便可以将组件垂直、水平或沿它们的基线对齐。每个 GridBagLayout 对象维持一个动态的矩形单元网格，每个组件占用一个或多个这样的单元，该单元被称为显示区域。每个由 GridBagLayout 管理的组件都与 GridBagConstraints 的实例相关联。Constraints 对象指定组件的显示区域在网格中的具体放置位置，以及组件在其显示区域中的放置方式。除了 Constraints 对象之外，GridBagLayout 还考虑每个组件的最小大小和首选大小，以确定组件的大小。网格的总体方向取决于容器的 ComponentOrientation 属性。对于水平的从左到右的方向，网格坐标(0,0)位于容器的左上角，其中 X 向右递增，Y 向下递增。对于水平的从右到左的方向，网格坐标(0,0)位于容器的右上角，其中 X 向左递增，Y 向下递增。

要想使用 GridBagLayout，必须使用 GridBagConstraints 对象来指定 GridBagLayout 中组件的位置。GridBagLayout 类的 setConstraints 方法用 Component 和 GridBagConstraints 作为参数来设置 Component 的约束。

(3) 在本项目中，业主消费量录入窗体主要用于实现业主用水量、用电量和用气量的录入，同时必须输入日期。录入员每月按照此流程完成业主消费指数的录入，此数据供费用报表引用。业主消费量录入窗体的运行效果如图 4-17 所示。

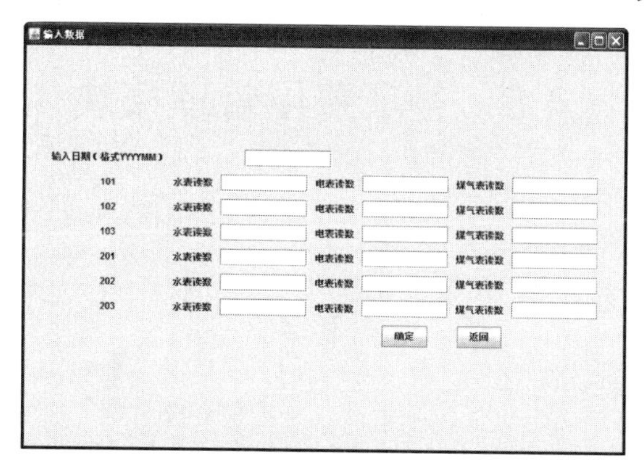

图 4-17　业主消费量录入窗体

(4) 业主消费量录入窗体中用到了与日期相关的操作。利用 nowdate 类可简化日期操作。因为 Java 系统提供的 Calendar 对象不是系统中所要求的格式，所以需要用 getInstance 函数进行转化，然后返回转化结果。其代码如下：

```
public class nowdate {
    public static int getSystime() {
        Calendar tt = Calendar.getInstance();      //获取 Calendar 对象
        Date time = tt.getTime();                  //获取日期
        int year = time.getYear() + 1900;          //获取年份
        int month = time.getMonth() + 1;           //获取月份
        return year * 100 + month;                 //组成数字
    }
    public static void main(String args[]) {
        Calendar tt = Calendar.getInstance();
        Date time = tt.getTime();
        int year = time.getYear() + 1900;
        int month = time.getMonth() + 1;
    }
}
```

4.7.2　物业消费录入

物业消费量录入窗体用于实现物业公共区域消费指数的信息录入，包括用水量和用电量，同样由录入员每月录入系统，进行集中管理。物业消费量录入窗体的运行效果如图 4-18 所示。物业消费录入功能的实现过程与业主消费录入功能类似，在此不再详细介绍。

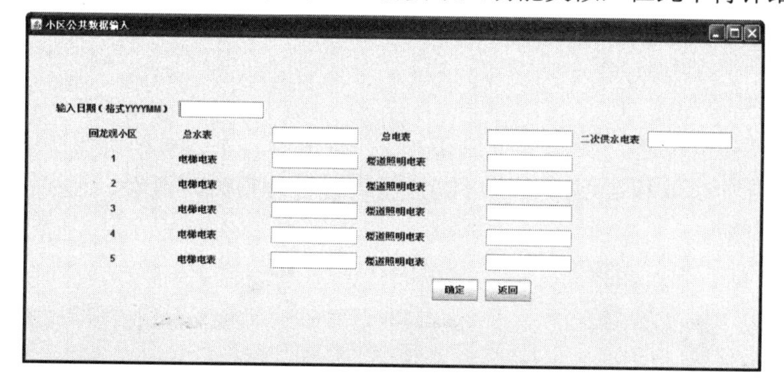

图 4-18　物业消费量录入窗体

4.8 各项费用管理模块

视频讲解 光盘：视频\第 4 章\各项费用管理模块.avi

本节主要介绍业主费用查询和物业费用查询的实现。

4.8.1 业主费用查询

(1) 在工程中增加费用查询类 Fees_query，将业主费用查询和物业费用查询集中于此类中，用不同的参数加以区别。其代码如下：

```
public Fees_query(String uptownid, String uptownname, String buildingid,
            String roomid, int date) {
        JLabel titleLabel, waterLabel, eleLabel, gasLabel;
        JTextField waterField, eleField, gasField;
        JButton button1, button2;
        Container panelin = getContentPane();
        gridbag = new GridBagLayout();
        panelin.setLayout(gridbag);
        gridbag = new GridBagLayout();
        panelin.setLayout(gridbag);
        try {
            Class.forName("sun.jdbc.odbc.JdbcOdbcDriver");  //建立连接
            String url4 = "jdbc:odbc:estate";
            Connection connection4 = DriverManager.getConnection(url4);
            Statement stmt4 = connection4.createStatement();
            String sqlLastData = "SELECT  water_reading, elec_reading, gas_reading FROM
master_use WHERE district_id="
                    + uptownid
                    + " AND building_id="
                    + buildingid
                    + " AND room_id=" + roomid + " AND date=" + date;
            ResultSet rsLastData = stmt4.executeQuery(sqlLastData);
            while (rsLastData.next()) {
                water = rsLastData.getString("water_reading");
                ele = rsLastData.getString("elec_reading");
                gas = rsLastData.getString("gas_reading");
            }
            rsLastData.close();
            connection4.close();
        }
        catch (Exception ex) {
            System.out.println(ex);
        }
```

以上代码可根据传递的参数(如业主 ID 号、楼宇号、小区号和日期)从数据库中获得业主使用各种项目的指数和费用。这样可以方便物业管理员时时查看，避免了日常工作繁多的纸质记录的麻烦。

(2) 获得数据后通过表格布局展示结果的代码如下：

```
        titleLabel = new JLabel(uptownname + "中" + buildingid + "号楼 " + roomid
                + "在 " + date + "水表，电表和煤气读数");
        inset = new Insets(5, 5, 5, 5);
        c = new GridBagConstraints(2, 1, 5, 1, 0, 0, 10, 0, inset, 0, 0);
```

```
        gridbag.setConstraints(titleLabel, c);
        panelin.add(titleLabel);
        waterLabel = new JLabel("用水");
        c = new GridBagConstraints(2, 5, 1, 1, 0, 0, 10, 0, inset, 0, 0);
        gridbag.setConstraints(waterLabel, c);
        panelin.add(waterLabel);
        waterField = new JTextField(water, 7);
        waterField.setEditable(false);
        c = new GridBagConstraints(4, 5, 1, 1, 0, 0, 10, 0, inset, 0, 0);
        gridbag.setConstraints(waterField, c);
        panelin.add(waterField);
        eleLabel = new JLabel("用电");
        c = new GridBagConstraints(6, 5, 1, 1, 0, 0, 10, 0, inset, 0, 0);
        gridbag.setConstraints(eleLabel, c);
        panelin.add(eleLabel);
        eleField = new JTextField(ele, 7);
        eleField.setEditable(false);
        c = new GridBagConstraints(8, 5, 1, 1, 0, 0, 10, 0, inset, 0, 0);
        gridbag.setConstraints(eleField, c);
        panelin.add(eleField)
        gasLabel = new JLabel("气");
        c = new GridBagConstraints(10, 5, 1, 1, 0, 0, 10, 0, inset, 0, 0);
        gridbag.setConstraints(gasLabel, c);
        panelin.add(gasLabel);

        gasField = new JTextField(gas, 7);
        gasField.setEditable(false);
        c = new GridBagConstraints(12, 5, 1, 1, 0, 0, 10, 0, inset, 0, 0);
        gridbag.setConstraints(gasField, c);
        panelin.add(gasField);
```

以上代码中运用 GridBagConstraints 实现了表格布局管理。当用户触发查询操作时，从数据库中取出相应的数据进行显示。为了方便业主，水、电、气的数据会显示在同一个界面中。

(3) 为“查询”按钮增加监听器，其代码如下：

```
        button1 = new JButton("查询");
        button1.addActionListener(new ActionListener() {
            public void actionPerformed(ActionEvent event) {
                Fees_query rdif = new Fees_query(3);
                Fees_query.this.setVisible(false);
            }
        });
        c = new GridBagConstraints(5, 7, 2, 2, 0, 0, 10, 0, inset, 0, 0);
        gridbag.setConstraints(button1, c);
        panelin.add(button1);
        button2 = new JButton("返回");
        button2.addActionListener(new ActionListener() {
            public void actionPerformed(ActionEvent event) {
                Fees_query.this.setVisible(false);
            }
        });
        c = new GridBagConstraints(8, 7, 2, 2, 0, 0, 10, 0, inset, 0, 0);
        gridbag.setConstraints(button2, c);
        panelin.add(button2);
        setSize(800, 300);
        setVisible(true);
    }
```

4.8.2 物业费用查询

(1) 在 Fees_query 类中增加与业主费用查询相类似的物业费用查询功能。物业查询包括按小区查询、全部记录查询和楼宇查询。可以将这几种查询集中于此类中，用不同的参数加以区别。其代码如下：

```
public void mainperform(String inuptown, String inuptownid, int tt)// 输入参数:小区名
    {
        time++;
        Container panelin = getContentPane();
        gridbag = new GridBagLayout();
        panelin.setLayout(gridbag);
        uptownid = new String[100];
        uptownname = new String[100];
        uptownname[0] = new String(inuptown);
        getuptown();
        type = tt;
        int i = 0;
        do {
            i++;
        } while (!uptownname[i].equals(inuptown));
        buildingid = new String[150];
        getbuilding(inuptownid);
        buildingid[0] = new String("选择楼宇");
        roomid = new String[150];
        uptown = new String(inuptown);
        uptownid_select = new String(inuptownid);
        uptownlabel = new JLabel("选择小区");
        uptownlabel.setToolTipText("点击选择小区");
        inset = new Insets(5, 5, 5, 5);
        c = new GridBagConstraints(2, 1, 1, 1, 0, 0, 10, 0, inset, 0, 0);
        gridbag.setConstraints(uptownlabel, c);
        panelin.add(uptownlabel);
```

以上代码中，getContentPane 方法用于进行界面初始化，GridBagLayout 用于实现网格布局方式。通过 do…while 循环，可以读取符合条件的数据进行展示。

(2) 用户可以利用窗体中的下拉列表框选择查询不同的项目。其代码如下：

```
        uptownselect = new JComboBox(uptownname);
        uptownselect.setSelectedIndex(i);
        uptownselect.setMaximumRowCount(5);
        uptownselect.addItemListener(new ItemListener() {
            public void itemStateChanged(ItemEvent event) {
                int i = 0;
                i = uptownselect.getSelectedIndex();
                t++;
                getbuilding(uptownid[i]);
                if (t < 2) {
                    MonthDataInput mdif2 = new MonthDataInput(
                            uptownname[i], uptownid[i], type);
                }
                MonthDataInput.this.setVisible(false);
            }
        });
        c = new GridBagConstraints(4, 1, 2, 1, 0, 0, 10, 0, inset, 0, 0);
        gridbag.setConstraints(uptownselect, c);
        panelin.add(uptownselect);
```

```
buildinglabel = new JLabel("选择楼宇");
buildinglabel.setToolTipText("点击选择楼宇");
c = new GridBagConstraints(2, 2, 1, 1, 0, 0, 10, 0, inset, 0, 0);
gridbag.setConstraints(buildinglabel, c);
panelin.add(buildinglabel);
buildingselect = new JComboBox(buildingid);
buildingselect.setMaximumRowCount(5);
buildingselect.addItemListener(new ItemListener() {
     public void itemStateChanged(ItemEvent event) {
          int i = 0;
          i = buildingselect.getSelectedIndex();
          inputbuilding = buildingid[i];
     }
});
c = new GridBagConstraints(4, 2, 2, 1, 0, 0, 10, 0, inset, 0, 0);
gridbag.setConstraints(buildingselect, c);
panelin.add(buildingselect);
```

(3) 完成界面布局后，为“确定”按钮增加监听器，执行数据库的访问操作。在进行数据库访问操作时，因为不同的查询引用同一监听器，所以会根据查询类型(type 值)不同执行不同条件的查询。其代码如下：

```
button1 = new JButton("确定");
button1.addActionListener(new ActionListener() {
     public void actionPerformed(ActionEvent event) {
          if (type == 1) {
               MonthDataInput mdif3 = new MonthDataInput(uptown,
                         inputbuilding, uptownid_select);
               MonthDataInput.this.setVisible(false);
          } else if (type == 2) {
               ChargeReport elecReport = new ChargeReport("电费收费报表",
                         Integer.parseInt(uptownid_select), Integer
                                   .parseInt(inputbuilding));
          } else if (type == 3) {
               ChargeReport waterReport = new ChargeReport("水费收费报表",
                         Integer.parseInt(uptownid_select), Integer
                                   .parseInt(inputbuilding));
          } else if (type == 4) {
               ChargeReport gasReport = new ChargeReport("煤气费收费报表",
                         Integer.parseInt(uptownid_select), Integer
                                   .parseInt(inputbuilding));
          }
          MonthDataInput.this.setVisible(false);
     }
});
c = new GridBagConstraints(3, 4, 1, 2, 0, 0, 10, 0, inset, 0, 0);
gridbag.setConstraints(button1, c);
panelin.add(button1);
```

(4) 用户查询完毕后，单击“返回”按钮关闭费用查询窗体，返回系统主界面。其代码如下：

```
button2 = new JButton("返回");
button2.addActionListener(new ActionListener() {
     public void actionPerformed(ActionEvent event) {
          MonthDataInput.this.setVisible(false);
     }
});
c = new GridBagConstraints(5, 4, 1, 2, 0, 0, 10, 0, inset, 0, 0);
```

```
        gridbag.setConstraints(button2, c);
        panelin.add(button2);
        panelin.repaint();
        panelin.setVisible(true);
        setSize(350, 300);
        setVisible(true);
    }
```

在 AWT 窗体开发项目中，Java 为我们提供了 FlowLayout、BorderLayout 和 GridLayout 等布局方式。

(1) FlowLayout。

在默认的情况下，AWT 的布局管理器是 FlowLayout。该管理器将组件从上到下按顺序摆放，并将所有的组件摆放在居中位置。FlowLayout 有如下三个构造器。

- FlowLayout()：使用默认的对齐方式，以及默认的垂直间距和水平间距创建 FlowLayout 布局管理器。
- FlowLayout(int align)：使用指定的对齐方式，以及默认的垂直间距和水平间距创建 FlowLayout 布局管理器。
- FlowLayout(int align,int hgap,int vgap)：使用指定的对齐方式，以及指定的垂直间距和水平间距创建 FlowLayout 布局管理器。

上述构造器中的参数 hgap、vgap 分别表示水平间距、垂直间距，只需为这两个参数传入整数值即可；align 表示 FlowLayout 中组件的排列方向(从左向右、从右向左、从中间向两边等)，该参数应该使用 FlowLayout 类的静态常量，例如 FlowLayout.LEFT、FlowLayout.RIGHT 和 FlowLayout.CENTER。

(2) BorderLayout。

在 Java 程序设计中，通过 BorderLayout 布局方式可以将窗口划分成上、下、左、右、中五个区域，普通组件可以被放置在这五个区域中的任意一个。当改变使用 BorderLayout 的容器大小时，上、下和中间区域可以水平调整，而左、右和中间区域可以垂直调整。在使用 BorderLayout 时需要注意如下两点。

- 当向使用 BorderLayout 布局管理器的容器中添加组件时，需要指定要添加到哪个区域里。如果没有指定添加到哪个区域里，则默认添加到中间区域里。
- 如果向同一个区域中添加多个组件，则后放入的组件会覆盖先放入的组件。

在 AWT 开发应用中，Frame、Dialog 和 ScrollPane 默认使用 BorderLayout 布局管理器。BorderLayout 有如下两个构造器。

- BorderLayout()：使用默认的水平间距和垂直间距创建 BorderLayout 布局管理器。
- BorderLayout(int hgap,int vgap)：使用指定的水平间距和垂直间距创建 BorderLayout 布局管理器。

(3) GridLayout。

GridLayout 布局也是 AWT 中常用的一种布局方式，它实际上就是矩形网格，在网格中放置各个组件，每个网格的高度相等，组件随着网格的大小在水平方向和垂直方向拉伸，网格的大小是由容器和创建的网格的数量来确定的。向 GridLayout 的容器中添加组件时，组件默认按照从左向右、从上向下的顺序依次添加到每个网格中。与 FlowLayout 不同的是，放在 GridLayout 布局管理器中的各组件的大小由组件所处的区域来决定(每个组件将自动涨大到占满整个区域)。

GridLayout 有如下两个构造器。

- GridLayout(int rows,int cols)：采用指定的行数和列数，以及默认的横向间距和纵向间距将容器分割成多个网格。
- GridLayout(int rows,int cols,int hgap,int vgap)：采用指定的行数和列数，以及指定的横向间距和纵向间距将容器分割成多个网格。

(4) GridBagLayout。

GridBagLayout 是 Java 中最有弹性但也是最复杂的一种版面管理器，它只有一种构造方法，但必须配合 GridBagConstraints 才能达到设置的效果。GridBagLayout 的类层次结构如下：

```
java.lang.Object
 --java.awt.GridBagLayout
```

GridBagLayout 有如下三个非常重要的构造器。

- GirdBagLayout()：建立一个新的 GridBagLayout 管理器。
- GridBagConstraints()：建立一个新的 GridBagConstraints 对象。
- GridBagConstraints(int gridx,int gridy,int gridwidth,int gridheight,double weightx,double weighty,int anchor,int fill, Insets insets,int ipadx,int ipady) ：建立一个新的 GridBag Constraints 对象，并指定其参数的值。

构造器中各个参数的具体说明如下。

- gridx/gridy：用于设置组件的位置。将 gridx 设置为 GridBagConstraints.RELATIVE，代表此组件位于之前所加入组件的右边。将 gridy 设置为 GridBagConstraints. RELATIVE，代表此组件位于之前所加入组件的下面。建议定义出 gridx/gridy 的位置，以便以后维护程序。gridx/gridy 表示组件放在几行几列，当 gridx=0、gridy=0 时表示放在 0 行 0 列。
- gridwidth/gridheight：用于设置组件所占的单位长度与高度，默认值皆为 1。可以使用 GridBagConstraints.REMAINDER 常量，代表此组件为此行或此列的最后一个组件，而且会占据所有剩余的空间。
- weightx/weighty：用于设置窗口变大时，各组件跟着变大的比例。数字越大，表示组件能得到越多的空间。其默认值皆为 0。
- anchor：用于设置当组件空间大于组件本身时，要将组件置于何处，有 CENTER(默认值)、NORTH、NORTHEAST、EAST、SOUTHEAST、WEST、NORTHWEST 可供选择。
- insets：用于设置组件之间彼此的间距。它有四个参数，分别是上、左、下、右，默认值为(0,0,0,0)。
- ipadx/ipady：用于设置组件内的间距，默认值为 0。
- fill：当组件的显示区域大于它所请求的显示区域的大小时使用此字段。它可以确定是否调整组件大小，以及在需要的时候如何进行调整。

因为 GridBagLayout 里的各种设置都必须通过 GridBagConstraints，因此当设置好 GridBagConstraints 的参数后，必须新建一个 GridBagConstraints 对象以便 GridBagLayout

使用。

(5) CardLayout。

Cardlayout 布局管理器可以设置在一组组件中只显示某一个组件，用户可以根据需要选择要显示的某一个组件。就像一副扑克牌一样，所有的扑克牌叠在一起，每次只有最上面的一张扑克牌才可见。CardLayout 有如下两个构造器。

- CardLayout()：创建默认的 CardLayout 布局管理器。
- CardLayout(int hgap,int vgap)：通过指定卡片与容器左右边界的间距(hgap)、上下边界(vgap)的间距来创建 CardLayout 布局管理器。

在 CardLayout 中可以通过如下五个方法来设置组件的可见性。

- first(Container target)：显示 target 容器中的第一个卡片。
- last(Container target)：显示 target 容器中的最后一个卡片。
- previous(Container target)：显示 target 容器中的前一个卡片。
- next(Container target)：显示 target 容器中的后一个卡片。
- show(Container target,String name)：显示 target 容器中指定名字的卡片。

(6) BoxLayout。

虽然 GridBagLayout 布局管理器的功能强大，但是使用方法比较复杂，为此 Swing 引入了一个新的布局管理器——BoxLayout。BoxLayout 保留了 GridBagLayout 的很多优点，并且使用简单。BoxLayout 可以在垂直和水平两个方向上摆放 GUI 组件。BoxLayout 提供了一个简单的构造器，具体如下。

BoxLayout(Container target，int axis)：指定创建基于 target 容器的 BoxLayout 布局管理器，在该布局管理器中的组件按 axis 方向排列。其中 axis 可为 BoxLayout.X_AXIS(横向)和 BoxLayout.Y_AXIS(纵向)两个方向。

第 5 章　众望书城网上系统

随着互联网技术的发展和普及，电子商务已经深入人心，成为消费者购物的主要渠道之一。本章将详细讲解通过 Eclipse 建立网上书城数据库系统的过程，详细展示 Java 在开发动态窗体项目中的巨大优势。希望读者认真学习本章内容，为后面知识的学习打下基础。

赠送的超值电子书

041.声明二维数组
042.创建二维数组
043.二维数组的初始化
044.声明三维数组
045.三维数组的初始化
046.复制数组中的数据
047.比较两个数组中的数据
048.搜索数组中的元素
049.排序数组
050.可以任意伸缩数组长度的动态数组

5.1　体验代码之美

视频讲解 光盘：视频\第 5 章\体验代码之美.avi

对于职场中的程序员来说，同一个功能可以用多种方法实现，不同的方法都有自己的特色。在实际的项目开发过程中，有的人开发的程序能够被领导所认可，有的则不能。都是能实现同样功能的程序，为什么待遇不同呢？

5.1.1　程序员经常忽视的问题

可能有很多技术还可以的程序员很不屑于公司规定的一些编码规则，在平常的编码过程中也没有注意自己的编码风格。例如常将项目中的变量或常量简单地命名为 aa、bb、cc 等简单字母组合的形式。这在仅包含几行代码的程序中还没有太大的问题，但如果是在包含上百、上千行代码的程序中，若眼前全是 aa、bb 之类的简单符号，则就连编码者自己也会难以迅速解释各个变量或常量的含义。再过个一年半载，这些常量和变量的含义早已被抛向了九霄云外，后期维护工作的麻烦简直不可想象。

编程语言本身往往是一门极为灵活的语言，但是在软件工业化生产的要求下，却需要编程者遵循严格的规范。规范的目的，一是保证代码的可读性，二是保证代码的可维护性。就像上面举的例子，aa、bb 和 cc 之类的命名是不符合编码规范的。在实际项目中，制定编码规范的出发点有以下三点。

(1) 使得代码统一，易于阅读，便于他人在多年以后仍然能轻松读懂你的代码而进行维护。

(2) 使得代码不受单一平台和编译器的制约，方便将来移植到其他平台或使用其他编译器。

(3) 保证基本安全，避免代码漏洞。

开发高手和普通者的一条重要区别就是高手们的程序更加美观，能体现出易读性和易维护性；而不好的程序则会显得杂乱无章，变量、常量和函数的命名规则毫无规则可循。

5.1.2　赢在代码本身——体现程序之美

遵循良好的编码规范可以开发出赏心悦目的程序。要想体现语言程序之美，开发者需要做到如下几条要求。

(1) 简洁之美，避免冗余。

将软件设计作为一门严谨的科学来对待，我们的目的是开发出优雅简洁的代码。程序结构要清晰，并且简单易懂，单个函数的程序行数不得超过 100 行。过长的代码会影响大家的理解，也会消耗架构的敏捷性。要明确一个函数的目的是什么，在实现时要尽量简单，直截了当，代码精简，避免产生任何垃圾程序。另外，能用标准库函数和公共函数的地方要尽量使用，不要什么功能都自己去编写。

(2) 遵循严格的规范。

在编码过程中，要严格遵循开发语言的编码规范，做到可读性第一，效率第二。例如：

- 每个源程序文件都有文件头说明。

- 每个函数都有函数头说明。
- 定义或引用主要变量(结构、联合、类或对象)时，用注释反映其含义。
- 常量定义要有相应说明。
- 处理过程的每个阶段都有相关注释说明。
- 在典型算法前都有注释。
- 变量、常量和函数的命名要一目了然。
- 保持注释与代码完全一致，一目了然的语句不加注释。
- 利用缩进来显示程序的逻辑结构，缩进量一致并以 Tab 键为单位。缩进后的代码在后期维护时会显得结构清晰，易于维护。

(3) 健壮性和可扩展性。

健壮性是指软件对于规范要求以外的输入情况的处理能力。健壮的系统要能够判断出输入是否符合规范要求，并对不符合规范要求的输入提供合理的处理方式。软件的健壮性是一个比较模糊的概念，但却是非常重要的软件外部量度标准。软件设计的健壮与否直接反映了分析设计和编码人员的水平。

可扩展性是指软件设计完要留有升级接口和升级空间。对扩展开放，对修改关闭。

(4) 可靠性。

可靠性要求软件要具有避免发生故障的能力，且在发生故障时，具有解脱和排除故障的能力。软件可靠性和硬件可靠性的本质区别在于：后者为物理机理的衰变和老化所致，而前者为设计和实现的错误所致。因此软件的可靠性必须在设计阶段就确定，在生产和测试阶段再考虑就难以实现了。

(5) 适应性。

适应性要求软件能够在几乎所有的环境下成功运行，而不仅仅局限于在开发的环境中运行。当今计算机环境千差万别，例如浏览器产品的类型繁多，版本也繁多。作为一名 Web 开发工程师，需要确保自己的程序具有良好的适应性，能够在世界各地的不同计算机浏览器中成功运行，并且不会造成兼容性问题。

5.2　需 求 分 析

视频讲解　光盘：视频\第 5 章\需求分析.avi

在正式编码之前，需要好好规划整个项目，分析出典型书城系统的基本构成，并了解书城系统的必备构成元素，以及需要具备的功能。

5.2.1　系统分析

随着当今社会人们生活水平的提高和网络的高速发展，计算机已被广泛应用于各个领域，网络成为人们生活中不可或缺的一部分。互联网用户已经接受了电子商务，网购成为一种时尚潮流。

随着科学技术的飞速发展，互联网这个昔日只被少数科学家接触和使用的科研工具已经成为普通百姓都可以触及的大众型媒体传播手段。随着全民素质和科学技术水平的不断提高，知识更新的速度越来越快，人们随时都会感到面临被淘汰的危机，为了不被社会淘汰，就必须多多读书，不断学习。21世纪是网络的时代、信息的时代，时间是非常宝贵的，人们由于种种原因没有时间到书店去，也不知道哪家书店有自己需要的书籍，同时那些传统书店的经营者又没有什么好的方法让人们知道它们拥有顾客需要的书籍，这种买卖双方之间信息交流上的阻碍成为网上书城发展的原动力。

网上书城系统可以很好地解决上面提到的问题，向广大用户提供一种全新的网上信息服务，在书店与消费者之间架起了一座高速、便捷的网上信息桥梁。网上书城系统的优势如下。

(1) 良好的用户体验。

网上书城采用动态图示化的方式，通过直观的书城布局和贴切的营销分类向用户展示图书商品，可以给用户提供良好的购买体验。

(2) 搜索快速。

网上书城具备专业的商品查询系统，使得用户能在最短时间内找到需要的商品，并且系统稳定安全，链接有效。

(3) 信息全面。

网上书城中的商品信息丰富，可提供全面的MARC数据。相关信息提供及时，更新频率快，同时可为消费者提供个性化的信息服务。

(4) 易于使用。

网上书城在众多人性化的细节设计中体现了其良好的易用性，方便读者和管理人员使用。

5.2.2　系统目标

通过系统分析并与企业管理人员再次探讨，最终确定系统的最终目标如下。

- 整个系统应当操作简单、界面友好、易于维护。
- 数据库要求运行稳定、执行速度快、数据安全性高。
- 为了保证系统的安全性，要提供登录验证功能，确保只有系统合法用户才能登录系统。
- 要实现图书的进销存管理。
- 要实现图书、库存等信息的快速查询功能。
- 用户对界面的要求是重中之重，要求用户界面美观、新颖，具有现代感的视觉效果。

到此为止，需求分析阶段已经完成。因为本项目比较简单，所以只对系统分析和系统目标进行了讲解。在开发中、大型软件项目时，需要严格按照软件开发流程进行。软件开发流程(Software Development Process)是指软件开发、设计的一般性过程，包括需求分析、软件设计、程序编写、测试、交付、验收等步骤，具体如下。

(1) 相关系统分析员和用户初步了解需求，列出要开发的系统的大功能模块，以及每个大功能模块中的小功能模块。在这一步中还可以初步定义好少量需求较明确的界面。

(2) 系统分析员深入了解和分析需求，根据自己的经验和需求再做出一份系统的功能需求文档，清楚列出系统大致的大功能模块，以及大功能模块中的小功能模块，并列出相关的界面和界面功能。

(3) 系统分析员和用户再次确认需求。

(4) 概要设计。首先，开发者需要对软件系统进行概要设计，即系统设计。概要设计需要对软件系统的设计进行考虑，包括系统的基本处理流程、系统的组织结构、模块划分、功能分配、接口设计、运行设计、数据结构设计和出错处理设计等，为软件的详细设计提供基础。

(5) 详细设计。在概要设计的基础上，开发者需要进行软件系统的详细设计。在详细设计中，要描述实现具体模块所涉及的主要算法、数据结构、类的层次结构及调用关系，需要说明软件系统各个层次中的每一个程序(每个模块或子程序)的设计考虑，以便进行编码和测试。应当保证软件的需求完全分配给整个软件。详细设计应当足够详细，能够根据详细设计报告进行编码。

(6) 编码。在编码阶段，开发者要根据《软件系统详细设计报告》中对数据结构、算法分析和模块实现等方面的设计要求，开始具体的代码编写工作，实现各模块的功能，从而满足对目标系统的功能、性能、接口、界面等方面的要求。

(7) 测试。测试编写好的系统。交给用户使用，用户使用后逐个确认功能。

(8) 软件交付准备。在经过反复测试证明软件达到要求后，软件开发者应向用户提交开发的目标安装程序、数据库的数据字典、《用户安装手册》、《用户使用指南》、需求报告、设计报告、测试报告等双方合同约定的文件。《用户安装手册》应详细介绍安装软件对运行环境的要求，安装软件的定义和内容，在客户端、服务器端及中间件的具体安装步骤，安装后的系统配置。《用户使用指南》应包括软件各项功能的使用流程、操作步骤、相应业务介绍、特殊提示和注意事项等方面的内容，在需要时还应举例说明。

(9) 验收：用户验收。

5.3　数据库设计

视频讲解　光盘：视频\第 5 章\数据库设计.avi

在设计数据库时，一定要考虑客户的因素，例如系统的维护性和造价。就本项目而言，因为客户要求整个维护工作要尽量简单，并且要求造价尽量低，所以可以选择使用一款轻量级的数据库产品。在众多的数据库产品中，我们建议使用 SQL Server Express。讲到此处，肯定有很多读者会提出疑问：SQL Server Express 和 Access 都是免费的，都可以作为轻量级项目的数据库，为什么本项目选择使用 SQL Server Express 呢？的确如此，SQL Server Express 和 Access 都是微软的产品，并且两者都是免费的。读者要想了解，此处选择 SQL Server Express 的原因，不妨先对两者进行一个详细的对比。

(1) SQL Server Express。

该工具用于小型应用程序，其数据库引擎是微软的 SQL Server 数据库引擎的一部分。该版本支持很多完整 SQL Server 版的高级功能，如存储过程、视图、函数、CLR 集成、打印及 XML 支持等。然而，它仅仅是一个数据库引擎，而不像 Access 那样集成了接口开发工具，任何前台应用程序的开发都需要开发程序来处理，例如免费的 C# Express 工具。此外，微软还创建了一个很好的 SQL Server Management Studio 的 Express 版本，这个版本可以管理 SQL Server Express 数据库引擎。

(2) Access。

如果开发的应用程序非常小，例如简单的登录系统，此时可以选择 Access。Access 拥有内置的窗体、报表及其他功能项，可以使用它为后台数据库表格构建用户接口。Access 的大部分可编程对象都拥有一个很好的向导，对于初学者来说十分方便。最重要的是用它开发一个小系统的时间相当短。因为使用 Access 开发的应用程序通常都很小，并且有很多内置工具可供使用。

和 SQL Server Express 相比，Access 的突出优势是其包含在 Microsoft Office 的产品系列中，这样其开发成本相对 SQL Server Express 将有显著的降低。另外，Access 更加容易使用，便于菜鸟级用户的使用和维护。

综上所述，对于大多数项目来说，如果你的应用程序非常小，并且同一时刻只要求很少用户访问，那么使用 Access 将是一个不错的选择，并且 Access 在降低成本方面也表现得更加出色。当程序涉及的数据量较大，并且同一时刻访问的用户较多时，建议选择 SQL Server Express。其实对于广大读者来说，无论选择哪一款，首先应清楚自身的开发经验。建议大家在面对不是很复杂的项目，或者一个系统的应用初期时，优先选择使用 Access，在后期随着数据量的增多再升级为 SQL Server。因为两者都是微软的产品，所以相互之间的转换工作非常简单。

再回到本项目，因为整个书城系统中包含的图书信息比较多，并且随着使用时间的推移，系统内的图书信息将会越来越多，这样整个信息不可估量，所以本项目选择使用 SQL Server 数据库。在 SQL Server 产品系列中，以 SQL Server 2000 的造价成本最低。所以从性价比方面考虑，本系统将采用 SQL Server 2000 数据库。

数据库设计在本书中没有重点讲解，实际上数据库设计不容小视。本节将展示本系统设计的数据库。

在建立数据库的时候，用户首先要安装好 SQL Sever 数据库，本项目以 SQL Sever 2000 为例进行讲解，完成安装后，用户选择企业管理器，创建一个 db-JXC 数据库，然后创建下面提到的表。用来管理用户的数据库 tb_userlist 如图 5-1 所示。

提示： 如果安装的是 SQL Sever 2000，用户一定要打上最新的补丁。值得提醒读者的是，一定要打上 SP4 的补丁，否则会连接不上数据库。

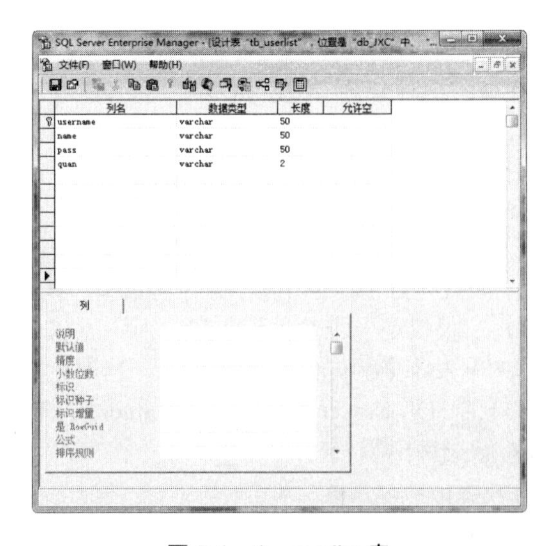

图 5-1 tb_userlist 表

供应商信息表 tb_gysinfo 如图 5-2 所示，商品信息表 tb_spinfo 如图 5-3 所示。

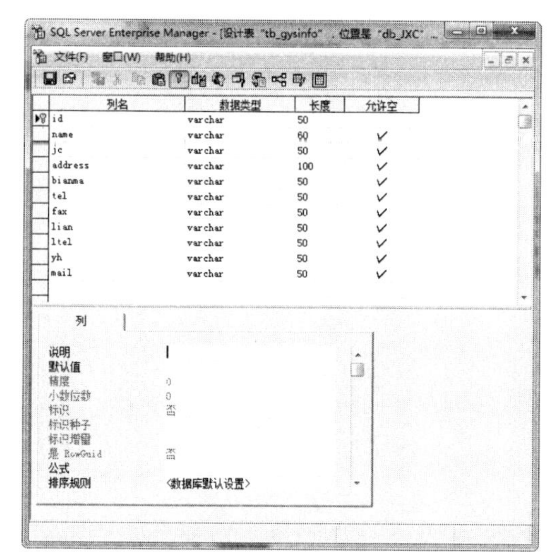

图 5-2 供应商信息表

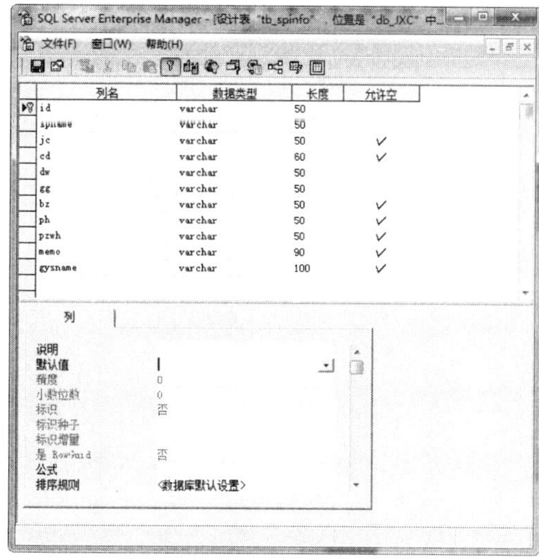

图 5-3 商品信息表

入库主表 tb_ruku_main 如图 5-4 所示，入库明细表 tb_ruku_detail 如图 5-5 所示。

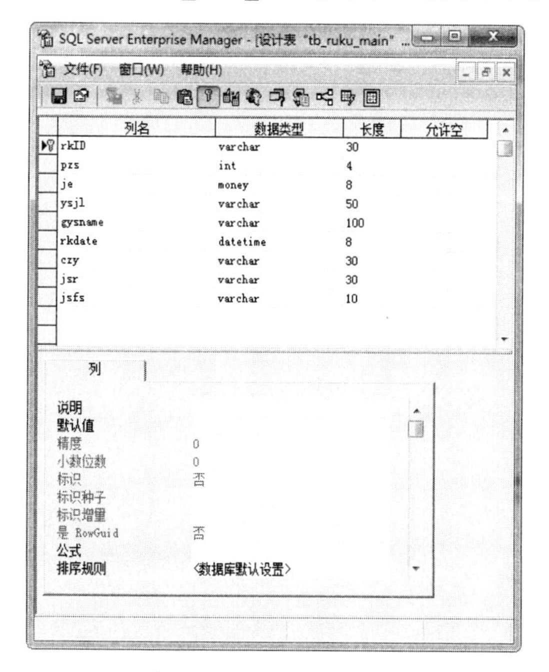

图 5-4 入库主表

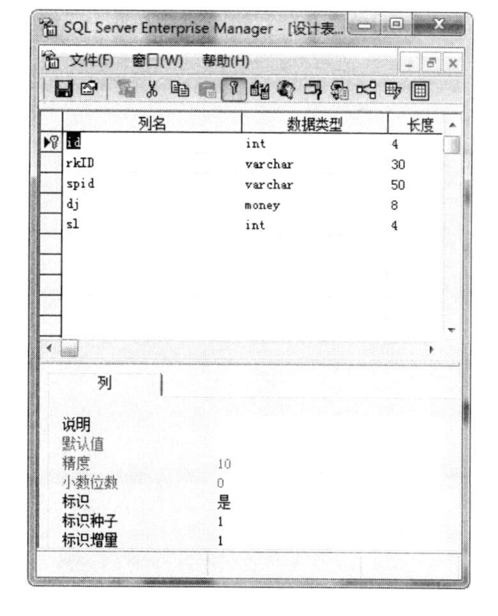

图 5-5 入库明细表

销售主表 tb_sell_main 如图 5-6 所示，销售明细表 tb_sell_detail，如图 5-7 所示。

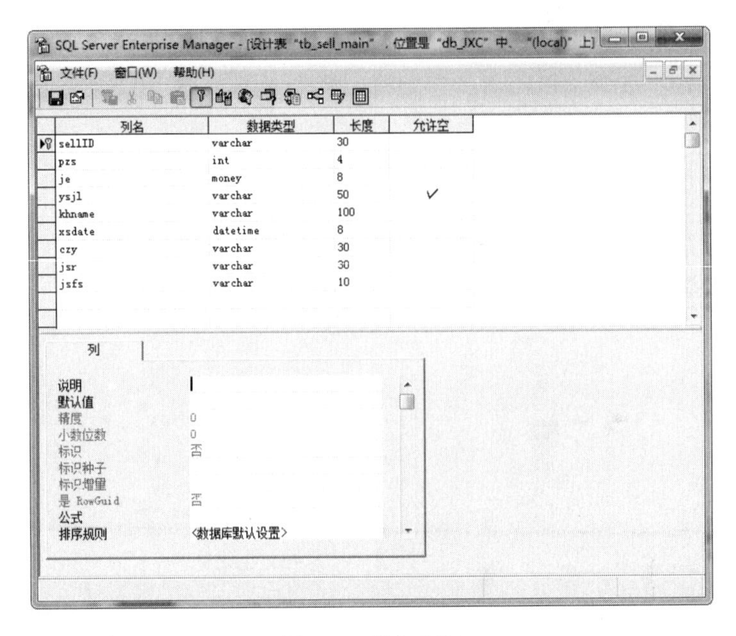

图 5-6　销售主表

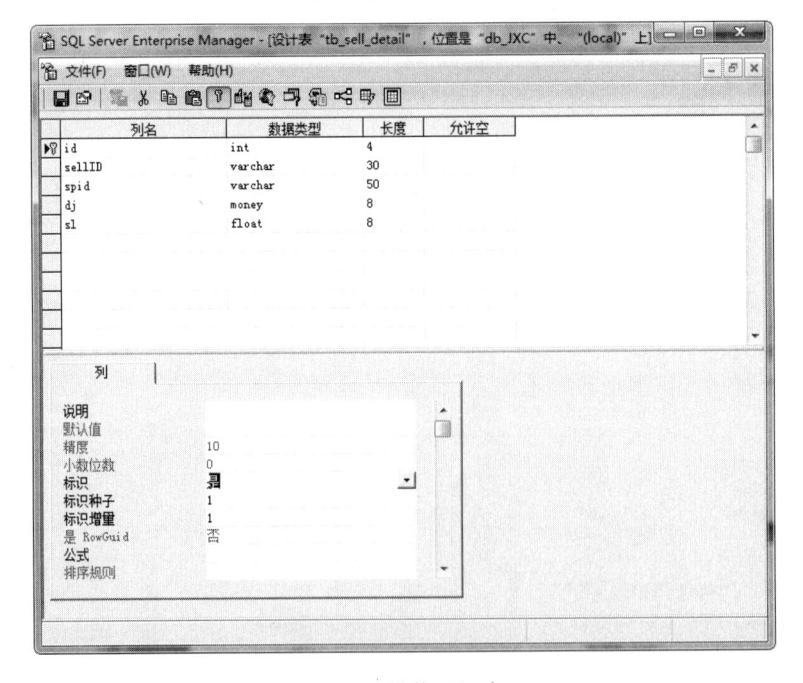

图 5-7　销售明细表

此外，还有 tb_khinfo 表(见图 5-8)、tb_kucun 表(见图 5-9)、tb_xsth_detail 表(见图 5-10)和 tb_xsth_main 表(见图 5-11)。

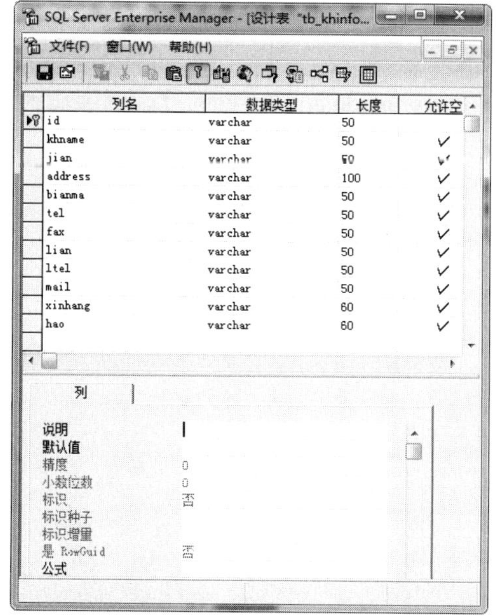

列名	数据类型	长度	允许空
id	varchar	50	
khname	varchar	50	✓
jian	varchar	50	✓
address	varchar	100	✓
bianma	varchar	50	✓
tel	varchar	50	✓
fax	varchar	50	✓
lian	varchar	50	✓
ltel	varchar	50	✓
mail	varchar	50	✓
xinhang	varchar	60	✓
hao	varchar	60	✓

图 5-8　tb_khinfo 表

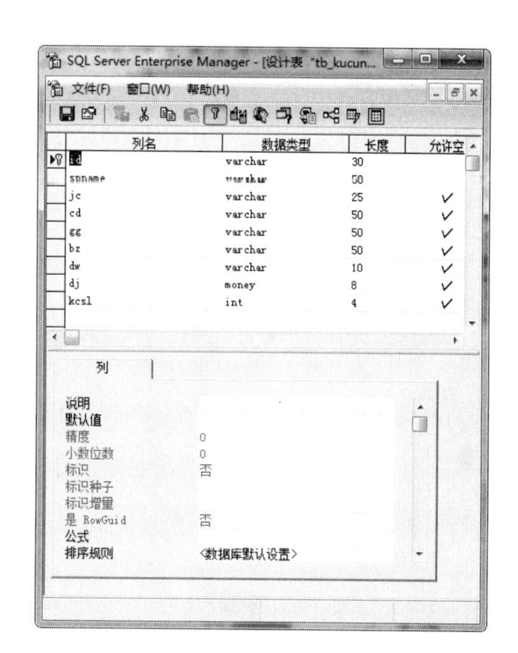

列名	数据类型	长度	允许空
[illegible]	varchar	30	
spname	varchar	50	
jc	varchar	25	✓
cd	varchar	50	✓
gg	varchar	50	✓
bz	varchar	50	✓
dw	varchar	10	✓
dj	money	8	✓
kcsl	int	4	✓

图 5-9　tb_kucun 表

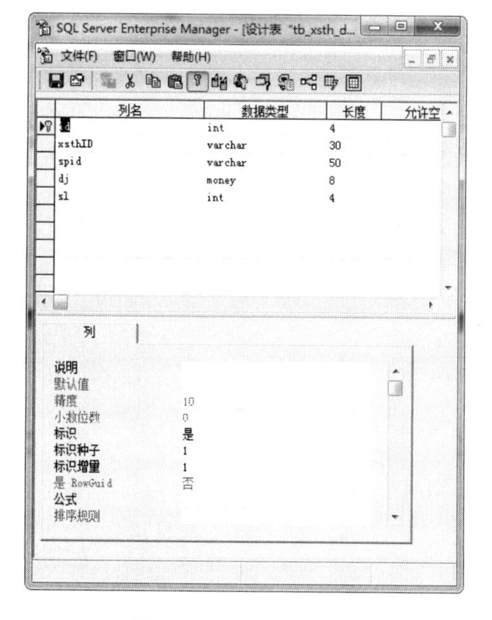

列名	数据类型	长度	允许空
[illegible]	int	4	
xsthID	varchar	30	
spid	varchar	50	
dj	money	8	
sl	int	4	

图 5-10　tb_xsth-detail 表

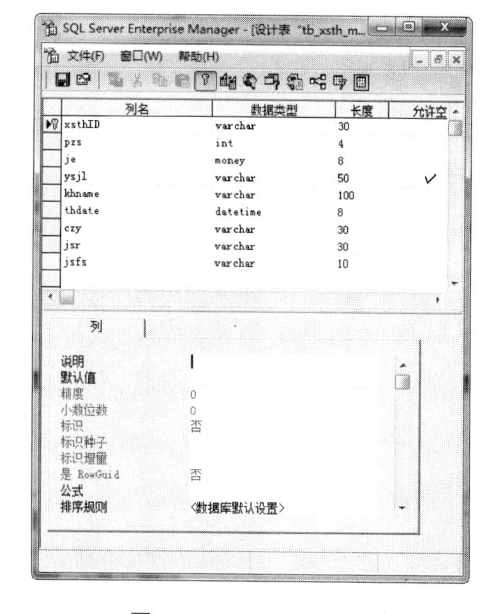

列名	数据类型	长度	允许空
xsthID	varchar	30	
pzs	int	4	
je	money	8	
ysjl	varchar	50	✓
khname	varchar	100	
thdate	datetime	8	
czy	varchar	30	
jsr	varchar	30	
jsfs	varchar	10	

图 5-11　tb_xsth_main 表

5.4　SQL Server 2000 JDBC 驱动

视频讲解　光盘：视频\第 5 章\ SQL Server 2000 JDBC 驱动.avi

在一个大型项目中如何寻找驱动，如下载安装驱动，对于尚无经验的初学者来说有一定的困难。本节将详细讲解设置 JDBC 驱动的方法。

5.4.1 下载 JDBC 驱动

用户可以在网络中获取 JDBC 驱动，例如在 www.baidu.com 网站的搜索框中输入“sql jdbc sp3”，会得到如图 5-12 所示的页面。

图 5-12　搜索 JDBC 驱动

5.4.2 安装 JDBC 驱动

获得 JDBC 驱动后需要对它进行安装，具体安装步骤如下。

(1) 双击安装程序，打开欢迎界面，然后单击 next 按钮，如图 5-13 所示。

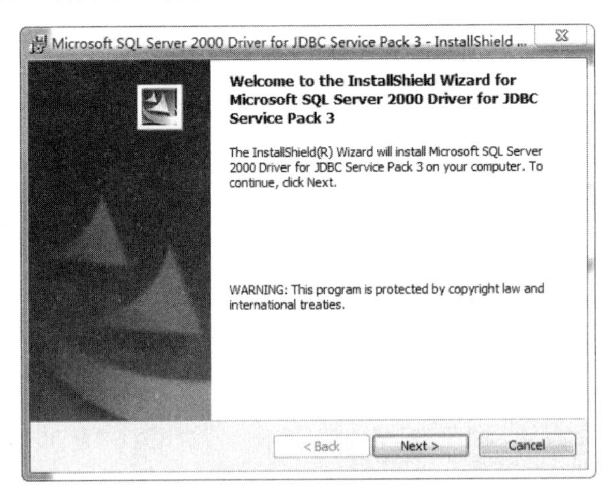

图 5-13　欢迎界面

(2) 打开 License Agreement 界面，选中 I accept the terms in the license agreement 单选按钮，然后单击 Next 按钮，如图 5-14 所示。

(3) 打开 Setup Type 界面，选中 Complete 单选按钮，然后单击 Next 按钮，如图 5-15 所示。

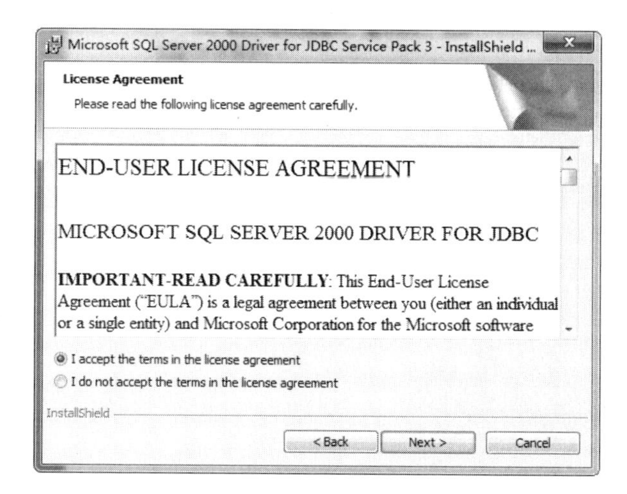

图 5-14　License Agreement 界面

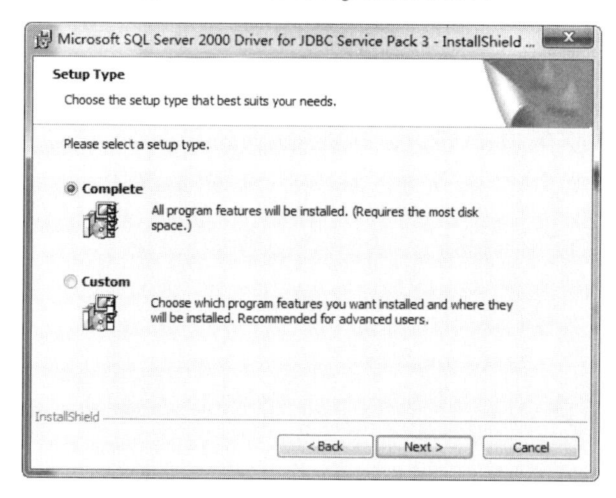

图 5-15　Select Type 界面

(4) 打开 Ready to Install the Program 界面，单击 Install 按钮开始安装，如图 5-16 所示。

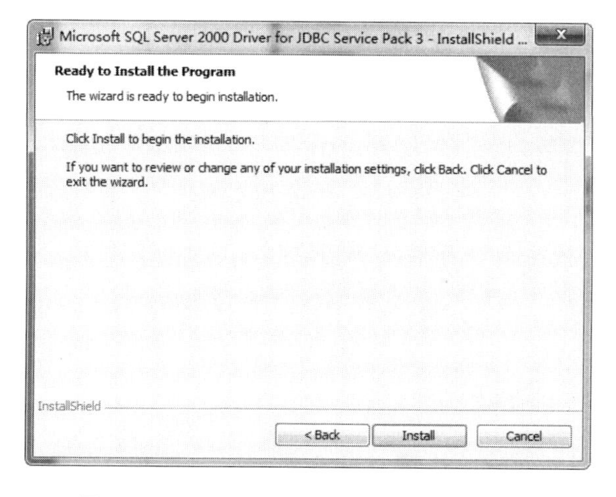

图 5-16　Ready to Install the Program 界面

(5) 单击 Finish 按钮，完成安装，如图 5-17 所示。

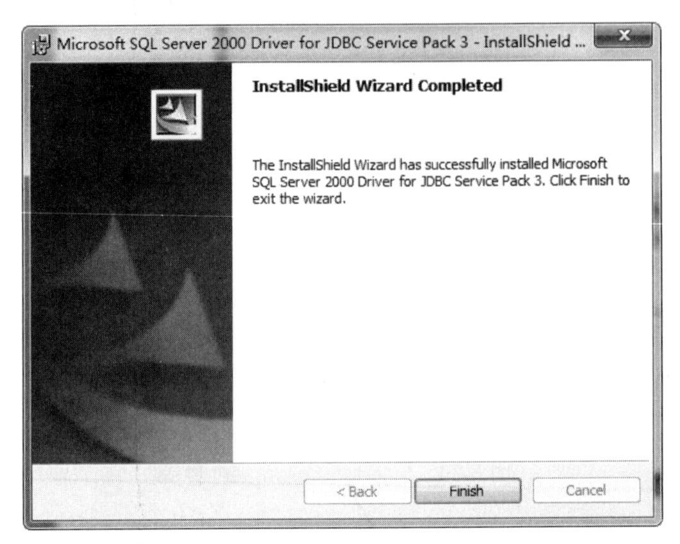

图 5-17 完成安装

(6) 打开安装文件夹下的 lib 目录，如 C:\Program Files\Microsoft SQL Server 2000 Driver for JDBC\lib，可以查看到目录中有三个 jar 文件，如图 5-18 所示。

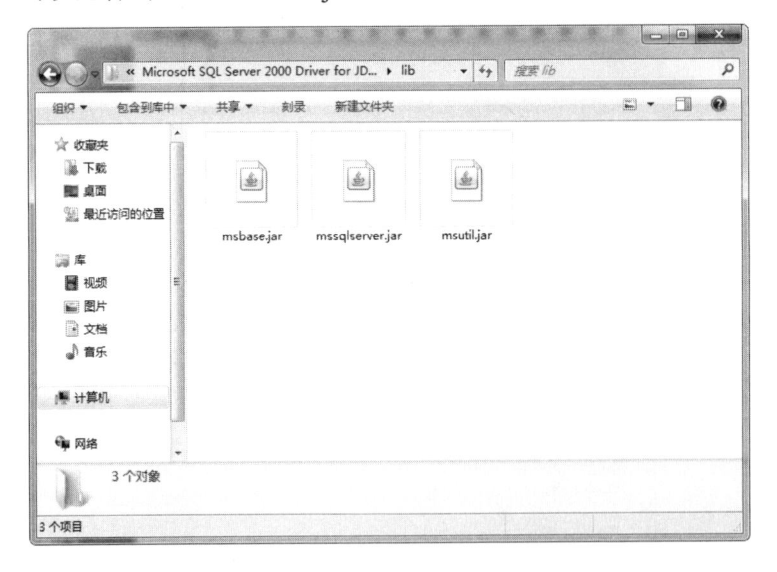

图 5-18 配置文件

注意： 安装驱动最主要的目的就是获取这三个文件，可以将这三个文件复制出来然后卸载驱动，这样也不会影响数据库的连接。

5.4.3 配置 JDBC 驱动

如果用户想在 DOS 环境下也支持数据库连接，只需打开“环境变量”对话框，在 CLASSPATH 变量值的最后加上 5.4.2 节介绍的三个 jar 文件的路径即可，如图 5-19 所示。

图 5-19　配置 JDBC 驱动

5.4.4　将 JDBC 驱动加载到项目中

在开发过程中，用户只需要将三个 jar 文件加载到 IDE 中即可。例如，这里使用的是 Eclipse，将 JDBC 驱动加载进去即可，具体操作步骤如下。

(1) 复制 msbase.jar、mssqlserver.jar 和 msutil.jar 三个文件，然后启动 Eclipse 软件，将文件粘贴到项目节点下，如图 5-20 所示。

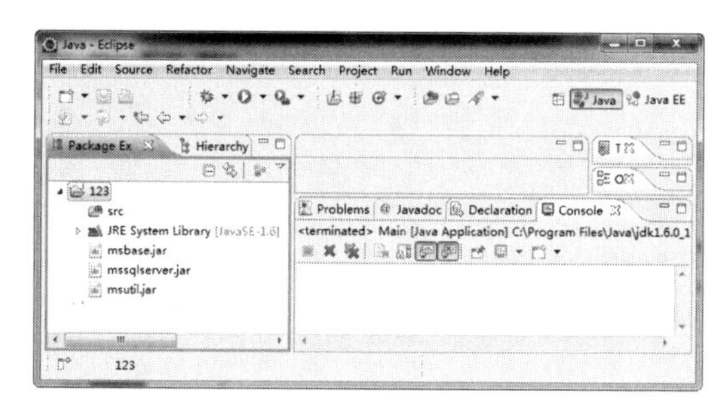

图 5-20　粘贴驱动文件

(2) 选择一个 jar 文件，右击，在弹出的快捷菜单中选择 Buila Path | Add to Buila Path 菜单项，如图 5-21 所示。

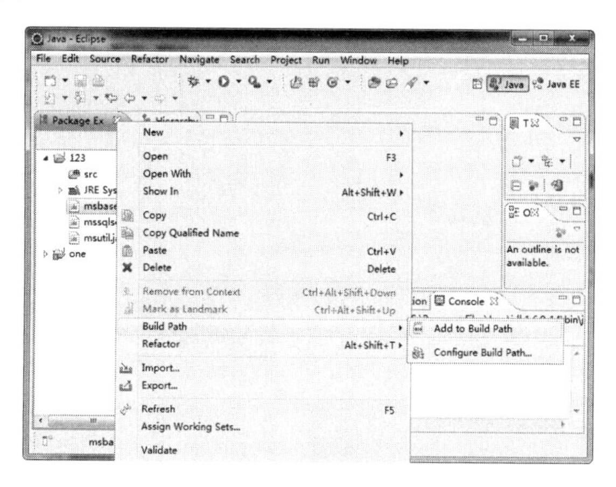

图 5-21　加载驱动

(3) 用相同的方法加载其他驱动，加载完成后如图 5-22 所示。

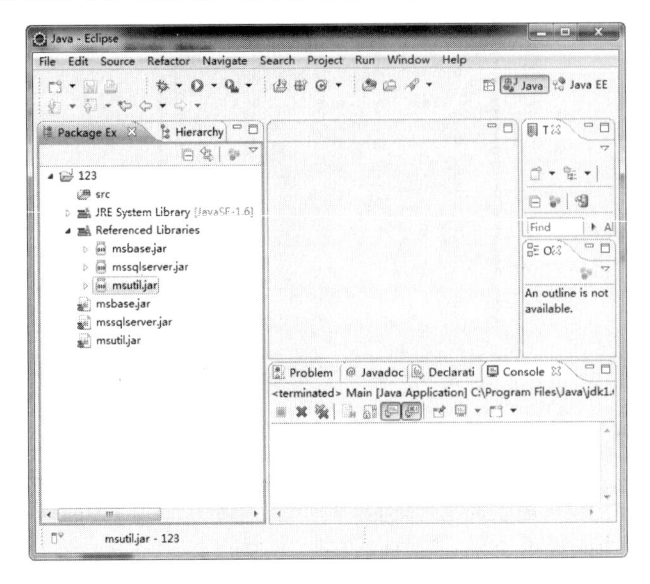

图 5-22　加载完成

5.5　系 统 设 计

视频讲解 光盘：视频\第 5 章\系统设计.avi

本节将详细讲解系统设计阶段的具体实现过程。

5.5.1　登录窗口

本系统的登录窗口十分简单，只显示了“用户名”和“密码”文本框，以及两个简单的按钮，如图 5-23 所示。

图 5-23　登录窗口

登录窗口与数据库中的 tb_userlist 表息息相关，其实现代码(Login.java)如下：

```
public class Login extends JFrame
 {
    private JLabel userLabel;
    private JLabel passLabel;
    private JButton exit;
    private JButton login;
    private Main window;
    private static TbUserlist user;
    public Login()
    {
         setIconImage(new ImageIcon("res/main1.gif").getImage());
         setTitle("众望书城");
         final JPanel panel = new LoginPanel();
         panel.setLayout(null);
         getContentPane().add(panel);
         setBounds(300, 200, panel.getWidth(), panel.getHeight());
         userLabel = new JLabel();
         userLabel.setText("用户名：");
         userLabel.setBounds(140, 160, 200, 18);
         panel.add(userLabel);
         final JTextField userName = new JTextField();
         userName.setBounds(190, 160, 200, 18);
         panel.add(userName);
         passLabel = new JLabel();
         passLabel.setText("密  码：");
         passLabel.setBounds(140, 200, 200, 18);
         panel.add(passLabel);
         final JPasswordField userPassword = new JPasswordField();
         userPassword.addKeyListener(new KeyAdapter()
          {
              public void keyPressed(final KeyEvent e)
              {
                   if (e.getKeyCode() == 10)
                        login.doClick();
              }
         });
         userPassword.setBounds(190, 200, 200, 18);
         panel.add(userPassword);
         login = new JButton();
         login.addActionListener(new ActionListener()
         {
              public void actionPerformed(final ActionEvent e)
              {
                   user = Dao.getUser(userName.getText(), userPassword.getText());
                   if (user.getUsername() == null || user.getName() == null)
                   {
                        userName.setText(null);
                        userPassword.setText(null);
                        return;
                   }
                   setVisible(false);
                   window = new Main();
                   window.frame.setVisible(true);
              }
         });
         login.setText("登录");
         login.setBounds(200, 250, 60, 18);
         panel.add(login);
         exit = new JButton();
```

```
        exit.addActionListener(new ActionListener()
        {
            public void actionPerformed(final ActionEvent e)
            {
                System.exit(0);
            }
        });
        exit.setText("退出");
        exit.setBounds(280, 250, 60, 18);
        panel.add(exit);
        setVisible(true);
        setResizable(false);
        setDefaultCloseOperation(WindowConstants.DO_NOTHING_ON_CLOSE);
    }
    public static TbUserlist getUser()
    {
        return user;
    }
    public static void setUser(TbUserlist user)
    {
        Login.user = user;
    }
}
```

完整的代码请参考附带光盘，这里只列出了重要的部分。

注意： 登录窗口中加载了背景图片，它不会影响其他组件的添加，用户可以根据需要设计出更好看的背景图片。

5.5.2 主窗口

主窗口是用户登录系统后显示的第一个界面，它的设计至关重要，直接影响用户对整个系统的印象。本系统主窗口的运行效果如图 5-24 所示。

图 5-24 主窗口

在主窗口里首先要定义各个组件，并调用登录窗口的运行程序验证用户是否登录，其代码(Main.java)如下：

```
public class Main
{
    private JDesktopPane desktopPane;
    private JMenuBar menuBar;
    protected JFrame frame;
    private JLabel backLabel;
    // 创建窗体的 Map 类型集合对象
    private Map<String, JInternalFrame> ifs = new HashMap<String, JInternalFrame>();
    // 创建 Action 动作的 ActionMap 类型集合对象
    private ActionMap actionMap = new ActionMap();
    // 创建并获取当前登录的用户对象
    private TbUserlist user = Login.getUser();
    private Color bgcolor = new Color(Integer.valueOf("ECE9D8", 16));
    public Main()
    {
        Font font = new Font("宋体", Font.PLAIN, 12);
        UIManager.put("Menu.font", font);
        UIManager.put("MenuItem.font", font);
        // 调用 initialize()方法初始化菜单、工具栏、窗体
        initialize();
    }
    public static void main(String[] args)
    {
        SwingUtilities.invokeLater(new Runnable()
        {
            public void run() {
                new Login();
            }
        });
    }
    private void initialize()
    {
        frame = new JFrame("众望书城");
        frame.addComponentListener(new ComponentAdapter()
        {
            public void componentResized(final ComponentEvent e)
            {
                if (backLabel != null)
{
                    int backw = ((JFrame) e.getSource()).getWidth();
                    ImageIcon icon = backw <= 800 ? new ImageIcon(
                            "res/welcome.jpg") : new ImageIcon(
                            "res/welcomeB.jpg");
                    backLabel.setIcon(icon);
                    backLabel.setSize(backw, frame.getWidth());
                }
            }
        });
        frame.setIconImage(new ImageIcon("res/main1.gif").getImage());
        frame.getContentPane().setLayout(new BorderLayout());
        frame.setBounds(100, 100, 800, 600);
        frame.setDefaultCloseOperation(JFrame.EXIT_ON_CLOSE);
        desktopPane = new JDesktopPane();
        desktopPane.setBackground(Color.WHITE); // 白色背景
        frame.getContentPane().add(desktopPane);
        backLabel = new JLabel();
        backLabel.setVerticalAlignment(SwingConstants.TOP);
```

```
        backLabel.setHorizontalAlignment(SwingConstants.CENTER);
        desktopPane.add(backLabel, new Integer(Integer.MIN_VALUE));
        menuBar = new JMenuBar();
        menuBar.setBounds(0, 0, 792, 66);
        menuBar.setBackground(bgcolor);
        menuBar.setBorder(new LineBorder(Color.BLACK));
        menuBar.setBorder(new BevelBorder(BevelBorder.RAISED));
        frame.setJMenuBar(menuBar);
        menuBar.add(getBasicMenu());                // 添加"基础信息管理"菜单
        menuBar.add(getJinHuoMenu());               // 添加"进货管理"菜单
        menuBar.add(getSellMenu());                 // 添加"销售管理"菜单
        menuBar.add(getKuCunMenu());                // 添加"库存管理"菜单
        menuBar.add(getCxtjMenu());                 // 添加"查询统计"菜单
        menuBar.add(getSysMenu());                  // 添加"系统管理"菜单
        final JToolBar toolBar = new JToolBar("工具栏");
        frame.getContentPane().add(toolBar, BorderLayout.NORTH);
        toolBar.setOpaque(true);
        toolBar.setRollover(true);
        toolBar.setBackground(bgcolor);
        toolBar.setBorder(new BevelBorder(BevelBorder.RAISED));
        defineToolBar(toolBar);
    }
    private JMenu getSysMenu()
    {
        // 获取"系统管理"菜单
        JMenu menu = new JMenu();
        menu.setText("系统管理");
        JMenuItem item = new JMenuItem();
        item.setAction(actionMap.get("操作员管理"));
        item.setBackground(Color.MAGENTA);
        addFrameAction("操作员管理", "CzyGL", menu);
        addFrameAction("更改密码", "GengGaiMiMa", menu);
        addFrameAction("权限管理", "QuanManager", menu);
        actionMap.put("退出系统", new ExitAction());
        JMenuItem mItem = new JMenuItem(actionMap.get("退出系统"));
        mItem.setBackground(bgcolor);
        menu.add(mItem);
        return menu;
    }
    private JMenu getSellMenu()
    {
        // 获取"销售管理"菜单
        JMenu menu = new JMenu();
        menu.setText("销售管理");
        addFrameAction("销售单", "XiaoShouDan", menu);
        addFrameAction("销售退货", "XiaoShouTuiHuo", menu);
        return menu;
    }
    private JMenu getCxtjMenu()
    {
        // 获取"查询统计"菜单
        JMenu menu;
        menu = new JMenu();
        menu.setText("查询统计");
        addFrameAction("客户信息查询", "KeHuChaXun", menu);
        addFrameAction("商品信息查询", "ShangPinChaXun", menu);
        addFrameAction("供应商信息查询", "GongYingShangChaXun", menu);
        addFrameAction("销售信息查询", "XiaoShouChaXun", menu);
        addFrameAction("销售退货查询", "XiaoShouTuiHuoChaXun", menu);
        addFrameAction("入库查询", "RuKuChaXun", menu);
```

```
        addFrameAction("入库退货查询", "RuKuTuiHuoChaXun", menu);
        addFrameAction("销售排行", "XiaoShouPaiHang", menu);
        return menu;
    }
    private JMenu getBasicMenu()
    {
        // 获取"基础信息管理"菜单
        JMenu menu = new JMenu();
        menu.setText("基础信息管理");
        addFrameAction("客户信息管理", "KeHuGuanLi", menu);
        addFrameAction("商品信息管理", "ShangPinGuanLi", menu);
        addFrameAction("供应商信息管理", "GysGuanLi", menu);
        return menu;
    }
    private JMenu getKuCunMenu()
    {
        // 获取"库存管理"菜单
        JMenu menu = new JMenu();
        menu.setText("库存管理");
        addFrameAction("库存盘点", "KuCunPanDian", menu);
        addFrameAction("价格调整", "JiaGeTiaoZheng", menu);
        return menu;
    }
    private JMenu getJinHuoMenu()
    {
        // 获取"进货管理"菜单
        JMenu menu = new JMenu();
        menu.setText("进货管理");
        addFrameAction("进货单", "JinHuoDan", menu);
        addFrameAction("进货退货", "JinHuoTuiHuo", menu);
        return menu;
    }
    // 添加工具栏按钮
    private void defineToolBar(final JToolBar toolBar) {
        toolBar.add(getToolButton(actionMap.get("客户信息管理")));
        toolBar.add(getToolButton(actionMap.get("商品信息管理")));
        toolBar.addSeparator();
        toolBar.add(getToolButton(actionMap.get("客户信息查询")));
        toolBar.add(getToolButton(actionMap.get("商品信息查询")));
        toolBar.addSeparator();
        toolBar.add(getToolButton(actionMap.get("库存盘点")));
        toolBar.add(getToolButton(actionMap.get("入库查询")));
        toolBar.add(getToolButton(actionMap.get("价格调整")));
        toolBar.add(getToolButton(actionMap.get("销售单")));
        toolBar.add(getToolButton(actionMap.get("退出系统")));
    }
    private JButton getToolButton(Action action)
    {
        JButton actionButton = new JButton(action);
        actionButton.setHideActionText(true);
        actionButton.setMargin(new Insets(0, 0, 0, 0));
        actionButton.setBackground(bgcolor);
        return actionButton;
    }
    /***********************辅助方法***************************/
    // 为内部窗体添加 Action 的方法
    private void addFrameAction(String fName, String cname, JMenu menu)
    {
        // System.out.println(fName+".jpg");//输出图片名--调试用
        String img = "res/ActionIcon/" + fName + ".png";
```

```
        Icon icon = new ImageIcon(img);
        Action action = new openFrameAction(fName, cname, icon);
        if (menu.getText().equals("系统管理") && !fName.equals("更改密码"))
        {
            if (user == null || user.getQuan() == null
                    || !user.getQuan().equals("a")) {
                action.setEnabled(false);
            }
        }
        actionMap.put(fName, action);
        JMenuItem item = new JMenuItem(action);
        item.setBackground(bgcolor);
        menu.add(item);
        if (!menu.getBackground().equals(bgcolor))
            menu.setBackground(bgcolor);
    }
    // 获取内部窗体的唯一实例对象
    private JInternalFrame getIFrame(String frameName)
    {
        JInternalFrame jf = null;
        if (!ifs.containsKey(frameName))
        {
            try
            {
                jf = (JInternalFrame) Class.forName(
                        "internalFrame." + frameName).getConstructor(null)
                        .newInstance(null);
                ifs.put(frameName, jf);
            } catch (Exception e) {
                e.printStackTrace();
            }
        } else
            jf = ifs.get(frameName);
        return jf;
    }
    // 主窗体菜单项的单击事件监听器
    protected final class openFrameAction extends AbstractAction
    {
        private String frameName = null;
        private openFrameAction()
        {
        }
        public openFrameAction(String cname, String frameName, Icon icon)
        {
            this.frameName = frameName;
            putValue(Action.NAME, cname);
            putValue(Action.SHORT_DESCRIPTION, cname);
            putValue(Action.SMALL_ICON, icon);
        }
        public void actionPerformed(final ActionEvent e)
        {
            JInternalFrame jf = getIFrame(frameName);
            // 内部窗体被关闭时，从内部窗体容器 ifs 对象中清除该窗体
            jf.addInternalFrameListener(new InternalFrameAdapter()
            {
                public void internalFrameClosed(InternalFrameEvent e)
                {
                    ifs.remove(frameName);
                }
            });
            if (jf.getDesktopPane() == null)
```

```
            {
                desktopPane.add(jf);
                jf.setVisible(true);
            }
            try {
                jf.setSelected(true);
            } catch (PropertyVetoException e1)
            {
                e1.printStackTrace();
            }
        }
    }
    // 退出动作
    protected final class ExitAction extends AbstractAction
    {
        private ExitAction()
        {
            putValue(Action.NAME, "退出系统");
            putValue(Action.SHORT_DESCRIPTION, "众望书城管理系统");
            putValue(Action.SMALL_ICON,
                    new ImageIcon("res/ActionIcon/退出系统.png"));
        }
        public void actionPerformed(final ActionEvent e)
        {
            int exit;
            exit = JOptionPane.showConfirmDialog(frame.getContentPane(),
                    "确定要退出吗？", "退出系统", JOptionPane.YES_NO_OPTION);
            if (exit == JOptionPane.YES_OPTION)
                System.exit(0);
        }
    }
    Static
    {
        try
        {
            UIManager.setLookAndFeel(UIManager.getSystemLookAndFeelClassName());
        } catch (Exception e)
        {
            e.printStackTrace();
        }
    }
}
```

主窗口是一个软件项目的门面，所以一定要做到美观、大方，另外还需要确保主窗口中的组件排列要合理并精准。相信曾经学习过 Visual Basic 和 Delphi 的读者可能比较怀念那种随意拖动控件的感觉，对 Java 的布局管理器非常不习惯。实际上 Java 也提供了那种拖拉控件的方式，即 Java 也可以对 GUI 组件进行绝对定位。

在 Java 容器中采用绝对定位的具体步骤如下。

(1) 将 Container 的布局管理器设成 null：setLayout(null)。

(2) 往容器上加组件的时候，先调用 setBounds()或 setSize()方法来设置组件的大小和位置，或者直接在创建 GUI 组件时通过构造参数指定该组件的大小和位置，然后将该组件添加到容器中。

例如，下面的代码演示了如何使用绝对定位来控制窗口中的 GUI 组件的方法：

```
import java.awt.*;
public class yongNullLayout
```

```
{
    Frame f = new Frame("测试窗口");
    Button b1 = new Button("第一个按钮");
    Button b2 = new Button("第二个按钮");
    public void init()
    {
        f.setLayout(null);
        b1.setBounds(20, 30, 90, 28);
        f.add(b1);
        b2.setBounds(50, 45, 120, 35);
        f.add(b2);
        f.setBounds(50, 50, 200, 100);
        f.setVisible(true);
    }
    public static void main(String[] args)
    {
        new yongNullLayout().init();
    }
}
```

执行以上代码后的效果如图 5-25 所示。

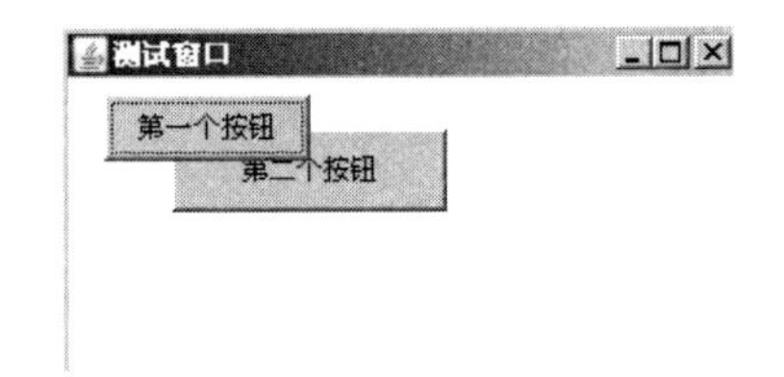

图 5-25 执行效果

从图 5-25 中可以看出，使用绝对定位时甚至可以将两个按钮重叠起来，可见使用绝对定位确实非常灵活，而且很简洁，但这种方式是以丧失跨平台特性作为代价的。

5.5.3 商品信息的基本管理

虽然本书城里销售的主要商品是书，但也包括毛笔、电子琴、音像制品等书以外的商品，所以在设计的时候不能制作出只能买书的界面。商品信息管理模块中涉及的程序较多，这里将其分成几个部分进行讲解。

1. 商品信息模块的初始化

商品信息管理模块的主要操作包括商品信息的添加、修改以及删除。该模块主要由 JTabbedPane 容纳并初始化，其代码如下：

```
public class ShangPinGuanLi extends JInternalFrame
{
    public ShangPinGuanLi()
{
        setIconifiable(true);
        setClosable(true);
        setTitle("商品管理");
        JTabbedPane tabPane = new JTabbedPane();
        final ShangPinXiuGaiPanel spxgPanel = new ShangPinXiuGaiPanel();
        final ShangPinTianJiaPanel sptjPanel = new ShangPinTianJiaPanel();
        tabPane.addTab("商品信息添加", null, sptjPanel, "商品添加");
        tabPane.addTab("商品信息修改与删除", null, spxgPanel, "修改与删除");
```

```
        getContentPane().add(tabPane);
        tabPane.addChangeListener(new ChangeListener()
        {
            public void stateChanged(ChangeEvent e)
            {
                spxgPanel.initComboBox();
                spxgPanel.initGysBox();
            }
        });
        //"商品管理"窗口被激活时，初始化"商品信息添加"界面中的"供应商全称"下拉列表框
        addInternalFrameListener(new InternalFrameAdapter()
        {
            public void internalFrameActivated(InternalFrameEvent e)
            {
                super.internalFrameActivated(e);
                sptjPanel.initGysBox();
            }
        });
        pack();
        setVisible(true);
    }
}
```

2. 商品信息的添加

书城里面出售的商品都需要添加到系统中，“商品信息添加”界面如图 5-26 所示。

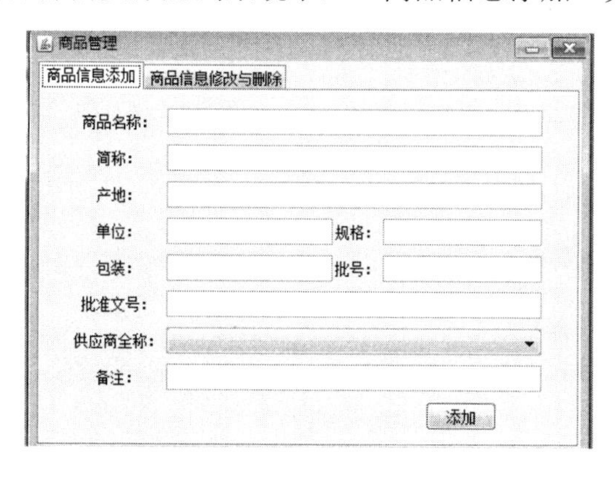

图 5-26　“商品信息添加”界面

其实现代码如下：

```
public class ShangPinTianJiaPanel extends JPanel
{
    private JComboBox gysQuanCheng;
    private JTextField beiZhu;
    private JTextField wenHao;
    private JTextField piHao;
    private JTextField baoZhuang;
    private JTextField guiGe;
    private JTextField danWei;
    private JTextField chanDi;
    private JTextField jianCheng;
    private JTextField quanCheng;
    private JButton resetButton;
    public ShangPinTianJiaPanel()
    {
```

```
setLayout(new GridBagLayout());
setBounds(10, 10, 550, 400);
setupComponent(new JLabel("商品名称: "), 0, 0, 1, 1, false);
quanCheng = new JTextField();
setupComponent(quanCheng, 1, 0, 3, 1, true);
setupComponent(new JLabel("简称: "), 0, 1, 1, 1, false);
jianCheng = new JTextField();
setupComponent(jianCheng, 1, 1, 3, 10, true);
setupComponent(new JLabel("产地: "), 0, 2, 1, 1, false);
chanDi = new JTextField();
setupComponent(chanDi, 1, 2, 3, 300, true);
setupComponent(new JLabel("单位: "), 0, 3, 1, 1, false);
danWei = new JTextField();
setupComponent(danWei, 1, 3, 1, 130, true);
setupComponent(new JLabel("规格: "), 2, 3, 1, 1, false);
guiGe = new JTextField();
setupComponent(guiGe, 3, 3, 1, 1, true);
setupComponent(new JLabel("包装: "), 0, 4, 1, 1, false);
baoZhuang = new JTextField();
setupComponent(baoZhuang, 1, 4, 1, 1, true);
setupComponent(new JLabel("批号: "), 2, 4, 1, 1, false);
piHao = new JTextField();
setupComponent(piHao, 3, 4, 1, 1, true);
setupComponent(new JLabel("批准文号: "), 0, 5, 1, 1, false);
wenHao = new JTextField();
setupComponent(wenHao, 1, 5, 3, 1, true);
setupComponent(new JLabel("供应商全称: "), 0, 6, 1, 1, false);
gysQuanCheng = new JComboBox();
gysQuanCheng.setMaximumRowCount(5);
setupComponent(gysQuanCheng, 1, 6, 3, 1, true);
setupComponent(new JLabel("备注: "), 0, 7, 1, 1, false);
beiZhu = new JTextField();
setupComponent(beiZhu, 1, 7, 3, 1, true);
final JButton tjButton = new JButton();
tjButton.addActionListener(new ActionListener()
{
    public void actionPerformed(final ActionEvent e)
    {
        if (baoZhuang.getText().equals("")
                || chanDi.getText().equals("")
                || danWei.getText().equals("")
                || guiGe.getText().equals("")
                || jianCheng.getText().equals("")
                || piHao.getText().equals("")
                || wenHao.getText().equals("")
                || quanCheng.getText().equals("")) {
            JOptionPane.showMessageDialog(ShangPinTianJiaPanel.this,
            "请完成未填写的信息", "商品添加", JOptionPane.ERROR_MESSAGE);
            return;
        }
        ResultSet haveUser = Dao
                .query("select * from tb_spinfo where spname='"
                        + quanCheng.getText().trim() + "'");
        try {
            if (haveUser.next()) {
                System.out.println("error");
                JOptionPane.showMessageDialog(
                        ShangPinTianJiaPanel.this, "商品信息添加失败，存在同名
                        商品","客户添加信息", JOptionPane.INFORMATION_MESSAGE);
                            return;
```

```
                }
            } catch (Exception er) {
                er.printStackTrace();
            }
            ResultSet set = Dao.query("select max(id) from tb_spinfo");
            String id = null;
            try {
                if (set != null && set.next()) {
                    String sid = set.getString(1);
                    if (sid == null)
                        id = "sp1001";
                    else {
                        String str = sid.substring(2);
                        id = "sp" + (Integer.parseInt(str) + 1);
                    }
                }
            } catch (SQLException e1) {
                e1.printStackTrace();
            }
            TbSpinfo spInfo = new TbSpinfo();
            spInfo.setId(id);
            spInfo.setBz(baoZhuang.getText().trim());
            spInfo.setCd(chanDi.getText().trim());
            spInfo.setDw(danWei.getText().trim());
            spInfo.setGg(guiGe.getText().trim());
            spInfo.setGysname(gysQuanCheng.getSelectedItem().toString()
                    .trim());
            spInfo.setJc(jianCheng.getText().trim());
            spInfo.setMemo(beiZhu.getText().trim());
            spInfo.setPh(piHao.getText().trim());
            spInfo.setPzwh(wenHao.getText().trim());
            spInfo.setSpname(quanCheng.getText().trim());
            Dao.addSp(spInfo);
            JOptionPane.showMessageDialog(ShangPinTianJiaPanel.this,
                    "商品信息已经成功添加", "商品添加", JOptionPane.INFORMATION_
                        MESSAGE);
            resetButton.doClick();
        }
    });
    tjButton.setText("添加");
    setupComponent(tjButton, 1, 8, 1, 1, false);
    final GridBagConstraints gridBagConstraints_20 = new GridBagConstraints();
    gridBagConstraints_20.weighty = 1.0;
    gridBagConstraints_20.insets = new Insets(0, 65, 0, 15);
    gridBagConstraints_20.gridy = 8;
    gridBagConstraints_20.gridx = 1;
    //"重添"按钮的事件监听类
    resetButton = new JButton();
    setupComponent(tjButton, 3, 8, 1, 1, false);
    resetButton.addActionListener(new ActionListener() {
        public void actionPerformed(final ActionEvent e) {
            baoZhuang.setText("");
            chanDi.setText("");
            danWei.setText("");
            guiGe.setText("");
            jianCheng.setText("");
            beiZhu.setText("");
            piHao.setText("");
            wenHao.setText("");
            quanCheng.setText("");
        }
```

```
        });
        resetButton.setText("重添");
    }
    // 设置组件位置并添加到容器中
    private void setupComponent(JComponent component, int gridx, int gridy,
            int gridwidth, int ipadx, boolean fill) {
        final GridBagConstraints gridBagConstrains = new GridBagConstraints();
        gridBagConstrains.gridx = gridx;
        gridBagConstrains.gridy = gridy;
        gridBagConstrains.insets = new Insets(5, 1, 3, 1);
        if (gridwidth > 1)
            gridBagConstrains.gridwidth = gridwidth;
        if (ipadx > 0)
            gridBagConstrains.ipadx = ipadx;
        if (fill)
            gridBagConstrains.fill = GridBagConstraints.HORIZONTAL;
        add(component, gridBagConstrains);
    }
    // 初始化"供应商全称"下拉列表框
    public void initGysBox() {
        List gysInfo = Dao.getGysInfos();
        List<Item> items = new ArrayList<Item>();
        gysQuanCheng.removeAllItems();
        for (Iterator iter = gysInfo.iterator(); iter.hasNext();) {
            List element = (List) iter.next();
            Item item = new Item();
            item.setId(element.get(0).toString().trim());
            item.setName(element.get(1).toString().trim());
            if (items.contains(item))
                continue;
            items.add(item);
            gysQuanCheng.addItem(item);
        }
    }
}
```

3. 商品信息的编辑

商品信息编辑模块的主要功能是修改系统内错误的商品信息或删除不再使用的商品信息。“商品信息修改与删除”界面如图 5-27 所示。

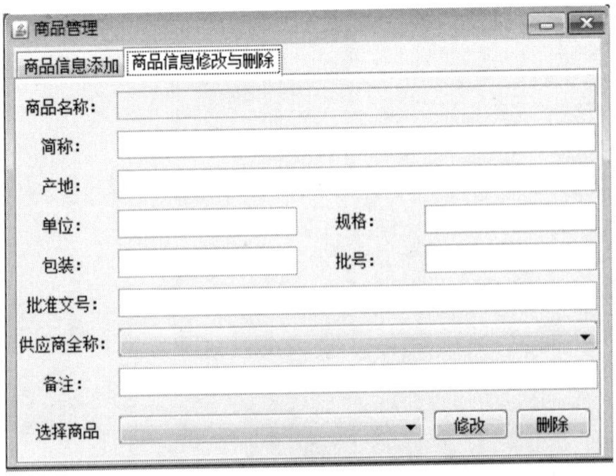

图 5-27 “商品信息修改与删除”界面

其实现代码如下：

```
public class ShangPinXiuGaiPanel extends JPanel {
    private JComboBox gysQuanCheng;
    private JTextField beiZhu;
    private JTextField wenHao;
    private JTextField piHao;
    private JTextField baoZhuang;
    private JTextField guiGe;
    private JTextField danWei;
    private JTextField chanDi;
    private JTextField jianCheng;
    private JTextField quanCheng;
    private JButton modifyButton;
    private JButton delButton;
    private JComboBox sp;
    public ShangPinXiuGaiPanel() {
        setLayout(new GridBagLayout());
        setBounds(10, 10, 550, 400);

        setupComponet(new JLabel("商品名称: "), 0, 0, 1, 1, false);
        quanCheng = new JTextField();
        quanCheng.setEditable(false);
        setupComponet(quanCheng, 1, 0, 3, 1, true);

        setupComponet(new JLabel("简称: "), 0, 1, 1, 1, false);
        jianCheng = new JTextField();
        setupComponet(jianCheng, 1, 1, 3, 10, true);

        setupComponet(new JLabel("产地: "), 0, 2, 1, 1, false);
        chanDi = new JTextField();
        setupComponet(chanDi, 1, 2, 3, 300, true);

        setupComponet(new JLabel("单位: "), 0, 3, 1, 1, false);
        danWei = new JTextField();
        setupComponet(danWei, 1, 3, 1, 130, true);

        setupComponet(new JLabel("规格: "), 2, 3, 1, 1, false);
        guiGe = new JTextField();
        setupComponet(guiGe, 3, 3, 1, 1, true);

        setupComponet(new JLabel("包装: "), 0, 4, 1, 1, false);
        baoZhuang = new JTextField();
        setupComponet(baoZhuang, 1, 4, 1, 1, true);

        setupComponet(new JLabel("批号: "), 2, 4, 1, 1, false);
        piHao = new JTextField();
        setupComponet(piHao, 3, 4, 1, 1, true);

        setupComponet(new JLabel("批准文号: "), 0, 5, 1, 1, false);
        wenHao = new JTextField();
        setupComponet(wenHao, 1, 5, 3, 1, true);

        setupComponet(new JLabel("供应商全称: "), 0, 6, 1, 1, false);
        gysQuanCheng = new JComboBox();
        gysQuanCheng.setMaximumRowCount(5);
        setupComponet(gysQuanCheng, 1, 6, 3, 1, true);

        setupComponet(new JLabel("备注: "), 0, 7, 1, 1, false);
        beiZhu = new JTextField();
```

```
setupComponet(beiZhu, 1, 7, 3, 1, true);

setupComponet(new JLabel("选择商品"), 0, 8, 1, 0, false);
sp = new JComboBox();
sp.setPreferredSize(new Dimension(230, 21));
// 处理"供应商全称"下拉列表框的选择事件
sp.addActionListener(new ActionListener() {
    public void actionPerformed(ActionEvent e) {
        doSpSelectAction();
    }
});
// 定位"选择商品"下拉列表框
setupComponet(sp, 1, 8, 2, 0, true);
modifyButton = new JButton("修改");
delButton = new JButton("删除");
JPanel panel = new JPanel();
panel.add(modifyButton);
panel.add(delButton);
// 定位按钮
setupComponet(panel, 3, 8, 1, 0, false);
// 处理"删除"按钮的单击事件
delButton.addActionListener(new ActionListener() {
    public void actionPerformed(ActionEvent e) {
        Item item = (Item) sp.getSelectedItem();
        if (item == null || !(item instanceof Item))
            return;
        int confirm = JOptionPane.showConfirmDialog(
                ShangPinXiuGaiPanel.this, "确认删除商品信息吗？");
        if (confirm == JOptionPane.YES_OPTION) {
            int rs = Dao.delete("delete tb_spinfo where id='"
                    + item.getId() + "'");
            if (rs > 0) {
                JOptionPane.showMessageDialog(ShangPinXiuGaiPanel.this,
                        "商品：" + item.getName() + "。删除成功");
                sp.removeItem(item);
            }
        }
    }
});
// 处理"修改"按钮的单击事件
modifyButton.addActionListener(new ActionListener() {
    public void actionPerformed(ActionEvent e) {
        Item item = (Item) sp.getSelectedItem();
        TbSpinfo spInfo = new TbSpinfo();
        spInfo.setId(item.getId());
        spInfo.setBz(baoZhuang.getText().trim());
        spInfo.setCd(chanDi.getText().trim());
        spInfo.setDw(danWei.getText().trim());
        spInfo.setGg(guiGe.getText().trim());
        spInfo.setGysname(gysQuanCheng.getSelectedItem().toString()
                .trim());
        spInfo.setJc(jianCheng.getText().trim());
        spInfo.setMemo(beiZhu.getText().trim());
        spInfo.setPh(piHao.getText().trim());
        spInfo.setPzwh(wenHao.getText().trim());
        spInfo.setSpname(quanCheng.getText().trim());
        if (Dao.updateSp(spInfo) == 1)
            JOptionPane.showMessageDialog(ShangPinXiuGaiPanel.this,
                    "修改完成");
        else
            JOptionPane.showMessageDialog(ShangPinXiuGaiPanel.this,
```

```
                    "修改失败");
        }
    });
}
// 初始化"选择商品"下拉列表框
public void initComboBox() {
    List khInfo = Dao.getSpInfos();
    List<Item> items = new ArrayList<Item>();
    sp.removeAllItems();
    for (Iterator iter = khInfo.iterator(); iter.hasNext();) {
        List element = (List) iter.next();
        Item item = new Item();
        item.setId(element.get(0).toString().trim());
        item.setName(element.get(1).toString().trim());
        if (items.contains(item))
            continue;
        items.add(item);
        sp.addItem(item);
    }
    doSpSelectAction();
}
// 初始化"供应商全称"下拉列表框
public void initGysBox() {
    List gysInfo = Dao.getGysInfos();
    List<Item> items = new ArrayList<Item>();
    gysQuanCheng.removeAllItems();
    for (Iterator iter = gysInfo.iterator(); iter.hasNext();) {
        List element = (List) iter.next();
        Item item = new Item();
        item.setId(element.get(0).toString().trim());
        item.setName(element.get(1).toString().trim());
        if (items.contains(item))
            continue;
        items.add(item);
        gysQuanCheng.addItem(item);
    }
    doSpSelectAction();
}
// 设置组件位置并添加到容器中
private void setupComponet(JComponent component, int gridx, int gridy,
        int gridwidth, int ipadx, boolean fill) {
    final GridBagConstraints gridBagConstrains = new GridBagConstraints();
    gridBagConstrains.gridx = gridx;
    gridBagConstrains.gridy = gridy;
    if (gridwidth > 1)
        gridBagConstrains.gridwidth = gridwidth;
    if (ipadx > 0)
        gridBagConstrains.ipadx = ipadx;
    gridBagConstrains.insets = new Insets(5, 1, 3, 1);
    if (fill)
        gridBagConstrains.fill = GridBagConstraints.HORIZONTAL;
    add(component, gridBagConstrains);
}
// 处理商品选择事件
private void doSpSelectAction() {
    Item selectedItem;
    if (!(sp.getSelectedItem() instanceof Item)) {
        return;
    }
    selectedItem = (Item) sp.getSelectedItem();
    TbSpinfo spInfo = Dao.getSpInfo(selectedItem);
```

```
        if (!spInfo.getId().isEmpty()) {
            quanCheng.setText(spInfo.getSpname());
            baoZhuang.setText(spInfo.getBz());
            chanDi.setText(spInfo.getCd());
            danWei.setText(spInfo.getDw());
            guiGe.setText(spInfo.getGg());
            jianCheng.setText(spInfo.getJc());
            beiZhu.setText(spInfo.getMemo());
            piHao.setText(spInfo.getPh());
            wenHao.setText(spInfo.getPzwh());
            beiZhu.setText(spInfo.getMemo());
            // 设置"供应商全称"下拉列表框的当前选择项
            Item item = new Item();
            item.setId(null);
            item.setName(spInfo.getGysname());
            TbGysinfo gysInfo = Dao.getGysInfo(item);
            item.setId(gysInfo.getId());
            item.setName(gysInfo.getName());
            for (int i = 0; i < gysQuanCheng.getItemCount(); i++) {
                Item gys = (Item) gysQuanCheng.getItemAt(i);
                if (gys.getName().equals(item.getName())) {
                    item = gys;
                }
            }
            gysQuanCheng.setSelectedItem(item);
        }
    }
}
```

本模块的实现代码中多次用到了 JComponent 类，它是所有 Swing 轻量组件的基类。JComponent 对 Swing 的意义就如同 java.awt.Component 对 AWT 的意义，是它们各自框架组件的基类。作为所有 Swing 轻量组件的基类，JComponent 提供了大量的基本功能。要全面了解 Swing，就必须知道 JComponent 类提供的功能，还必须知道如何使用 JComponent 类。

JComponent 扩展 java.awt.Container，而 java.awt.Container 又扩展 java.awt.Component，因此，所有的 Swing 组件都是 AWT 容器。Component 类和 Container 类本身提供了大量的功能，因此，JComponent 类继承了大量的功能。

因为 JComponent 为几乎所有的 Swing 组件提供下层构件，因此，它是一个很大的类，包括 100 多个 public 方法。JComponent 为扩展注意提供了如下功能。

(1) 任何 JComponent 的扩展都可以带边框。

Swing 提供了许多不同风格的边框，如雕刻边框、带标题边框和蚀刻边框等。虽然一个组件只能有一个边框，但是边框是可以组合的。因此，从效果上来看，单个组件可以有多个边框。边框通常用来组织组件集，但在其他情况下也是很有用的。通常，可操作的边框在绘图程序中用来移动和改变对象的大小，而且作为 Swing 的定制边框，这种边框实现起来也很容易。

(2) 可访问性。

可访问性使人人都能使用软件。例如，为视力不好的用户放大字体或为听力不好的用户显示带声音的标题。Swing 的插入式界面模式体系结构通过允许把可选择的界面样式分配给一组组件来支持可访问性。除了 Swing 插入式界面模式外，使用一个可访问 API 和一组可访问工具也能支持可访问性。

(3) 双缓存。

在更新组件(擦除然后重绘组件)时，会产生可察觉的闪烁。双缓存通过在屏外缓存区中更新组件，然后把屏外缓存区的相应部分复制到组件的屏上代表中来消除闪烁。所有的 Swing 轻量组件都继承了双缓存显示内容的能力。屏外缓存区(由 Swing 的 RepaintManager 维护)常用于双缓存 JComponent 的扩展。

5.5.4 进货信息管理

进货信息管理模块主要包括进货处理和退货处理两个功能，由于这两个功能的设计原理十分类似，因此这里只对进货处理功能进行讲解。“进货单”窗体的运行效果如图 5-28 所示。

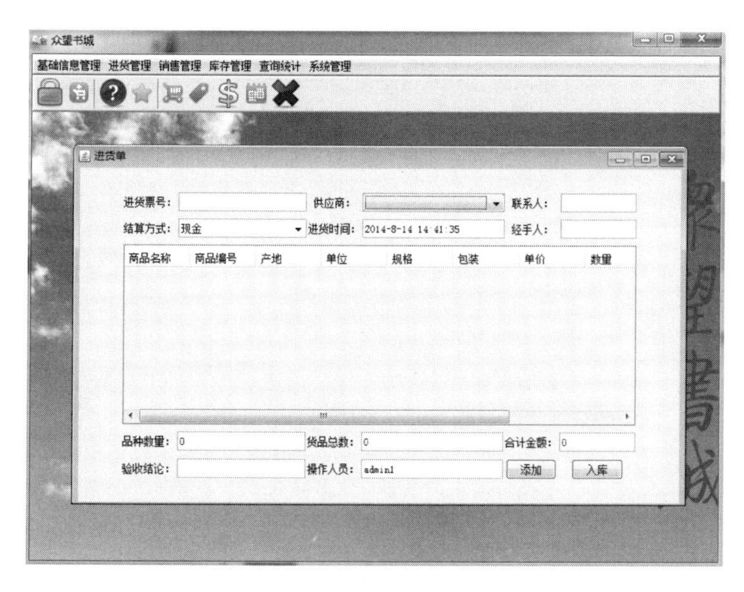

图 5-28　“进货单”窗体

其实现代码如下：

```
public class JinHuoDan extends JInternalFrame {
    private final JTable table;
    private TbUserlist user = Login.getUser();              // 登录用户信息
    private final JTextField jhsj = new JTextField();       // 进货时间
    private final JTextField jsr = new JTextField();        // 经手人
    private final JComboBox jsfs = new JComboBox();         // 结算方式
    private final JTextField lian = new JTextField();       // 联系人
    private final JComboBox gys = new JComboBox();          // 供应商
    private final JTextField piaoHao = new JTextField();    // 进货票号
    private final JTextField pzs = new JTextField("0");     // 品种数量
    private final JTextField hpzs = new JTextField("0");    // 货品总数
    private final JTextField hjje = new JTextField("0");    // 合计金额
    private final JTextField ysjl = new JTextField();       // 验收结论
    private final JTextField czy = new JTextField(user.getName());// 操作人员
    private Date jhsjDate;
    private JComboBox sp;
    public JinHuoDan() {
        super();
```

```
setMaximizable(true);
setIconifiable(true);
setClosable(true);
getContentPane().setLayout(new GridBagLayout());
setTitle("进货单");
setBounds(50, 50, 700, 400);
setupComponet(new JLabel("进货票号: "), 0, 0, 1, 0, false);
piaoHao.setFocusable(false);
setupComponet(piaoHao, 1, 0, 1, 140, true);
setupComponet(new JLabel("供应商: "), 2, 0, 1, 0, false);
gys.setPreferredSize(new Dimension(160, 21));
// "供应商"下拉列表框的选择事件
gys.addActionListener(new ActionListener() {
    public void actionPerformed(ActionEvent e) {
        doGysSelectAction();
    }
});
setupComponet(gys, 3, 0, 1, 1, true);
setupComponet(new JLabel("联系人: "), 4, 0, 1, 0, false);
lian.setFocusable(false);
setupComponet(lian, 5, 0, 1, 80, true);
setupComponet(new JLabel("结算方式: "), 0, 1, 1, 0, false);
jsfs.addItem("现金");
jsfs.addItem("支票");
jsfs.setEditable(true);
setupComponet(jsfs, 1, 1, 1, 1, true);
setupComponet(new JLabel("进货时间: "), 2, 1, 1, 0, false);
jhsj.setFocusable(false);
setupComponet(jhsj, 3, 1, 1, 1, true);
setupComponet(new JLabel("经手人: "), 4, 1, 1, 0, false);
setupComponet(jsr, 5, 1, 1, 1, true);
sp = new JComboBox();
sp.addActionListener(new ActionListener() {
    public void actionPerformed(ActionEvent e) {
        TbSpinfo info = (TbSpinfo) sp.getSelectedItem();
        // 如果选择有效就更新表格
        if (info != null && info.getId() != null) {
            updateTable();
        }
    }
});
table = new JTable();
table.setAutoResizeMode(JTable.AUTO_RESIZE_OFF);
initTable();
// 添加事件,完成品种数量、货品总数、合计金额的计算
table.addContainerListener(new computeInfo());
JScrollPane scrollPanel = new JScrollPane(table);
scrollPanel.setPreferredSize(new Dimension(380, 200));
setupComponet(scrollPanel, 0, 2, 6, 1, true);
setupComponet(new JLabel("品种数量: "), 0, 3, 1, 0, false);
pzs.setFocusable(false);
setupComponet(pzs, 1, 3, 1, 1, true);
setupComponet(new JLabel("货品总数: "), 2, 3, 1, 0, false);
hpzs.setFocusable(false);
setupComponet(hpzs, 3, 3, 1, 1, true);
setupComponet(new JLabel("合计金额: "), 4, 3, 1, 0, false);
hjje.setFocusable(false);
setupComponet(hjje, 5, 3, 1, 1, true);
setupComponet(new JLabel("验收结论: "), 0, 4, 1, 0, false);
setupComponet(ysjl, 1, 4, 1, 1, true);
```

```
setupComponet(new JLabel("操作人员: "), 2, 4, 1, 0, false);
czy.setFocusable(false);
setupComponet(czy, 3, 4, 1, 1, true);
// 单击"添加"按钮时，在表格中添加新的一行
JButton tjButton = new JButton("添加");
tjButton.addActionListener(new ActionListener() {
     public void actionPerformed(ActionEvent e) {
          // 初始化进货票号
          initPiaoHao();
          // 结束表格中没有编写的单元
          stopTableCellEditing();
          // 如果表格中还包含空行，就再添加新行
          for (int i = 0; i < table.getRowCount(); i++) {
               TbSpinfo info = (TbSpinfo) table.getValueAt(i, 0);
               if (table.getValueAt(i, 0) == null)
                    return;
          }
          DefaultTableModel model = (DefaultTableModel) table.getModel();
          model.addRow(new Vector());
          initSpBox();
     }
});
setupComponet(tjButton, 4, 4, 1, 1, false);

// 单击"入库"按钮时,保存进货信息
JButton rkButton = new JButton("入库");
rkButton.addActionListener(new ActionListener() {
     public void actionPerformed(ActionEvent e) {
          // 结束表格中没有编写的单元
          stopTableCellEditing();
          // 清除空行
          clearEmptyRow();
          String hpzsStr = hpzs.getText(); // 货品总数
          String pzsStr = pzs.getText(); // 品种数量
          String jeStr = hjje.getText(); // 合计金额
          String jsfsStr = jsfs.getSelectedItem().toString(); // 结算方式
          String jsrStr = jsr.getText().trim(); // 经手人
          String czyStr = czy.getText(); // 操作人员
          String rkDate = jhsjDate.toLocaleString(); // 入库时间
          String ysjlStr = ysjl.getText().trim(); // 验收结论
          String id = piaoHao.getText(); // 票号
          String gysName = gys.getSelectedItem().toString();// 供应商名字
          if (jsrStr == null || jsrStr.isEmpty()) {
               JOptionPane.showMessageDialog(JinHuoDan.this, "请填写经手人");
               return;
          }
          if (ysjlStr == null || ysjlStr.isEmpty()) {
               JOptionPane.showMessageDialog(JinHuoDan.this, "请填写验收结论");
               return;
          }
          if (table.getRowCount() <= 0) {
               JOptionPane.showMessageDialog(JinHuoDan.this, "添加入库商品");
               return;
          }
          TbRukuMain ruMain = new TbRukuMain(id, pzsStr, jeStr, ysjlStr,
                    gysName, rkDate, czyStr, jsrStr, jsfsStr);
          Set<TbRukuDetail> set = ruMain.getTabRukuDetails();
          int rows = table.getRowCount();
          for (int i = 0; i < rows; i++) {
               TbSpinfo spinfo = (TbSpinfo) table.getValueAt(i, 0);
```

```
                    String djStr = (String) table.getValueAt(i, 6);
                    String slStr = (String) table.getValueAt(i, 7);
                    Double dj = Double.valueOf(djStr);
                    Integer sl = Integer.valueOf(slStr);
                    TbRukuDetail detail = new TbRukuDetail();
                    detail.setTabSpinfo(spinfo.getId());
                    detail.setTabRukuMain(ruMain.getRkId());
                    detail.setDj(dj);
                    detail.setSl(sl);
                    set.add(detail);
                }
                boolean rs = Dao.insertRukuInfo(ruMain);
                if (rs) {
                    JOptionPane.showMessageDialog(JinHuoDan.this, "入库完成");
                    DefaultTableModel dftm = new DefaultTableModel();
                    table.setModel(dftm);
                    initTable();
                    pzs.setText("0");
                    hpzs.setText("0");
                    hjje.setText("0");
                }
            }
        });
        setupComponet(rkButton, 5, 4, 1, 1, false);
        // 添加窗体监听器，完成初始化
        addInternalFrameListener(new initTasks());
    }
    // 初始化表格
    private void initTable() {
        String[] columnNames = {"商品名称", "商品编号", "产地", "单位", "规格", "包装",
"单价","数量", "批号", "批准文号"};
        ((DefaultTableModel) table.getModel())
                .setColumnIdentifiers(columnNames);
        TableColumn column = table.getColumnModel().getColumn(0);
        final DefaultCellEditor editor = new DefaultCellEditor(sp);
        editor.setClickCountToStart(2);
        column.setCellEditor(editor);
    }
    // 初始化商品下拉列表框
    private void initSpBox() {
        List list = new ArrayList();
        ResultSet set = Dao.query("select * from tb_spinfo where gysName='"
                + gys.getSelectedItem() + "'");
        sp.removeAllItems();
        sp.addItem(new TbSpinfo());
        for (int i = 0; table != null && i < table.getRowCount(); i++) {
            TbSpinfo tmpInfo = (TbSpinfo) table.getValueAt(i, 0);
            if (tmpInfo != null && tmpInfo.getId() != null)
                list.add(tmpInfo.getId());
        }
        try {
            while (set.next()) {
                TbSpinfo spinfo = new TbSpinfo();
                spinfo.setId(set.getString("id").trim());
                // 如果表格中已存在同样商品，商品下拉列表框中就不再包含该商品
                if (list.contains(spinfo.getId()))
                    continue;
                spinfo.setSpname(set.getString("spname").trim());
                spinfo.setCd(set.getString("cd").trim());
                spinfo.setJc(set.getString("jc").trim());
                spinfo.setDw(set.getString("dw").trim());
```

```
                spinfo.setGg(set.getString("gg").trim());
                spinfo.setBz(set.getString("bz").trim());
                spinfo.setPh(set.getString("ph").trim());
                spinfo.setPzwh(set.getString("pzwh").trim());
                spinfo.setMemo(set.getString("memo").trim());
                spinfo.setGysname(set.getString("gysname").trim());
                sp.addItem(spinfo);
            }
        } catch (SQLException e) {
            e.printStackTrace();
        }
    }
    // 设置组件位置并添加到容器中
    private void setupComponet(JComponent component, int gridx, int gridy,
            int gridwidth, int ipadx, boolean fill) {
        final GridBagConstraints gridBagConstrains = new GridBagConstraints();
        gridBagConstrains.gridx = gridx;
        gridBagConstrains.gridy = gridy;
        if (gridwidth > 1)
            gridBagConstrains.gridwidth = gridwidth;
        if (ipadx > 0)
            gridBagConstrains.ipadx = ipadx;
        gridBagConstrains.insets = new Insets(5, 1, 3, 1);
        if (fill)
            gridBagConstrains.fill = GridBagConstraints.HORIZONTAL;
        getContentPane().add(component, gridBagConstrains);
    }
    //选择供应商时更新联系人字段
    private void doGysSelectAction() {
        Item item = (Item) gys.getSelectedItem();
        TbGysinfo gysInfo = Dao.getGysInfo(item);
        lian.setText(gysInfo.getLian());
        initSpBox();
    }
    // 在事件中计算品种数量、货品总数、合计金额
    private final class computeInfo implements ContainerListener {
        public void componentRemoved(ContainerEvent e) {
            // 清除空行
            clearEmptyRow();
            // 计算代码
            int rows = table.getRowCount();
            int count = 0;
            double money = 0.0;
            // 计算品种数量
            TbSpinfo column = null;
            if (rows > 0)
                column = (TbSpinfo) table.getValueAt(rows - 1, 0);
            if (rows > 0 && (column == null || column.getId().isEmpty()))
                rows--;
            // 计算货品总数和金额
            for (int i = 0; i < rows; i++) {
                String column7 = (String) table.getValueAt(i, 7);
                String column6 = (String) table.getValueAt(i, 6);
                int c7 = (column7 == null || column7.isEmpty()) ? 0 : Integer
                        .parseInt(column7);
                float c6 = (column6 == null || column6.isEmpty()) ? 0 : Float
                        .parseFloat(column6);
                count += c7;
                money += c6 * c7;
            }
            pzs.setText(rows + "");
```

```
            hpzs.setText(count + "");
            hjje.setText(money + "");
                    }
        public void componentAdded(ContainerEvent e) {
        }
    }
    // 窗体的初始化任务
    private final class initTasks extends InternalFrameAdapter {
        public void internalFrameActivated(InternalFrameEvent e) {
            super.internalFrameActivated(e);
            initTimeField();
            initGysField();
            initPiaoHao();
            initSpBox();
        }
        private void initGysField() {// 初始化供应商字段
            List gysInfos = Dao.getGysInfos();
            for (Iterator iter = gysInfos.iterator(); iter.hasNext();) {
                List list = (List) iter.next();
                Item item = new Item();
                item.setId(list.get(0).toString().trim());
                item.setName(list.get(1).toString().trim());
                gys.addItem(item);
            }
            doGysSelectAction();
        }
        private void initTimeField() {// 启动进货时间线程
            new Thread(new Runnable()
{
                public void run()
{
                    try {
                        while (true)
{
                            jhsjDate = new Date();
                            jhsj.setText(jhsjDate.toLocaleString());
                            Thread.sleep(100);
                        }
                    } catch (InterruptedException e)
{
                        e.printStackTrace();
                    }
                }
            }).start();
        }
    }
    // 初始化"进货票号"文本框的方法
    private void initPiaoHao()
{
        java.sql.Date date = new java.sql.Date(jhsjDate.getTime());
        String maxId = Dao.getRuKuMainMaxId(date);
        piaoHao.setText(maxId);
    }
    // 根据商品下拉列表框的选择，更新表格当前行的内容
    private synchronized void updateTable()
{
        TbSpinfo spinfo = (TbSpinfo) sp.getSelectedItem();
        int row = table.getSelectedRow();
        if (row >= 0 && spinfo != null)
{
            table.setValueAt(spinfo.getId(), row, 1);
```

```
                table.setValueAt(spinfo.getCd(), row, 2);
                table.setValueAt(spinfo.getDw(), row, 3);
                table.setValueAt(spinfo.getGg(), row, 4);
                table.setValueAt(spinfo.getBz(), row, 5);
                table.setValueAt("0", row, 6);
                table.setValueAt("0", row, 7);
                table.setValueAt(spinfo.getPh(), row, 8);
                table.setValueAt(spinfo.getPzwh(), row, 9);
                table.editCellAt(row, 6);
            }
        }
        // 清除空行
        private synchronized void clearEmptyRow()
  {
            DefaultTableModel dftm = (DefaultTableModel) table.getModel();
            for (int i = 0; i < table.getRowCount(); i++)
{
                TbSpinfo info2 = (TbSpinfo) table.getValueAt(i, 0);
                if (info2 == null || info2.getId() == null
                          || info2.getId().isEmpty())
{
                    dftm.removeRow(i);
                }
            }
        }
        // 停止表格单元的编辑
        private void stopTableCellEditing()
{
            TableCellEditor cellEditor = table.getCellEditor();
            if (cellEditor != null)
                cellEditor.stopCellEditing();
        }
}
```

在以上启动进货时间线程的实现代码中，使用 Thread 线程类实现了休眠功能。线程是程序运行的基本执行单元。当操作系统(不包括单线程的操作系统，如微软早期的 DOS)执行一个程序时，会在系统中建立一个进程，而在这个进程中，必须至少建立一个线程(这个线程被称为主线程)作为这个程序运行的入口点。因此，在操作系统中运行的任何程序都至少有一个主线程。

由于 Java 是纯面向对象的语言，所以 Java 的线程模型也是面向对象的。Java 通过 Thread 类将线程所必需的功能都封装了起来。要想建立一个线程，必须要有一个线程执行函数，这个线程执行函数对应 Thread 类的 run()方法。Thread 类还有一个 start()方法，这个方法负责建立线程，相当于调用 Windows 的建立线程函数 CreateThread()。当调用 start()方法后，如果线程建立成功，就自动调用 Thread 类的 run()方法。因此，任何继承 Thread 的 Java 类都可以通过 Thread 类的 start()方法来建立线程。如果想运行自己的线程执行函数，那就要覆盖 Thread 类的 run()方法。

在 Java 的线程模型中，除了 Thread 类之外，还有一个标识某个 Java 类是否可作为线程类的接口 Runnable，此接口只有一个抽象方法 run()，也就是 Java 线程模型的线程执行函数。因此，一个线程类的唯一标准就是这个类是否实现了 Runnable 接口的 run()方法，也就是说，拥有线程执行函数的类就是线程类。

从上面可以看出，在 Java 中建立线程有两种方法，一种是继承 Thread 类，另一种是实现 Runnable 接口，再通过 Thread 类和实现 Runnable 接口的类来建立线程。其实这两种方法从本质上说是一种方法，即都是通过 Thread 类来建立线程，并运行 run 方法。但是，通过继承 Thread 类来建立线程虽然实现起来更容易，但由于 Java 不支持多继承，因此，如果线程类继承了 Thread，就不能再继承其他的类了。于是，Java 线程模型提供了通过实现 Runnable 接口来建立线程的方法，这样线程类可以在必要的时候继承和业务有关的类，而不是 Thread 类。

5.5.5 销售信息管理

销售信息管理模块是本系统中的重要模块，主要管理两类信息：销售单信息和销售退货信息。这两个信息管理功能的实现方式基本相同，这里只讲解销售单信息管理功能的实现。“销售单”窗体的运行效果如图 5-29 所示。

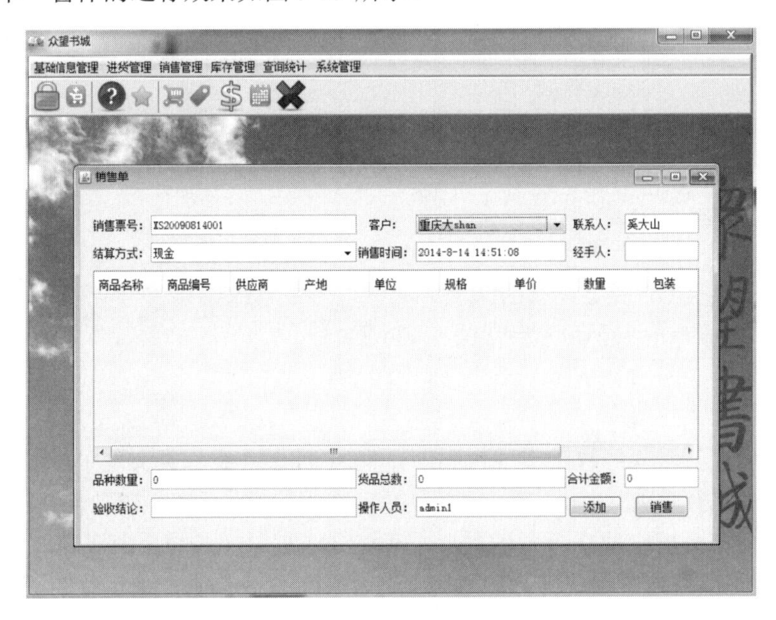

图 5-29 “销售单”窗体

其实现代码如下：

```
public class XiaoShouDan extends JInternalFrame {
    private final JTable table;
    private TbUserlist user = Login.getUser(); // 登录用户信息
    private final JTextField jhsj = new JTextField(); // 销售时间
    private final JTextField jsr = new JTextField(); // 经手人
    private final JComboBox jsfs = new JComboBox(); // 结算方式
    private final JTextField lian = new JTextField(); // 联系人
    private final JComboBox kehu = new JComboBox(); // 客户
    private final JTextField piaoHao = new JTextField(); // 销售票号
    private final JTextField pzs = new JTextField("0"); // 品种数量
    private final JTextField hpzs = new JTextField("0"); // 货品总数
    private final JTextField hjje = new JTextField("0"); // 合计金额
    private final JTextField ysjl = new JTextField(); // 验收结论
    private final JTextField czy = new JTextField(user.getName());// 操作人员
    private Date jhsjDate;
```

```
    private JComboBox sp;
    public XiaoShouDan() {
        super();
        setMaximizable(true);
        setIconifiable(true);
        setClosable(true);
        getContentPane().setLayout(new GridBagLayout());
        setTitle("销售单");
        setBounds(50, 50, 700, 400);
        setupComponet(new JLabel("销售票号: "), 0, 0, 1, 0, false);
        piaoHao.setFocusable(false);
        setupComponet(piaoHao, 1, 0, 1, 140, true);
        setupComponet(new JLabel("客户: "), 2, 0, 1, 0, false);
        kehu.setPreferredSize(new Dimension(160, 21));
        // "客户"下拉列表框的选择事件
        kehu.addActionListener(new ActionListener() {
            public void actionPerformed(ActionEvent e) {
                doKhSelectAction();
            }
        });
        setupComponet(kehu, 3, 0, 1, 1, true);
        setupComponet(new JLabel("联系人: "), 4, 0, 1, 0, false);
        lian.setFocusable(false);
        lian.setPreferredSize(new Dimension(80, 21));
        setupComponet(lian, 5, 0, 1, 0, true);
        setupComponet(new JLabel("结算方式: "), 0, 1, 1, 0, false);
        jsfs.addItem("现金");
        jsfs.addItem("支票");
        jsfs.setEditable(true);
        setupComponet(jsfs, 1, 1, 1, 1, true);
        setupComponet(new JLabel("销售时间: "), 2, 1, 1, 0, false);
        jhsj.setFocusable(false);
        setupComponet(jhsj, 3, 1, 1, 1, true);
        setupComponet(new JLabel("经手人: "), 4, 1, 1, 0, false);
        setupComponet(jsr, 5, 1, 1, 1, true);
        sp = new JComboBox();
        sp.addActionListener(new ActionListener() {
            public void actionPerformed(ActionEvent e) {
                TbSpinfo info = (TbSpinfo) sp.getSelectedItem();
                // 如果选择有效就更新表格
                if (info != null && info.getId() != null) {
                    updateTable();
                }
            }
        });
        table = new JTable();
        table.setAutoResizeMode(JTable.AUTO_RESIZE_OFF);
        initTable();
        // 添加事件,完成品种数量、货品总数、合计金额的计算
        table.addContainerListener(new computeInfo());
        JScrollPane scrollPanel = new JScrollPane(table);
        scrollPanel.setPreferredSize(new Dimension(380, 200));
        setupComponet(scrollPanel, 0, 2, 6, 1, true);
        setupComponet(new JLabel("品种数量: "), 0, 3, 1, 0, false);
        pzs.setFocusable(false);
        setupComponet(pzs, 1, 3, 1, 1, true);
        setupComponet(new JLabel("货品总数: "), 2, 3, 1, 0, false);
        hpzs.setFocusable(false);
        setupComponet(hpzs, 3, 3, 1, 1, true);
        setupComponet(new JLabel("合计金额: "), 4, 3, 1, 0, false);
```

```
        hjje.setFocusable(false);
        setupComponet(hjje, 5, 3, 1, 1, true);
        setupComponet(new JLabel("验收结论: "), 0, 4, 1, 0, false);
        setupComponet(ysjl, 1, 4, 1, 1, true);
        setupComponet(new JLabel("操作人员: "), 2, 4, 1, 0, false);
        czy.setFocusable(false);
        setupComponet(czy, 3, 4, 1, 1, true);
        // 单击"添加"按钮时,在表格中添加新的一行
        JButton tjButton = new JButton("添加");
        tjButton.addActionListener(new ActionListener() {
            public void actionPerformed(ActionEvent e) {
                // 初始化票号
                initPiaoHao();
                // 结束表格中没有编写的单元
                stopTableCellEditing();
                // 如果表格中还包含空行，就再添加新行
                for (int i = 0; i < table.getRowCount(); i++) {
                    TbSpinfo info = (TbSpinfo) table.getValueAt(i, 0);
                    if (table.getValueAt(i, 0) == null)
                        return;
                }
                DefaultTableModel model = (DefaultTableModel) table.getModel();
                model.addRow(new Vector());
            }
        });
        setupComponet(tjButton, 4, 4, 1, 1, false);
        // 单击"销售"按钮时,保存进货信息
        JButton sellButton = new JButton("销售");
        sellButton.addActionListener(new ActionListener() {
            public void actionPerformed(ActionEvent e) {
                stopTableCellEditing();                     // 结束表格中没有编写的单元
                clearEmptyRow();                                          // 清除空行
                String hpzsStr = hpzs.getText();                          // 货品总数
                String pzsStr = pzs.getText();                            // 品种数量
                String jeStr = hjje.getText();                            // 合计金额
                String jsfsStr = jsfs.getSelectedItem().toString();       // 结算方式
                String jsrStr = jsr.getText().trim();                     // 经手人
                String czyStr = czy.getText();                            // 操作人员
                String rkDate = jhsjDate.toLocaleString();                // 销售时间
                String ysjlStr = ysjl.getText().trim();                   // 验收结论
                String id = piaoHao.getText();                            // 票号
                String kehuName = kehu.getSelectedItem().toString();      // 客户名字
                if (jsrStr == null || jsrStr.isEmpty()) {
                    JOptionPane.showMessageDialog(XiaoShouDan.this, "请填写经手人");
                    return;
                }
                if (ysjlStr == null || ysjlStr.isEmpty()) {
                    JOptionPane.showMessageDialog(XiaoShouDan.this, "请填写验收结论");
                    return;
                }
                if (table.getRowCount() <= 0) {
                    JOptionPane.showMessageDialog(XiaoShouDan.this, "添加销售商品");
                    return;
                }
                TbSellMain sellMain = new TbSellMain(id, pzsStr, jeStr,
                        ysjlStr, kehuName, rkDate, czyStr, jsrStr, jsfsStr);
                Set<TbSellDetail> set = sellMain.getTbSellDetails();
                int rows = table.getRowCount();
                for (int i = 0; i < rows; i++) {
                    TbSpinfo spinfo = (TbSpinfo) table.getValueAt(i, 0);
```

```
                        String djStr = (String) table.getValueAt(i, 6);
                        String slStr = (String) table.getValueAt(i, 7);
                        Double dj = Double.valueOf(djStr);
                        Integer sl = Integer.valueOf(slStr);
                        TbSellDetail detail = new TbSellDetail();
                        detail.setSpid(spinfo.getId());
                        detail.setTbSellMain(sellMain.getSellId());
                        detail.setDj(dj);
                        detail.setSl(sl);
                        set.add(detail);
                    }
                    boolean rs = Dao.insertSellInfo(sellMain);
                    if (rs) {
                        JOptionPane.showMessageDialog(XiaoShouDan.this, "销售完成");
                        DefaultTableModel dftm = new DefaultTableModel();
                        table.setModel(dftm);
                        initTable();
                        pzs.setText("0");
                        hpzs.setText("0");
                        hjje.setText("0");
                    }
                }
            });
            setupComponet(sellButton, 5, 4, 1, 1, false);
            // 添加窗体监听器，完成初始化
            addInternalFrameListener(new initTasks());
        }
        // 初始化表格
        private void initTable() {
String[] columnNames = {"商品名称", "商品编号", "供应商", "产地", "单位", "规格", "单价",
                "数量", "包装", "批号", "批准文号"};
            ((DefaultTableModel) table.getModel())
                    .setColumnIdentifiers(columnNames);
            TableColumn column = table.getColumnModel().getColumn(0);
            final DefaultCellEditor editor = new DefaultCellEditor(sp);
            editor.setClickCountToStart(2);
            column.setCellEditor(editor);
        }
        // 初始化商品下拉列表框
        private void initSpBox() {
            List list = new ArrayList();
            ResultSet set = Dao.query(" select * from tb_spinfo"
                    + " where id in (select id from tb_kucun where kcsl>0)");
            sp.removeAllItems();
            sp.addItem(new TbSpinfo());
            for (int i = 0; table != null && i < table.getRowCount(); i++) {
                TbSpinfo tmpInfo = (TbSpinfo) table.getValueAt(i, 0);
                if (tmpInfo != null && tmpInfo.getId() != null)
                    list.add(tmpInfo.getId());
            }
            try {
                while (set.next()) {
                    TbSpinfo spinfo = new TbSpinfo();
                    spinfo.setId(set.getString("id").trim());
                    // 如果表格中已存在同样商品，商品下拉列表框中就不再包含该商品
                    if (list.contains(spinfo.getId()))
                        continue;
                    spinfo.setSpname(set.getString("spname").trim());
                    spinfo.setCd(set.getString("cd").trim());
                    spinfo.setJc(set.getString("jc").trim());
                    spinfo.setDw(set.getString("dw").trim());
```

```
                spinfo.setGg(set.getString("gg").trim());
                spinfo.setBz(set.getString("bz").trim());
                spinfo.setPh(set.getString("ph").trim());
                spinfo.setPzwh(set.getString("pzwh").trim());
                spinfo.setMemo(set.getString("memo").trim());
                spinfo.setGysname(set.getString("gysname").trim());
                sp.addItem(spinfo);
            }
        } catch (SQLException e) {
            e.printStackTrace();
        }
    }
    // 设置组件位置并添加到容器中
    private void setupComponet(JComponent component, int gridx, int gridy,
            int gridwidth, int ipadx, boolean fill) {
        final GridBagConstraints gridBagConstrains = new GridBagConstraints();
        gridBagConstrains.gridx = gridx;
        gridBagConstrains.gridy = gridy;
        if (gridwidth > 1)
            gridBagConstrains.gridwidth = gridwidth;
        if (ipadx > 0)
            gridBagConstrains.ipadx = ipadx;
        gridBagConstrains.insets = new Insets(5, 1, 3, 1);
        if (fill)
            gridBagConstrains.fill = GridBagConstraints.HORIZONTAL;
        getContentPane().add(component, gridBagConstrains);
    }
    //选择客户时更新联系人字段
    private void doKhSelectAction() {
        Item item = (Item) kehu.getSelectedItem();
        TbKhinfo khInfo = Dao.getKhInfo(item);
        lian.setText(khInfo.getLian());
    }
    // 在事件中计算品种数量、货品总数、合计金额
    private final class computeInfo implements ContainerListener {
        public void componentRemoved(ContainerEvent e) {
            // 清除空行
            clearEmptyRow();
            // 计算代码
            int rows = table.getRowCount();
            int count = 0;
            double money = 0.0;
            // 计算品种数量
            TbSpinfo column = null;
            if (rows > 0)
                column = (TbSpinfo) table.getValueAt(rows - 1, 0);
            if (rows > 0 && (column == null || column.getId().isEmpty()))
                rows--;
            // 计算货品总数和金额
            for (int i = 0; i < rows; i++) {
                String column7 = (String) table.getValueAt(i, 7);
                String column6 = (String) table.getValueAt(i, 6);
                int c7 = (column7 == null || column7.isEmpty()) ? 0 : Integer
                        .valueOf(column7);
                Double c6 = (column6 == null || column6.isEmpty()) ? 0 : Double
                        .valueOf(column6);
                count += c7;
                money += c6 * c7;
            }
            pzs.setText(rows + "");
            hpzs.setText(count + "");
```

```
        hjje.setText(money + "");
            }
    public void componentAdded(ContainerEvent e) {
    }
}
// 窗体的初始化任务
private final class initTasks extends InternalFrameAdapter {
    public void internalFrameActivated(InternalFrameEvent e) {
        super.internalFrameActivated(e);
        initTimeField();
        initKehuField();
        initPiaoHao();
        initSpBox();
    }
    private void initKehuField() {// 初始化客户字段
        List gysInfos = Dao.getKhInfos();
        for (Iterator iter = gysInfos.iterator(); iter.hasNext();) {
            List list = (List) iter.next();
            Item item = new Item();
            item.setId(list.get(0).toString().trim());
            item.setName(list.get(1).toString().trim());
            kehu.addItem(item);
        }
        doKhSelectAction();
    }
    private void initTimeField() {// 启动进货时间线程
        new Thread(new Runnable() {
            public void run() {
                try {
                    while (true) {
                        jhsjDate = new Date();
                        jhsj.setText(jhsjDate.toLocaleString());
                        Thread.sleep(100);
                    }
                } catch (InterruptedException e) {
                    e.printStackTrace();
                }
            }
        }).start();
    }
}
private void initPiaoHao() {
    java.sql.Date date = new java.sql.Date(jhsjDate.getTime());
    String maxId = Dao.getSellMainMaxId(date);
    piaoHao.setText(maxId);
}
// 根据商品下拉列表框的选择，更新表格当前行的内容
private synchronized void updateTable() {
    TbSpinfo spinfo = (TbSpinfo) sp.getSelectedItem();
    Item item = new Item();
    item.setId(spinfo.getId());
    TbKucun kucun = Dao.getKucun(item);
    int row = table.getSelectedRow();
    if (row >= 0 && spinfo != null) {
        table.setValueAt(spinfo.getId(), row, 1);
        table.setValueAt(spinfo.getGysname(), row, 2);
        table.setValueAt(spinfo.getCd(), row, 3);
        table.setValueAt(spinfo.getDw(), row, 4);
        table.setValueAt(spinfo.getGg(), row, 5);
        table.setValueAt(kucun.getDj() + "", row, 6);
        table.setValueAt(kucun.getKcsl() + "", row, 7);
```

```
                table.setValueAt(spinfo.getBz(), row, 8);
                table.setValueAt(spinfo.getPh(), row, 9);
                table.setValueAt(spinfo.getPzwh(), row, 10);
                table.editCellAt(row, 7);
            }
        }
        // 清除空行
        private synchronized void clearEmptyRow() {
            DefaultTableModel dftm = (DefaultTableModel) table.getModel();
            for (int i = 0; i < table.getRowCount(); i++) {
                TbSpinfo info2 = (TbSpinfo) table.getValueAt(i, 0);
                if (info2 == null || info2.getId() == null
                        || info2.getId().isEmpty()) {
                    dftm.removeRow(i);
                }
            }
        }
        // 停止表格单元的编辑
        private void stopTableCellEditing() {
            TableCellEditor cellEditor = table.getCellEditor();
            if (cellEditor != null)
                cellEditor.stopCellEditing();
        }
}
```

5.5.6 库存管理

库存管理模块的主要功能包括库存盘点和库存商的价格调整。

1. 库存盘点

库存盘点功能可以帮助管理人员整理库存、减少库存的损益。“库存盘点”窗体的运行效果如图 5-30 所示。

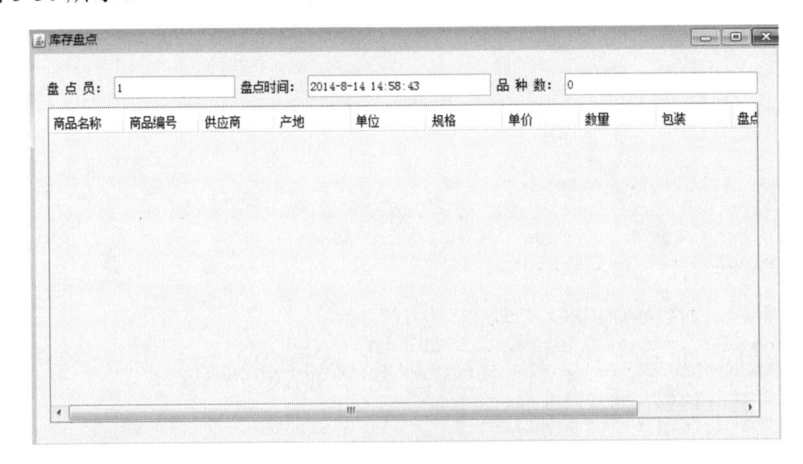

图 5-30 “库存盘点”窗体

其实现代码如下：

```
public class KuCunPanDian extends JInternalFrame {
    private final JTable table;
    private TbUserlist user = Login.getUser(); // 登录用户信息
    private final JTextField pdsj = new JTextField(); // 盘点时间
    private final JTextField pzs = new JTextField("0"); // 品种数
```

```
    private final JTextField hpzs = new JTextField("0"); // 货品总数
    private final JTextField kcje = new JTextField("0"); // 库存金额
    private Date pdDate=new Date();
    private JTextField pdy = new JTextField(user.getUsername());// 盘点员
    public KuCunPanDian() {
        super();
        setMaximizable(true);
        setIconifiable(true);
        setClosable(true);
        getContentPane().setLayout(new GridBagLayout());
        setTitle("库存盘点");
        setBounds(50, 50, 750, 400);
        setupComponet(new JLabel("盘 点 员: "), 0, 0, 1, 0, false);
        pdy.setFocusable(false);
        pdy.setPreferredSize(new Dimension(120, 21));
        setupComponet(pdy, 1, 0, 1, 0, true);
        setupComponet(new JLabel("盘点时间: "), 2, 0, 1, 0, false);
        pdsj.setFocusable(false);
        pdsj.setText(pdDate.toLocaleString());
        pdsj.setPreferredSize(new Dimension(180, 21));
        setupComponet(pdsj, 3, 0, 1, 1, true);
        setupComponet(new JLabel("品 种 数: "), 4, 0, 1, 0, false);
        pzs.setFocusable(false);
        pzs.setPreferredSize(new Dimension(80, 21));
        setupComponet(pzs, 5, 0, 1, 20, true);
        table = new JTable();
        table.setAutoResizeMode(JTable.AUTO_RESIZE_OFF);
        initTable();
        JScrollPane scrollPanel = new JScrollPane(table);
        scrollPanel.setPreferredSize(new Dimension(700, 300));
        setupComponet(scrollPanel, 0, 2, 6, 1, true);
    }
    // 初始化表格
    private void initTable() {
        String[] columnNames = {"商品名称", "商品编号", "供应商", "产地", "单位", "规格",
"单价","数量", "包装", "盘点数量", "损益数量"};
        DefaultTableModel tableModel = (DefaultTableModel) table.getModel();
        tableModel.setColumnIdentifiers(columnNames);
        // 设置盘点字段只接收数字输入
        final JTextField pdField = new JTextField(0);
        pdField.setEditable(false);
        pdField.addKeyListener(new KeyAdapter() {
            public void keyTyped(KeyEvent e) {
                if (("0123456789" + (char) 8).indexOf(e.getKeyChar() + "") < 0) {
                    e.consume();
                }
                pdField.setEditable(true);
            }
            public void keyReleased(KeyEvent e) {
                String pdStr = pdField.getText();
                String kcStr = "0";
                int row = table.getSelectedRow();
                if (row >= 0) {
                    kcStr = (String) table.getValueAt(row, 7);
                }
                try {
                    int pdNum = Integer.parseInt(pdStr);
                    int kcNum = Integer.parseInt(kcStr);
                    if (row >= 0) {
                        table.setValueAt(kcNum - pdNum, row, 10);
                    }
```

```
                    if (e.getKeyChar() != 8)
                        pdField.setEditable(false);
                } catch (NumberFormatException e1) {
                    pdField.setText("0");
                }
            }
        });
        JTextField readOnlyField = new JTextField(0);
        readOnlyField.setEditable(false);
        DefaultCellEditor pdEditor = new DefaultCellEditor(pdField);
        DefaultCellEditor readOnlyEditor = new DefaultCellEditor(readOnlyField);
        // 设置表格单元为只读格式
        for (int i = 0; i < columnNames.length; i++) {
            TableColumn column = table.getColumnModel().getColumn(i);
            column.setCellEditor(readOnlyEditor);
        }
        TableColumn pdColumn = table.getColumnModel().getColumn(9);
        TableColumn syColumn = table.getColumnModel().getColumn(10);
        pdColumn.setCellEditor(pdEditor);
        syColumn.setCellEditor(readOnlyEditor);
        // 初始化表格内容
        List kcInfos = Dao.getKucunInfos();
        for (int i = 0; i < kcInfos.size(); i++) {
            List info = (List) kcInfos.get(i);
            Item item = new Item();
            item.setId((String) info.get(0));
            item.setName((String) info.get(1));
            TbSpinfo spinfo = Dao.getSpInfo(item);
            Object[] row = new Object[columnNames.length];
            if (spinfo.getId() != null && !spinfo.getId().isEmpty()) {
                row[0] = spinfo.getSpname();
                row[1] = spinfo.getId();
                row[2] = spinfo.getGysname();
                row[3] = spinfo.getCd();
                row[4] = spinfo.getDw();
                row[5] = spinfo.getGg();
                row[6] = info.get(2).toString();
                row[7] = info.get(3).toString();
                row[8] = spinfo.getBz();
                row[9] = 0;
                row[10] = 0;
                tableModel.addRow(row);
                String pzsStr = pzs.getText();
                int pzsInt=Integer.parseInt(pzsStr);
                pzsInt++;
                pzs.setText(pzsInt+"");
            }
        }
    }
    // 设置组件位置并添加到容器中
    private void setupComponet(JComponent component, int gridx, int gridy,
            int gridwidth, int ipadx, boolean fill) {
        final GridBagConstraints gridBagConstrains = new GridBagConstraints();
        gridBagConstrains.gridx = gridx;
        gridBagConstrains.gridy = gridy;
        if (gridwidth > 1)
            gridBagConstrains.gridwidth = gridwidth;
        if (ipadx > 0)
            gridBagConstrains.ipadx = ipadx;
        gridBagConstrains.insets = new Insets(5, 1, 3, 5);
        if (fill)
```

```
            gridBagConstrains.fill = GridBagConstraints.HORIZONTAL;
        getContentPane().add(component, gridBagConstrains);
    }
}
```

2．库存商品价格调整

库存商品价格调整功能用于对库存中现存的商品信息的价格进行修改。“价格调整”窗体的运行效果如图 5-31 所示。

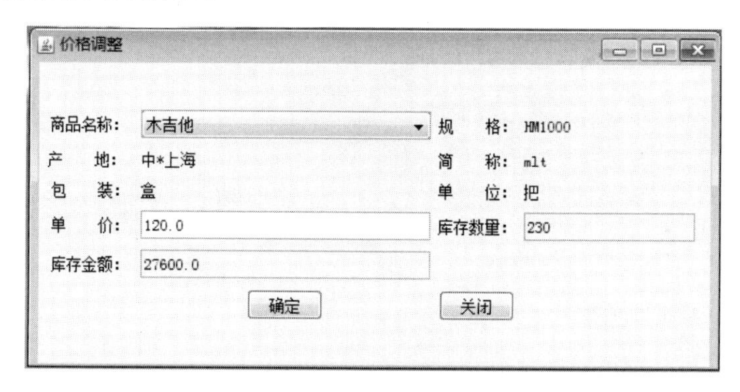

图 5-31　“价格调整”窗体

其实现代码如下：

```
public class JiaGeTiaoZheng extends JInternalFrame {
    private TbKucun kcInfo;
    private JLabel guiGe;
    private JTextField kuCunJinE;
    private JTextField kuCunShuLiang;
    private JTextField danJia;
    private JComboBox shangPinMingCheng;
    private void updateJinE() {
        Double dj = Double.valueOf(danJia.getText());
        Integer sl = Integer.valueOf(kuCunShuLiang.getText());
        kuCunJinE.setText((dj * sl) + "");
    }
    public JiaGeTiaoZheng() {
        super();
        addInternalFrameListener(new InternalFrameAdapter() {
            public void internalFrameActivated(final InternalFrameEvent e) {
                DefaultComboBoxModel mingChengModel = (DefaultComboBoxModel)
shangPinMingCheng
                        .getModel();
                mingChengModel.removeAllElements();
                List list = Dao.getKucunInfos();
                Iterator iterator = list.iterator();
                while (iterator.hasNext()) {
                    List element = (List) iterator.next();
                    Item item=new Item();
                    item.setId((String) element.get(0));
                    item.setName((String) element.get(1));
                    mingChengModel.addElement(item);
                }
            }
        });
        setMaximizable(true);
        setIconifiable(true);
```

```
setClosable(true);
getContentPane().setLayout(new GridBagLayout());
setTitle("价格调整");
setBounds(100, 100, 531, 253);
setupComponet(new JLabel("商品名称: "), 0, 0, 1, 1, false);
shangPinMingCheng = new JComboBox();
shangPinMingCheng.setPreferredSize(new Dimension(220,21));
setupComponet(shangPinMingCheng, 1, 0, 1, 1, true);
setupComponet(new JLabel("规    格: "), 2, 0, 1, 0, false);
guiGe = new JLabel();
guiGe.setForeground(Color.BLUE);
guiGe.setPreferredSize(new Dimension(130,21));
setupComponet(guiGe, 3, 0, 1, 1, true);
setupComponet(new JLabel("产    地:  "), 0, 1, 1, 0, false);
final JLabel chanDi = new JLabel();
chanDi.setForeground(Color.BLUE);
setupComponet(chanDi, 1, 1, 1, 1, true);
setupComponet(new JLabel("简    称: "), 2, 1, 1, 0, false);
final JLabel jianCheng = new JLabel();
jianCheng.setForeground(Color.BLUE);
setupComponet(jianCheng, 3, 1, 1, 1, true);
setupComponet(new JLabel("包    装: "), 0, 2, 1, 0, false);
final JLabel baoZhuang = new JLabel();
baoZhuang.setForeground(Color.BLUE);
setupComponet(baoZhuang, 1, 2, 1, 1, true);
setupComponet(new JLabel("单    位: "), 2, 2, 1, 0, false);
final JLabel danWei = new JLabel();
danWei.setForeground(Color.BLUE);
setupComponet(danWei, 3, 2, 1, 1, true);
        setupComponet(new JLabel("单    价: "), 0, 3, 1, 0, false);
danJia = new JTextField();
danJia.addKeyListener(new KeyAdapter() {
    public void keyReleased(final KeyEvent e) {
        updateJinE();
    }
});
setupComponet(danJia, 1, 3, 1, 1, true);
setupComponet(new JLabel("库存数量: "), 2, 3, 1, 0, false);
kuCunShuLiang = new JTextField();
kuCunShuLiang.setEditable(false);
setupComponet(kuCunShuLiang, 3, 3, 1, 1, true);
setupComponet(new JLabel("库存金额: "), 0, 4, 1, 0, false);
kuCunJinE = new JTextField();
kuCunJinE.setEditable(false);
setupComponet(kuCunJinE, 1, 4, 1, 1, true);

final JButton okButton = new JButton();
okButton.addActionListener(new ActionListener() {
    public void actionPerformed(final ActionEvent e) {
        kcInfo.setDj(Double.valueOf(danJia.getText()));
        kcInfo.setKcsl(Integer.valueOf(kuCunShuLiang.getText()));
        int rs = Dao.updateKucunDj(kcInfo);
        if (rs > 0)
            JOptionPane.showMessageDialog(getContentPane(), "价格调整完毕。",
                    kcInfo.getSpname() + "价格调整",
                    JOptionPane.QUESTION_MESSAGE);
    }
});
okButton.setText("确定");
setupComponet(okButton, 1, 5, 1, 1, false);
```

```
        final JButton closeButton = new JButton();
        closeButton.addActionListener(new ActionListener() {
            public void actionPerformed(final ActionEvent e) {
                JiaGeTiaoZheng.this.doDefaultCloseAction();
            }
        });
        closeButton.setText("关闭");
        setupComponet(closeButton, 2, 5, 1, 1, false);

        shangPinMingCheng.addItemListener(new ItemListener()
{
            public void itemStateChanged(final ItemEvent e)
{
                Object selectedItem = shangPinMingCheng.getSelectedItem();
                if (selectedItem == null)
                    return;
                Item item = (Item) selectedItem;
                kcInfo = Dao.getKucun(item);
                if(kcInfo.getId()==null)
                    return;
                int dj, sl;
                dj = kcInfo.getDj().intValue();
                sl = kcInfo.getKcsl().intValue();
                chanDi.setText(kcInfo.getCd());
                jianCheng.setText(kcInfo.getJc());
                baoZhuang.setText(kcInfo.getBz());
                danWei.setText(kcInfo.getDw());
                danJia.setText(kcInfo.getDj() + "");
                kuCunShuLiang.setText(kcInfo.getKcsl() + "");
                kuCunJinE.setText(dj * sl + "");
                guiGe.setText(kcInfo.getGg());
            }
        });
    }
    // 设置组件位置并添加到容器中
    private void setupComponet(JComponent component, int gridx, int gridy,
            int gridwidth, int ipadx, boolean fill)
{
        final GridBagConstraints gridBagConstrains = new GridBagConstraints();
        gridBagConstrains.gridx = gridx;
        gridBagConstrains.gridy = gridy;
        if (gridwidth > 1)
            gridBagConstrains.gridwidth = gridwidth;
        if (ipadx > 0)
            gridBagConstrains.ipadx = ipadx;
        gridBagConstrains.insets = new Insets(5, 1, 3, 5);
        if (fill)
            gridBagConstrains.fill = GridBagConstraints.HORIZONTAL;
        getContentPane().add(component, gridBagConstrains);
    }
}
```

以上代码中，根据 MVC 的设计原则实现了库存管理模块。MVC 是 Java 平台中最受欢迎的一种开发模式。它试图“把角色分开”，让负责显示的代码、处理数据的代码、对交互进行响应并驱动变化的代码彼此分离。感觉有点迷惑？下面提供一个现实世界的非技术性示例进行说明。请想象一次时装秀。把秀场当成 UI，假设服装就是数据，是展示给用户的计算机信息。假设这次时装秀中只有一个人，这个人负责设计服装、修改服装，同时还在 T 台上展示这些服装。这看起来可不是一个构造良好的或有效率的设计。

现在，假设同样的时装秀采用 MVC 设计模式。这次不是一个人做每件事，而是将角色分开。时装模特(不要与 MVC 缩写中的模型混淆)展示服装。他们扮演的角色是视图。他们知道展示服装(数据)的适当方法，但是根本不知道如何创建或设计服装。另一方面，时装设计师充当控制器。时装设计师对于如何在 T 台上走秀没有概念，但他能创建和操纵服装。时装模特和时装设计师都能独立地处理服装，但都有自己的专业领域。

这就是 MVC 设计模式背后的概念：让 UI 的每个方面处理它擅长的工作。请记住基本的原则：用可视组件显示数据，同时让其他类操纵数据。

5.5.7 查询与统计

查询与统计是网上书城系统中的核心模块，它实现的功能很多，包括客户信息查询、供应商信息查询、商品信息查询、销售信息查询、销售退货查询、入库查询、入库退货查询以及销售排行。本节主要讲解销售排行功能的实现。销售排行功能主要用于查询销售排行信息，并根据用户选择的字段对销售情况进行升序和降序排列。实现这个功能的方法十分简单，用户需要牢牢记住一些常用的 SQL 查询语句。“销售排行”窗体的运行效果如图 5-32 所示。

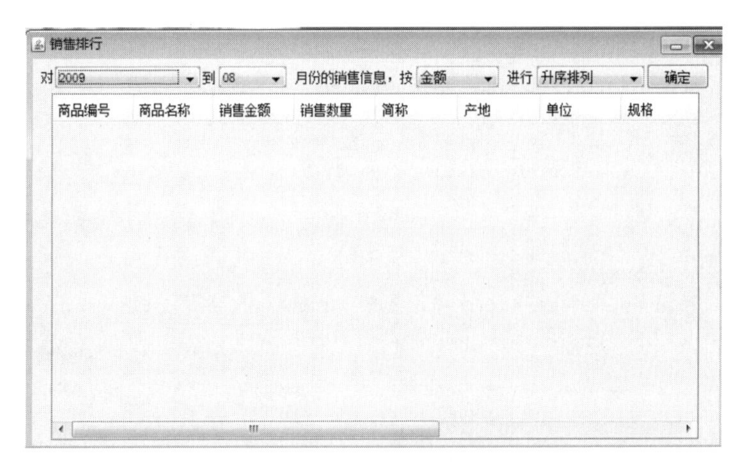

图 5-32 “销售排行”窗体

其实现代码如下：

```
public class XiaoShouPaiHang extends JInternalFrame {
    private JButton okButton;
    private JComboBox month;
    private JComboBox year;
    private JTable table;
    private JComboBox operation;
    private JComboBox condition;
    private TbUserlist user;
    private DefaultTableModel dftm;
    private Calendar date = Calendar.getInstance();
    public XiaoShouPaiHang() {
        setIconifiable(true);
        setClosable(true);
        setTitle("销售排行");
```

```
getContentPane().setLayout(new GridBagLayout());
setBounds(100, 100, 650, 375);

final JLabel label_1 = new JLabel();
label_1.setText("对");
final GridBagConstraints gridBagConstraints_8 = new GridBagConstraints();
gridBagConstraints_8.anchor = GridBagConstraints.EAST;
gridBagConstraints_8.gridy = 0;
gridBagConstraints_8.gridx = 0;
getContentPane().add(label_1, gridBagConstraints_8);

year = new JComboBox();
for (int i = 1981, j = 0; i <= date.get(Calendar.YEAR) + 1; i++, j++) {
    year.addItem(i);
    if (i == date.get(Calendar.YEAR))
        year.setSelectedIndex(j);
}
year.setPreferredSize(new Dimension(100, 21));
setupComponet(year, 1, 0, 1, 90, true);

setupComponet(new JLabel("到"), 2, 0, 1, 1, false);

month = new JComboBox();
for (int i = 1; i <= 12; i++) {
    month.addItem(String.format("%02d", i));
    if (date.get(Calendar.MONTH) == i)
        month.setSelectedIndex(i - 1);
}
month.setPreferredSize(new Dimension(100, 21));
setupComponet(month, 3, 0, 1, 30, true);

setupComponet(new JLabel("月份的销售信息，按"), 4, 0, 1, 1, false);
condition = new JComboBox();
condition.setModel(new DefaultComboBoxModel(new String[]{"金额", "数量"}));
setupComponet(condition, 5, 0, 1, 30, true);

setupComponet(new JLabel("进行"), 6, 0, 1, 1, false);

operation = new JComboBox();
operation.setModel(new DefaultComboBoxModel(
        new String[]{"升序排列", "降序排列"}));
setupComponet(operation, 7, 0, 1, 30, true);

okButton = new JButton();
okButton.addActionListener(new OkAction());
setupComponet(okButton, 8, 0, 1, 1, false);
okButton.setText("确定");

final JScrollPane scrollPane = new JScrollPane();
final GridBagConstraints gridBagConstraints_6 = new GridBagConstraints();
gridBagConstraints_6.weighty = 1.0;
gridBagConstraints_6.anchor = GridBagConstraints.NORTH;
gridBagConstraints_6.insets = new Insets(0, 10, 5, 10);
gridBagConstraints_6.fill = GridBagConstraints.BOTH;
gridBagConstraints_6.gridwidth = 9;
gridBagConstraints_6.gridy = 1;
gridBagConstraints_6.gridx = 0;
getContentPane().add(scrollPane, gridBagConstraints_6);

table = new JTable();
table.setEnabled(false);
```

```
        table.setAutoResizeMode(JTable.AUTO_RESIZE_OFF);
        dftm = (DefaultTableModel) table.getModel();
        String[] tableHeads = new String[]{"商品编号", "商品名称", "销售金额", "销售数量",
                "简称", "产地", "单位", "规格", "包装", "批号", "批准文号","简介","供应商"};
        dftm.setColumnIdentifiers(tableHeads);
        scrollPane.setViewportView(table);
    }

    private void updateTable(Iterator iterator) {
        int rowCount = dftm.getRowCount();
        for (int i = 0; i < rowCount; i++) {
            dftm.removeRow(0);
        }
        while (iterator.hasNext()) {
            Vector vector = new Vector();
            List view = (List) iterator.next();
            Vector row=new Vector(view);
            int rowSize = row.size();
            for(int i=rowSize-2;i<rowSize;i++){
                Object colValue = row.get(i);
                row.remove(i);
                row.insertElementAt(colValue, 2);
            }
            vector.addAll(row);
            dftm.addRow(vector);
        }
    }
    // 设置组件位置并添加到容器中
    private void setupComponet(JComponent component, int gridx, int gridy,
            int gridwidth, int ipadx, boolean fill) {
        final GridBagConstraints gridBagConstrains = new GridBagConstraints();
        gridBagConstrains.gridx = gridx;
        gridBagConstrains.gridy = gridy;
        if (gridwidth > 1)
            gridBagConstrains.gridwidth = gridwidth;
        if (ipadx > 0)
            gridBagConstrains.ipadx = ipadx;
        gridBagConstrains.insets = new Insets(5, 1, 3, 1);
        if (fill)
            gridBagConstrains.fill = GridBagConstraints.HORIZONTAL;
        getContentPane().add(component, gridBagConstrains);
    }
    private final class OkAction implements ActionListener {
        public void actionPerformed(final ActionEvent e) {
            List list = null;
            String strMonth = (String) month.getSelectedItem();
            String date = year.getSelectedItem() + strMonth;
            String con = condition.getSelectedIndex() == 0 ? "sumje " : "sl ";
            int oper = operation.getSelectedIndex();
            String sql1 = "select spid,sum(sl)as sl,sum(sl*dj) as sumje from"
                    + " v_sellView where substring(convert(varchar(30)"
                    + ",xsdate,112),0,7)='" + date + "' group by spid";
            String opstr = oper == 0 ? " asc" : " desc";
            String queryStr = "select * from tb_spinfo s inner join (" + sql1
                    + ") as sp on s.id=sp.spid order by " + con + opstr;
            list = Dao.findForList(queryStr);
            Iterator iterator = list.iterator();
            updateTable(iterator);
        }
    }
}
```

5.6　数据库模块的编程

视频讲解 光盘：视频\第 5 章\数据库模块的编程.avi

前面已经介绍了网上书城系统的核心代码。此时，如果想要正常运行以上代码，必须编写一个环境类，用于加载系统数据库驱动，并连接数据。另外，该类还将处理一些数据库信息，如添加商品、编辑商品等。其代码如下：

```
public class Dao {
    protected static String dbClassName =
 "com.microsoft.jdbc.sqlserver.SQLServerDriver";
    protected static String dbUrl = "jdbc:microsoft:sqlserver://localhost:1433;"
            + "DatabaseName=db_JXC;SelectMethod=Cursor";
    protected static String dbUser = "sa";
    protected static String dbPwd = "";
    protected static String second = null;
    public static Connection conn = null;
    static {
        try {
            if (conn == null) {
                Class.forName(dbClassName).newInstance();
                conn = DriverManager.getConnection(dbUrl, dbUser, dbPwd);   }
        } catch (Exception ee) {
            ee.printStackTrace();} }
    private Dao() {
    // 读取所有客户信息
    public static List getKhInfos() {
        List list = findForList("select id,khname from tb_khinfo");
        return list;}
    // 读取所有供应商信息
    public static List getGysInfos() {
        List list = findForList("select id,name from tb_gysinfo");
        return list;  }
    // 读取客户信息
    public static TbKhinfo getKhInfo(Item item) {
        String where = "khname='" + item.getName() + "'";
        if (item.getId() != null)
            where = "id='" + item.getId() + "'";
        TbKhinfo info = new TbKhinfo();
        ResultSet set = findForResultSet("select * from tb_khinfo where "
                + where);
        try {
            if (set.next()) {
                info.setId(set.getString("id").trim());
                info.setKhname(set.getString("khname").trim());
                info.setJian(set.getString("jian").trim());
                info.setAddress(set.getString("address").trim());
                info.setBianma(set.getString("bianma").trim());
                info.setFax(set.getString("fax").trim());
                info.setHao(set.getString("hao").trim());
                info.setLian(set.getString("lian").trim());
                info.setLtel(set.getString("ltel").trim());
                info.setMail(set.getString("mail").trim());
                info.setTel(set.getString("tel").trim());
                info.setXinhang(set.getString("xinhang").trim());
            }
```

```
        } catch (SQLException e) {
            e.printStackTrace();}
        return info;}
    // 读取指定供应商信息
    public static TbGysinfo getGysInfo(Item item) {
        String where = "name='" + item.getName() + "'";
        if (item.getId() != null)
            where = "id='" + item.getId() + "'";
        TbGysinfo info = new TbGysinfo();
        ResultSet set = findForResultSet("select * from tb_gysinfo where "
                + where);
        try {
            if (set.next()) {
                info.setId(set.getString("id").trim());
                info.setAddress(set.getString("address").trim());
                info.setBianma(set.getString("bianma").trim());
                info.setFax(set.getString("fax").trim());
                info.setJc(set.getString("jc").trim());
                info.setLian(set.getString("lian").trim());
                info.setLtel(set.getString("ltel").trim());
                info.setMail(set.getString("mail").trim());
                info.setName(set.getString("name").trim());
                info.setTel(set.getString("tel").trim());
                info.setYh(set.getString("yh").trim());}
        } catch (SQLException e) {
            e.printStackTrace();
        }
        return info;  }
    // 读取用户
    public static TbUserlist getUser(String name, String password) {
        TbUserlist user = new TbUserlist();
        ResultSet rs = findForResultSet("select * from tb_userlist where name='"
                + name + "'");
        try {
            if (rs.next()) {
                user.setName(name);
                user.setPass(rs.getString("pass"));
                if (user.getPass().equals(password)) {
                    user.setUsername(rs.getString("username"));
                    user.setQuan(rs.getString("quan"));
                }}
        } catch (SQLException e) {
            e.printStackTrace();
        }
        return user;}
    // 执行指定查询
    public static ResultSet query(String QueryStr) {
        ResultSet set = findForResultSet(QueryStr);
        return set;   }
    // 执行删除
    public static int delete(String sql) {
        return update(sql);    }
    // 添加客户信息的方法
    public static boolean addKeHu(TbKhinfo khinfo) {
        if (khinfo == null)
            return false;
        return insert("insert tb_khinfo values('" + khinfo.getId() + "','"
                + khinfo.getKhname() + "','" + khinfo.getJian() + "','"
                + khinfo.getAddress() + "','" + khinfo.getBianma() + "','"
                + khinfo.getTel() + "','" + khinfo.getFax() + "','"
                + khinfo.getLian() + "','" + khinfo.getLtel() + "','"
```

```
                + khinfo.getMail() + "','" + khinfo.getXinhang() + "','"
                + khinfo.getHao() + "')"); }
// 修改客户信息的方法
public static int updateKeHu(TbKhinfo khinfo) {
    return update("update tb_khinfo set jian='" + khinfo.getJian()
                + "',address='" + khinfo.getAddress() + "',bianma='"
                + khinfo.getBianma() + "',tel='" + khinfo.getTel() + "',fax='"
                + khinfo.getFax() + "',lian='" + khinfo.getLian() + "',ltel='"
                + khinfo.getLtel() + "',mail='" + khinfo.getMail()
                + "',xinhang='" + khinfo.getXinhang() + "',hao='"
                + khinfo.getHao() + "' where id='" + khinfo.getId() + "'"); }
// 修改库存的方法
public static int updateKucunDj(TbKucun kcInfo) {
    return update("update tb_kucun set dj=" + kcInfo.getDj()
                + " where id='" + kcInfo.getId() + "'"); }
// 修改供应商信息的方法
public static int updateGys(TbGysinfo gysInfo) {
    return update("update tb_gysinfo set jc='" + gysInfo.getJc()
                + "',address='" + gysInfo.getAddress() + "',bianma='"
                + gysInfo.getBianma() + "',tel='" + gysInfo.getTel()
                + "',fax='" + gysInfo.getFax() + "',lian='" + gysInfo.getLian()
                + "',ltel='" + gysInfo.getLtel() + "',mail='"
                + gysInfo.getMail() + "',yh='" + gysInfo.getYh()
                + "' where id='" + gysInfo.getId() + "'");}
// 添加供应商信息的方法
public static boolean addGys(TbGysinfo gysInfo) {
    if (gysInfo == null)
        return false;
    return insert("insert tb_gysinfo values('" + gysInfo.getId() + "','"
                + gysInfo.getName() + "','" + gysInfo.getJc() + "','"
                + gysInfo.getAddress() + "','" + gysInfo.getBianma() + "','"
                + gysInfo.getTel() + "','" + gysInfo.getFax() + "','"
                + gysInfo.getLian() + "','" + gysInfo.getLtel() + "','"
                + gysInfo.getMail() + "','" + gysInfo.getYh() + "')"); }
// 添加商品
public static boolean addSp(TbSpinfo spInfo) {
    if (spInfo == null)
        return false;
    return insert("insert tb_spinfo values('" + spInfo.getId() + "','"
                + spInfo.getSpname() + "','" + spInfo.getJc() + "','"
                + spInfo.getCd() + "','" + spInfo.getDw() + "','"
                + spInfo.getGg() + "','" + spInfo.getBz() + "','"
                + spInfo.getPh() + "','" + spInfo.getPzwh() + "','"
                + spInfo.getMemo() + "','" + spInfo.getGysname() + "')");}
// 更新商品
public static int updateSp(TbSpinfo spInfo) {
    return update("update tb_spinfo set jc='" + spInfo.getJc() + "',cd='"
                + spInfo.getCd() + "',dw='" + spInfo.getDw() + "',gg='"
                + spInfo.getGg() + "',bz='" + spInfo.getBz() + "',ph='"
                + spInfo.getPh() + "',pzwh='" + spInfo.getPzwh() + "',memo='"
                + spInfo.getMemo() + "',gysname='" + spInfo.getGysname()
                + "' where id='" + spInfo.getId() + "'");}
// 读取商品信息
public static TbSpinfo getSpInfo(Item item) {
    String where = "spname='" + item.getName() + "'";
    if (item.getId() != null)
        where = "id='" + item.getId() + "'";
    ResultSet rs = findForResultSet("select * from tb_spinfo where "
                + where);
    TbSpinfo spInfo = new TbSpinfo();
    try {
```

```
            if (rs.next()) {
                spInfo.setId(rs.getString("id").trim());
                spInfo.setBz(rs.getString("bz").trim());
                spInfo.setCd(rs.getString("cd").trim());
                spInfo.setDw(rs.getString("dw").trim());
                spInfo.setGg(rs.getString("gg").trim());
                spInfo.setGysname(rs.getString("gysname").trim());
                spInfo.setJc(rs.getString("jc").trim());
                spInfo.setMemo(rs.getString("memo").trim());
                spInfo.setPh(rs.getString("ph").trim());
                spInfo.setPzwh(rs.getString("pzwh").trim());
                spInfo.setSpname(rs.getString("spname").trim());}
        } catch (SQLException e) {
            e.printStackTrace();}
        return spInfo;}
    // 获取所有商品信息
    public static List getSpInfos() {
        List list = findForList("select * from tb_spinfo");
        return list;}
    // 获取库存商品信息
    public static TbKucun getKucun(Item item) {
        String where = "spname='" + item.getName() + "'";
        if (item.getId() != null)
            where = "id='" + item.getId() + "'";
        ResultSet rs = findForResultSet("select * from tb_kucun where " + where);
        TbKucun kucun = new TbKucun();
        try {
            if (rs.next()) {
                kucun.setId(rs.getString("id"));
                kucun.setSpname(rs.getString("spname"));
                kucun.setJc(rs.getString("jc"));
                kucun.setBz(rs.getString("bz"));
                kucun.setCd(rs.getString("cd"));
                kucun.setDj(rs.getDouble("dj"));
                kucun.setDw(rs.getString("dw"));
                kucun.setGg(rs.getString("gg"));
                kucun.setKcsl(rs.getInt("kcsl"));}
        } catch (SQLException e) {
            e.printStackTrace();}
        return kucun;}
// 获取入库单的最大 ID，即最大入库票号
public static String getRuKuMainMaxId(Date date) {
    return getMainTypeTableMaxId(date, "tb_ruku_main", "RK", "rkid");}
    // 在事务中添加入库信息
    public static boolean insertRukuInfo(TbRukuMain ruMain) {
        try {
            boolean autoCommit = conn.getAutoCommit();
            conn.setAutoCommit(false);
            // 添加入库主表记录
            insert("insert into tb_ruku_main values('" + ruMain.getRkId()
                    + "','" + ruMain.getPzs() + "'," + ruMain.getJe() + ",'"
                    + ruMain.getYsjl() + "','" + ruMain.getGysname() + "','"
                    + ruMain.getRkdate() + "','" + ruMain.getCzy() + "','"
                    + ruMain.getJsr() + "','" + ruMain.getJsfs() + "')");
            Set<TbRukuDetail> rkDetails = ruMain.getTabRukuDetails();
            for (Iterator<TbRukuDetail> iter = rkDetails.iterator(); iter
                    .hasNext();) {
                TbRukuDetail details = iter.next();
                // 添加入库详细表记录
                insert("insert into tb_ruku_detail values('" + ruMain.getRkId()
                        + "','" + details.getTabSpinfo() + "',"
```

```
                    + details.getDj() + "," + details.getSl() + ")");
            // 添加或修改库存表记录
            Item item = new Item();
            item.setId(details.getTabSpinfo());
            TbSpinfo spInfo = getSpInfo(item);
            if (spInfo.getId() != null && !spInfo.getId().isEmpty()) {
                TbKucun kucun = getKucun(item);
                if (kucun.getId() == null || kucun.getId().isEmpty()) {
                    insert("insert into tb_kucun values('" + spInfo.getId()
                            + "','" + spInfo.getSpname() + "','"
                            + spInfo.getJc() + "','" + spInfo.getCd()
                            + "','" + spInfo.getGg() + "','"
                            + spInfo.getBz() + "','" + spInfo.getDw()
                            + "'," + details.getDj() + ","
                            + details.getSl() + ")");
                } else {
                    int sl = kucun.getKcsl() + details.getSl();
                    update("update tb_kucun set kcsl=" + sl + ",dj="
                            + details.getDj() + " where id='"
                            + kucun.getId() + "'");
                }    }}
        conn.commit();
        conn.setAutoCommit(autoCommit);
    } catch (SQLException e) {
        e.printStackTrace();
    }
    return true;
}
public static ResultSet findForResultSet(String sql) {
    if (conn == null)
        return null;
    long time = System.currentTimeMillis();
    ResultSet rs = null;
    try {
        Statement stmt = null;
        stmt = conn.createStatement(ResultSet.TYPE_SCROLL_INSENSITIVE,
                ResultSet.CONCUR_READ_ONLY);
        rs = stmt.executeQuery(sql);
        second = ((System.currentTimeMillis() - time) / 1000d) + "";
    } catch (Exception e) {
        e.printStackTrace();
    }
    return rs;
}
public static boolean insert(String sql) {
    boolean result = false;
    try {
        Statement stmt = conn.createStatement();
        result = stmt.execute(sql);
    } catch (SQLException e) {
        e.printStackTrace();
    }
    return result;
}
public static int update(String sql) {
    int result = 0;
    try {
        Statement stmt = conn.createStatement();
        result = stmt.executeUpdate(sql);
    } catch (SQLException e) {
        e.printStackTrace();
```

```
        }
        return result;
    }
public static List findForList(String sql) {
    List<List> list = new ArrayList<List>();
    ResultSet rs = findForResultSet(sql);
    try {
        ResultSetMetaData metaData = rs.getMetaData();
        int colCount = metaData.getColumnCount();
        while (rs.next()) {
            List<String> row = new ArrayList<String>();
            for (int i = 1; i <= colCount; i++) {
                String str = rs.getString(i);
                if (str != null && !str.isEmpty())
                    str = str.trim();
                row.add(str);
            }
            list.add(row);
        }
    } catch (Exception e) {
        e.printStackTrace();
    }
    return list;
}
    // 获取退货最大 ID
    public static String getRkthMainMaxId(Date date) {
        return getMainTypeTableMaxId(date, "tb_rkth_main", "RT", "rkthId");
    }
    // 在事务中添加入库退货信息
    public static boolean insertRkthInfo(TbRkthMain rkthMain) {
        try {
            boolean autoCommit = conn.getAutoCommit();
            conn.setAutoCommit(false);
            // 添加入库退货主表记录
            insert("insert into tb_rkth_main values('" + rkthMain.getRkthId()
                    + "','" + rkthMain.getPzs() + "'," + rkthMain.getJe()
                    + ",'" + rkthMain.getYsjl() + "','" + rkthMain.getGysname()
                    + "','" + rkthMain.getRtdate() + "','" + rkthMain.getCzy()
                    + "','" + rkthMain.getJsr() + "','" + rkthMain.getJsfs()
                    + "')");
            Set<TbRkthDetail> rkDetails = rkthMain.getTbRkthDetails();
            for (Iterator<TbRkthDetail> iter = rkDetails.iterator(); iter
                    .hasNext();) {
                TbRkthDetail details = iter.next();
                // 添加入库详细表记录
                insert("insert into tb_rkth_detail values('"
                        + rkthMain.getRkthId() + "','" + details.getSpid()
                        + "'," + details.getDj() + "," + details.getSl() + ")");
                // 添加或修改库存表记录
                Item item = new Item();
                item.setId(details.getSpid());
                TbSpinfo spInfo = getSpInfo(item);
                if (spInfo.getId() != null && !spInfo.getId().isEmpty()) {
                    TbKucun kucun = getKucun(item);
                    if (kucun.getId() != null && !kucun.getId().isEmpty()) {
                        int sl = kucun.getKcsl() - details.getSl();
                        update("update tb_kucun set kcsl=" + sl + " where id='"
                                + kucun.getId() + "'");
                    }
                }
            }
```

```
            conn.commit();
            conn.setAutoCommit(autoCommit);
        } catch (SQLException e) {
            e.printStackTrace();
        }
        return true;
    }
    // 获取销售主表最大 ID
    public static String getSellMainMaxId(Date date) {
        return getMainTypeTableMaxId(date, "tb_sell_main", "XS", "sellID");
    }
    // 在事务中添加销售信息
    public static boolean insertSellInfo(TbSellMain sellMain) {
        try {
            boolean autoCommit = conn.getAutoCommit();
            conn.setAutoCommit(false);
            // 添加销售主表记录
            insert("insert into tb_sell_main values('" + sellMain.getSellId()
                    + "','" + sellMain.getPzs() + "'," + sellMain.getJe()
                    + ",'" + sellMain.getYsjl() + "','" + sellMain.getKhname()
                    + "','" + sellMain.getXsdate() + "','" + sellMain.getCzy()
                    + "','" + sellMain.getJsr() + "','" + sellMain.getJsfs()
                    + "')");
            Set<TbSellDetail> rkDetails = sellMain.getTbSellDetails();
            for (Iterator<TbSellDetail> iter = rkDetails.iterator(); iter
                    .hasNext();) {
                TbSellDetail details = iter.next();
                // 添加销售详细表记录
                insert("insert into tb_sell_detail values('"
                        + sellMain.getSellId() + "','" + details.getSpid()
                        + "'," + details.getDj() + "," + details.getSl() + ")");
                // 修改库存表记录
                Item item = new Item();
                item.setId(details.getSpid());
                TbSpinfo spInfo = getSpInfo(item);
                if (spInfo.getId() != null && !spInfo.getId().isEmpty()) {
                    TbKucun kucun = getKucun(item);
                    if (kucun.getId() != null && !kucun.getId().isEmpty()) {
                        int sl = kucun.getKcsl() - details.getSl();
                        update("update tb_kucun set kcsl=" + sl + " where id='"
                                + kucun.getId() + "'");
                    }   }}
            conn.commit();
            conn.setAutoCommit(autoCommit);
        } catch (SQLException e) {
            e.printStackTrace();
        }
        return true;
    }
    // 获取主表中的最大 ID
    private static String getMainTypeTableMaxId(Date date, String table,
            String idChar, String idName) {
        String dateStr = date.toString().replace("-", "");
        String id = idChar + dateStr;
        String sql = "select max(" + idName + ") from " + table + " where "
                + idName + " like '" + id + "%'";
        ResultSet set = query(sql);
        String baseId = null;
        try {
            if (set.next())
                baseId = set.getString(1);
        } catch (SQLException e) {
            e.printStackTrace();
        }
```

```
        baseId = baseId == null ? "000" : baseId.substring(baseId.length() - 3);
        int idNum = Integer.parseInt(baseId) + 1;
        id += String.format("%03d", idNum);
        return id;
    }
    public static String getXsthMainMaxId(Date date) {
        return getMainTypeTableMaxId(date, "tb_xsth_main", "XT", "xsthID");
    }
    public static List getKucunInfos() {
        List list = findForList("select id,spname,dj,kcsl from tb_kucun");
        return list;
    }
    // 在事务中添加销售退货信息
    public static boolean insertXsthInfo(TbXsthMain xsthMain) {
        try {
            boolean autoCommit = conn.getAutoCommit();
            conn.setAutoCommit(false);
            // 添加销售退货主表记录
            insert("insert into tb_xsth_main values('" + xsthMain.getXsthId()
                    + "','" + xsthMain.getPzs() + "'," + xsthMain.getJe()
                    + ",'" + xsthMain.getYsjl() + "','" + xsthMain.getKhname()
                    + "','" + xsthMain.getThdate() + "','" + xsthMain.getCzy()
                    + "','" + xsthMain.getJsr() + "','" + xsthMain.getJsfs()
                    + "')");
            Set<TbXsthDetail> xsthDetails = xsthMain.getTbXsthDetails();
            for (Iterator<TbXsthDetail> iter = xsthDetails.iterator(); iter
                    .hasNext();) {
                TbXsthDetail details = iter.next();
                // 添加销售退货详细表记录
                insert("insert into tb_xsth_detail values('"
                        + xsthMain.getXsthId() + "','" + details.getSpid()
                        + "'," + details.getDj() + "," + details.getSl() + ")");
                // 修改库存表记录
                Item item = new Item();
                item.setId(details.getSpid());
                TbSpinfo spInfo = getSpInfo(item);
                if (spInfo.getId() != null && !spInfo.getId().isEmpty()) {
                    TbKucun kucun = getKucun(item);
                    if (kucun.getId() != null && !kucun.getId().isEmpty()) {
                        int sl = kucun.getKcsl() + details.getSl();
                        update("update tb_kucun set kcsl=" + sl + " where id='"
                                + kucun.getId() + "'");
                    }
                }
            }
            conn.commit();
            conn.setAutoCommit(autoCommit);
        } catch (SQLException e) {
            e.printStackTrace();
        }
        return true;
    }
    // 添加用户
    public static int addUser(TbUserlist ul) {
        return update("insert tb_userlist values('" + ul.getUsername() + "','"
                + ul.getName() + "','" + ul.getPass() + "','" + ul.getQuan()
                + "')");
    }
    public static List getUsers() {
        List list = findForList("select * from tb_userlist");
        return list;
    }
    // 修改用户方法
    public static int updateUser(TbUserlist user) {
```

```
        return update("update tb_userlist set username='" + user.getUsername()
                + "',name='" + user.getName() + "',pass='" + user.getPass()
                + "',quan='" + user.getQuan() + "' where name='"
                + user.getName() + "'");
    }
    // 获取用户对象的方法
    public static TbUserlist getUser(Item item) {
        String where = "name='" + item.getName() + "'";
        if (item.getId() != null)
            where = "username='" + item.getId() + "'";
        ResultSet rs = findForResultSet("select * from tb_userlist where "
                + where);
        TbUserlist user=new TbUserlist();
        try {
            if (rs.next()) {
                user.setName(rs.getString("name").trim());
                user.setUsername(rs.getString("username").trim());
                user.setPass(rs.getString("pass").trim());
                user.setQuan(rs.getString("quan").trim());
            }
        } catch (SQLException e) {
            e.printStackTrace();
        }
        return user;
    }
}
```

5.7　项目调试

视频讲解　光盘：视频\第 5 章\项目调试.avi

运行系统后，首先会看到如图 5-33 所示的登录窗口。

图 5-33　登录窗口

输入正确的用户名和密码后，就可以登录到系统主界面，如图 5-34 所示。

进入系统后，用户可以选择不同的菜单项来执行不同的操作。如选择“查询统计”菜单项，如图 5-35 所示。

图 5-34　系统主界面

图 5-35　“查询统计”菜单项

本系统实际上是数据库管理系统，所以每一个界面都会操作数据库，如图 5-36 所示。

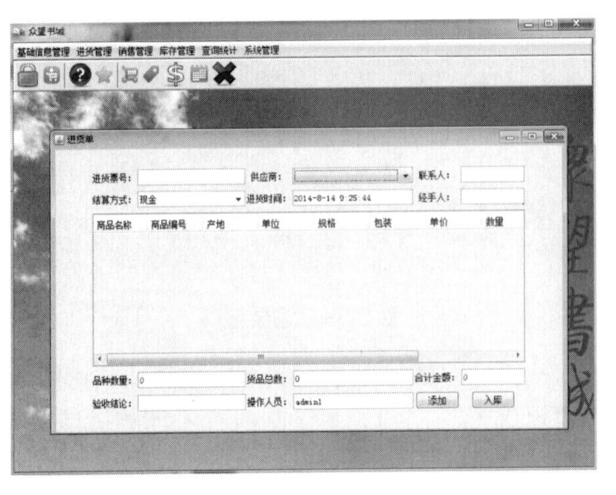

图 5-36　操作数据库

第 6 章　学校图书馆管理系统

在 21 世纪这样一个飞速发展的世纪里，利用信息化提高生产力势在必行。使用图书馆管理系统管理不同种类且数量繁多的图书，可以提高图书管理工作的效率，减少工作中可能出现的错误，为借阅者提供更好的服务，是提高学校自动化水平的重要组成部分。本章将介绍如何利用 Eclipse 来开发一个图书馆管理系统。

赠送的超值电子书

051.类中的相关定义
052.定义构造器
053.Java 的修饰符
054.传递方法参数
055.可以定义形参长度可变的参数
056.构造方法和递归方法
057.this 关键字
058.创建和使用对象
059.使用静态变量和静态方法
060.抽象类必须有一个抽象方法

6.1　软件项目的可扩展性

视频讲解 光盘：视频\第 6 章\软件项目的可扩展性.avi

作为系统设计人员或系统架构师来说，除了关注产品的功能和性能外，还应多考虑系统结构的可扩展性，有时也被称为可伸缩性。在程序开发领域中，软件的质量属性有如下两类。

- 功能性质量属性：正确性、健壮性和可靠性。
- 非功能性质量属性：性能、易用性、清晰性、安全性、可扩展性、兼容性和可移植性。

无论是作为一名普通的程序员，还是项目经理或系统架构师，都要确保自己的软件具有可扩展性。只有这样，才能使自己的作品满足客户的不同需求。本节将介绍设计具有可扩展性的程序的技巧。

6.1.1　成熟软件的完善是一个不断更新的过程

任何一款软件在问世的时候都是不完善的，随着时间的推移和用户需求的变化，需要提升性能、修改存在的 bug 或增加新的功能。软件升级的情形十分常见，有些软件每年会升级很多次。例如，QQ 最早只是一款简单的文字聊天工具，经过一次又一次的更新，现在已具有了语音聊天、视频聊天、文件传输、文件共享等多种功能。

6.1.2　赢在灵活——让程序具有更好的可扩展性

当需要对软件进行升级时，开发者并不希望重新设计软件，因为这样做的代价太大。为了能以较小的代价完成软件的升级，就需要软件具有可扩展性。可扩展性是指软件扩展新功能的容易程度。可扩展性越好，表示软件适应“变化”的能力越强。

Bertrand Meyer 在 1988 年提出了著名的“开放-封闭”原则(The Open-Closed Principle，OCP)，此原则提出了如下两条准则。

(1) 扩展是开放的。

模块的行为是可以扩展的。当用户的需求发生变化时，可以对模块进行扩展，使其具有满足用户新需求的行为，即可以改变模块的功能。

(2) 更改是封闭的。

对模块行为进行扩展时，不必改动原有模块的源代码或者二进制代码(但可以新增)。模块的二进制可执行文件，无论是 DLL 文件还是 EXE 文件，都无须改动。

由此可见，“开放-封闭”原则是说软件实体(类、模块、函数等)应该可以扩展，但是不可修改。这其实说明了两个特征，一个是“对于扩展是开放的(Open for extension)”，另一个是“对于更改是封闭的(Closed for modification)”。

在设计开发任何一个系统时，都不能指望需求在一开始就完全确定。怎样的设计才能面对需求的改变却可以保持相对稳定，从而使得系统可以在第一个版本以后不断推出新的版本呢？“开放-封闭”原则就是这个问题的答案，软件设计要容易维护又不容易出问题的最好方法就是多扩展、少修改。

在实际的项目开发过程中，由于无法在初期架构设计时就将需求的种种变化完全考虑到，因此只能尽量将已有的类设计得足够好，等有了新的需求，再通过增加一些类来满足，原来的代码能不动则不动。绝对的对修改关闭是不可能的，无论模块多么“封闭”，都会存在一些无法对之封闭的变化。既然不可能完全封闭，设计人员就必须对于他设计的模块应该对哪种变化封闭做出选择。他必须先猜测出最有可能发生的变化，然后构造抽象来隔离哪些变化。

很多时候我们无法猜测到需求的变更，但我们可以在发生小变化时，及早地想办法来应对发生更大变化的可能，也就是等到变化发生时立即采取行动。在我们最初编写代码时，可以假设变化不会发生。当变化发生时，就要创建抽象来隔离以后将要发生的同类变化。

比如，一个加法程序可以很快在一个 client 类中完成。假设此时需求发生变化，要增加减法功能，这就需要修改 client 类，即违背了开发-封闭原则。可以考虑重构程序，增加一个抽象的运算类，通过继承、多态等面向对象的手段来隔离加法、减法与 client 类的耦合，这样还可以应对以后的变化。假如还需要增加乘除功能，那时就不需要更改 client 以及加减法的类了，而是增加乘除子类即可。即面对需求，对程序的改动是通过增加新代码进行的，而不是更改现有的代码。这就是“开放-封闭”原则的中心思想。

由此可见，“开放-封闭”原则是面向对象设计的核心所在。遵循这个原则可以带来面向对象技术所声称的巨大好处，也就是可维护、可扩展、可复用、灵活性好。开发人员应该仅对程序中呈现出频繁变化的那些部分做出抽象，然而，对于应用程序中的每个部分都刻意地进行抽象同样不是一个好主意，拒绝不成熟的抽象和抽象本身一样重要。

6.2　新 的 项 目

视频讲解　光盘：视频\第 6 章\新的项目.avi

本项目是为当地中学开发一个图书馆管理系统，团队成员的具体职责如下。

- 软件工程师 A：负责设置系统界面，撰写系统设计规划书。
- 软件工程师 B：负责分析系统需求和设计数据库。
- 软件工程师 C：负责基本信息管理模块的编码工作。
- 软件工程师 D：负责用户管理模块的编码工作。
- 软件工程师 E：负责设计系统整体框架，并协调项目中各个模块的进展。

整个项目的具体操作流程如下：项目规划→数据库设计→框架设计→基本信息管理、用户管理模块设计。

6.3　系统概述和总体设计

视频讲解　光盘：视频\第 6 章\系统概述和总体设计.avi

本项目的系统规划书分为如下两个部分。

- 系统需求分析文档。

● 系统运行流程说明。

6.3.1 系统需求分析

图书馆管理系统的用户主要是各个学校图书馆。该系统包含的核心功能如下。

(1) 基本信息管理模块，主要包括读者信息管理、图书类别管理、图书信息管理、新书订购管理等子模块。

(2) 用户管理模块。用户分为系统管理员用户和普通用户。系统管理员用户可以创建用户、修改用户信息以及删除用户，普通用户只能够修改自己的用户信息。用户管理功能模块主要包括用户信息添加、用户信息修改与删除、用户密码修改等子模块。

根据需求分析设计系统的体系结构，如图 6-1 所示。

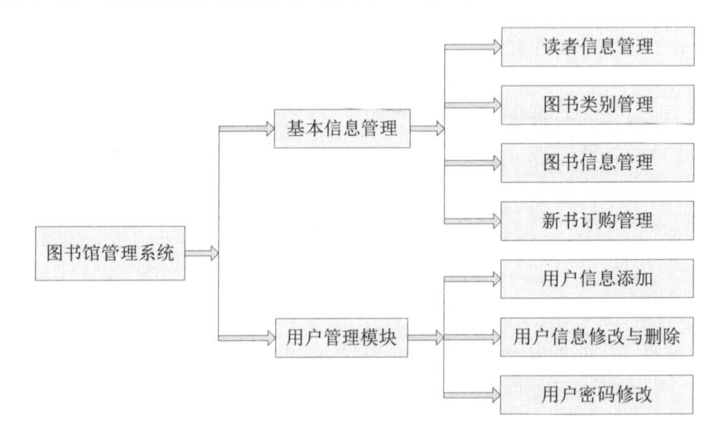

图 6-1 图书馆管理系统体系结构示意图

图 6-1 中详细列出了本系统的主要功能模块，因为本书篇幅的限制，在本书后面的内容讲解过程中，只是讲解了图 6-1 中的重要模块的具体实现过程。对于其他模块的具体实现，请读者参阅本书附带光盘中的源代码和讲解视频。

6.3.2 系统 demo 流程

下面模拟系统的运行流程：运行系统后，首先会弹出用户登录窗口，对用户的身份进行认证并确定用户的权限，如图 6-2 所示。

图 6-2 用户登录窗口

系统初始化时会生成两个默认用户：系统管理员和普通用户。系统管理员的用户名为 admin，密码为 admin；普通用户的用户名为 user，密码为 user。这是由程序设计人员添加到数据库表中的。如果要对其他任何普通用户进行管理，需要使用 admin 用户(系统管理员)

登录，登录后可创建用户，并在系统维护菜单下进行添加、修改、删除操作。普通用户则使用 user 身份登录。

进入系统后，首先需要添加基本信息，主要包括读者信息、图书信息和图书类别信息。其中，读者信息包括读者姓名、性别、证件号码、年龄、借书证有效日期、联系电话、押金、最大借书量、读者编号等，图书信息包括图书名称、图书编号、图书价格和图书类别等，图书类别信息包括图书类别编号、类别名称等。

6.4　数据库设计

视频讲解 光盘：视频\第 6 章\数据库设计.avi

本项目系统的开发工作主要包括后台数据库的建立、测试数据的录入以及前台应用程序的开发三个方面。数据库设计是系统设计的一个重要组成部分，数据库设计的好坏直接影响程序编码的复杂程度。

6.4.1　选择数据库

在开发数据库管理信息系统时，需要根据用户需求、系统功能和性能要求等因素，来选择后台数据库和相应的数据库访问接口。考虑到本系统所要管理的数据量比较大，且需要多用户同时运行访问，所以本项目将使用 MySQL 作为后台数据库管理平台。

在现实应用中，MySQL 的同步过程相当简单，但是怎么用好同步，根据业务需求为应用层提供高性能、高可用性是一个值得探讨的问题。

(1) (多)单库结构。

这个恐怕是最简单的一种方案了，完全没有数据一致性问题，如图 6-3 所示。其最大的缺点是无法容灾，并且只能承受较小的压力，不管压力来自读或者写。不过，在分布式数据层解决方案目不暇接的今天，单库结构可以拓展成多单库结构来平分压力。数据库可以从业务上先进行垂直拆分，将关联性较强的表放在一个库中，将数据变化较小的表也放在一个库中；然后再将读写频繁的表进行水平拆分，以某字段值为基础，根据业务需求来选取适当的表路由算法。

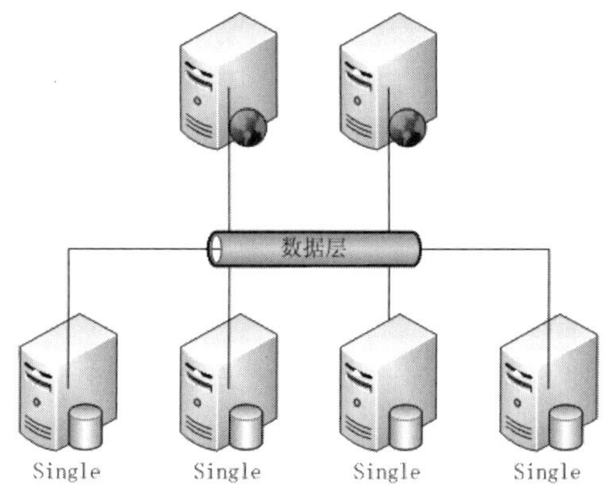

图 6-3　单库结构

(多)单库结构是除了环状结构之外所有复杂结构的基础，只有在此基础上合理分布数据，才能为高性能打好基础。其他数据库结构只是更好地拓展了(多)单库结构而已。

(2) MS 结构。

MS 结构通常被称为主备结构，如图 6-4 所示。其有两个优点：读写分离和实时备份。同时还有两个缺点：数据一致性难以保障和切换麻烦。MS 结构非常适合读多写少的应用场景(如论坛、博客)。

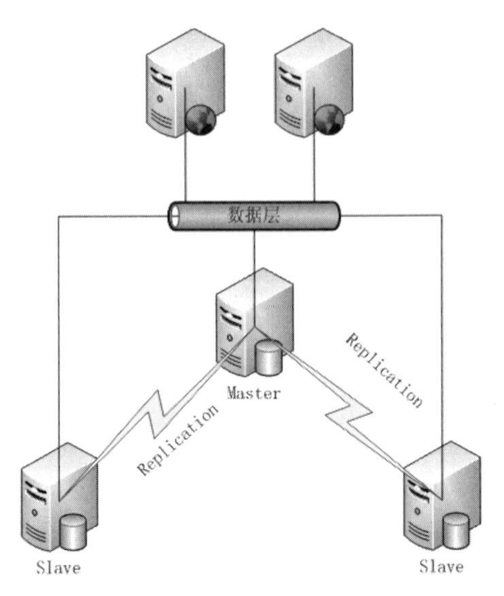

图 6-4 MS 结构

从容灾的角度讲，主库和备库的一致性一定要保证。数据一致性不用多说，硬件配置和 MySQL 版本、各种参数配置最好都要一样，这样才能保证出问题时应用程序能够平滑地从主库切换到备库上。但是从性能角度来看，主备库不一致某些时候是可以容忍的。比如说，主备库上相同的表有不同的索引。此时将查询条件不同的 select 语句路由到相应的库上去执行，应用得到结果集的时间将会大大缩短。

6.4.2 数据库结构的设计

在进行具体的数据库设计时，B 参考了 A 的需求分析文档。由需求分析可知，整个项目包含种 6 种信息，对应的数据库也需要包含这几种信息，因此系统需要包含 6 个数据库表，分别如下。

- bookInfo：图书信息表。
- booktype：图书类别表。
- borrow：图书借阅表。
- operator：用户信息表。
- order：图书订购表。
- reader：读者信息表。

(1) 图书信息表 bookInfo，用来保存图书信息，表结构如表 6-1 所示。

表 6-1　图书信息表结构

编　号	字段名称	数据类型	说　明
1	book_id	varchar(13)	图书编号，主键
2	typeId	int(11)	图书类别编号
3	bookname	varchar(40)	书名
4	writer	varchar(21)	作者名
5	translator	varchar(30)	译者名
6	publisher	varchar(50)	出版社名
7	date	datetime	出版日期
8	price	decimal(18,2)	价格

(2) 图书类别表 booktype，用来保存图书类别信息，表结构如表 6-2 所示。

表 6-2　图书类型表结构

编　号	字段名称	数据结构	说　明
1	id	int(11)	图书类别编号，主键
2	typeName	varchar(20)	类别名称
3	days	int(11)	可借天数
4	fk	double	每日罚款金额

(3) 图书借阅表 borrow，用来保存图书借阅信息，表结构如表 6-3 所示。

表 6-3　图书借阅表结构

编　号	字段名称	数据结构	说　明
1	id	int(11)	序号，主键
2	book_id	varchar(13)	图书编号
3	operatorId	int(11)	操作员编号
4	reader_id	varchar(13)	读者编号
5	isback	int(11)	是否已还
6	borrowDate	datetime	借出日期
7	backDate	datetime	归还日期

(4) 用户信息表 operator，用来保存用户信息，表结构如表 6-4 所示。

表 6-4　用户信息表结构

编　号	字段名称	数据结构	说　明
1	id	int(11)	用户编号，主键
2	name	varchar(20)	姓名
3	sex	varchar(2)	性别
4	age	int(11)	年龄

续表

编　号	字段名称	数据结构	说　明
5	identityCard	varchar(30)	证件号码
6	workdate	datetime	入职时间
7	tel	varchar(50)	电话
8	password	varchar(10)	密码
9	type	varchar(1)	用户类型

(5) 图书订购表 order，用来保存图书订购信息，表结构如表 6-5 所示。

表 6-5　图书订购表结构

编　号	字段名称	数据结构	说　明
1	book_id	varchar(13)	图书编号，主键
2	date	datetime	下单日期
3	number	int(11)	下单数量
4	operator	varchar(6)	操作用户
5	checkAndAccept	int(11)	是否已收到货
6	zk	double	折扣

(6) 读者信息表 reader，用来保存读者信息，表结构如表 6-6 所示。

表 6-6　读者信息表结构

编　号	字段名称	数据结构	说　明
1	book_id	varchar(13)	读者编号，主键
2	name	varchar(10)	姓名
3	sex	varchar(2)	性别
4	age	Int(10)	年龄
5	identityCard	varchar(30)	证件号码
6	date	datetime	借书证有效日期
7	maxNum	int(11)	最大借书量
8	tel	varchar(50)	电话
9	keepMoney	decimal(18,2)	押金
10	zj	int(10)	证件类型
11	zy	varchar(50)	职业
12	bztime	datetime	办证日期

在表结构中为每个表定义了主键。为了规定各个表之间的关系，还需要定义一组外键，方法是在设计表界面下右击，在弹出的快快捷菜单中选择“关系”菜单项，然后在“属性”窗口中定义外键信息。在本图书馆管理系统中定义的外键如表 6-7 所示。

表 6-7　定义外键

关系名	主键表	主键字段	外键表	外键字段
book_type_id	booktype	id	bookInfo	book_id
b_book_id	borrow	book_id	bookInfo	book_id
b_oper_id	borrow	operatorId	operator	id
b_read_id	borrow	reader_id	reader	id
ordr_book_id	ordr	book_id	bookInfo	book_id

6.5　系统框架设计

视频讲解　光盘：视频\第 6 章\系统框架设计.avi

系统框架设计步骤属于整个项目开发过程中的前期工作，项目中的具体功能将以此为基础进行扩展。本项目的系统框架设计工作需要如下四个阶段。

(1) 搭建开发环境：操作系统 Windows 7、数据库 MySQL、开发工具 Eclipse SDK。

(2) 设计主界面：主界面是项目与用户直接交互的窗口。

(3) 设计各个对象类：类是面向对象的核心，每个类能独立实现某个具体的功能，能够减少代码的冗余性。

(4) 系统登录验证：确保只有合法的用户才能登录系统。

6.5.1　创建工程及设计主界面

设计用户界面时应遵循如下设计原则。

(1) 易用性原则。

按钮名称应该易懂，用词准确，没有模棱两可的字眼，要与同一界面上的其他按钮区分开来，如能望文知意最好。理想的情况是用户不用查阅帮助就能知道该界面的功能并进行相关的正确操作。

(2) 规范性原则。

通常界面设计都按 Windows 界面的规范来设计，即包含菜单栏、工具栏、工具箱、状态栏、滚动条、右键快捷菜单等标准格式，可以说，界面遵循规范化的程度越高，则易用性相应地就越好。小型软件一般不提供工具箱。

(3) 操作帮助原则。

系统应该提供详尽而可靠的帮助文档，当用户不知如何操作时可以自己寻求解决方法。

(4) 合理性原则。

屏幕对角线相交的位置是用户直视的地方，正上方四分之一处为易吸引用户注意力的位置，在放置窗体时要注意利用这两个位置。

(5) 美观与协调性原则。

界面大小应该符合美学观点，让人感觉协调舒适，在有效的范围内吸引用户的注意力。

(6) 独特性原则。

如果一味地遵循业界的界面标准，则会丧失自己的个性。在框架符合以上规范的情况下，设计具有自己独特风格的界面尤为重要。

1．创建工程

(1) 为本 Java 工程指定工作空间，选择 File | Switch Workspace | Other 菜单项，弹出如图 6-5 所示的对话框，单击 Browse 按钮设置路径。

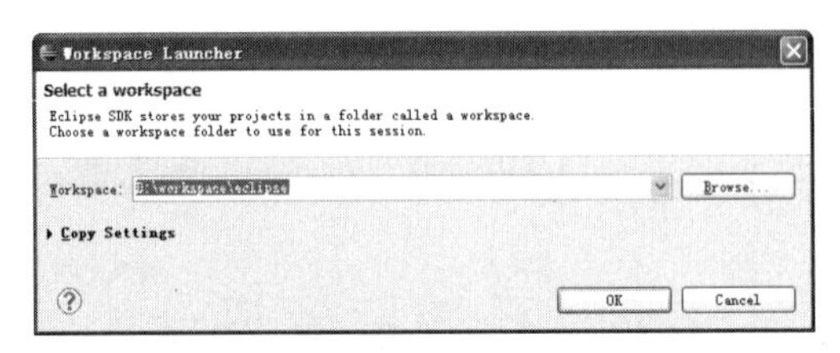

图 6-5　Workspace Launcher 对话框

(2) 创建一个 Java Project 工程，用于管理以及调用整个工程中所用到的资源和代码。在 Eclipse 中选择 File | New | Project 菜单项，弹出如图 6-6 所示的窗口。

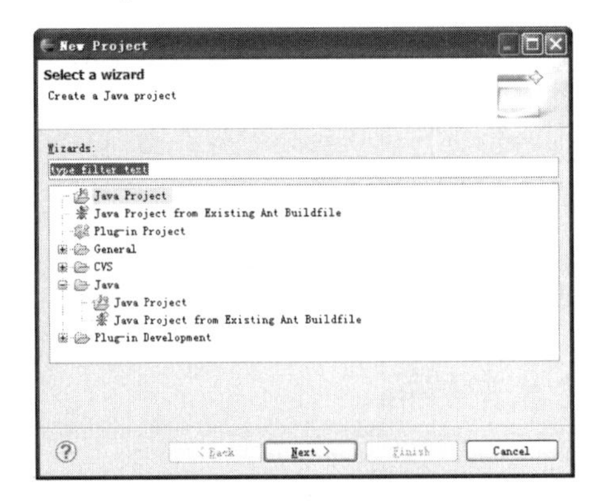

图 6-6　New Project 窗口

(3) 选择 Java Project 选项，单击 Next 按钮，弹出如图 6-7 所示的窗口。

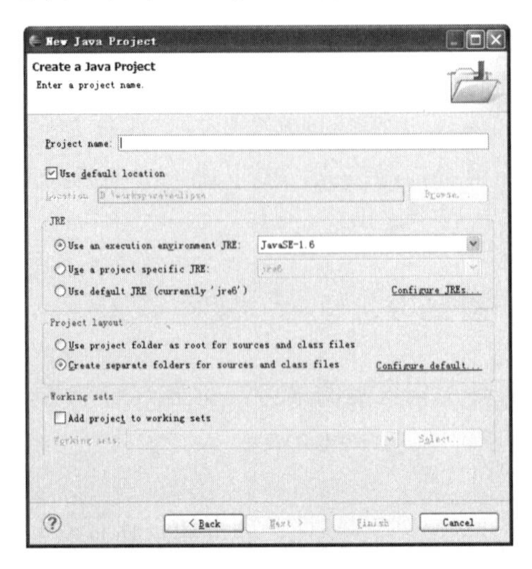

图 6-7　New Java Project 窗口

(4) 设置 Project name(工程名称)为 JavaPrj_num3；默认选中 Use default location 复选框，工程默认保存路径为 Eclipse 工作空间，读者也可以自定义保存路径。

(5) 在 JRE 选项组中选中 Use an execution environment JRE 单选按钮，并在其后的下拉列表框中选择 JavaSE-1.6 选项。要配置 JDK 安装路径，可单击 Configure JREs 超链接，会弹出如图 6-8 所示的对话框。

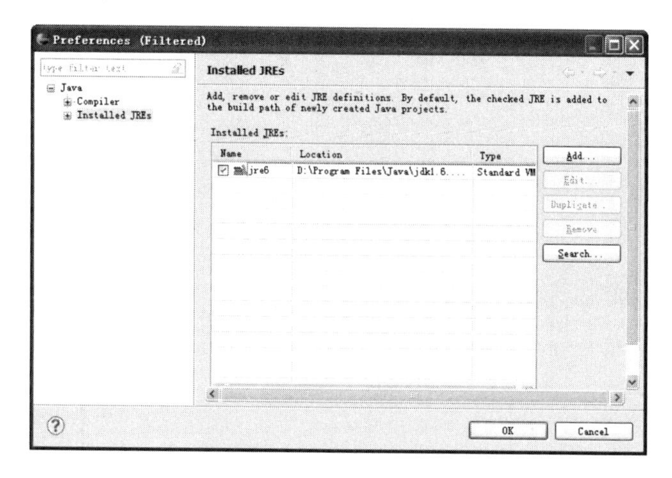

图 6-8　JDK 路径对话框

(6) 设置完以上信息，单击 Finish 按钮，成功建立 Java 工程，如图 6-9 所示。

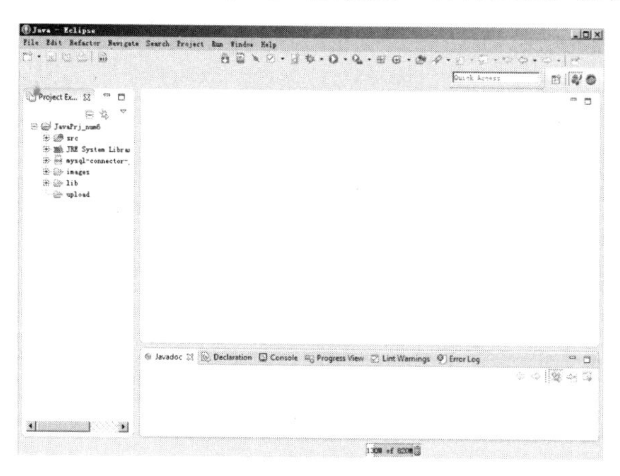

图 6-9　创建工程

(7) 新建工程下已自动生成 src 目录用于存放源代码，JRE System Library 目录下已添加了系统要引用的 jar 包。如果在开发中需要引用第三方 jar 包，可右击工程名，在弹出的快捷菜单中选择 build path 菜单项进行引用。

2. 设计背景图

为了提高项目的美观性，可设置一张优美的背景图。

(1) 为工程添加资源文件。右击 JavaPrj_num 3 工程名，在弹出的快捷菜单中选择 new | Source Folder 菜单项，弹出如图 6-10 所示的窗口。设置 Folder name 为 res 资源文件夹名。

(2) 制作一张背景图片(JPG 格式)，然后复制该背景图片，将其粘贴到 res 文件夹下。项目中用到的其他图片及按钮等资源都可以采取复制和粘贴的方式进行添加，如图 6-11 所示。

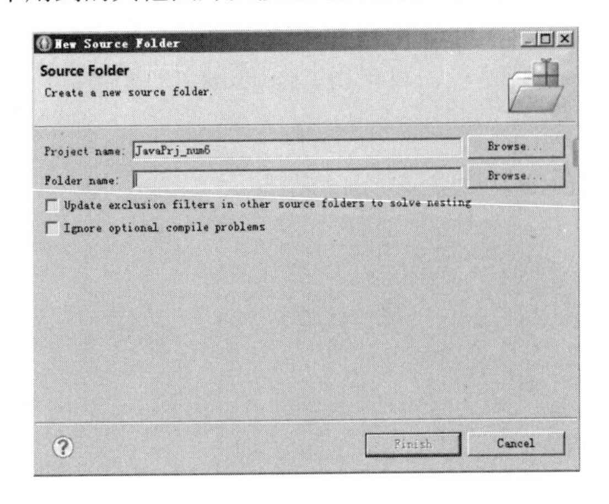

图 6-10 New Source Folder 窗口

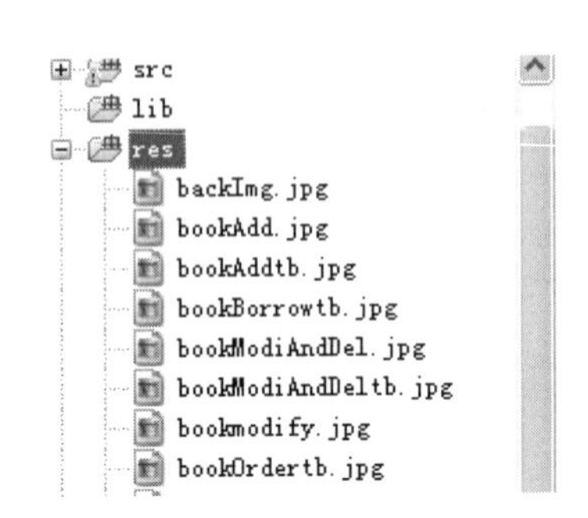

图 6-11 添加资源

3．设计主界面

用户登录系统后会进入主界面。主界面包括如下三部分：位于界面顶部的菜单栏，用于将系统所具有的功能进行归类展示；位于菜单栏下方的工具栏，用于以按钮的方式列出系统中常用的功能；位于工具栏下方的工作区，用于进行各项功能操作，如图 6-12 所示。

图 6-12 主界面

(1) 主界面是整个系统通往各个功能模块的窗口，所以要将各个功能模块的窗体加入主界面中，同时要保证各窗体在主界面中布局合理，让用户方便操作。因此，在主界面中应加入整个系统的入口方法 main，通过执行该方法进而执行整个系统。main 方法在窗体初始化时调用。建立 com.ts.main 包并添加 Main 类的主窗体代码如下：

```
public class Main extends JFrame {
    private static final JDesktopPane
                DESKTOP_PANE = new JDesktopPane();      //桌面窗体
    public static void main(String[] args) {            //入口方法
        try {
            UIManager.setLookAndFeel(UIManager
                    .getSystemLookAndFeelClassName());  //设置系统界面外观
```

```
            new BookLogin();                                    //登录窗口
        } catch (Exception ex) {
            ex.printStackTrace();
        }
    }
    public static void addIFame(JInternalFrame iframe) { // 添加子窗体的方法
        DESKTOP_PANE.add(iframe);                                   //新增子窗体
    }
    public Main() {
        super();
        //设置关闭按钮处理事件
        setDefaultCloseOperation(WindowConstants.EXIT_ON_CLOSE);
        //创建工具栏
        Toolkit tool = Toolkit.getDefaultToolkit();
        //获得屏幕的大小
Dimension screenSize = tool.getScreenSize();
        setSize(800, 600);                    //设置窗体大小
        setLocation((screenSize.width - getWidth()) / 2,
                (screenSize.height - getHeight()) / 2);
        //设置窗体位置
        setTitle("图书馆管理系统");                //设置窗体标题
        JMenuBar menuBar = createMenu();      //创建菜单栏
        setJMenuBar(menuBar);                 //设置菜单栏
        JToolBar toolBar = createToolBar(); // 创建工具栏
        getContentPane().add(toolBar, BorderLayout.NORTH);//设置工具栏
        final JLabel label = new JLabel();   //创建一个标签，用来显示图片
        label.setBounds(0, 0, 0, 0);          //设置窗体的大小和位置
        label.setIcon(null); // 窗体背景
        DESKTOP_PANE.addComponentListener(new ComponentAdapter() {
            public void componentResized(final ComponentEvent e) {
                Dimension size = e.getComponent().getSize();//获得组件大小
                label.setSize(e.getComponent().getSize());//设置标签大小
                label.setText("<html><img width=" + size.width + " height="
                        + size.height + " src='"
                        + this.getClass().getResource("/backImg.jpg")
                        + "'></html>");//设置标签文本,设置窗口背景
            }
        });
        //将标签添加到桌面窗体
        DESKTOP_PANE.add(label,new Integer(Integer.MIN_VALUE));
        getContentPane().add(DESKTOP_PANE);//将桌面窗体添加到主窗体中
    }
```

(2) 工具栏中定义了各种常用的快捷功能，在 Main.java 文件中添加 createToolBar 方法。其代码如下：

```
private JToolBar createToolBar() { // 创建工具栏的方法
        JToolBar toolBar = new JToolBar();          //初始化工具栏
        toolBar.setFloatable(false);                //设置是否可以移动工具栏
        toolBar.setBorder(new BevelBorder(BevelBorder.RAISED));//设置边框
        JButton bookAddButton=new JButton(MenuActions.BOOK_ADD);//"添加图书信息"按钮
        ImageIcon icon=new ImageIcon(Main.class.getResource("/bookAddtb.jpg"));
        //创建图标方法
        bookAddButton.setIcon(icon);//设置按钮图标
        bookAddButton.setHideActionText(true);//显示提示文本
        toolBar.add(bookAddButton);//添加到工具栏中
```

以上代码用于初始化工具栏，并设置工具栏的相关属性。代码中定义了“添加图书信息”按钮，MenuActions.BOOK_ADD 代表执行添加图书信息的具体动作。

(3) 定义其他按钮，代码如下：

```
    JButton bookModiAndDelButton=new JButton(MenuActions.BOOK_MODIFY);
    //"修改图书信息"按钮
    ImageIcon bookmodiicon=Icon.add("bookModiAndDeltb.jpg");//创建图标方法
    bookModiAndDelButton.setIcon(bookmodiicon);//设置按钮图标
    bookModiAndDelButton.setHideActionText(true);//显示提示文本
    toolBar.add(bookModiAndDelButton);//添加到工具栏中
    JButton bookTypeAddButton=new JButton(MenuActions.BOOKTYPE_ADD);
    //"添加图书类别"按钮
    ImageIcon bookTypeAddicon=Icon.add("bookTypeAddtb.jpg");//创建图标方法
    bookTypeAddButton.setIcon(bookTypeAddicon);//设置按钮图标
    bookTypeAddButton.setHideActionText(true);//显示提示文本
    toolBar.add(bookTypeAddButton);//添加到工具栏中
    JButton bookBorrowButton=new JButton(MenuActions.BORROW);
    //"图书借阅"按钮
    ImageIcon bookBorrowicon=Icon.add("bookBorrowtb.jpg");//创建图标方法
    bookBorrowButton.setIcon(bookBorrowicon);//设置按钮图标
    bookBorrowButton.setHideActionText(true);//显示提示文本
    toolBar.add(bookBorrowButton);//添加到工具栏中
    JButton bookOrderButton=new JButton(MenuActions.NEWBOOK_ORDER);
    //"新书订购"按钮
    ImageIcon bookOrdericon=Icon.add("bookOrdertb.jpg");//创建图标方法
    bookOrderButton.setIcon(bookOrdericon);//设置按钮图标
    bookOrderButton.setHideActionText(true);//显示提示文本
    toolBar.add(bookOrderButton);//添加到工具栏中
    JButton bookCheckButton=new JButton(MenuActions.NEWBOOK_CHECK);
    //"验收新书"按钮
    ImageIcon bookCheckicon=Icon.add("newbookChecktb.jpg");//创建图标方法
    bookCheckButton.setIcon(bookCheckicon);//设置按钮图标
    bookCheckButton.setHideActionText(true);//显示提示文本
    toolBar.add(bookCheckButton);//添加到工具栏中
    JButton readerAddButton=new JButton(MenuActions.READER_ADD);
    //"添加读者信息"按钮
    ImageIcon readerAddicon=Icon.add("readerAddtb.jpg");//创建图标方法
    readerAddButton.setIcon(readerAddicon);//设置按钮图标
    readerAddButton.setHideActionText(true);//显示提示文本
    toolBar.add(readerAddButton);//添加到工具栏中
    JButton readerModiAndDelButton=new JButton(MenuActions.READER_MODIFY);
    //"修改读者信息"按钮
    ImageIcon readerModiAndDelicon=Icon.add("readerModiAndDeltb.jpg");
    //创建图标方法
    readerModiAndDelButton.setIcon(readerModiAndDelicon);//设置按钮图标
    readerModiAndDelButton.setHideActionText(true);//显示提示文本
    toolBar.add(readerModiAndDelButton);//添加到工具栏中
    JButton ExitButton=new JButton(MenuActions.EXIT);//退出系统按钮
    ImageIcon Exiticon=Icon.add("exittb.jpg");//创建图标方法
    ExitButton.setIcon(Exiticon);//设置按钮图标
    ExitButton.setHideActionText(true);//显示提示文本
    toolBar.add(ExitButton);//添加到工具栏中
    return toolBar;
}
```

4. 设计菜单

系统的具体功能都是通过操作菜单实现的，所以下面进行菜单设计。

(1) 右击 com.ts.main 包，在弹出的快捷菜单中选择 new | class 菜单项，打开 New Java

Class 窗口，设置 name 为 MenuActions，然后添加如表 6-8 所示的菜单。

表 6-8　菜单名称和 ID 属性

菜单名称	ID 属性
系统退出	ExitAction EXIT
添加用户	UserAddAction USER_ADD
修改用户	UserModAction USER_MODIFY
密码修改	PasswordModAction MODIFY_PASSWORD
新书订购	BoodOrderAction NEWBOOK_ORDER
新书验收	CheckBookAction NEWBOOK_CHECK
图书搜索	BookSearchAction BOOK_SEARCH
图书归还	GiveBackAction GIVE_BACK
图书借阅	BorrowAction BORROW
图书借阅超期	ExpiredAction expired
读者信息添加	ReaderAddAction READER_ADD
图书类型修改	BookTypeModAction BOOKTYPE_MODIFY
图书类型添加	BookTypeAddAction BOOKTYPE_ADD
读者信息修改	ReaderModAction READER_MODIFY
图书信息修改	BookModAction BOOK_MODIFY
图书信息添加	BookAddAction BOOK_ADD

(2) 添加 Business 类。

右击“com.ts.base”包，在弹出的快捷菜单中选择 new | class 菜单项，打开 New Java Class 窗口，设置 name 为 Business，添加 Business 类，用于实现和数据库的连接。Business 类的代码如下：

```
public class Business {

    protected static String dbClassName =
        "com.mysql.jdbc.Driver";                          //数据库驱动类
    protected static String dbUrl = "jdbc:mysql://localhost/ts";//连接 URL
    protected static String dbUser = "root";              //数据库用户名
    protected static String dbPwd = "root";               //数据库密码
    private static Connection conn = null;                //数据库连接对象，初值 null
    public Business() {                                   //默认构造函数
        try {
            if (conn == null) {                           //连接对象为空
                Class.forName(dbClassName);               //加载驱动类信息
                conn = DriverManager.getConnection(dbUrl, dbUser, dbPwd);
                //建立连接对象
            }
        } catch (Exception ee) {
            ee.printStackTrace();
        }
    }

    public static ResultSet executeQuery(String sql) {//执行查询方法
```

```
        try {
            if(conn==null)  new Business();  //如果连接对象为空，则重新调用构造方法
            return conn.createStatement(ResultSet.TYPE_SCROLL_SENSITIVE,
                    ResultSet.CONCUR_UPDATABLE).executeQuery(sql);//执行查询
        } catch (SQLException e) {
            e.printStackTrace();
            return null;                    //返回null值
        } finally {
        }
    }

    public static int executeUpdate(String sql) {       //更新方法
        try {
            if(conn==null)  new Business();  //如果连接对象为空，则重新调用构造方法
            return conn.createStatement().executeUpdate(sql);//执行更新
        } catch (SQLException e) {
            e.printStackTrace();
            return -1;
        } finally {
        }
    }

    public static void close() {//关闭方法
        try {
            conn.close();//关闭连接对象
        } catch (SQLException e) {
            e.printStackTrace();
        }finally{
            conn = null;  //设置连接对象为null值
        }
    }
```

以上代码中，Business方法用于与数据库建立连接，在执行任意操作前都要调用此方法；executeQuery方法用于查询返回结果；executeUpdate方法用于更新数据信息；close方法用于断开与数据库的连接，在执行完任意访问数据库的操作后都要调用此方法。

6.5.2 为数据库表添加对应的类

类是面向对象编程的核心，为了便于对数据库的控制，项目中的每一个数据库表创建一个独立的类，类的成员变量对应于数据库中表的列，成员函数对应于成员变量和对表的操作。这样，可以和操作类一样灵活地控制每个数据库表。为了提高代码的重要性，从多个表中取出信息组合成一个对象，在整个流程中访问。

1. BookInfo 类

BookInfo类用于对数据库表bookinfo进行操作，其代码如下：

```
public class BookInfo {
    private String Book_id;          //图书编号
    private String typeid;           //图书类别编号
    private String writer;           //作者名
    private String translator;       //译者名
    private String publisher;        //出版社名
    private Date date;               //出版日期
    private Double price;            //价格
    private String bookname;         //书名
```

```
    public String getBookname() {
        return bookname;
    }
    public void setBookname(String bookname) {
        this.bookname = bookname;
    }
    public Date getDate() {
        return date;
    }
    public void setDate(Date date) {
        this.date = date;
    }
    public String getBook_id() {
        return Book_id;
    }
    public void setBook_id(String Book_id) {
        this.Book_id = Book_id;
    }
    public Double getPrice() {
        return price;
    }
    public void setPrice(Double price) {
        this.price = price;
    }
    public String getPublisher() {
        return publisher;
    }
    public void setPublisher(String publisher) {
        this.publisher = publisher;
    }
    public String getTranslator() {
        return translator;
    }
    public void setTranslator(String translator) {
        this.translator = translator;
    }
    public String getTypeid() {
        return typeid;
    }
    public void setTypeid(String typeid) {
        this.typeid = typeid;
    }
    public String getWriter() {
        return writer;
    }
    public void setWriter(String writer) {
        this.writer = writer;
    }
}
```

(1) 为了节约开发时间，不必手动去写每个表中字段对应的 get 和 set 方法。在定义了 BookInfo 类后，在类中直接添加成员变量。定义好访问权限和变量类型后，选择 Source | Generate Getters and Setters 菜单项，弹出如图 6-13 所示的窗口。

(2) 单击 Select All 按钮，然后单击 OK 按钮，完成所有成员变量 set 和 get 方法的设置。

(3) 如果有新增的成员变量，则重复以上步骤。若有删除的成员变量，直接在代码中删除即可。

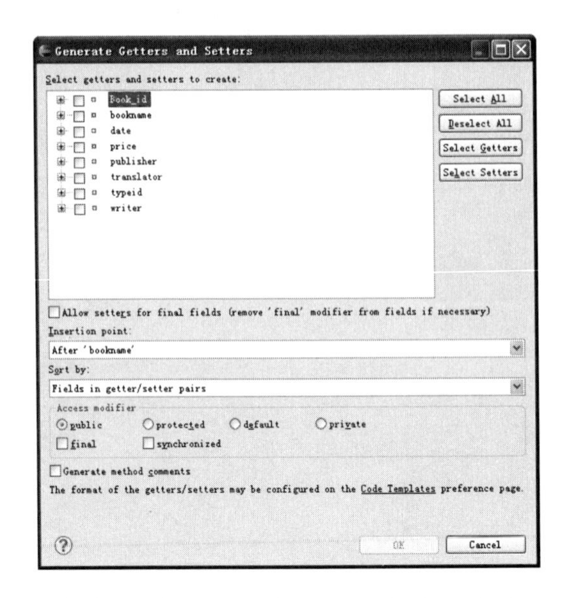

图 6-13　Generate Getters and Setters 窗口

2．BookType 类

BookType 类用于对数据库表 booktype 进行操作，其代码如下：

```
public class BookType {                      //图书类别信息类
    private String id;                       //图书类别编号
    private String typeName;                 //类别名称
    private String days;                     //可借天数
    private String fk;                       //每日罚款金额
    public String getFk() {
        return fk;
    }
    public void setFk(String fk) {
        this.fk = fk;
    }
    public String getDays() {
        return days;
    }
    public void setDays(String days) {
        this.days = days;
    }
    public String getId() {
        return id;
    }
    public void setId(String id) {
        this.id = id;
    }
    public String getTypeName() {
        return typeName;
    }
    public void setTypeName(String typeName) {
        this.typeName = typeName;
    }
}
```

3．Order 类

Order 类用于对数据库表 order 进行操作，其代码如下：

```
public class Order {                        //图书订购信息类
    private String book_id;                 //图书编号
    private Date date;                      //下单日期
    private String number;                  //下单数量
    private String operator;                //操作用户
    private String checkAndAccept;          //是否已收到货
    private String zk;                      //折扣
    public String getCheckAndAccept() {
        return checkAndAccept;
    }
    public void setCheckAndAccept(String checkAndAccept) {
        this.checkAndAccept = checkAndAccept;
    }
    public Date getDate() {
        return date;
    }
    public void setDate(Date date) {
        this.date = date;
    }
    public String getBook_id() {
        return book_id;
    }
    public void setBook_id(String book_id) {
        this.book_id = book_id;
    }
    public String getNumber() {
        return number;
    }
    public void setNumber(String number) {
        this.number = number;
    }
    public String getOperator() {
        return operator;
    }
    public void setOperator(String operator) {
        this.operator = operator;
    }
    public String getZk() {
        return zk;
    }
    public void setZk(String zk) {
        this.zk = zk;
```

4．Operater 类

Operater 类用于对数据库表 operater 进行操作，其代码如下：

```
    public class Operater {
    private String id;              //用户编号
    private String name;            //姓名
    private String grade;           //等级
    private String password;        //密码
    private String type;
    public String getType() {
        return type;
```

```
    }
    public void setType(String type) {
        this.type = type;
    }
    public String getGrade() {
        return grade;
    }
    public void setGrade(String grade) {
        this.grade = grade;
    }
    public String getId() {
        return id;
    }
    public void setId(String id) {
        this.id = id;
    }
    public String getName() {
        return name;
    }
    public void setName(String name) {
        this.name = name;
    }
    public String getPassword() {
        return password;
    }
    public void setPassword(String password) {
        this.password = password;
    }
```

5. Borrow 类

Borrow 类用于对数据库表 borrow 进行操作，其代码如下：

```
public class Borrow {                       //图书借阅信息类
    private int id;                         //借阅序号
    private String book_id;                 //图书编号
    private String reader_id;               //读者编号
    private String num;                     //借书数量
    private String borrowDate;              //借出日期
    private String backDate;                //归还日期
    private String bookName;                //书名
    public String getBookName() {
        return bookName;
    }
    public void setBookName(String bookName) {
        this.bookName = bookName;
    }
    public String getBackDate() {
        return backDate;
    }
    public void setBackDate(String backDate) {
        this.backDate = backDate;
    }
    public String getBorrowDate() {
        return borrowDate;
    }
    public void setBorrowDate(String borrowDate) {
        this.borrowDate = borrowDate;
    }
    public String getNum() {
```

```
        return num;
    }
    public void setNum(String num) {
        this.num = num;
    }
    public String getBook_id() {
        return book_id;
    }
    public void setBook_id(String book_id) {
        this.book_id = book_id;
    }
    public String getReader_id() {
        return reader_id;
    }
    public void setReader_id(String reader_id) {
        this.reader_id = reader_id;
    }
    public int getId() {
        return id;
    }
    public void setId(int id) {
        this.id = id;
    }
```

6. Back 类

Back 类用于对数据库表 bookinfo 和 reader 进行操作，其代码如下：

```
public class Back {                    //图书归还信息类
    private String book_id;       //图书编号
    private String bookname;      //书名
    private String operatorId;    //操作员编号
    private String borrowDate;    //借出日期
    private String backDate;      //归还日期
    private String readerName;    //读者姓名
    private String reader_id;     //读者编号
    private int typeId;
    private int id;
    public int getId() {
        return id;
    }
    public void setId(int id) {
        this.id = id;
    }
    public int getTypeId() {
        return typeId;
    }
    public void setTypeId(int typeId) {
        this.typeId = typeId;
    }
    public String getBackDate() {
        return backDate;
    }
    public void setBackDate(String backDate) {
        this.backDate = backDate;
    }
    public String getBookname() {
        return bookname;
    }
    public void setBookname(String bookname) {
```

```
        this.bookname = bookname;
    }
    public String getBorrowDate() {
        return borrowDate;
    }
    public void setBorrowDate(String borrowDate) {
        this.borrowDate = borrowDate;
    }
    public String getOperatorId() {
        return operatorId;
    }
    public void setOperatorId(String operatorId) {
        this.operatorId = operatorId;
    }
    public String getBook_id() {
        return book_id;
    }
    public void setBook_id(String book_id) {
        this.book_id = book_id;
    }
    public String getReader_id() {
        return reader_id;
    }
    public void setReader_id(String reader_id) {
        this.reader_id = reader_id;
    }
    public String getReaderName() {
        return readerName;
    }
    public void setReaderName(String readerName) {
        this.readerName = readerName;
    }
```

在软件开发应用中，上述数据库表类被称为实体类。其实我们完全不用特意编写这些类，直接在需要时调取数据库中的各信息字段即可，所以很多初学者认为这是多此一举的。相信很多初学者认为，对于本项目中的信息操作，只需直接连接数据库并进行数据读取即可，不必使用实体类从中间“过滤”一遍。很不幸，这只是大多数初学者的幼稚想法。对于一门面向对象的编程语言，如果要想让自己的程序更具有可扩展性和健壮性，就建议尽量使用基于多层架构的实体类。但是用的时候也并不是漫无目的、随便使用的。对于数据库项目来说，通常关系数据库中的每一个表都可以抽象为一个类，数据表中的每条数据都可以看作该类的一个实例。假如用户表 Users 有三个字段：id(varchar2)、name(Varchar2)、age(number)，用户理所当然要将其抽象成一个类(这是基于面向对象设计)，而该类的数据成员应该是 Users 表中的三个字段。至于用户类的方法，总少不了添加新用户、修改用户信息、查询用户等。但是这个时候问题也随之而来，如果有 N 个表，就需要对这 N 个表进行操作，写 N 个类。虽然它们的数据成员(其实就是数据表字段)不一样，但是却有着一些相同的方法(增、删、改、查)，这是不是要对每一个类一一地分别实现呢？如果 N>10，工作量就有些大了。以后如果还有类似的项目，则又要重新再写 N 个类。在写程序之前一定要仔细地想一想，怎样编写代码才能表现得更加精巧和更加容易复用。在此笔者建议广大读者朋友，将经常用到的，并且需要跨层处理的表设计为实体类，这样就可以将这个表中的数据当作对象来用，以实现各层之间的数据传输。这样在不经意间就实现了数据的表映射处理。对于初学者来说，建议平时多练习实体类的知识，因为它涉及了映射、数据封装、设计模式的知识，对大家向深层次的发展和探索有很大的帮助。

6.5.3　系统登录模块设计

为了增加系统的安全性，应设置只有通过系统身份验证的用户才能够使用本系统，为此必须增加一个系统登录模块。

(1) 添加 BookLogin 类，定义成员变量用来记录当前登录名和用户类型信息。

(2) BookLogin 类应该继承 JFrame 类，JFrame 类是 Java 系统中窗体的基类。在登录窗体中添加两个 JLable 控件、两个 JButton 控件、两个 JTextField 控件。其代码如下：

```
public class BookLogin extends JFrame {
    private static final Operater Type = null;     //人员类型
    private static Operater user;                  //用户名
    private JPasswordField password;
    private JTextField username;
    private JButton login;
    private JButton reset;
    public BookLogin() {
        super();
        final BorderLayout borderLayout = new BorderLayout();  //创建布局管理器
        setDefaultCloseOperation(JFrame.EXIT_ON_CLOSE);        //设置关闭按钮处理事件
        borderLayout.setVgap(10);                              //设置组件之间的垂直距离
        getContentPane().setLayout(borderLayout);              //使用布局管理器
        setTitle("图书馆管理系统登录");                          //设置窗体标题
        Toolkit tool = Toolkit.getDefaultToolkit();            //获得默认的工具箱
        Dimension screenSize = tool.getScreenSize();           //获得屏幕的大小
        setSize(285, 194);                                     //设置窗体大小
        setLocation((screenSize.width - getWidth()) / 2,
                (screenSize.height - getHeight()) / 2);        //设置窗体位置
        final JPanel mainPanel = new JPanel();                 //创建主面板
        mainPanel.setLayout(new BorderLayout());               //设置边框布局
        mainPanel.setBorder(new EmptyBorder(0, 0, 0, 0));      //设置边框为 0
        getContentPane().add(mainPanel);                       //在窗体中加入主面板
        final JLabel imageLabel = new JLabel();        //创建一个标签，用来显示图片
        ImageIcon loginIcon=Icon.add("login.jpg");             //创建一个图像图标
        imageLabel.setIcon(loginIcon);                         //设置图片
        imageLabel.setOpaque(true);                    //设置绘制其边界内的所有像素
        imageLabel.setBackground(Color.GREEN);                 //设置背景颜色
        imageLabel.setPreferredSize(new Dimension(260, 60));   //设置标签大小
        mainPanel.add(imageLabel, BorderLayout.NORTH);         //添加标签到主面板
        final JPanel centerPanel = new JPanel();               //添加一个中心面板
        final GridLayout gridLayout = new GridLayout(2, 2);    //创建网格布局管理器
        gridLayout.setHgap(5);                                 //设置组件之间的平行距离
        gridLayout.setVgap(20);                                //设置组件之间的垂直距离
        centerPanel.setLayout(gridLayout);                     //使用布局管理器
        mainPanel.add(centerPanel);                            //添加到主面板
```

以上代码利用 BookLogin 的构造方法初始化了登录窗口布局，这是采用边框布局方式和表格布局方式实现的。BorderLayout 为布局管理器对象，setVgap()和 setHgap()方法分别用于设置组件之间的水平和垂直距离。JPanel 组件为窗体的主面板，能够容纳其他组件。

(3) 将“用户名”和“密码”组件加入主面板中，代码如下：

```
        final JLabel userNamelabel = new JLabel();                      //创建一个标签
        userNamelabel.setHorizontalAlignment(SwingConstants.CENTER);//设置对齐方式
        userNamelabel.setPreferredSize(new Dimension(0, 0));           //设置组件大小
```

```
        userNamelabel.setMinimumSize(new Dimension(0, 0));//设置组件最小的大小
        centerPanel.add(userNamelabel);                        //添加到中心面板
        userNamelabel.setText("用  户  名: ");                 //设置标签文本
        username = new JTextField(20);                         //创建文本框
        username.setPreferredSize(new Dimension(0, 0));        //设置组件大小
        centerPanel.add(username);                             //添加到中心面板
        final JLabel passwordLabel = new JLabel();             //创建一个标签
        passwordLabel.setHorizontalAlignment(SwingConstants.CENTER);//设置对齐方式
        centerPanel.add(passwordLabel);                        //添加到中心面板
        passwordLabel.setText("密      码: ");                 //设置标签文本
        password = new JPasswordField(20);                     //创建密码框
        password.setDocument(new Document(6));                 //设置密码长度为6
        password.setEchoChar('*');                       //设置密码框的回显字符
```

以上代码中 JLabel 组件用于显示文字，JTextField 组件用于供用户输入信息。其中，set HorizontalAlignment 方法用于设置组件对齐方式，setPreferredSize 方法用于设置组件大小，参数值表示具体值。setDocument 方法用于设置文本框属性，Document(6)参数表示可输入的长度。setEchoChar 方法用于设置输入的字符显示的模式。

(4) 定义一个 addKeyListener 监听器，代码如下：

```
        password.addKeyListener(new KeyAdapter() {             //监听密码框
            public void keyPressed(final KeyEvent e) {         //监听键盘单击事件
                if (e.getKeyCode() == 10)                      //如果按了 Enter 键
                    login.doClick();                           //进行登录
            }
        });
        centerPanel.add(password);                             //添加到中心面板
        final JPanel southPanel = new JPanel();                //新增一个底部面板
        mainPanel.add(southPanel, BorderLayout.SOUTH);         //添加到主面板中
        login=new JButton();                                   //创建按钮组件
        login.addActionListener(new BookLoginAction());        //添加监听器
        login.setText("登录");                                 //设置按钮文本
        southPanel.add(login);                                 //把按钮添加到底部面板中
        reset=new JButton();                                   //创建按钮组件
        reset.addActionListener(new BookResetAction());        //添加监听器
        reset.setText("重置");                                 //设置按钮文本
        southPanel.add(reset);                                 //把按钮添加到底部面板中
        setVisible(true);                                      //设置创建可见
        setResizable(false);                                   //设置窗体不可改变大小
    }
    public static Operater getUser() {
        return user;
    }
    public static Operater getType() {
        return Type;
    }
    public static void setUser(Operater user) {
        BookLogin.user = user;
    }
```

监听器是为了时时监控某个组件上发生的事件从而做出反应而产生的类，实现 Action Listener 接口。以上代码中，第一个监听器监控 password 组件的 keyPressed 事件，按 Enter 键时执行 login.doClick()方法进行登录操作，也相当于单击“登录”按钮。

(5) 分别定义 BookResetAction 重置监听器和 BookLoginAction 登录监听器。重置监听器的功能是，当用户单击“重置“按钮时，将“用户名”和“密码”文本框中内容清空。

登录监听器的功能是，将用户输入的用户名和密码传入 check 方法中去查询数据，看是否有满足此条件的用户。如果没有合法的用户信息，将弹出提示对话框；若满足条件，则创建主窗体，并进入系统主界面。

```
private class BookResetAction implements ActionListener {
    public void actionPerformed(final ActionEvent e){
        username.setText("");//设置用户名输入框为空
        password.setText("");//设置密码输入框为空
    }
}
private class BookLoginAction implements ActionListener {
    public void actionPerformed(final ActionEvent e) {
        user = Business.check(username.getText(),
                    new String(password.getPassword()));//调用 business 方法
        if (user.getName() != null) {//判断用户名是否为 null
            try {
                Main frame = new Main();//创建一个主窗体
                frame.setVisible(true);//设置其可见
                BookLogin.this.setVisible(false);//设置登录窗体为不显示
            } catch (Exception ex) {
                ex.printStackTrace();
            }
        } else {
            JOptionPane.showMessageDialog(null,
                        "请输入正确的用户名和密码! ");//弹出提示框
            username.setText("");//设置用户名输入框为空
            password.setText("");//设置密码输入框为空
        }
    }
}
```

6.6　基本信息管理模块

视频讲解　光盘：视频\第 6 章\基本信息管理模块.avi

本节主要介绍读者信息管理、图书类别管理、图书信息管理、新书订购管理的实现。

6.6.1　读者信息管理

读者信息管理功能模块包括读者信息添加和读者信息修改与删除两个部分。

1. 读者信息添加

(1) 在工程中增加读者信息添加类 ReaderAdd，并且定义“读者相关信息添加”窗体需要的各种组件，包括单选按钮、文本框、下拉列表框、Panel 容器等。

```
public class ReaderAdd extends JInternalFrame {
    public ReaderAdd() {
        super();
        setTitle("读者相关信息添加");
        setIconifiable(true);  // 设置窗体可最小化
        setClosable(true);     // 设置窗体可关闭
        setBounds(100, 100, 500, 350);
        final JLabel logoLabel = new JLabel();
```

```
        ImageIcon readerAddIcon=Icon.add("readerAdd.jpg");
        logoLabel.setIcon(readerAddIcon);
        logoLabel.setOpaque(true);
        logoLabel.setBackground(Color.CYAN);
        logoLabel.setPreferredSize(new Dimension(400, 60));
        getContentPane().add(logoLabel, BorderLayout.NORTH);
        final JPanel panel = new JPanel();
        panel.setLayout(new FlowLayout());
        getContentPane().add(panel);
        final JPanel panel_1 = new JPanel();
        final GridLayout gridLayout = new GridLayout(0, 4);
        gridLayout.setVgap(15);
        gridLayout.setHgap(10);
        panel_1.setLayout(gridLayout);
        panel_1.setPreferredSize(new Dimension(450, 200));
        panel.add(panel_1);
        final JLabel label_2 = new JLabel();
        label_2.setText("姓   名: ");
        panel_1.add(label_2);
        readername = new JTextField();
        readername.setDocument(new Document(10));
        panel_1.add(readername);
        final JLabel label_3 = new JLabel();
```

以上代码利用 ReaderAdd 的构造方法为读者信息添加了初始化布局窗口，此处使用的是边框布局方式。此处将两个 JPanel 嵌套组件作为窗体的主面板，用于容纳其他所有组件。使用两个 JPanel 组件的目的是为了方便管理面板上的组件。由于篇幅限制，以上只列出将“姓名”组件加入 Panel 组件的代码。

(2) 添加事中监听代码如下：

```
    public void actionPerformed(final ActionEvent e) {
            Check validator = new Check();              //校验类
            String zj=String.valueOf(comboBox.getSelectedIndex());
            String id=read_id.getText().trim();
            Vector v1 = new Vector();
            v1.clear();
            v1.add("reader");                           //读取配置文件中相应的查询语句
            v1.add(id);
            if (1== validator.Validate(v1))             //检查是否存在该读者
            {
                JOptionPane.showMessageDialog(null, "添加失败,该读者编号已存在! ");
            }else{
Int  i=Business.InsertReader(readername.getText().trim(),
sex.trim(),age.getText().trim(),zjnumber.getText().trim(),Date.valueOf(date.getText()
.trim()),maxnumber.getText().trim(),tel.getText().trim(),Double.valueOf(keepmoney.get
Text().trim()),zj,zy.getText().trim(),Date.valueOf(bztime.getText().trim()),read_id.g
etText().trim());
                if(i==1){
                    JOptionPane.showMessageDialog(null, "添加成功! ");
                    doDefaultCloseAction();
                }
            }
        }
    }
    class TelListener extends KeyAdapter {
        public void keyTyped(KeyEvent e) {
            String numStr="0123456789-"+(char)8;        //类型转换
            if(numStr.indexOf(e.getKeyChar())<0){
                e.consume();
```

```
            }
        }
    }
    class CloseActionListener implements ActionListener {// 添加关闭按钮的事件监听器
        public void actionPerformed(final ActionEvent e) {
            doDefaultCloseAction();
        }
    }
```

以上代码中，创建了 Check 对象，利用 Vector 类在 Java 中可以实现自动增长的对象数组的特性，将要执行的查询集中存放于 Check.properties 文件中，以方便程序员管理。InsertReader 函数为新增加的读者信息执行数据库插入操作。另外，代码中还定义了两个监听器，TelListener 用于监听文本框当前所输内容是否为数值类型；CloseActionListener 用于监听本窗体的关闭事件，doDefaultCloseAction 方法为 Java 系统函数。

“读者相关信息添加”窗体的运行效果如图 6-14 所示。

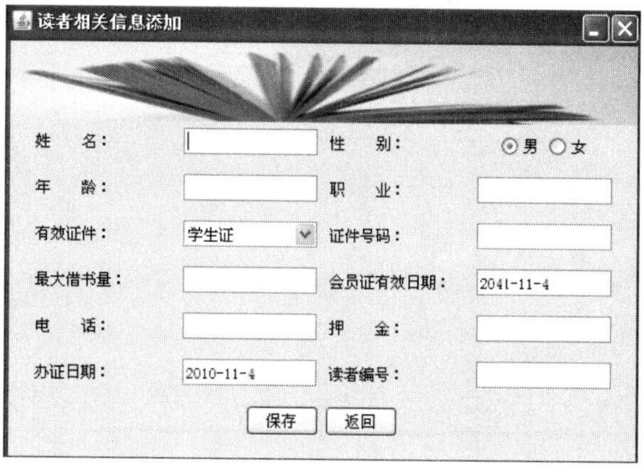

图 6-14　“读者相关信息添加”窗体

2．读者信息修改与删除

在工程中增加读者信息修改与删除类 Readerdefend，在“读者信息修改与删除”窗体上定义组件的方法和“读者相关信息添加”窗体类似。另外，该窗体还采用表格布局方式展示了读者信息。其代码如下：

```
    private String[] columnNames={ "名称", "性别", "年龄", "证件号码", "借书证有效日期","借书量", "电话","押金","证件","职业","读者编号","办证时间" };
    private String[] array=new String[]{"身份证","军人证","学生证"};
    String id;
    private Object[][] getFileStates(List list){
        Object[][]results=new Object[list.size()][columnNames.length];
        for(int i=0;i<list.size();i++){
            Reader reader=(Reader)list.get(i);
            results[i][0]=reader.getName();    //定义二维数组
            String sex;
            if(reader.getSex().equals("1")){
                sex="男";
            }
            else
                sex="女";
            results[i][1]=sex;           //读取读者各属性值
            results[i][2]=reader.getAge();
```

```
                results[i][3]=reader.getIdentityCard();
                results[i][4]=reader.getDate();
                results[i][5]=reader.getMaxNum();
                results[i][6]=reader.getTel();
                results[i][7]=reader.getKeepMoney();
                results[i][8]=array[reader.getZj()];
                results[i][9]=reader.getZy();
                results[i][10]=reader.getBook_id();
                results[i][11]=reader.getBztime();
            }
            return results;
        }
```

以上代码循环读取读者信息，并将数据包存于 results 二维数组中。数组 columnNames 中定义了各列的列名。最后将表格加入到 Panel 组件容器中。

“读者信息修改与删除”窗体的运行效果如图 6-15 所示。

图 6-15　“读者信息修改与删除”窗体

上述实现代码中用到了数组。数组是 Java 程序中最常见的一种数据结构，能够将相同类型的数据用一个标识符封装到一起，构成一个对象序列或基本类型序列。读者在此需要注意，在 Java 中不能只分配内存空间而不赋初始值。因为一旦为数组中的每个数组元素分配了内存空间，则每个内存空间里存储的内容就是该数组元素的值，即使这个内存空间存储的内容为空，这个“空”也是一个值，用 null 来表示。不管以哪一种方式来初始化数组，只要为数组元素分配了内存空间，数组元素就具有了初始值。获取初始值的方式有两种：由系统自动分配或由程序员指定。

6.6.2　图书类别管理

图书类别信息管理功能模块包括图书类别信息添加和图书类别信息修改两个部分。

1．图书类别信息添加

在工程中增加图书类别信息添加类 BookTypeAdd，并且定义该窗体需要的各种组件，包括文本输入框、JLable 标签、JButton 按钮、Panel 容器等。为“保存”按钮增加监听器，在保存时判断图书类型相关信息是否满足相应的条件，若不满足，则调用 showMessageDialog 方法弹出相应的提示信息，代码如下：

```
button.addActionListener(new ActionListener(){
            public void actionPerformed(final ActionEvent e) {
                if(bookTypeName.getText().length()==0){
                    JOptionPane.showMessageDialog(null, "图书类别文本框不可为空");
                    return;
                }
                if(days.getText().length()==0){
                    JOptionPane.showMessageDialog(null, "可借天数文本框不可为空");
                    return;
                }
                if(!check.isNumeric(days.getText().trim())){
                    JOptionPane.showMessageDialog(null, "可借天数必须为数字!");
                    return ;
                }
                if(fakuan.getText().length()==0 ){
                    JOptionPane.showMessageDialog(null, "罚款文本框不可为空");
                    return;
                }
                if(!check.isNumeric(fakuan.getText().trim())){
                    JOptionPane.showMessageDialog(null, "罚款必须为数字!");
                    return ;
                }
                int i=Business.InsertBookType(bookTypeName.getText().trim(),
days.getText().trim(),Double.valueOf(fakuan.getText().trim())/10);
                if(i==1){
                    JOptionPane.showMessageDialog(null, "添加成功! ");
                    doDefaultCloseAction();
                }
            }
        });
        panel_6.add(button);
        final JButton buttonDel = new JButton();
        buttonDel.setText("关闭");
        buttonDel.addActionListener(new ActionListener(){
            public void actionPerformed(final ActionEvent e) {
                doDefaultCloseAction();
            }
        });
        panel_6.add(buttonDel);
        setVisible(true);
    }
```

2. 图书类别信息修改

在工程中增加图书类别信息修改类 BookTypedefend。类中根据用户更新的图书类别信息调用 UpdatebookType 方法对数据库表 booktype 进行操作，代码如下：

```
class ButtonAddListener implements ActionListener{
        public void actionPerformed(ActionEvent e){
            Object selectedItem = bookTypeModel.getSelectedItem();
            inti=Business.UpdatebookType(BookTypeId.getText().trim(),
selectedItem.toString(), days.getText().trim(),fk.getText().trim());
            if(i==1){
                JOptionPane.showMessageDialog(null, "修改成功");
                Object[][] results=getFileStates(Business.selectBookCategory());
                model.setDataVector(results,columnNames);
                table.setModel(model);

            }
        }
    }
```

6.6.3 图书信息管理

图书信息管理功能模块包括图书信息添加和图书信息修改两个部分。

1. 图书信息添加

(1) 在工程中增加图书信息添加类 BookAdd。在该类中将图书类别从 booktype 表中取出并添加到图书类别下拉列表框中，代码如下：

```
final JLabel bookTypeLabel = new JLabel();//创建图书类别标签
    bookTypeLabel.setHorizontalAlignment(SwingConstants.CENTER);//设置平行对齐方式
        bookTypeLabel.setText("类别: ");//设置标签文本
        mainPanel.add(bookTypeLabel);//添加到中心面板
        bookType = new JComboBox();//创建图书类别下拉列表框
        bookTypeModel= (DefaultComboBoxModel)bookType.getModel();//设置类别模型
        List list=Business.selectBookCategory();//从数据库中取出图书类别
        for(int i=0;i<list.size();i++)    //遍历图书类别
        {
            BookType booktype=(BookType)list.get(i);//获得图书类别
            Item item=new Item();//实例化图书类别选项
            item.setId((String)booktype.getId());//设置图书类别编号
            item.setName((String)booktype.getTypeName());//设置图书类别名称
            bookTypeModel.addElement(item);//添加图书类别元素
        }
        mainPanel.add(bookType);//添加到中心面板
```

(2) 为 BookAdd 类添加 book_idFocusListener 监听器，该监听器会查询 bookinfo 表中是否存在用户增加的图书编号，保持图书编号的唯一性。其代码如下：

```
class book_idFocusListener extends FocusAdapter {
        public void focusLost(FocusEvent e){
            if(!Business.selectBookInfo(book_id.getText().trim()).isEmpty()){
                JOptionPane.showMessageDialog(null, "添加书号重复! ");
                return;
            }
        }
    }
```

2. 图书信息修改

在工程中增加图书信息修改类 Bookdefend，实现该类窗体控件的方法与图书信息添加类似，只是增加了 UpdateBookActionListener 监听方法，在用户保存修改内容时调用执行。

在本模块中，使用 for 循环语句对图书信息进行了遍历操作。在 Java 的 for 语句中，控制 for 循环的变量经常只是用于该循环，而不用在程序的其他地方。在这种情况下，可以在循环的初始化部分中声明变量。当我们在 for 循环内声明变量时，必须记住重要的一点：该变量的作用域在 for 语句执行完毕后就结束了(因此，该变量的作用域仅局限于 for 循环内)。在 for 循环外，变量就不存在了。如果需要在程序的其他地方使用循环控制变量，就不能在 for 循环中声明它。由于循环控制变量不会在程序的其他地方使用，因此大多数程序员都在 for 循环中声明它。

另外，初学者经常以为只要在 for 后面的括号中控制了循环迭代语句就万无一失了，其实不是这样的。请看下面的代码：

```
public class TestForError
{
    public static void main(String[] args)
    {
        //循环的初始化条件、循环条件、循环迭代语句都在下面一行
        for (int count = 0 ; count < 10 ; count++)
        {
            System.out.println(count);
            //再次修改了循环变量
            count *= 0.1;
        }
        System.out.println("循环结束!");
    }
}
```

以上代码在循环体内修改了 count 变量的值，并且把这个变量的值乘以了 0.1，这会导致 count 的值永远都不会超过 10，所以上述程序会形成一个死循环。

其实在使用 for 循环时，还可以把初始化条件定义在循环体之外，把循环迭代语句放在循环体内。把 for 循环的初始化语句放在循环之前定义还有一个好处，那就是可以扩大初始化语句中所定义的变量的作用域。在 for 循环里定义的变量，其作用域仅在该循环内有效，for 循环终止以后，这些变量将不可被访问。

6.6.4 新书订购管理

新书订购管理功能模块包括新书订购和图书验收两个部分。

1. 新书订购

(1) 在工程中增加新书订购类 BookOrder，并且定义“新书订购管理”窗体需要的各种组件，包括文本框、JLable 标签、JButton 按钮、Panel 容器等。“新书订购管理”窗体的运行效果如图 6-16 所示。

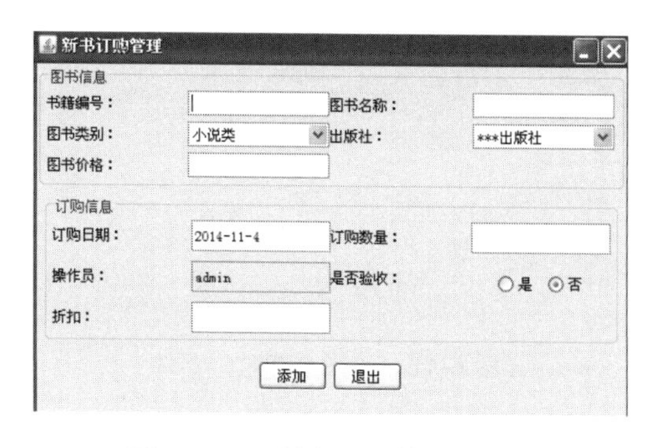

图 6-16 “新书订购管理”窗体

(2) 在添加图书订购信息前，需要检查该图书是否已经添加了订购信息和该图书是否已存在，这是通过 selectBookOrder 方法和 selectBookInfo 方法实现的。其代码如下：

```
 class ISBNListenerlostFocus extends FocusAdapter{
    public void focusLost(FocusEvent e){
    String ISBNs = ISBN.getText().trim();
if(!Business.selectBookOrder(ISBN.getText().trim()).isEmpty()){
JOptionPane.showMessageDialog(null, "已经为此编号图书添加订购信息，请输入其他图书编号！");
```

```
    ISBN.setText("");
    bookName.setText("");
    price.setText("");
    return;
    }
            List list = Business.selectBookInfo(ISBNs);
            if(list.isEmpty()&&!ISBN.getText().isEmpty()){
                ISBN.setText("");
                bookName.setText("");
                price.setText("");
                JOptionPane.showMessageDialog(null, "图书信息表中无此书号，请您首先到基础
数据维护中进行图书信息添加操作");
            }
            for (int i = 0; i < list.size(); i++) {
                BookInfo bookinfo = (BookInfo) list.get(i);
                bookName.setText(bookinfo.getBookname());
                bookType.setSelectedItem(map.get(bookinfo.getTypeid()));
                cbs.setSelectedItem(bookinfo.getPublisher());
                price.setText(String.valueOf(bookinfo.getPrice()));

            }
        }
    }
```

2. 图书验收

增加图书验收类 BookCheck，并添加相应的控件。“图书验收”窗体的运行效果如图 6-17 所示。

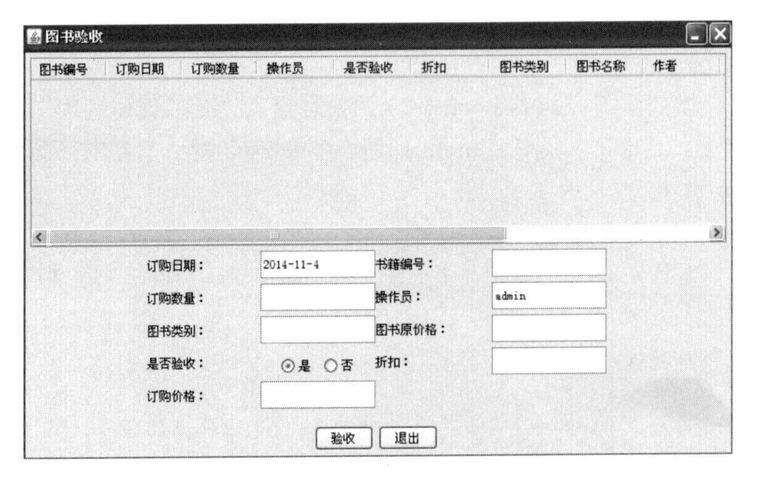

图 6-17 “图书验收”窗体

类代码中要实现 CheckActionListener 监听方法，在用户验收新书时调用 UpdateCheck BookOrder 方法的参数为图书编号加上验收标记。其代码如下：

```
class CheckActionListener implements ActionListener{
        private final DefaultTableModel model;
        CheckActionListener(DefaultTableModel model) {
            this.model = model;
        }
        public void actionPerformed(final ActionEvent e) {
            if(radioButton2.isSelected()){
                String ISBNs=ISBN.getText();
```

```
                int i=Business.UpdateCheckBookOrder(ISBNs);
                if(i==1){
            JOptionPane.showMessageDialog(null, "验收成功! ");
            Object[][]results=getFileStates(Business.selectBookOrder());
                    model.setDataVector(results,columnNames);
                    table.setModel(model);
                    radioButton1.setSelected(true);
                }
            }
            else {
                JOptionPane.showMessageDialog(null, "您选择的图书已经进行过验收,
请选择其他图书进行验收");
            }
        }
    }
```

6.7 用户管理模块

视频讲解 光盘：视频\第 6 章\用户管理模块.avi

本节主要介绍用户信息添加、用户信息修改与删除、用户密码修改的实现。

6.7.1 用户信息添加

在工程中增加用户信息添加类 UserAdd，并定义“用户信息添加”窗体需要的各种组件，包括文本框、JLable 标签、JButton 按钮、Panel 容器等。“用户信息添加”窗体的运行效果如图 6-18 所示。

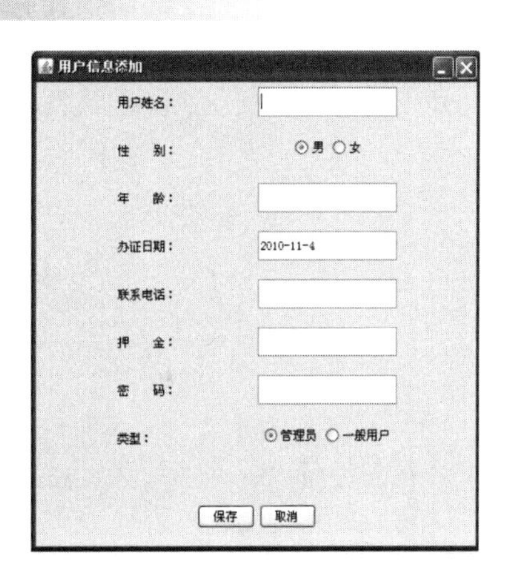

图 6-18 “用户信息添加”窗体

因为同一系统中不可能存在两个同名的用户，因此在添加用户前要检查用户是否已存在。定义 useraddFocusListener 监听器，在用户输入用户姓名并离开文本框时执行该方法。其代码如下：

```
class useraddFocusListener extends FocusAdapter {
        public void focusLost(FocusEvent e){
            if(!Business.selectuserInfo(textField.getText().trim()).isEmpty()){
                JOptionPane.showMessageDialog(null, "添加用户名重复! ");
                return;
            }
        }
    }
```

6.7.2 用户信息修改与删除

在工程中增加用户信息修改与删除类 Userdefend，并定义“用户信息修改与删除”窗体需要的各种组件，包括文本框、JLable 标签、JButton 按钮、Panel 容器等。“用户信息修改与删除”窗体的运行效果如图 6-19 所示。

图 6-19 “用户信息修改与删除”窗体

该窗体采用表格布局方式展示了用户信息。选择某个用户后，窗体将该用户的各个属性信息显示出来，用户修改相应的属性后，单击“修改”按钮可保存修改后的信息；单击“删除”按钮则可将该用户从数据库清除。其部分代码如下：

```
final JButton button_2 = new JButton();
        button_2.setText("删除");
        panel_1.add(button_2);
        button_2.addActionListener(new ActionListener(){
            public void actionPerformed(final ActionEvent e) {
                int id=Integer.parseInt(textField_7.getText());
                int i=Business.Deluser(id);          //删除用户名为 id 变量的用户信息
                if(i==1){
                    JOptionPane.showMessageDialog(null, "删除成功");
                    Object[][] results=getFileStates(Business.selectuser());
                    DefaultTableModel model=new DefaultTableModel();
                    table.setModel(model);
                    model.setDataVector(results, str);
                }
            }
        });}
```

6.7.3 用户密码修改

在工程中增加密码修改类 Pass，在窗体顶端增加提示信息，说明只有系统管理员可修改所有用户的密码，一般用户只能修改自己的密码。“密码修改”窗体的运行效果如图 6-20 所示。

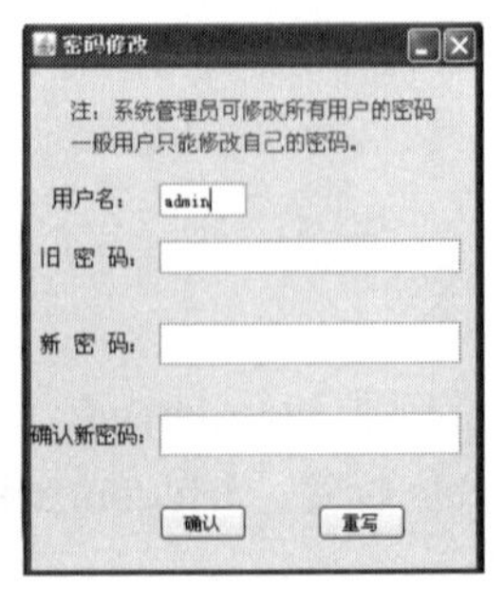

图 6-20 “密码修改”窗体

用户输入用户名后，userListenerlostFocus 监听器在系统中查询该用户是否存在，并且根据用户类型 getType 判断用户是否为系统管理员。若是系统管理员，则使“用户名”文本框可编辑。其代码如下：

```
class userListenerlostFocus extends FocusAdapter {
        public void focusLost(FocusEvent e)
        {
            Check ch = new Check();
            Vector user_v= new Vector();
            user_v.add("operator");
            user_v.add(username.getText());
            if (ch.Validate(user_v)!=1){
            JOptionPane.showMessageDialog(null, username.getText()+"用户不存在!");
                username.setText("");
            }
        }
    }
        username.setEditable(false);
        if (user.getType().equals("1")){
            username.setEditable(true);
            username.addFocusListener(new userListenerlostFocus());
        }
```

第7章　OA办公系统

随着科技的发展，计算机在日常工作中起到的作用越来越重要。在市场经济高速发展的今天，为了提高工作效率，利用信息化技术分配工作、管理工作和处理工作势在必行，所以市场中各种管理软件百花争放。OA(办公自动化)办公系统是当今软件市场中的主流产品之一，它可以大大简化数量繁多的工作事务或者繁琐的工作流程，提高工作效率，减少工作中可能出现的错误，是现代办公自动化的重要组成部分。本章将介绍利用 MyEclipse 开发 OA 办公系统的流程，旨在让读者牢固掌握 SQL 后台数据库的建立、维护以及前台应用程序的开发方法，为以后的软件开发工作打下坚实的基础。

赠送的超值电子书

061.定义软件包
062.在 Eclipse 中定义软件包
063.在程序里插入软件包
064.父类和子类
065.对父类的操作
066.重写
067.重载
068.Java 中的封装
069.使用访问控制符
070.使用 import

7.1 模块化编程思想

视频讲解 光盘：视频\第 7 章\模块化编程思想.avi

如今，闭门造车的软件开发时代早已过去。在 C、Java、C#等程序开发过程中，几乎每一位开发者都需要依赖别人写的类库或框架。这种借助并复用他人提供的基础设施、框架以及类库的好处在于使自己能够专注于应用本身的逻辑当中，从而缩短了软件开发所需要的时间。利用别人现成的代码和框架进行开发的过程，其实就体现了模块化编程的原则。开发者要想提高开发效率，模块化编程必不可少。

7.1.1 现实中的模块化编程

模块化编程是指将一个庞大的程序划分为若干个功能独立的模块，对各个模块进行独立开发，然后再将这些模块统一合并为一个完整的程序。这样做的好处是可以缩短开发周期，提高程序的可读性和可维护性。

在 Java 程序开发领域，最常见的模块化编程技术便是调用接口函数。另外，Java 通过编写函数的方式来实现每一个具体功能的做法，也体现了模块化编程的思想。由此可见，模块化编程就是对开发领域中的常见功能进行独立编码，当以后在不同的项目中用到这些常见功能时，直接使用已完成的代码即可。模块化编程思想的意义巨大，并最终推动了面向对象编程理念的产生。

在开发 Java 程序的时候，如果程序比较小或者功能比较简单，则不需要采用模块化编程。但是，当程序功能复杂、涉及的资源较多时，模块化编程就能体现了它的优越性。在大型项目中，不建议将不同功能类型的程序全部集中在一个源文件里，这将导致主体程序臃肿且杂乱，降低了程序的可读性、可维护性和代码的重用率。如果把这些不同类型的功能程序当作独立的模块进行模块化编程，效果就不一样了。这样就达到了美观、简洁、高效、易维护、易扩展的效果。

7.1.2 赢在面向对象——实现高内聚和低耦合代码

模块化编程思想的核心是高内聚和低耦合。内聚又称块内联系，是模块的功能强度的度量，即一个模块内部各个元素彼此结合的紧密程度的度量。若一个模块内各元素联系得越紧密，则它的内聚度就越高。耦合也称块间联系，是软件系统结构中各模块间相互联系紧密程度的一种度量。模块之间联系越紧密，其耦合度就越强，模块的独立性则越差。模块间耦合度的高低取决于模块间接口的复杂性、调用的方式及传递的信息。

按内聚度由低到高，内聚有如下几类。

(1) 偶然内聚：指一个模块内的各处理元素之间没有任何联系。

(2) 逻辑内聚：指模块内执行几个逻辑上相似的功能，通过参数确定该模块完成哪一个功能。

(3) 时间内聚：将需要同时执行的动作组合在一起形成的模块称为时间内聚模块。

(4) 过程内聚：构件或者操作的组合方式是，允许在调用前面的构件或操作之后，马上调用后面的构件或操作，即使两者之间没有数据进行传递。

(5) 通信内聚：指模块内所有处理元素都在同一个数据结构上操作(有时称为信息内聚)，或者指各处理使用相同的输入数据或者产生相同的输出数据。

(6) 顺序内聚：指一个模块中各个处理元素都密切相关于同一功能且必须顺序执行，前一功能元素的输出就是下一功能元素的输入。

(7) 功能内聚：指模块内所有元素共同完成一个功能，缺一不可，模块不可再分割。

按耦合度由高到低，耦合有如下几类。

(1) 内容耦合：有下列情形之一，就称两个模块发生了内容耦合。

- 一个模块访问另一个模块的内部数据。
- 一个模块不通过正常入口而转到另一个模块的内部。
- 一个模块有多个入口。

(2) 公共耦合：当两个或多个模块通过公共数据环境相互作用时，它们之间的耦合称为公共耦合。

(3) 控制耦合：如果两个模块通过参数交换信息，交换的信息有控制信息，那么这种耦合就是控制耦合。

(4) 特征耦合：如果被调用的模块需要使用作为参数传递进来的数据结构中的所有数据时，那么把这个数据结构作为参数整体传送是完全正确的。但是，当把整个数据结构作为参数传递而使用其中一部分数据元素时，就出现了特征耦合。在这种情况下，被调用的模块可以使用的数据多于它确实需要的数据，这将导致对数据的访问失去控制，从而给计算机犯错误提供机会。

(5) 数据耦合：如果两个模块通过参数交换信息，而且交换的信息仅仅是数据，那么这种耦合就是数据耦合。

高内聚、低耦合的系统有什么好处呢？事实上，短期来看，并没有很明显的好处，甚至可能影响系统的开发进度，因为高内聚、低耦合的系统对开发设计人员提出了更高的要求。高内聚、低耦合的好处体现在系统持续发展的过程中，高内聚、低耦合的系统具有更好的重用性、维护性、扩展性，可以更高效地完成系统的维护开发，持续地支持业务的发展，而不会成为业务发展的障碍。

7.2 新 的 项 目

视频讲解　光盘：视频\第 7 章\新的项目.avi

本项目是为国内一家中型企业开发一个 OA 办公自动化系统，整个开发团队成员的具体职责如下。

- 软件工程师 A：负责分析系统需求、设计数据库、撰写系统设计规划书。
- 软件工程师 B：负责系统框架设计、员工和部门信息管理模块的编码工作。
- 软件工程师 C：负责基本信息管理模块、通讯录和信息发布管理模块的编码工作。
- 软件工程师 D：项目总负责人，负责监控项目总进度。

本项目的具体开发流程如图 7-1 所示。

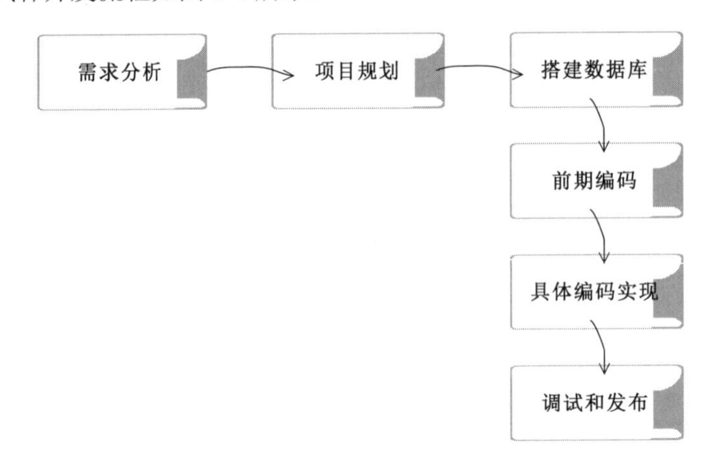

图 7-1　开发流程

整个项目的具体操作流程如下：项目规划→数据库设计→框架设计→基本信息管理、员工和部门信息管理、通讯录和信息发布管理模块设计。

软件开发项目管理中到处都要考虑平衡，软件开发团队成员的组成同样需要考虑平衡，包括技能水平、分工、角色岗位、薪酬、性格特点等各方面的平衡。软件开发项目中的骨干员工不宜超过软件开发团队规模的 30%，一般 20%比较合适。骨干员工可以得到更好的薪酬和晋升回报，自然应该承担更多的责任。软件开发项目中的人员结构正是 1∶2∶4∶8 这种金字塔型结构朝下扩展，软件开发项目经理无法做到事事躬亲，如果正如金字塔型的 15 人软件开发团队规模，则中间 6 个人是否能够承担责任和起好作用至关重要。软件开发团队中的每个成员都有高度的责任心和自发性是不太可能实现的，关键是核心成员能够起好带头和跟踪协调的作用。另外，性格平衡也是重要的一方面，如果软件开发团队中的每个成员都个性张扬，以自我为中心而缺乏团队精神，则整个团队就会缺乏凝聚力和战斗力。

7.3　系统概述和总体设计

视频讲解　光盘：视频\第 7 章\系统概述和总体设计.avi

本项目的系统规划书分为如下两个部分：

- 系统需求分析文档。
- 系统运行流程说明。

7.3.1　系统需求分析

OA 办公系统的用户主要是公司员工。该系统包含的核心功能如下。

(1) 基本信息管理模块，包括权限信息管理和日常信息管理等子模块。

(2) 员工和部门信息管理模块，包括员工信息管理和部门信息管理等子模块。

(3) 通讯录和信息发布管理模块，包括通讯录管理和信息发布管理等子模块。

根据需求分析设计系统的体系结构，如图 7-2 所示。

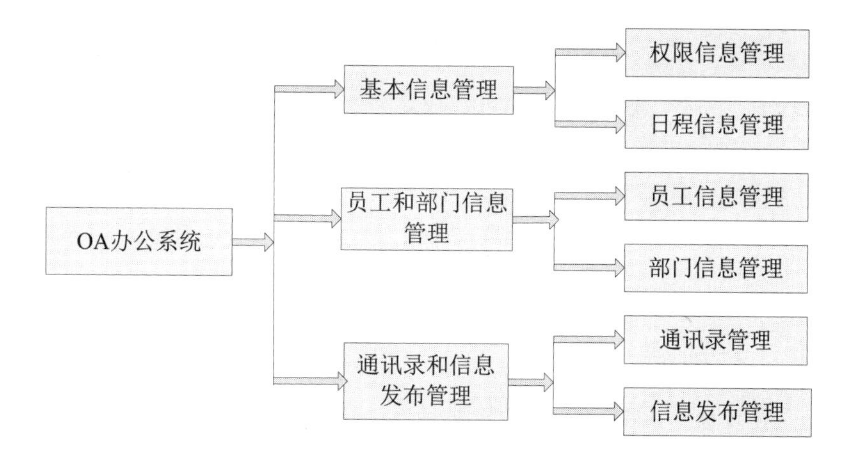

图 7-2　OA 办公系统体系结构示意图

图 7-2 中详细列出了本系统的主要功能模块，因为本书篇幅的限制，在本书后面的内容讲解过程中，只是讲解了图 7-2 中的重要模块的具体实现过程。对于其他模块的具体实现，请读者参阅本书附带光盘中的源代码和讲解视频。

7.3.2　系统 demo 流程

下面模拟系统的运行流程：运行系统后，首先会弹出用户登录页面，对用户的身份进行认证并确定用户的权限，如图 7-3 所示。

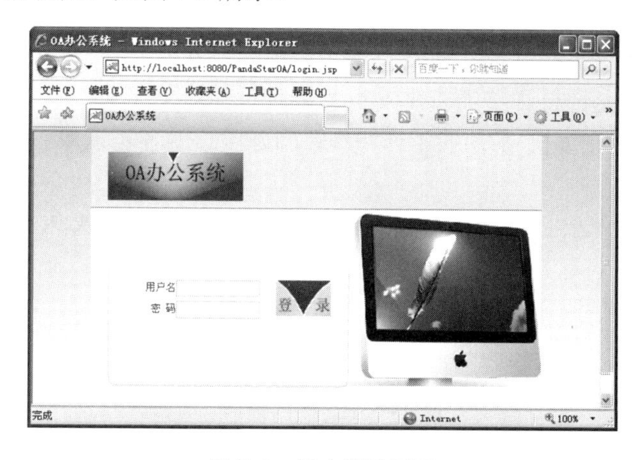

图 7-3　用户登录页面

系统初始化时会生成两个默认用户：系统管理员和普通用户。系统管理员的用户名为 admin，密码为 admin；普通用户的用户名为 user，密码为 user。这是由程序设计人员添加到数据库表中的。如果要对其他任何普通用户进行管理，需要使用 admin 用户(系统管理员)登录，登录后可以在系统维护菜单下进行添加、修改、删除操作。普通用户则使用 user 用户进行登录。

进入系统后，首先需要添加基本信息，主要包括部门信息、员工信息和角色信息。

7.4　数据库设计

视频讲解　光盘：视频\第 7 章\数据库设计.avi

本项目系统的开发工作主要包括后台数据库的建立、测试数据的录入以及前台应用程序的开发三个方面。数据库设计是系统设计的一个重要组成部分，数据库设计的好坏直接影响程序编码的复杂程度。

7.4.1　设计物理结构

数据库在物理设备上的存储结构与存储方法称为数据库的物理结构，它依赖于给定的计算机系统。为一个给定的逻辑数据模型选取一个最适合应用要求的物理结果的过程，就是数据库的物理设计。

数据库的物理结构设计通常分为如下两步。

(1) 确定数据库的物理结构，在关系数据库中主要指确定存取方法和存储结构。

(2) 对物理结构进行评价，评价的重点是时间和空间效率。

完成数据库的物理设计以后，设计人员就要用 RDBMS(关系数据库管理系统)提供的数据定义语言和其他实用程序将数据库逻辑设计和物理设计结果严格描述出来，成为 DBMS 可以接受的源代码，再经过调试产生目标模式，然后就可以组织数据入库了。

在进行整个数据库设计工作之前，必须准确了解与分析用户需求(包括数据和处理)。需求分析是整个设计过程的基础，是最困难、最耗费时间的一步。作为地基的需求分析是否做得充分与准确，决定了在其上构建数据库大厦的速度和质量。

需求分析的任务是通过详细调查现实世界要处理的对象(组织、部门、企业等)，充分了解原系统(手工系统或计算机系统)的工作概况，明确用户的各种需求，然后在此基础上确定新系统的功能。

需求分析调查的重点是“数据”和“处理”，通过调查、收集和分析，获得用户对数据库的如下需求。

(1) 信息需求，指用户需要从数据库中获得信息的内容与性质。由信息需求可以导出数据需求，即数据库中需要存储哪些数据。

(2) 处理需求，指用户需要完成什么处理功能。明确用户对数据有什么样的处理需求，从而确定数据之间的相互关系。

(3) 安全性与完整性需求。

7.4.2　数据库结构的设计

在进行具体的数据库设计时，A 针对需求文档进行了分析，总结出整个项目包含 9 种信息，对应的数据库也需要包含这 9 种信息，因此系统需要包含 9 个数据库表，分别如下。

- employee：员工信息表。
- dept：部门信息表。

- power：菜单信息表。
- powerrole：菜单角色表。
- role：角色信息表。
- calendar：日程信息表。
- privateaddressbook：通讯录信息表。
- bulletin：公告信息表。
- employeerole：职工角色表。

(1) 员工信息表 employee，用来保存员工信息，表结构如表 7-1 所示。

表 7-1 员工信息表结构

编 号	字段名称	数据类型	说 明
1	emp_ID	int(11)	员工 ID
2	emp_code	varchar(12)	员工代码
3	empname	varchar(12)	员工姓名
4	emppwd	varchar(16)	密码
5	emp_sex	emp_joindate	性别
6	emp_birth	date	生日
7	emp_email	date	邮箱
8	emp_address	date	地址
9	emp_phone	date	电话
10	emp_description	date	备注
11	dept_ID	date	部门 ID
12	ROLE_ID	date	角色 ID

(2) 部门信息表 dept，用来保存部门信息，表结构如表 7-2 所示。

表 7-2 部门信息表结构

编 号	字段名称	数据结构	说 明
1	dept_id	int(11)	部门 ID
2	dept_name	varchar(20)	部门名称
3	dept_fid	int(11)	上级部门
4	dept_description	text	描述

(3) 菜单信息表 power，用来保存菜单信息，表结构如表 7-3 所示。

表 7-3 菜单信息表结构

编 号	字段名称	数据结构	说 明
1	POWER_ID	int(11)	菜单 ID
2	POWER_NAME	varchar(20)	菜单名称

续表

编　号	字段名称	数据结构	说　明
3	POWER_ADDRESS	varchar(200)	菜单地址
4	POWER_FID	int(11)	上级菜单

(4) 菜单角色表 powerrole，用来保存菜单角色，表结构如表 7-4 所示。

表 7-4　菜单角色表结构

编　号	字段名称	数据结构	说　明
1	POWER_ID	int(11)	菜单 ID
2	ROLE_ID	int(11)	角色 ID

(5) 角色信息表 role，用来保存角色信息，表结构如表 7-5 所示。

表 7-5　角色信息表结构

编　号	字段名称	数据结构	说　明
1	ROLE_ID	int(11)	角色 ID
2	ROLE_NAME	int(11)	角色名称

(6) 日程信息表 calendar，用来保存日程信息，表结构如表 7-6 所示。

表 7-6　日程信息表结构

编　号	字段名称	数据结构	说　明
1	CALENDAR_ID	int(11)	日程 ID
2	CALENDAR_TITLE	varchar(20)	日程标题
3	CALENDAR_STARTTIME	date	开始日期
4	CALENDAR_ENDTIME	date	结束日期
5	CALENDAR_REMIND	int(2)	提醒日期
6	CALENDAR_CONTENT	text	日程内容
7	EMP_ID	int(11)	员工 ID
8	CALENDAR_ISREMID	tinyint(1)	是否提醒

(7) 通讯录信息表 privateaddressbook，用来保存通讯录信息，表结构如表 7-7 所示。

表 7-7　通讯录信息表结构

编　号	字段名称	数据结构	说　明
1	PAB_ID	int(5)	通讯录 ID
2	PAB_NAME	varchar(12)	员工姓名
3	PAB_SEX	varchar(2)	性别
4	PAB_BIRTHDAY	date	生日
5	PAB_MOBILETEL	varchar(13)	移动电话

续表

编　号	字段名称	数据结构	说　明
6	PAB_EMAIL	varchar(50)	电子邮箱
7	PAB_QQMSN	varchar(30)	QQ/MSN
8	PAB_ADDRESS	varchar(100)	地址
9	PAB_FAMILYTEL	varchar(13)	宅电
10	PAB_COMPANYNAME	varchar(30)	单位名称
11	PAB_COMPANYTEL	varchar(13)	单位电话

(8) 公告信息表 bulletin，用来保存公告信息，表结构如表 7-8 所示。

表 7-8　公告信息表结构

编　号	字段名称	数据结构	说　明
1	BULLETIN_ID	int(11)	公告 ID
2	BULLETIN_TITLE	varchar(20)	公告标题
3	BULLETIN_CONTENT	text	公告内容
4	BULLETIN_BUILDTIME	date	公告时间

注意： 为节省本书篇幅，此处只给出较重要的数据库表的结构，其他数据库表的结构请参阅本书附带光盘中的数据库文件。

7.5　系统框架设计

视频讲解　光盘：视频\第 7 章\系统框架设计.avi

当使用 JSP 进行动态 Web 开发时，三层结构是最佳的开发模式。三层结构包含：表示层(USL)、业务逻辑层(BLL)、数据访问层(DAL)。

(1) 数据访问层：主要是对原始数据(数据库或者文本文件等存放数据的形式)的操作层，而不是指原始数据，也就是说，是对数据的操作，而不是数据库，具体为业务逻辑层或表示层提供数据服务。

(2) 业务逻辑层：主要是针对具体问题实现的操作，也可以理解成对数据层的操作，或对数据业务进行逻辑处理。如果说数据层是积木，那么逻辑层就是对这些积木的搭建。

(3) 表示层：主要表示 Web 方式，在 Java Web 项目中可以表现成 jsp。如果逻辑层相当强大和完善，无论表现层如何定义和更改，逻辑层都能完善地提供服务。

对于很多初学者，最大的困惑是不知道当前的工作属于哪个层，其实辨别的方法很简单。

- 数据访问层：主要看数据层里有没有包含逻辑处理，该层的各个函数主要完成对数据文件的操作，而不必管其他操作。
- 业务逻辑层：主要负责对数据层的操作，也就是说把一些数据层的操作进行组合。
- 表示层：主要用于接受用户的请求，以及返回数据，为客户端提供应用程序的访问。

系统框架设计步骤属于整个项目开发过程中的前期工作，项目中的具体功能将以此为基础进行扩展。本项目的系统框架设计工作需要如下四个阶段。

(1) 搭建开发环境：操作系统 Windows 7、数据库 MySQL、开发工具 MYEclipse。

(2) 设计主界面。

(3) 设计各个对象类：类是面向对象的核心，每个类能独立实现某个具体的功能，能够减少代码的冗余性。

(4) 系统登录验证：确保只有合法的用户才能登录系统。

7.5.1 创建工程及设计主界面

1. 创建工程

(1) 创建一个 Web Projec 七类型的工程，命名为 PandaStarOA，如图 7-4 所示。

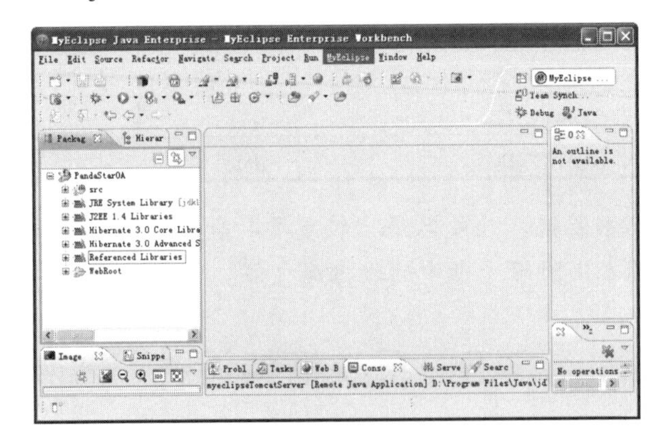

图 7-4 创建工程

(2) 新建的工程下已自动生成 src 目录用于存放源代码，JRE System Library 目录下已添加了系统要引用的 jar 包。如果在开发中需要引用第三方 jar 包，可右击工程名，在弹出的快捷菜单中选择 build path 子菜单，然后在弹出的对话框中单击右侧的 Libraries 标签，在 Libraries 选项卡中添加第三方 jar 包，如图 7-5 所示。

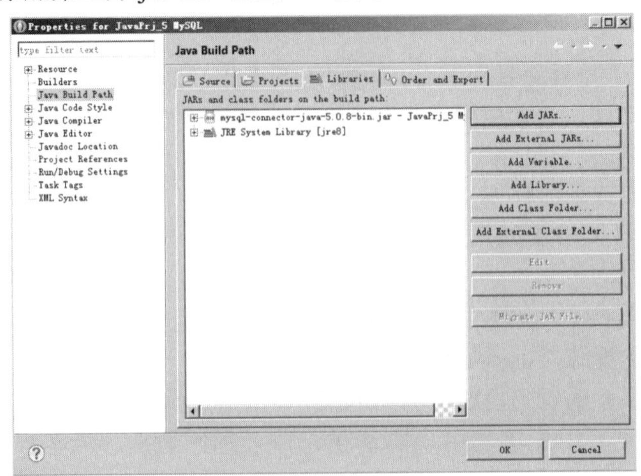

图 7-5 Libraries 选项卡

2. 设计主界面

用户登录系统后会进入系统主界面。主界面包括如下三部分：位于界面顶部的快捷按钮，用于退出系统、回到系统默认登录界面；位于窗口左侧的菜单列表，它按登录用户权限的不同，展示不同的功能菜单；位于界面正中的空白区域，是进行各项功能操作的工作区域，如图 7-6 所示。

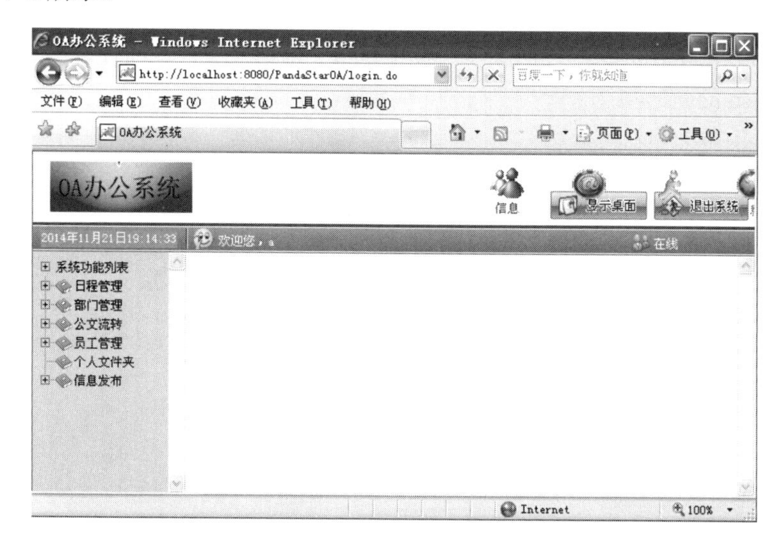

图 7-6 系统主界面

(1) 主界面是整个系统通往各个功能模块的窗口，所以要将各个功能模块的窗体加入主界面中，同时要保证布局合理，让菜单以树状的形式显示在左侧，方便用户操作。因此，主界面中应加入三块内容，分别是：顶部 top.jsp、左侧 menu.jsp 和 desktop.html 页面。top.jsp 的代码如下：

```
<form method="post" NAME="topForm" action="">
<iframe name="autoRefashion" src="" width="0" height="0"></iframe>
<table border=0 cellpadding=0 cellspacing=0 width=100%>
<tr height=67>
<td class=Top_bg_logo_left width=21></td>
<td class=Top_bg_logo width=554><img
border="0" src="/PandaStarOA/picture/image/logo_head.jpg"></td>
<td class=Top_bg_logo_right align=right valign=bottom>
    <TABLE CELLPADDING=0 CELLSPACING=0 BORDER=0>
        <TR>
            <TD ALIGN=RIGHT>
                <TABLE BORDER=0 CELLPADDING=0 CELLSPACING=5>
                <TR>
                <TD><a target="desktop"
title="显示桌面" href="/PandaStarOA/desktop.html"><img border="0"
src="/PandaStarOA/picture/image/top_desktop.gif"></a></TD>
                                <TD><a target="_parent" title="退出系统"
href="/PandaStarOA/exit.do"><img border="0"
src="/PandaStarOA/picture/image/top_logout.gif"></a></TD>
                        </TR>
                </TABLE>
            </TD>
        </TR>
```

```
    </TABLE>
</td>
</tr>
</table>
<form method="post" name="homeForm" action=""><input type=hidden name="newUrl"></form>
<iframe  width=100 height=0></iframe>
```

以上代码中使用了 iframe 元素标签对，iframe 对象用于创建内嵌浮动框架。因为顶部显示区域是在整个主体界面中，所以采用此方式。代码中还创建了“显示桌面”按钮，单击该按钮后会直接刷新工作区。“退出系统”按钮则用于退出系统，返回登录界面。

(2) menu.jsp 的代码如下：

```
<SCRIPT LANGUAGE="JavaScript">
d = new dTree('d');
d.add(0,-1,'系统功能列表',null,'OAsystem 系统功能列表','desktop');
function getMenuInfo(){
    JurisdictionAction.getPowerMenu(setMenu);
}
function setMenu(data)
{
    var xmlDoc = new ActiveXObject("Microsoft.XMLDOM");
    xmlDoc.async=false;
    xmlDoc.loadXML(data);
    var node=xmlDoc.getElementsByTagName("power");
    var id;
    var name;
    var address;
    var fid;
    for(i=0;i<node.length;i++)
    {
        id=node[i].getElementsByTagName("id")[0].firstChild.nodeValue;
        name=node[i].getElementsByTagName("name")[0].firstChild.nodeValue;
        address=node[i].getElementsByTagName("address")[0].firstChild.nodeValue;
        fid=node[i].getElementsByTagName("fid")[0].firstChild.nodeValue;
        if(address =="empty" || address==null || address =="")
        {
    d.add(id,fid,name,null,'','desktop','/PandaStarOA/dtree/img/close.gif','/PandaSt
arOA/dtree/img/open.gif');
        }
        else
        {
    d.add(id,fid,name,address,'','desktop','/PandaStarOA/dtree/img/close.gif','/Pand
aStarOA/dtree/img/open.gif');
        }
    }
    document.getElementById("div").innerHTML=d;
}
</SCRIPT>
<body text="#000000" leftmargin="5" topmargin=
"5" background="/PandaStarOA/dtree/img/bgblue.jpg" onload="getMenuInfo()">
<DIV id="div"></DIV>
</body>
</html>
<iframe  width=100 height=0></iframe>
```

以上代码中利用 getPowerMenu 方法实现了菜单初始化，该方法通过 JurisdictionAction 类实现。

(3) JurisdictionAction 类首先根据用户的 EMP_id 编号从 employeerole 表中取角色编号，

然后根据角色 ID 取出相应的菜单信息，最后写成 XML 形式供 menu.jsp 页面读取。其代码如下：

```
public class JurisdictionAction {
    private Integer empId;
    private List list;
    private Power power;
    public String getPowerMenu(HttpServletRequest request) {
    empId=(Integer)request.getSession().getAttribute(Constants.EMPLOYEE_ID);
        JurisdictionDAO jurisdiction = new JurisdictionImp();
        list = jurisdiction.queryJurisdiction(empId);
        StringBuffer xml=new StringBuffer();
        xml.append("<?xml version='1.0' encoding='utf-8'?>");
         xml.append("<powers>");
        for (Object object: list) {
            xml.append("<power>");
            power = (Power)object;
    xml.append("<id>").append(power.getPowerId()).append("</id>");
    xml.append("<name>").append(power.getPowerName().trim()).append("</name>");
    xml.append("<address>").append(power.getPowerAddress().trim()).append("</address
>");
    xml.append("<fid>").append(power.getPowerFid()).append("</fid>");
            xml.append("</power>");
        }
        xml.append("</powers>");
        return xml.toString();
    }
}
```

(4) desktop.html 的代码如下：

```
</form><form method="post" name="homeForm" action=""><input type=hidden name="alertMsg">
<input type=hidden name="newUrl"> <input type=hidden name="newWindow">
   <input type=hidden name="confirmMsg"> <input type=hidden value="OA 办公系统
name="topTitle"><input type=hidden value="desktop" name="pgID"><input type=hidden
name="returnPage"></form>
   <form method="post" id="menuForm" action=""><script type="text/javascript"
language="JavaScript1.2">
</script>
<input type=hidden name="url"><input type=hidden name="urlName"></form>
</body>
</HTML>
<iframe  width=100 height=0></iframe>
```

3. 设计菜单

系统的具体功能都是通过操作菜单实现的，所以下面进行菜单设计。

通过 JurisdictionAction 类，根据人员的相关角色，为不同的角色提供不同的系统菜单，如表 7-9 所示。

表 7-9　菜单名称与 JSP 页面对应表

菜单名称	页　面
查询员工	queryEmp.jsp
添加员工	addEmp.jsp
设置员工	updateAndDeleteEmp.jsp

续表

菜单名称	页　面
查询部门	queryDept.jsp
设置部门	updateDeptMain.jsp
添加部门	addDept.jsp
显示公告	showBulletin.do?method=startView
添加公告	addBulletin.jsp
公告管理	managerBulletin.do?method=startView
个人通讯录	priAddressMain.jsp?first=true
新增角色	addRole.jsp
员工角色	toEmpRole.jsp
角色权限	toRolePower.jsp
修改员工角色	updateEmpRole.jsp
修改角色权限	updateRolePower.jsp
显示日程	CalendarView.jsp
添加日程	addCalendar.jsp

7.5.2　为数据库表配置 Hibernate

Hibernate 是流行的开源对象关系映射工具，其在单元测试和持续集成方面的重要性也得到了广泛的推广和认同。Hibernate 主要靠加载配置文件 Hibernate.cfg.xml 实现，Hibernate 提供的配置文件的访问方法灵活运用到单元测试中。本项目中的数据库访问功能由 Hibernate 实现，其优点主要是实现的业务逻辑不用关心底层数据的情况。

在项目的 src 路径下添加一个 Hibernate.cfg.xml 文件，其代码如下：

```
<?xml version='1.0' encoding='UTF-8'?>
<!DOCTYPE hibernate-configuration PUBLIC
        "-//Hibernate/Hibernate Configuration DTD 3.0//EN"
    "http://hibernate.sourceforge.net/hibernate-configuration-3.0.dtd">
<hibernate-configuration>
    <session-factory>
         <property name="connection.username">root</property>  //用户名
         <property  name="connection.url">jdbc:mysql://localhost:3306/dboa</property>
//IP 地址：端口，数据名称
         <property name="dialect">org.hibernate.dialect.MySQLDialect</property>
         <property name="myeclipse.connection.profile">dboa</property>
         <property name="connection.password">root</property>  //数据库密码
         <property name="connection.driver_class">com.mysql.jdbc.Driver</property>//驱
动类型
         <property name="connection.useUnicode">true</property>
         <property name="connection.characterEncoding">GBK</property>
         <property name="connection.pool_size">50</property>
         <mapping resource="com/hibernate/pojo/Power.hbm.xml" />
         <mapping resource="com/hibernate/pojo/Employee.hbm.xml" />
         <mapping resource="com/hibernate/pojo/Dept.hbm.xml" />
         <mapping resource="com/hibernate/pojo/Powerrole.hbm.xml" />
         <mapping resource="com/hibernate/pojo/Instantcommunicateuserinfo.hbm.xml" />
```

```
    <mapping resource="com/hibernate/pojo/Privateaddressbook.hbm.xml" />
        <mapping resource="com/hibernate/pojo/Employeerole.hbm.xml" />
        <mapping resource="com/hibernate/pojo/Calendar.hbm.xml" />
        <mapping resource="com/hibernate/pojo/Role.hbm.xml" />
        <mapping resource="com/hibernate/pojo/Instantcommunicaterecord.hbm.xml" />
        <mapping resource="com/hibernate/pojo/Instantcommunicateiconinfo.hbm.xml" />
        <mapping resource="com/hibernate/pojo/Bulletin.hbm.xml" />
        <mapping resource="com/hibernate/pojo/Folder.hbm.xml"></mapping>
        <mapping resource="com/hibernate/pojo/Deptbulletin.hbm.xml"></mapping>
        <mapping resource="com/hibernate/pojo/Archives.hbm.xml" />
    </session-factory>
</hibernate-configuration>
```

在上述 Hibernate.cfg.xml 配置文件中，文件头四行是固定不变的。接下来的</hibernate-configuration>标签是 Hibernate 的配置主体，“<mapping resource”用于配置实体表与类的映射关系。

Hibernate 并不推荐采用 DriverManager 来连接数据库，而是推荐使用数据源来管理数据库连接，这样可以保证最好的性能。Hibernate 推荐使用 C3PO 数据源，主要包括最大连接数、最小连接数等信息。数据源是一种提高数据库连接性能的常规手段，数据源会负责维持一个数据连接池，当程序创建数据源实例时，系统会一次性地创建多个数据库连接，并把这些数据库连接保存在连接池中。当程序需要进行数据库访问时，无须重新获得数据库连接，而是从连接池中取出一个空闲的数据库连接。当程序使用数据库连接访问数据库结束后，无须关闭数据库连接，只要将数据库连接归还给连接池即可。通过这种方式，就可以避免频繁地获取数据库连接、关闭数据库连接所导致的性能下降。

7.5.3　为数据库表建立对应类

在 Java 程序中，为数据库表建立的对应类被称为实体类。另外，因为这些实体类在项目中被多次调用，所以也被称为公共类。在软件项目中，公共类的设计遵循了面向对象的模块化设计思想。主要目的是将在项目中被多次用到的功能编写成独立的类，在使用时直接调用这些类即可。这样做的好处是便于维护，能够提高开发效率，减少代码编写量。有关模块化设计的好处，读者可以从古龙先生的武侠小说片段中得到启迪：

一座高山，一处低岩，一道新泉，一株古松，一炉红火，一壶绿茶，一位老人，一个少年。

“天下最可怕的武器是什么？”少年问老人，“是不是例不虚发的小李飞刀？”

“以前也许是，现在却不是了。”

“为什么？”

“因为自从小李探花仙去后，这种武器已成绝响。”老人黯然叹息，“从今以后，世上再也不会有小李探花这种人；也不会再有小李飞刀这种武器了。”

少年仰望高山，山巅白云悠悠。

“现在世上最可怕的武器是什么？”少年又问老人：“是不是蓝大先生的蓝山古剑？”

……

“不是。”老人道，“你说的这些武器虽然都很可怕，却不是最可怕的一种。”

“最可怕的一种是什么？”

“是一口箱子。”

“一口箱子？”少年惊奇极了，“当今天下最可怕的武器是一口箱子？”

“是的。”

这是古龙的武侠名著《英雄无泪》中的一段对白。看完整本小说之后，读者才明白，这里所说的箱子不是一口简单的箱子，箱子里有很多个零部件，能够根据不同的对手而迅速组成能够战胜对手的武器。将箱子中的武器引申到 Java 程序，会发现这个箱子和程序中的类十分相似。要编程解决一个问题，实现某个功能，可以编写一个类。如果要解决多个问题，则需要编写多个类，类就是我们编程时的那个神秘的箱子。

1. EmployeeDAO 接口

(1) 新建 EmployeeDAO 接口，用于对数据库中的 employee 表进行数据封装。该接口中存放了操作该表的方法，包括添加、删除、修改和查询等。其部分代码如下：

```
public interface EmployeeDAO {
    /**
     * 根据员工的 ID 号查找员工
     * @param empId
     * 相当于员工的 OID
     * @return 一个员工的实例
     */
    public abstract Employee query(Integer empId);
    /**
     * 这是一个带多条件的查询方法,利用 Hibernate 的 QBE 方式进行多条件查询,传入的值为 null 时表示查询
所有
     * 该方法支持分页查询
     * 指定从第几条开始查询,默认从第 0 条开始
     * @return List 集合
     */
    public abstract List query(String empCode, String empName, String empSex,
            Date empJoindate, Date empBirth, String empAddress,
            String empEmail, String empPhone, int startRecord);
    /**  * 根据员工的姓名查找员工
     * 该方法支持分页查询
     * @param empName
     *  员工姓名  *指定从第几条开始查询,默认从第 0 条开始
     * @return 一个员工的实例
     */
    public abstract List queryByName(String empName, int startRecord);
    /**
     * 该方法利用 Hibernate 中的方法指定从第几条记录开始查询员工
     * 该方法支持分页查询
     * @param startRecord
     *  指定从第几条开始查询,默认从第 0 条开始 */
    public abstract List queryAll(int startRecord);
    /** * 根据员工的编号进行查询
     * 该方法支持分页查询
     * @param empCode
     *  注意是员工编号不是员工 ID
     * @param startRecord
     *  指定从第几条开始查询,默认从第 0 条开始*/
public abstract List queryByAddress(String empAddress, int startRecord);
    /** * 根据员工的加入日期进行查询
     * 该方法支持分页查询
     * @param empJoindate
     * @param startRecord
     *指定从第几条开始查询,默认从第 0 条开始
```

```
     * @return */
public abstract List queryByJoinDate(Date empJoindate, int startRecord);
    /** * 添加一员工 */
    public abstract Integer add(String empCode, String empName, String empPwd, String
empSex, Date empJoindate, Date empBirth, String empAddress, String empEmail, String
empPhone, String empDescription, Integer deptId);
    /**  * 添加员工对象 */
    public abstract boolean add(Employee emp);
    /**  * 传入要更新的员工的信息去更新员工 */
    public abstract boolean update(Integer empId, String empCode, String empName, String
empPwd, String empSex, Date empJoindate, Date empBirth, String empAddress, String empEmail,
String empPhone, String empDescription, Integer deptId);
```

(2) 新建 EmployeeHbn 类，用于实现 EmployeeDAO 接口中的各方法，下面只列出用于查询数据的 query 方法的代码：

```
public class EmployeeHbn implements EmployeeDAO {
private Session session;
public Employee query(Integer empId) {
          try {
               getSession();                              //获得会话
               tran = session.beginTransaction();  //开启事务
Employee emp = (Employee) session.load(Employee.class, new Integer(empId));
               if (!Hibernate.isInitialized(emp))
                    Hibernate.initialize(emp);
               tran.commit();                           //事务提交
               return emp;
          } catch (Exception e) {
               e.printStackTrace();
               return null;
          } finally {
               closeSession();                          //关闭会话
          }
     }
```

(3) 在 EmployeeHbn 类中实现 queryByName 方法，该方法通过传入的用户名对 employee 表进行查询，最后返回查询结果。如果要修改方法的返回结果或者条件，可以直接在方法中进行，而不必在其他业务流程处理类中去修改。其代码如下：

```
public List queryByName(String empName, int startRecord) {
          try {
               getSession();  //获得会话
               tran = session.beginTransaction();//开启事务
               Query query = session.createQuery("from Employee as d where d.empName
like :empName");
               query.setString("empName", "%%" + empName + "%%");
               query.setFirstResult(startRecord);
               query.setMaxResults(Constants.PAGE_RECORD_SHOW_COUNT);
               List list = query.list();
               if (startRecord == 0) {
int size = TableInfo.getRecordSize("Employee", "empName",empName);
TableInfo.getSaveRecordCountInstance().put("EmployeeByName", size);
               }
               tran.commit();          //事务提交
               return list;
          } catch (Exception e) {
               e.printStackTrace();
               tran.rollback();
               return null;
```

```
        } finally {
            try {
                closeSession();
            } catch (Exception ex) {
                ex.printStackTrace();
            }
        }
    }
```

2. DeptDAO 接口

(1) 新建 DeptDAO 接口，用于对数据库中的 dept 表进行数据封装。该接口中存放了操作该表的方法，包括添加、删除、修改和查询等。其部分代码如下：

```
public interface DeptDAO {
    /** * 根据提供的部门 ID 号进行查询
      * @return 返回查询到的记录 */
    public abstract DeptHelper query(Integer deptid);
/**
     * 这是一个多条件的查询方法
     * 利用 Hibernate 的 QBE 方式进行多条件查询,传入的值为 null 时表示查询所有*/
    public abstract List query(String deptName, Integer deptFid,
            String deptDescription);
}
```

(2) 新建 DeptHbn 类，用于实现 DeptDAO 接口中的各方法，以下代码中的 add 方法用于添加部门信息。其中 Dept 类是部门信息表的封装，通过该类可直接从部门表中取出或者修改数据。其部分代码如下：

```
 public class DeptHbn implements DeptDAO {
public boolean add(String deptName, Integer deptFid, String deptDescription) {
        try {
            getSession();
            tran = session.beginTransaction();
            Dept dept = new Dept();
            dept.setDeptName(deptName);
            dept.setDeptFid(deptFid);
        if (deptDescription.length() >= 0 && deptDescription != null) {
                dept.setDeptDescription(deptDescription);
            }
            session.save(dept);
            tran.commit();
            return true;
        } catch (Exception e) {
            e.printStackTrace();
            tran.rollback();
            return false;
        } finally {
            closeSession();
        }
    }
```

(3) 在下面的代码中，query 方法用于查询系统内的部门信息。它可根据系统传入的部门名称、上级部门 ID 号和部门描述信息返回满足条件的部门。若输入的三项信息不完整，则返回错误值。其部分代码如下：

```
public List query(String deptName, Integer deptFid, String deptDescription) {
        try {
```

```
            Dept dept = new Dept();
            if ((deptName == null || deptName.trim().length() <= 0)
                    && (deptFid == null || deptFid < 0)
                    && (deptDescription == null || deptDescription.trim()
                            .length() <= 0)) {
                dept.setDeptFid(-1);
            } else {
                if (deptName == null || deptName.trim().length() <= 0)
                    dept.setDeptName(null);
                else
                    dept.setDeptName(deptName);
                if (deptFid == null || deptFid < 0)
                    dept.setDeptFid(null);
                else
                    dept.setDeptFid(deptFid);
                if (deptDescription == null
                        || deptDescription.trim().length() <= 0)
                    dept.setDeptDescription(null);
                else
                    dept.setDeptDescription(deptDescription);
            }
            this.getSession();
            Criteria criteria = session.createCriteria(Dept.class);
            List list = criteria.add(
    Example.create(dept).enableLike(MatchMode.ANYWHERE)).list();
            return list;
        } catch (Exception e) {
            e.printStackTrace();
            return null;
        } finally {
            closeSession();
        }
    }
```

上面只列出了员工信息类和部门信息类的添加，另外还有其他更多类的实现方法在此不再一一列出。通过上述过程可知，利用Hibernate框架实现数据库操作时，在编写好数据表操作函数后，上层实现流程的开发人员只要知道已定义好的方法，即可完成对应用程序的开发。

7.5.4 系统登录模块设计

对于任何一款软件系统，如果涉及不同用户的权限不同，就必须进行用户登录管理，只有通过系统身份验证的用户才能够使用系统。由于本系统就需要具备多权限功能，因此必须增加一个系统登录模块。

首先实现登录类LoginAction，其主要功能是获取用户所输入的用户名和密码，然后在数据库中查询是否有符合条件的用户信息。若有则获得用户相关角色信息，进入系统主界面；否则不让用户进行登录。其代码如下：

```
    public class LoginAction extends Action {
    public ActionForward execute( ActionMapping mapping, ActionForm form,
HttpServletRequest request, HttpServletResponse response) {
        LoginForm loginForm = (LoginForm) form;
        ActionMessages errors=new ActionMessages();
        String empName=loginForm.getEmpName();
        String empPwd=loginForm.getEmpPwd();
        EmployeeDAO login=new EmployeeHbn();
```

```
        List list=login.query(empName,empPwd);
        if(list!=null && list.size()>0)
        {
            Integer empId=((Employee)list.get(0)).getEmpId();
            //得到邮箱用户名
            String empEmail=((Employee)list.get(0)).getEmpEmail();
            int index=empEmail.indexOf("@");
            String emailname=empEmail.substring(0,index);
            //得到用户名
            String uname=((Employee)list.get(0)).getEmpName();
            request.getSession().setAttribute(Constants.EMPLOYEE_ID,empId);
            request.getSession().setAttribute("employeeid",empId.toString());
            //邮箱地址、用户名和密码
            request.getSession().setAttribute("hostname","localhost");
            request.getSession().setAttribute("username",emailname);
            request.getSession().setAttribute("password",empPwd);
            request.getSession().setAttribute("uname",uname);
            return mapping.findForward("index");
        } else{
            errors.add("loginError",new ActionMessage("error.namepwd"));
            this.saveErrors(request,errors);
            return new ActionForward(mapping.getInput());
        }
    }
}
```

以上代码中创建了 EmployeeDAO 实例对象，并调用 query 方法查询员工信息。query 的返回值是集合 list，若集合不为空则表明有相应的人员，从而取出人员的信息内容，赋予 setAttribute 各个属性，返回 index 映射的 index.jsp；否则表示没有相关人员信息。

7.6 基本信息管理模块

视频讲解 光盘：视频\第 7 章\基本信息管理模块.avi

本节主要介绍权限信息管理和日程信息管理的实现。

7.6.1 权限信息管理

(1) 角色是代表拥有哪些系统功能的代号，利用角色可以为系统用户分配不同的功能集合。在工程中增加角色页面 addRole.jsp，如下为该页面的 Javascript 实现代码，主要进行添加角色时的数据处理工作：

```
<SCRIPT type="text/javascript" language="javascript">
                function notExist(str,tbox)
                {
                    for(var i = 0;i < tbox.options.length;i++)
                    {
                        if(str == tbox.options[i].value){
                            return false;
                        }
                    }
                    return true;
                }
                function move(fbox,tbox){
```

```
                    for(var i=0; i<fbox.options.length; i++){
                  if(fbox.options[i].selected && fbox.options[i].value != "" &&
notExist(fbox.options[i].value,tbox)){
                        var no = new Option();
                         no.value = fbox.options[i].value;
                         no.text = fbox.options[i].text;
                         tbox.options[tbox.options.length] = no;
                         fbox.options[i].value = "";
                         fbox.options[i].text = "";
                       }
                    }
                    BumpUp(fbox);
                }
                function BumpUp(box)  {
                    for(var i=0; i<box.options.length; i++)  {
                        if(box.options[i].value == "")  {
                        for(var j=i; j<box.options.length-1; j++)  {
                            box.options[j].value = box.options[j+1].value
                            box.options[j].text = box.options[j+1].text
                            }
                            var ln = i;
                            break;//后面会递归
                       }
                    }
                    if(ln < box.options.length)  {
                        box.options.length -= 1;
                        BumpUp(box);//递归
                    }
                }
function check()
                {
                    if(document.forms[0].newrole.value == ""){
                        alert("请输入新角色名称");
                        return false;
                    }
                    if(document.forms[0].selectedpowers.options.length == 0){
                        alert("请选择适用的权限");
                        return false;
                    }
                    var fbox = document.forms[0].selectedpowers;
                    for(var i = 0;i < fbox.options.length;i++){
                        fbox.options[i].selected="selected";
                    }
                    document.forms[0].submit();
                }
    function resetrole(){
                    document.forms[0].newrole.value ="";
                }
            </SCRIPT>
```

以上代码中用到了break语句。读者们一定要注意，带标号的break语句只能放在这个标号所指的循环体里面，如果放到别的循环体里面会出现编译错误。另外，break后的标号必须是一个有效的标号，即这个标号必须在break语句所在的循环之前定义，或者在其所在循环的外层循环之前定义。当然，如果把这个标号放在break语句所在的循环之前定义，会失去标号的意义，因为break默认就是结束其所在的循环。通常情况下，紧跟在break之后的标号，必须在break所在循环的外层循环之前定义才有意义。

(2) 在上面的jsp页面的最后，会通过AddRoleAction类实现角色管理，增加相应角色并且赋予相应的权限。该类首先创建了 AddRoleForm 类的一个实例对象，然后通过 addRole 方法向数据库中执行添加操作。AddRoleAction 类的代码如下：

```
public class AddRoleAction extends Action {
//   添加一个角色，并赋予该角色相应权限
     public ActionForward execute( ActionMapping mapping, ActionForm form,
HttpServletRequest request, HttpServletResponse response) {
          AddRoleForm addRoleForm = (AddRoleForm) form;
          //获得新角色名称
          String rolename=addRoleForm.getNewrole();
          //得到要赋予的权限的数组
          String[] powerid=addRoleForm.getSelectedpowers();
          //完成添加操作
          InterPowerRole ipr=new ImpPowerRole();
          boolean bool=ipr.addRole(rolename,powerid);
          if(bool){
               request.setAttribute("addsuccess","");
               return mapping.findForward("successadd");
          }
          else{
               request.setAttribute("addfailure","");
               return mapping.getInputForward();
          }
     }
}
```

角色添加管理界面的运行效果如图 7-7 所示。

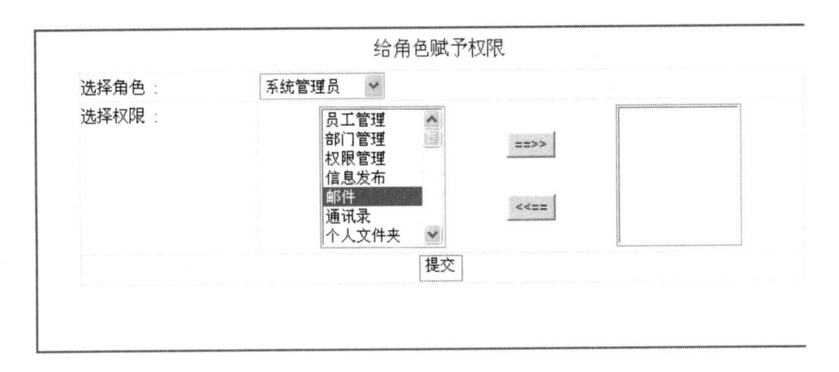

图 7-7　角色添加管理界面

(3) 角色的权限可以被修改，添加 toRolePower.jsp 页面，以实现对角色权限的修改。首先实现 ToEmpRoleAction 类，再利用 addEmployeeRole 方法在数据库中执行修改操作。角色的权限管理如图 7-8 所示，其定义如下：

```
public class ToEmpRoleAction extends Action {
     public ActionForward execute( ActionMapping mapping, ActionForm form,
HttpServletRequest request, HttpServletResponse response) {
          ToEmpRoleForm toEmpRoleForm = (ToEmpRoleForm) form;
          //得到要被赋予角色的员工 id 号
          String empid=toEmpRoleForm.getEmpId();
          Integer employeeid=new Integer(empid);
          //得到要赋予的角色 id 号
          String[] roleid=toEmpRoleForm.getSelectedroles();
          //完成赋予角色的操作
          InterPowerRole ipr=new ImpPowerRole();
```

```
        boolean bool=true;
        for(int i=0;i<roleid.length;i++){
            bool=ipr.addEmployeeRole(new Integer(roleid[i]),employeeid);
            if(!bool){
                request.setAttribute("addfailure","");
                return mapping.getInputForward();
            }
        }
        request.setAttribute("addsuccess","");
        return mapping.findForward("successadd");
    }
}
```

角色权限管理界面的运行效果如图 7-8 所示。

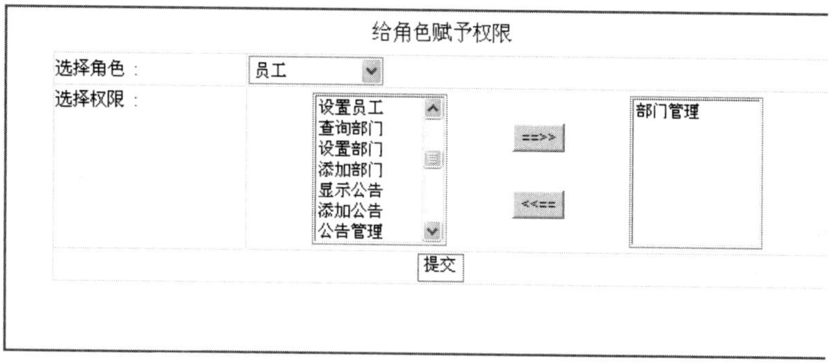

图 7-8　角色权限管理界面

在本系统中可以为某一位员工设置多种角色，并可修改不同的角色权限，这也体现出本系统的设计比较灵活。本系统能够根据不同的需要临时指定功能，这种情况在公司中经常出现，比如某个人员兼任多种职务等。

7.6.2　日程信息管理

(1) 在工程中增加 addCalendar.jsp 页面，其布局效果如图 7-9 所示。

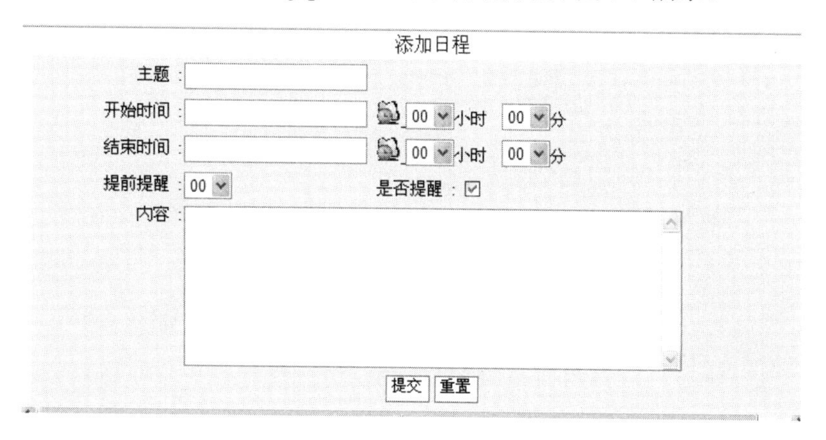

图 7-9　“添加日程”页面

为其定义相应的业务处理 AddCalendarAction 类，其中页面和相关处理类可通过 struts-config.xml 配置文件获得。其部分代码如下：

```
public class AddCalendarAction extends Action {
    public ActionForward execute(ActionMapping mapping, ActionForm form,
            HttpServletRequest request, HttpServletResponse response) {
        AddCalendarForm addCalendarForm = (AddCalendarForm) form;   //日程 Form
        String CTitle = addCalendarForm.getTitle();         // 获取日程主题
        StringBuffer strBeginTime = new StringBuffer("");
        strBeginTime.append(addCalendarForm.getStarttime());
        strBeginTime.append(" " + addCalendarForm.getStarthour());
        strBeginTime.append(":" + addCalendarForm.getStartminute());
        strBeginTime.append(":00");
Timestamp BeginTime = Timestamp.valueOf( strBeginTime.toString());//获取开始时间
        StringBuffer strEndTime = new StringBuffer("");
        strEndTime.append(addCalendarForm.getEndtime());
        strEndTime.append(" " + addCalendarForm.getEndhour());
        strEndTime.append(":" + addCalendarForm.getEndminute());
        strEndTime.append(":00");
Timestamp EndTime = Timestamp.valueOf(strEndTime.toString());   //获取结束时间
Integer RemindTime = new Integer(addCalendarForm.getRemindtime());   //获取提醒时间
        String CContent = addCalendarForm.getContent();         //获取日程内容
        boolean state = addCalendarForm.isRemind();         //获取是否需要提醒
        byte isremind = 1;
        if (state == false)
            isremind = 0;
```

以上代码中定义了添加日程管理的基本变量，并且进行了初始化操作。AddCalendar Form 类中封装了日程信息表的各字段信息，可以直接获取或者设置相应各字段的值。

(2) 通过 addCalendar 方法进行日程信息添加操作的部分代码如下：

```
        HttpSession session = request.getSession();
        String empid = (String) session.getAttribute("employeeid");
        Integer employeeid = Integer.parseInt(empid); //获取当前员工 ID
        Employee emp = new Employee();          //创建员工对象
        emp.setEmpId(employeeid);               //设置员工 ID
        Calendar ca = new Calendar();           //创建日程对象
        ca.setCalendarTitle(CTitle);            //设置日程标题
        ca.setCalendarContent(CContent);        //设置日程内容
        ca.setCalendarStarttime(BeginTime);     //设置日程开始时间
        ca.setCalendarEndtime(EndTime);         //设置日程结束时间
        ca.setCalendarIsremid(isremind);        //设置是否需要提醒
        ca.setCalendarRemind(RemindTime);       //设置提前多长时间提醒
        ca.setEmployee(emp);                    //设置员工
        InterDaoCalendar idc = new ImpDaoCalendar();
        boolean bool = idc.addCalendar(ca, employeeid);         //保存日程信息
        if (bool)     //判断是否保存成功
            return mapping.findForward(Constants.SUCCESS);
        else {
            ActionMessages errors = new ActionMessages();
            errors.add("calenderadderror", new ActionMessage(
                    "com.workplan.error.calenderadderror"));
            this.saveErrors(request, errors);
            return mapping.getInputForward();
        }
    }
}
```

(3) 添加日程信息后，在“日程管理”页面中会显示出当前所添加的日程内容。为了便

于用户查找已添加的日程，可以按照日期查询或者是按日期进行分类以查看已添加的日程，如图 7-10 所示。

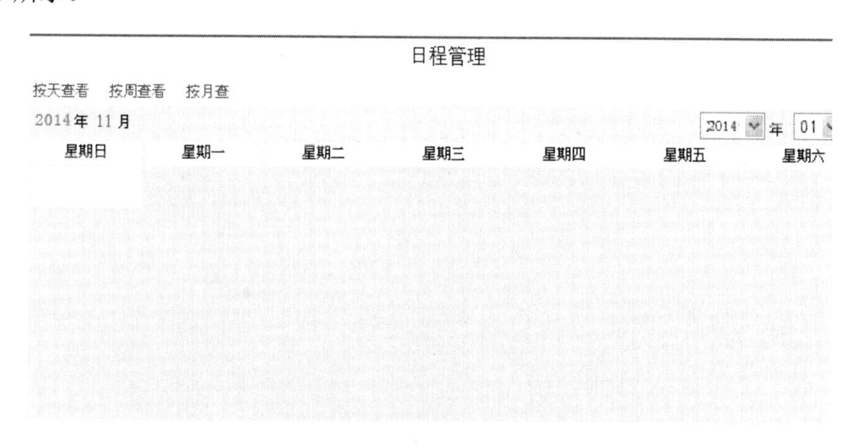

图 7-10　“日程管理”页面

7.7　员工和部门信息管理模块

视频讲解　光盘：视频\第 7 章\员工和部门信息管理模块.avi

本节主要介绍员工信息管理和部门信息管理的实现。

7.7.1　员工信息管理

(1) 在工程中增加 addEmp.jsp 页面，其布局效果如图 7-11 所示。

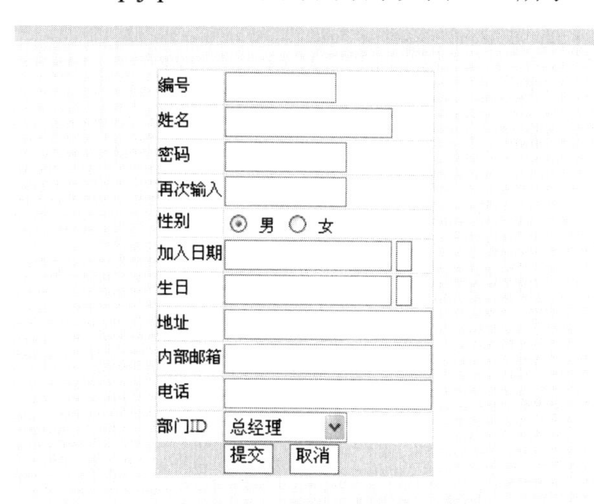

图 7-11　添加员工信息

为其定义相应的业务处理 EmpAction 类，员工信息的添加、删除和修改内容都定义在该类中。其部分代码如下：

```
public class EmpAction extends DispatchAction {
public ActionForward addEmp(ActionMapping mapping, ActionForm form,
            HttpServletRequest request, HttpServletResponse response) {
        EmpForm empForm = (EmpForm) form;
        empCode = empForm.getEmpCode();
        empName = empForm.getEmpName();
        empPwd = empForm.getEmpPwd();
        empSex = empForm.getEmpSex();
        empJoindate = empForm.getEmpJoindate();
        empBirth = empForm.getEmpBirth();
        empAddress = empForm.getEmpAddress();
        empEmail = empForm.getEmpEmail();
        empPhone = empForm.getEmpPhone();
        empDescription = empForm.getEmpDescription();
        deptId = empForm.getDeptId();
        try {
            empId = emp.add(empCode, empName, empPwd, empSex, CalendarConvert
                    .toDate(empJoindate), CalendarConvert.toDate(empBirth),
                    empAddress, empEmail, empPhone, empDescription, deptId);
            if (empId>0) {
    InstantCommunicateUserInfoDAO dao2=new InstantCommunicateUserInfoImp();
                dao2.addUserInfo(empId);//添加指定编号员工的相应信息
                out = response.getWriter();
            } else
            out.close();
        } catch (IOException e) {
            e.printStackTrace();
        }
        return null;
    }
```

以上代码中通过 addEmp 方法添加人员信息，在添加之前先要获得窗体上控件的输入值，然后由 add 方法将值传入，执行数据插入操作。empForm 对象是对员工信息表对象的封装，直接对应于员工信息表，可以对其执行读取和写入操作。

(2) 员工信息的删除操作的部分代码如下：

```
public ActionForward deleteEmp(ActionMapping mapping, ActionForm form,
            HttpServletRequest request, HttpServletResponse response) {
            if (request.getParameter("jspPage").equals("deleteEmp")) {
                empId = Integer.valueOf(request.getParameter("empId"));
                try {
                    if (emp.delete(empId)) {
    InstantCommunicateUserInfoDAO dao2=new InstantCommunicateUserInfoImp();
    dao2.removeUserInfo(empId);//删除员工时,对应删除即时通讯表中的相关记录信息
                    } else {
                    }
                    out.close();
                } catch (Exception e) {
                }
            }
        }
        return null;
    }
```

(3) 下面实现员工信息的修改操作，即根据用户所选定的员工，将用户输入到控件的信息内容更新到员工信息表中。这是通过调用 update 方法实现的。其部分代码如下：

```
public ActionForward updateEmp(ActionMapping mapping, ActionForm form,
            HttpServletRequest request, HttpServletResponse response) {
```

```
        EmpForm empForm = (EmpForm) form;
        if (request.getParameter("jspPage") != null) {
            /** 这段代码用于在更新前根据 empId 查找到相应的要更改信息的员工的 Id */
            try {
            if (request.getParameter("jspPage").equals("queryAsUpdateEmp")) {
                    empId = Integer.valueOf(request.getParameter("empId"));
                    Employee employee = emp.query(empId);
                    empForm.setEmpCode(employee.getEmpCode());
                    empForm.setEmpName(employee.getEmpName());
                    empForm.setEmpPwd(employee.getEmpPwd());
                    empForm.setEmpPwdAgain(employee.getEmpPwd());
                    empForm.setEmpSex(employee.getEmpSex());
        empForm.setEmpJoindate(DateFormat.getDateInstance().format(
                            employee.getEmpJoindate()));
                    empForm.setEmpBirth(DateFormat.getDateInstance().format(
                            employee.getEmpBirth()));
                    empForm.setEmpAddress(employee.getEmpAddress());
                    empForm.setEmpEmail(employee.getEmpEmail());
                    empForm.setEmpPhone(employee.getEmpPhone());
                    empForm.setEmpDescription(employee.getEmpDescription());
                    empForm.setDeptId(employee.getDept().getDeptId());
                    return mapping.findForward("updateEmp");
                }
            } catch (Exception e) {
                e.printStackTrace();
            }
```

以上代码的实现过程是员工信息的赋值过程。

(4) 创建实例对象 EmpForm，通过该对象获得员工信息值，并将修改后的具体内容保存于该实例对象的成员变量中。其部分代码如下：

```
            if (request.getParameter("jspPage").equals("UpdateEmp")) {
                try {
                    String empCode = empForm.getEmpCode();
                    String empName = empForm.getEmpName();
                    String empPwd = empForm.getEmpPwd();
                    String empSex = empForm.getEmpSex();
        Date empJoindate = CalendarConvert.toDate(empForm.getEmpJoindate());
        Date empBirth = CalendarConvert.toDate(empForm.getEmpBirth());
                    String empAddress = empForm.getEmpAddress();
                    String empEmail = empForm.getEmpEmail();
                    String empPhone = empForm.getEmpPhone();
                    String empDescription = empForm.getEmpDescription();
                    Integer deptId = empForm.getDeptId();
                    if (emp.update(empId, empCode, empName, empPwd, empSex,
                            empJoindate, empBirth, empAddress, empEmail,
                            empPhone, empDescription, deptId)) {
                        request.setAttribute("employee", emp.query(empId));
                        return mapping.findForward("updateAndDeleteEmp");
                    }
                } catch (Exception e) {
                    e.printStackTrace();
                }
            }
        }
        return mapping.findForward("updateEmp");
    }
```

读者可以按照如上的方法，添加员工信息查询页面，并添加 queryEmp 方法实现具体功能。员工信息查询结果页面的效果如图 7-12 所示。

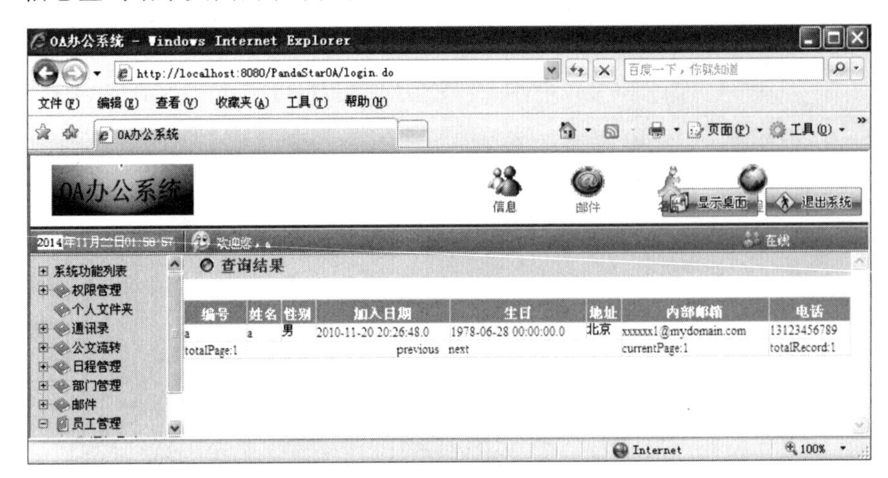

图 7-12　员工信息查询结果页面

7.7.2　部门信息管理

(1) 部门信息管理的实现过程和人员信息管理类似，在工程中增加 addDept.jsp 页面，其布局效果如图 7-13 所示。

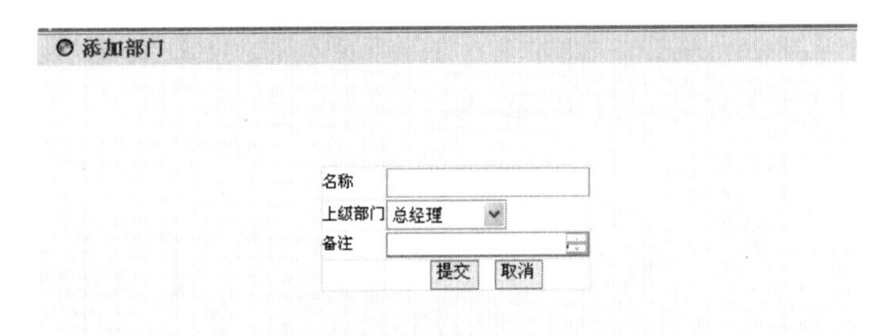

图 7-13　“添加部门”页面

为其定义相应的业务处理 DeptAction 类，部门信息的添加、删除和修改内容都定义在该类中。其部分代码如下：

```
 public class DeptAction extends DispatchAction {
public ActionForward addDept(ActionMapping mapping, ActionForm form,
            HttpServletRequest request, HttpServletResponse response) {
        DeptForm deptForm = (DeptForm) form;
        Logger.getLogger(this.getClass()).info(
                "this is addDept, deptName:" + deptForm.getDeptName()
                        + " deptFidName:" + deptForm.getDeptFidName()
                        + " deptDescription:" + deptForm.getDeptDescription());
        DeptDAO dept = new DeptHbn();
        if (dept.add(deptForm.getDeptName(), deptForm.getDeptFid(), deptForm
                .getDeptDescription()))
            request.setAttribute(Constants.SUCCESS, " ");
        else
            request.setAttribute(Constants.FAILING, " ");
        return mapping.findForward("addDept");
    }
```

以上代码中定义了 addDept 方法，利用该方法可以添加部门信息。deptForm 对象是对部门信息表对象的封装，直接对应于部门信息表，可以对其执行读取和写入操作。

(2) 部门信息的删除操作的部分代码如下：

```
public ActionForward deleteDept(ActionMapping mapping, ActionForm form,
            HttpServletRequest request, HttpServletResponse response) {
        DeptForm deptForm = (DeptForm) form;
        Logger.getLogger(this.getClass()).info("sucess");
        System.out.println(request.getParameter("deptId"));
        DeptDAO dept = new DeptHbn();
        Integer deptId=Integer.valueOf(request.getParameter("deptId"));
        try {
            if (dept.delete(deptId)) {
                out = response.getWriter();
                out.print("deleteSuccess");
            }Else {
                out.print("deleteFail");
            }
        } catch (IOException e) {
            e.printStackTrace();
        }
        return null;
    }
```

(3) 下面实现部门信息的修改操作，即根据用户所选定的部门，将用户输入到控件的信息内容更新到部门信息表中。这是通过调用 update 方法实现的。

其部分代码如下：

```
public ActionForward updateDept(ActionMapping mapping, ActionForm form,
            HttpServletRequest request, HttpServletResponse response) {
        DeptForm deptForm = (DeptForm) form;
        DeptDAO dept = new DeptHbn();
        if (request.getParameter("jspPage") != null) {
if (request.getParameter("jspPage").equals("updateDeptMain"))// 如果jsp页面来自
updateDeptMain.jsp，表示请求只提交了部门ID，要先通过部门ID获得部门信息，然后再修改
            {
                Integer deptId = Integer .valueOf(request.getParameter("deptId"));
                DeptHelper deptHelper = dept.query(deptId);
                deptForm.setDeptId(deptHelper.getDeptId());
                deptForm.setDeptName(deptHelper.getDeptName());
                deptForm.setDeptFidName(deptHelper.getDeptFidName());
                deptForm.setDeptDescription(deptHelper.getDeptDescription());
                deptForm.setDeptFid(deptHelper.getDeptFid());
                return mapping.findForward("updateDept");
                // 转发到updateDept.jsp页面去显示，然后再在updateDept.jsp页面上更新
            }
            if (request.getParameter("jspPage").equals("updateDept")) {
                Integer deptId = deptForm.getDeptId();
                String deptName = deptForm.getDeptName();
                Integer deptFid = deptForm.getDeptFid();
                String deptDescription = deptForm.getDeptDescription();
                dept.update(deptId, deptName, deptFid, deptDescription);
            }
        }
        return mapping.findForward("updateDeptMain");
    }
```

“部门设置”页面的效果如图 7-14 所示。

Name	FidName	Description	Update	Delete
总经理	无	empty	修改	删除
副总经理	总经理	empty	修改	删除
研发部	副总经理	empty	修改	删除
市场营销部	副总经理	empty	修改	删除
财务部	副总经理	empty	修改	删除
人力资源部	副总经理	empty	修改	删除
综合办公室	副总经理	empty	修改	删除

图 7-14　“部门设置”页面

7.8　通讯录和信息发布管理模块

视频讲解　光盘：视频\第 7 章\通讯录和信息发布管理模块.avi

本节主要介绍通讯录管理和信息发布管理的实现。

7.8.1　通讯录管理

(1) 在工程中增加 priAddressMain.jsp 页面，其布局效果如图 7-15 所示。

姓名：			
性别：	○男 ○女	生日：	
移动电话：		电子邮箱：	
QQ/MSN：		宅电：	
单位名称：		单位电话：	
地址：			
备注：			
保存 重置 关闭			

图 7-15　通讯录管理

为其定义相应的业务处理 NewPriAddressAction 类，其中包括个人通讯录信息的添加、删除和修改，不同的操作定义为不同的类。其部分代码如下：

```
public class NewPriAddressAction extends Action {
    public ActionForward execute(ActionMapping mapping, ActionForm form,
            HttpServletRequest request, HttpServletResponse response) {
        AddPriAddressForm ppaForm = (AddPriAddressForm) form;  //添加记录 form
```

```
        HttpSession session = request.getSession();
        Integer empid = (Integer) session.getAttribute(Constants.EMPLOYEE_ID);
        //获取登录员工 ID
        PrivateAddressbookDAO dao = new PrivateAddressbookImp();
        Privateaddressbook pab = new Privateaddressbook();      //创建个人通讯记录对象
        boolean b = false;
        try {
            pab.setPabBirthday(DateFormat.getDateInstance().parse(
                    ppaForm.getPabBirthday()));                  //判断生日格式是否正确
        } catch (ParseException e1) {
            pab.setPabBirthday(GregorianCalendar.getInstance().getTime());
        }
        try {
            pab.setPabName(ppaForm.getPabName());                //设置姓名
            pab.setPabSex(ppaForm.getPabSex());                  //设置性别
            pab.setPabMobiletel(ppaForm.getPabMobiletel());      //设置移动电话
            pab.setPabEmail(ppaForm.getPabEmail());              //设置电子邮箱
            pab.setPabQqmsn(ppaForm.getPabQqmsn());
            pab.setPabFamilytel(ppaForm.getPabFamilytel());      //设置宅电
            pab.setPabAddress(ppaForm.getPabAddress());          //设置地址
            pab.setPabCompanyname(ppaForm.getPabCompanyname());      //设置单位名称
            pab.setPabCompanytel(ppaForm.getPabCompanytel());        //设置单位电话
            pab.setPabRemark(ppaForm.getPabRemark());            //设置备注
            Employee emp = dao.queryEmployeeById(empid);         //获取员工对象
            pab.setEmployee(emp);                                //设置记录隶属员工
            b = dao.addAddressbook(pab);                         //执行添加操作
        } catch (Exception e) {
            e.printStackTrace();
        }
        if (b) {
            request.setAttribute("returnVal", "newAddress_ok");
            return mapping.getInputForward();
        } else {
            return mapping.getInputForward();
        }
    }
}
```

以上代码中利用 addAddressbook 方法添加个人通讯录信息，在添加之前要获得窗体上控件的输入值。AddPriAddressForm 对象是对通讯录信息表对象的封装，直接对应于通讯录信息表，可以对其执行读取和写入操作。

(2) 通讯录信息的删除操作的部分代码如下：

```
public class DeleteAddressAction extends DispatchAction {
    public ActionForward delPriAddress(
        ActionMapping mapping,
        ActionForm form,
        HttpServletRequest request,
        HttpServletResponse response) {
      boolean b=false;
        if(request.getParameter("empid")!=null){
            Integer empid=new Integer(request.getParameter("empid"));
            PrivateAddressbookDAO dao=new PrivateAddressbookImp();
            b=dao.removeAddressbook(empid);
        }
        if(b){
            return mapping.findForward("priAddressDel_ok");
        }
```

```
            return mapping.findForward("failure");
        }
    }
```

7.8.2 信息发布管理

在工程中增加 addBulletin.jsp 页面，其布局效果如图 7-16 所示。

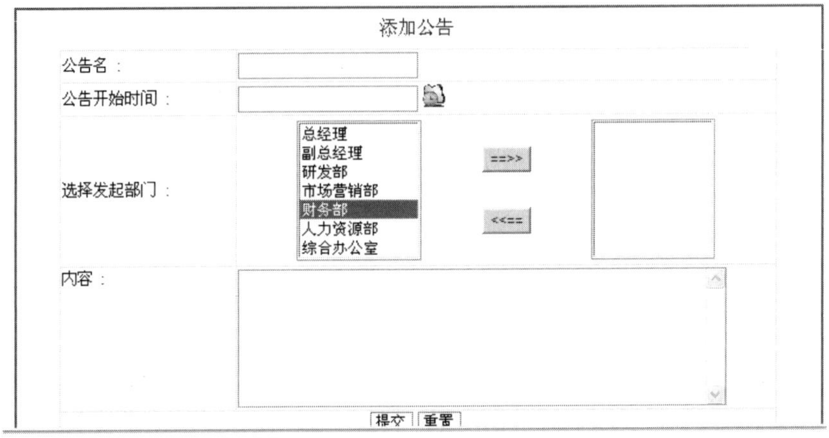

图 7-16 “添加公告”页面

为其定义相应的业务处理 AddBulletinAction 类，其中包括的公告信息的添加、删除和修改操作都是通过不同的类实现的。其部分代码如下：

```
public class AddBulletinAction extends Action {
    public ActionForward execute(ActionMapping mapping, ActionForm form,
            HttpServletRequest request, HttpServletResponse response) {
        AddBulletinForm addBulletinForm = (AddBulletinForm) form;
        String bulletintitle = addBulletinForm.getBulletinname();   //获取公告名
        String[] strdept = addBulletinForm.getSelecteddept();        //获取所有发起部门
        String starttime = addBulletinForm.getStarttime();           //获取公告开始时间
        starttime = starttime + " 00:00:00";
        Timestamp startTime = Timestamp.valueOf(starttime);          //转换类型
        String content = addBulletinForm.getContent();               //获取公告内容
        InterDaoBulletin idb = new ImpDaoBulletin();
        boolean bool = idb.addBulletin(bulletintitle, content, startTime,
                strdept);                                            //执行添加操作
        if (bool) {                                                  //判断添加结果
            request.setAttribute("addsuccess", "");
            return mapping.findForward("successaddbulletin");
        } else {
            request.setAttribute("addfailure", "");
            return mapping.getInputForward();
        }
    }
```

以上代码中利用 addBulletin 方法添加公告信息，在添加之前要获得窗体上控件的输入值。AddBulletinForm 对象是对公告信息表对象的封装，直接对应于公告信息表，可以对其执行读取和写入操作。

第 8 章　网吧管理系统

随着计算机技术的发展和互联网的普及，网吧的数量不断增加，并且环境优雅的网吧数量越来越多。使用网吧管理系统可以管理不同种类且数量繁多的事务，提高网吧管理工作的效率，减少经营工作中可能出现的错误，为消费者提供更好的服务。本章将介绍如何利用 Eclipse 来开发网吧管理系统，进一步了解 Eclipse 集成开发环境的强大功能。

赠送的超值电子书

071.理解 Java 接口编程的机理
072.实现接口
073.接口的继承
074.初始化构造器
075.何谓多态
076.四种引用类型
077.instanceof 运算符
078.强制类型转换不是万能的
079.包装类
080.用 final 修饰变量

8.1 程序的可移植性

视频讲解 光盘：视频\第 8 章\程序的可移植性.avi

8.1.1 什么是可移植性

程序的可移植性是指程序从一种环境转移到另一种环境运行的难易程度。程序具有可移植性的主要标志是：有通用的标准文本，独立于具体的计算机。

程序相对于具体计算机的独立性，从狭义上讲，是指可移植的程序应当独立于计算机的硬件环境；从广义上讲，还应独立于计算机的软件，即高级的标准化的软件，它的功能与机器系统结构无关，可跨越很多机器界限。从一种计算机向另一种计算机移植程序时，首先要考虑所移植的程序对宿主机硬件及操作系统的接口，然后设法用对目标机的接口进行替换。因此，接口的改造容易与否，是衡量一个程序可移植性高低的主要标志之一。

编程语言编写的程序首先要被编译器编译成目标代码(0、1 代码)，然后在目标代码的前面插入启动代码，最终生成一个完整的程序。所以程序的可移植性依赖于编程语言的编译器是否强大，是否在多个平台上都有这种编程语言的编译器。

在此要注意的是，程序中为访问特定设备(如显示器)或者操作系统(例如 Windows XP 的 API)的特殊功能而专门编写的部分通常是不能移植的。

综上所述，一个编程语言的可移植性强不强，主要取决于如下两点。

(1) 不同平台编译器的数量。

(2) 对特殊硬件或操作系统的依赖性。

8.1.2 赢在技术——Java 本身具备跨平台功能

Java 语言为什么能跨平台？因为 Java 程序编译之后的代码不是能被硬件系统直接运行的代码，而是一种“中间码”——字节码。不同的硬件平台上安装有不同的 Java 虚拟机(JVM)，由 JVM 来把字节码“翻译”成所对应的硬件平台能够执行的代码。因此对于 Java 编程者来说，不需要考虑硬件平台是什么，即 Java 可以跨平台。

Java 字节码有两种执行方式，具体说明如下。

- 即时编译方式：解释器先将字节码编译成机器码，然后再执行该机器码。
- 解释执行方式：解释器通过每次解释并执行一小段代码来完成 Java 字节码程序的所有操作。

Java 通常采用的是第二种方法，由于 JVM 规格描述具有足够的灵活性，这使得将字节码翻译为机器码的工作具有较高的效率。对于那些对运行速度要求较高的应用程序，解释器可将 Java 字节码即时编译为机器码，从而很好地保证了 Java 代码的可移植性和高性能。

如果把 Java 源程序想象成 C++源程序，Java 源程序编译后生成的字节码就相当于 C++源程序编译后的 80x86 的机器码(二进制程序文件)，JVM 虚拟机相当于 80x86 计算机系统，Java 解释器相当于 80x86 CPU。在 80x86 CPU 上运行的是机器码，在 Java 解释器上运行的是 Java 字节码。

Java 解释器相当于运行 Java 字节码的 CPU，但该 CPU 不是通过硬件实现的，而是用软件实现的。Java 解释器实际上就是特定的平台下的一个应用程序。只要实现了特定平台下的解释器程序，Java 字节码就能通过解释器程序在该平台下运行，这是 Java 跨平台的根本。当前，并不是所有的平台下都有相应的 Java 解释器程序，这也是 Java 并不是在所有的平台下都能运行的原因，它只能在已经实现了 Java 解释器程序的平台下运行。

因为Java语言是完全跨平台的，所以可以在Linux和苹果系统中开发Java程序。在Linux中搭建 Java 开发环境时，也需要首先下载并安装 JDK，并且需要安装 Linux 版本的 Eclipse 工具，并安装 MySQL 服务器。具体搭建过程可以参考 http://im.vc/java/2011/0702/12871.html 和 http://im.vc/java/2011/0702/12854.html。

8.2　新 的 项 目

视频讲解　光盘：视频\第 8 章\新的项目.avi

本项目是为国内网吧连锁巨头开发一个网吧管理系统，开发团队成员的具体职责如下。

- 软件工程师 A：负责系统需求分析、数据库设计，以及用户信息管理模块的实现。
- 软件工程师 B：负责系统框架设计和基本信息管理模块的实现。
- 软件工程师 C：负责高级功能管理模块的实现。
- 软件工程师 D：项目总负责人，负责监控项目总进度。

本项目的具体开发流程如图 8-1 所示。

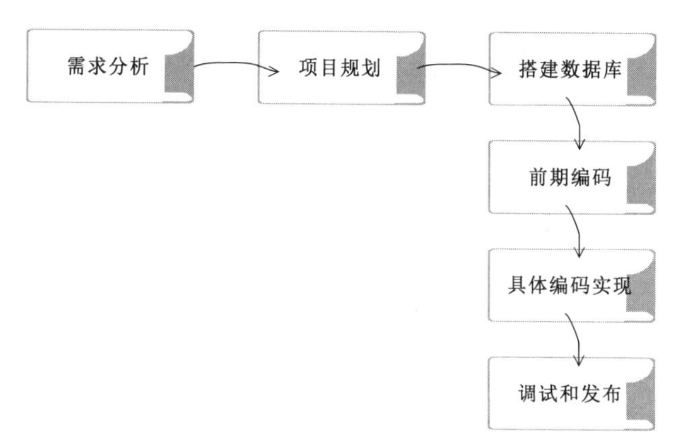

图 8-1　开发流程

8.3　系统概述和总体设计

视频讲解　光盘：视频\第 8 章\系统概述和总体设计.avi

本项目的系统规划书分为如下两个部分。

- 系统需求分析文档。
- 系统运行流程说明。

8.3.1　系统需求分析

网吧管理系统的用户主要是网吧前台工作人员。该系统包含的核心功能如下。

(1) 用户信息管理模块，包括添加用户信息、删除用户信息、修改用户信息、查询用户信息等子模块。

(2) 基本信息管理模块，主要包括计算机信息管理、上网卡信息管理等子模块。

(3) 高级功能管理模块，主要包括会员信息管理、消费信息管理等子模块。

根据需求分析设计系统的体系结构，如图 8-2 所示。

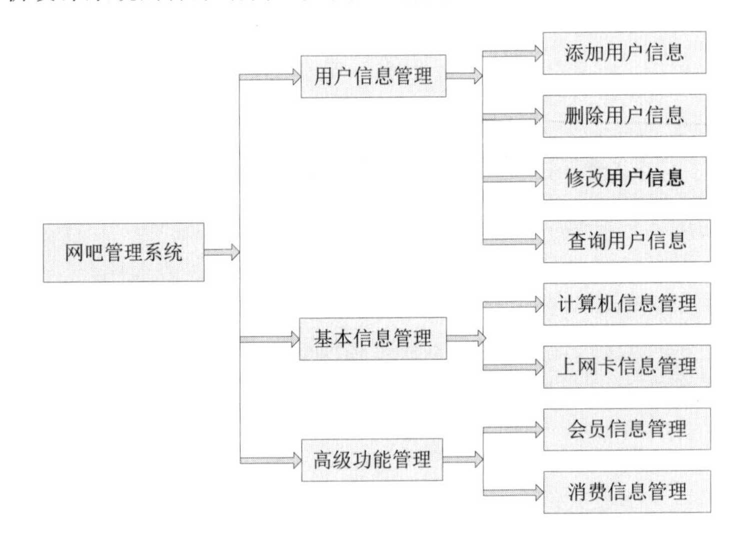

图 8-2　网吧管理系统体系结构示意图

图 8-2 中详细列出了本系统的主要功能模块，因为本书篇幅的限制，在本书后面的内容讲解过程中，只是讲解了图 8-2 中的重要模块的具体实现过程。对于其他模块的具体实现，请读者参阅本书附带光盘中的源代码和讲解视频。

8.3.2　系统 demo 流程

下面模拟系统的运行流程：运行系统后，首先会弹出用户登录窗口，对用户的身份进行检验并确定用户的权限，如图 8-3 所示。

系统初始化时会生成两个默认的用户：系统管理员和普通用户。系统管理员的用户名为 admin，密码为 admin；普通用户的用户名为 user，密码为 user。这是由程序设计人员添加到数据库表中的。如果要对其他任何普通用户进行管理，需要使用 admin 用户(系统管理员)登录，登录后可以创建其他用户，并在系统维护菜单下进行添加、修改、删除操作。普通用户则使用 user 用户进行登录。

图 8-3　用户登录窗口

至此，整个项目的第一阶段工作完成。在这一阶段可深刻体会到团队精神在软件开发团队中的重要性。下面是关于团队合作的一些资料。

(1) 作为一个领导者。

领导者是团队的核心，是从全局角度把握整个团队方向的人。作为一个领导者，应该注意以下几点。

- 分工明确但不呆板。
- 加强团队成员的日常交流。
- 说话时多使用“我们”。
- 让每个人感觉到自己很重要。

(2) 作为团队成员。

每个团队成员都是不可或缺的，而且每一个团队成员都要具有团队合作的意识。作为团队成员，应该注意以下几点。

- 做好自己的事情。
- 信任其他团队成员。
- 为他人着想，不要事事都从自己的角度考虑。
- 愿意多付出。

8.4　数据库设计

视频讲解　光盘：视频\第 8 章\数据库设计.avi

本项目系统的开发工作主要包括后台数据库的建立、测试数据的录入以及前台应用程序的开发三个方面。数据库设计是系统设计的一个重要组成部分，数据库设计的好坏直接影响程序编码的复杂程度。

8.4.1　选择数据库

在开发数据库管理信息系统时，需要根据用户需求、系统功能和性能要求等因素，来选择后台数据库和相应的数据库访问接口。考虑到本系统所要管理的数据量比较大，且需要多用户同时运行访问，所以本项目将使用 MySQL 作为后台数据库管理平台。

数据库设计是总体设计中的一个重要环节，良好的数据库设计可以简化开发过程，提高系统性能，使系统功能更加明确。一个好的数据库结构可以使系统处理速度快，占用空间小，操作处理过程简单，容易查找等。数据库结构的变化会引起程序代码的改动，所以在编写代码之前，一定要认真设计好数据库，避免无谓的工作。

在设计数据库的过程中，必须避免后期随着项目的升级而要为数据库设计打补丁的情况发生，此时需要遵循如下三个原则。

(1) 一个数据库中表的个数越少越好。只有表的个数少了，才能说明系统的 E-R 图少而精，去掉了重复的多余的实体，形成了对客观世界的高度抽象，进行了系统的数据集成，防止了打补丁式的设计。

(2) 一个表中组合主键的字段个数越少越好。主键有两个作用，一是建立主键索引，二是作为子表的外键。减少组合主键的字段个数，有利于节省运行时间和索引存储空间。

(3) 一个表中的字段个数越少越好。只有字段的个数少了，才能说明在系统中不存在数据重复，且很少有数据冗余，更重要的是督促读者学会“列变行”，这样就防止了将子表中的字段拉入到主表中去，在主表中留下许多空余的字段。所谓“列变行”，是指将主表中的一部分内容拉出去，另外单独建一个子表。

8.4.2 数据库结构的设计

在进行具体的数据库设计时，需要认真分析需求文档。由需求分析可知，整个项目包含 6 种信息，对应的数据库也需要包含这 6 种信息，因此系统需要包含 6 个数据库表，分别如下。

- user：用户信息表。
- computer：计算机信息表。
- member：会员信息表。
- card：上网卡信息表。
- record：消费信息表。
- popedom：权限信息表。

(1) 用户信息表 user，用来保存用户信息，表结构如表 8-1 所示。

表 8-1 用户信息表结构

编 号	字段名称	数据类型	说 明
1	Username	varchar(10)	用户名
2	password	varchar(10)	密码
3	popedomId	int(11)	权限 ID

(2) 计算机信息表 computer，用来保存计算机信息，表结构如表 8-2 所示。

表 8-2　计算机信息表结构

编　号	字段名称	数据结构	说　明
1	id	varchar(10)	ID 号
2	OnUse	varchar(10)	是否在使用
3	notes	varchar(10)	备注

(3) 会员信息表 member，用来保存会员信息，表结构如表 8-3 所示。

表 8-3　会员信息表结构

编　号	字段名称	数据结构	说　明
1	Id	varchar(10)	ID 号
2	MyName	varchar(50)	姓名
3	BirthDate	datetime	生日
4	identitycard	varchar(50)	身份证号

(4) 上网卡信息表 card，用来保存上网卡信息，表结构如表 8-4 所示。

表 8-4　上网卡信息表结构

编　号	字段名称	数据结构	说　明
1	Id	varchar(10)	ID 号
2	MemberId	varchar(10)	会员号
3	password	varchar(50)	密码
4	balance	decimal(180)	余额

(5) 消费信息表 record，用来保存消费信息，表结构如表 8-5 所示。

表 8-5　消费信息表结构

编　号	字段名称	数据结构	说　明
1	Id	int(1)	序号
2	CardId	varchar(10)	上网卡号
3	ComputerId	varchar(10)	计算机 ID 号
4	BeginTime	datetime	开始时间
5	EndTime	datetime	结束时间
6	balance	decimal(180)	余额

(6) 权限信息表 popedom，用来保存权限信息，表结构如表 8-6 所示。

表 8-6　权限信息表结构

编　号	字段名称	数据结构	说　明
1	ID	int(11)	权限 ID 号
2	popedomName	varchar(50)	权限名称

8.5　系统框架设计

视频讲解　光盘：视频\第 8 章\系统框架设计.avi

本项目的系统框架设计工作需要如下四个阶段。

(1) 搭建开发环境：操作系统 Windows 7、数据库 MySQL、开发工具 Eclipse SDK。

(2) 设计主界面：对于主界面没有特别的要求，先实现功能，后期再来美化界面。

(3) 设计各个对象类：每个类能独立实现很多具体的功能，能够很好地管理代码。

(4) 系统登录验证：确保只有合法的用户才能登录系统。

8.5.1　创建工程及设计主界面

1. 创建工程

(1) 创建名为 JavaPrj_num 3 的工程，如图 8-4 所示。

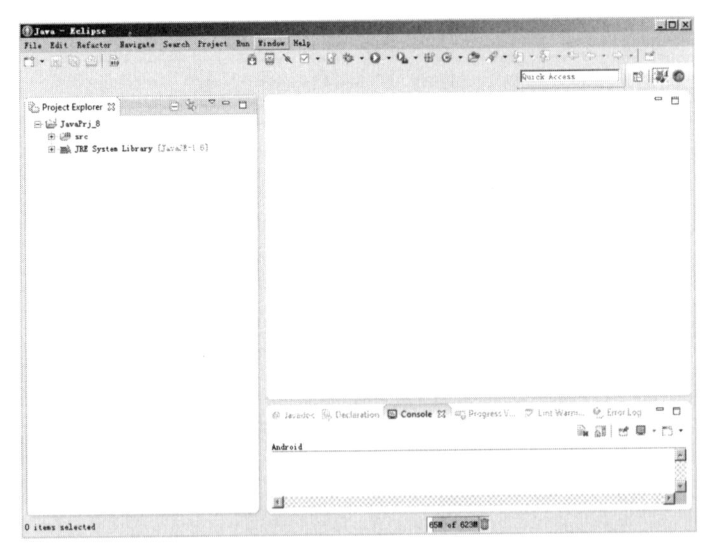

图 8-4　创建工程

(2) 新建的工程下已自动生成 src 目录用于存放源代码，JRE System Library 目录下已添加了系统要引用的 jar 包。如果在开发中需要引用第三方 jar 包，可右击工程名，在弹出的快捷菜单中选择 build path 子菜单，然后在弹出的对话框中单击右侧的 Libraries 标签，在 Libraries 选项卡中添加第三方 jar 包，如图 8-5 所示。

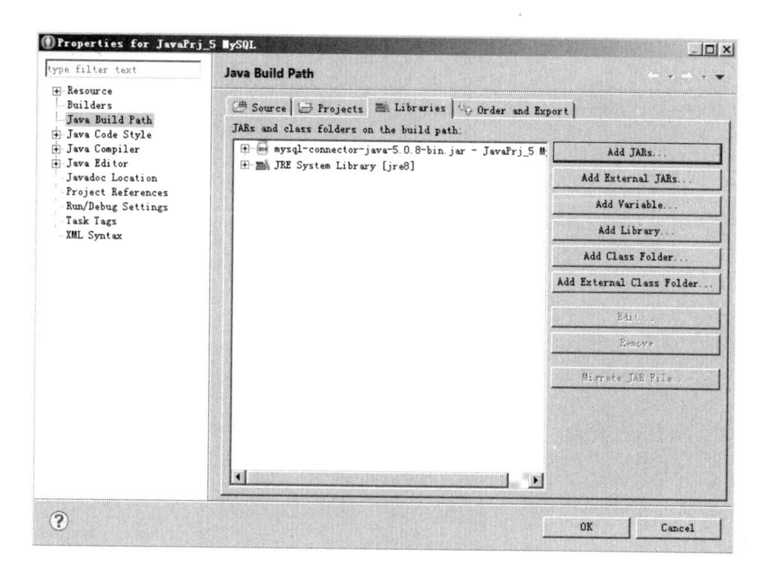

图 8-5　Libraries 选项卡

2．设计主界面

用户登录系统后会进入系统主界面。主界面包括如下两部分：位于界面顶部的菜单栏，用于将系统所具有的功能进行归类展示；位于菜单栏下方的工作区，用于进行各项功能操作，如图 8-6 所示。

图 8-6　系统主界面

(1) 主界面是集中显示系统全部功能的窗口，所以要将各个功能模块的窗体加入主界面中，同时保证各窗体布局合理，方便用户操作。在主窗体中加入整个系统的入口方法 main，通过执行该方法进而执行整个系统。main 方法在窗体初始化时调用。主窗体文件 MainFrame.java 的代码如下：

```
public class MainFrame extends JFrame {
    JPanel contentPane;                           //panel 容器
    JMenuBar jMenuBar1 = new JMenuBar();          //菜单栏
    JMenu jMenu1 = new JMenu();                   //系统管理
    JMenu jMenu2 = new JMenu();                   //基本信息
    JMenu jMenu3 = new JMenu();                   //高级管理
```

```
    JMenuItem jMenuItem1 = new JMenuItem();                    //增加二级菜单对象
    JMenuItem jMenuItem2 = new JMenuItem();
    JMenuItem jMenuItem3 = new JMenuItem();
    JMenuItem jMenuItem4 = new JMenuItem();
    JMenuItem jMenuItem10 = new JMenuItem();
    JMenuItem jMenuItem11 = new JMenuItem();
    public MainFrame() {
        try {
            setDefaultCloseOperation(EXIT_ON_CLOSE);           //增加窗体关闭事件
            jbInit();                                          //初始化界面
        } catch (Exception exception) {
            exception.printStackTrace();
        }
    }
```

以上代码中为 MainFrame 类定义了一、二级菜单栏实例对象，以及容器组件。另外还定义了 MainFrame 类的构造方法，在其中增加了窗体右上角的关闭按钮事件 setDefaultClose Operation，并调用 jbInit 方法初始化窗体的其他内容。

(2) 实现窗体初始化操作，其代码如下：

```
private void jbInit() throws Exception {
        contentPane = (JPanel) getContentPane();
        contentPane.setLayout(null);              //初始化界面，删除所有布局方式
        this.setJMenuBar(jMenuBar1);              //在主窗体中增加菜单栏
        setSize(new Dimension(600, 700));         //设置窗体大小
        setTitle("网吧管理系统");                  //设置窗体标题
        jMenu1.setText("系统管理");                //设置窗体一级菜单
        jMenu2.setText("基本信息");
        jMenu3.setText("高级管理 ");
        //设置二级菜单并增加监听器
        jMenuItem10.setText("用户管理");
        jMenuItem10.addActionListener(new JieFrame_jMenuItem10_actionAdapter(this));
        jMenuItem11.setText("退出");
        jMenuItem11.addActionListener(new JieFrame_jMenuItem11_actionAdapter(this));
        //设置二级菜单并增加监听器
        jMenuItem3.setText("计算机信息");
        jMenuItem3.addActionListener(new JieFrame_jMenuItem3_actionAdapter(this));
        jMenuItem2.setText("上网卡信息");
        jMenuItem2.addActionListener(new JieFrame_jMenuItem2_actionAdapter(this));
        //设置二级菜单并增加监听器
        jMenuItem4.setText("消费信息");
        jMenuItem4.addActionListener(new JieFrame_jMenuItem4_actionAdapter(this));
        jMenuItem1.setText("会员信息");
        jMenuItem1.addActionListener(new JieFrame_jMenuItem1_actionAdapter(this));
        //将一级菜单加入菜单栏
        jMenuBar1.add(jMenu1);
        jMenuBar1.add(jMenu2);
        jMenuBar1.add(jMenu3);
        //将二级菜单加入"系统管理"一级菜单
        jMenu1.add(jMenuItem10);
        jMenu1.add(jMenuItem11);
        //将二级菜单加入"基本信息"一级菜单
        jMenu2.add(jMenuItem3);
        jMenu2.add(jMenuItem2);
        //将二级菜单加入"高级管理"一级菜单
        jMenu3.add(jMenuItem1);
        jMenu3.add(jMenuItem4);
    }
```

以上代码中，getContentPane 方法用于初始化窗体，然后在窗体中装载相关组件；setJMenuBar 方法用于设置窗体的菜单栏；setText 方法用于设置每个菜单的文本信息；addActionListener 方法用于添加监听器，该函数的参数为具体监听器实现类的实例对象。代码最后调用一级菜单栏实例的 add 方法将菜单加入菜单窗体中，再以同样的方式将二级菜单加入一级菜单中。

(3) 实现“系统管理”菜单下的具体监听器的类，其代码如下：

```
//用户管理监听器
class JieFrame_jMenuItem10_actionAdapter implements ActionListener {
        private MainFrame adaptee;
        JieFrame_jMenuItem10_actionAdapter(MainFrame adaptee) {
            this.adaptee = adaptee;
        }
        public void actionPerformed(ActionEvent e) {
            adaptee.jMenuItem10_actionPerformed(e);
        }
    }
    public void jMenuItem10_actionPerformed(ActionEvent e) {
        UserFrame  f=new UserFrame();
        f.setVisible(true);
    }
//系统退出监听器
    class JieFrame_jMenuItem11_actionAdapter implements ActionListener {
        private MainFrame adaptee;
        JieFrame_jMenuItem11_actionAdapter(MainFrame adaptee) {
            this.adaptee = adaptee;
        }
        public void actionPerformed(ActionEvent e) {
            adaptee.jMenuItem11_actionPerformed(e);
        }
    }
```

(4) 实现“基本信息”菜单下的具体监听器的类，其代码如下：

```
//计算机信息监听器
    class JieFrame_jMenuItem3_actionAdapter implements ActionListener {
        private MainFrame adaptee;
        JieFrame_jMenuItem3_actionAdapter(MainFrame adaptee) {
            this.adaptee = adaptee;
        }
        public void actionPerformed(ActionEvent e) {
            adaptee.jMenuItem3_actionPerformed(e);
        }
    }
//上网卡信息监听器
    class JieFrame_jMenuItem2_actionAdapter implements ActionListener {
        private MainFrame adaptee;
        JieFrame_jMenuItem2_actionAdapter(MainFrame adaptee) {
            this.adaptee = adaptee;
        }
        public void actionPerformed(ActionEvent e) {
            adaptee.jMenuItem2_actionPerformed(e);
        }
    }
```

(5) 实现“高级管理”菜单下的具体监听器的类，其代码如下：

```
//消费信息监听器
```

```
    class JieFrame_jMenuItem4_actionAdapter implements ActionListener {
        private MainFrame adaptee;
        JieFrame_jMenuItem4_actionAdapter(MainFrame adaptee) {
            this.adaptee = adaptee;
        }
        public void actionPerformed(ActionEvent e) {
            adaptee.jMenuItem4_actionPerformed(e);
        }
    }
//会员信息监听器
    class JieFrame_jMenuItem1_actionAdapter implements ActionListener {
        private MainFrame adaptee;
        JieFrame_jMenuItem1_actionAdapter(MainFrame adaptee) {
            this.adaptee = adaptee;
        }
        public void actionPerformed(ActionEvent e) {
            adaptee.jMenuItem1_actionPerformed(e);
        }
    }
```

3．设计菜单

系统的具体功能都是通过操作菜单实现的，所以下面进行菜单设计。

在 HotelFrame 类中添加如表 8-7 所示的菜单。

表 8-7　菜单名称与窗体监听器对应表

菜单名称	监听器
用户管理	ieFrame_jMenuItem10_actionAdapter
退出	JieFrame_jMenuItem11_actionAdapter
计算机信息	JieFrame_jMenuItem3_actionAdapter
上网卡信息	JieFrame_jMenuItem2_actionAdapter
消费信息	JieFrame_jMenuItem4_actionAdapter
会员信息	JieFrame_jMenuItem1_actionAdapter

8.5.2　建立数据库连接类

(1) 为了便于对数据库的控制，添加 ConnectionManager 类进行数据访问管理。在该类中配置连接数据的驱动、URL、数据库用户名和密码信息。其代码如下：

```
public final class ConnectionManager {
    private static Connection con = null;
    private static final String DRIVER = "com.mysql.jdbc.Driver";//驱动固定代码
    private static final String URL = "jdbc:mysql://localhost:3306/wb";   //URL
    private static final String user = "root";     //用户名
    private static final String pass = "root";     //密码
    public static Connection getConnection() {
        try {
            Class.forName(DRIVER);                 //加载驱动
            con = DriverManager.getConnection(URL,user, pass);//建立连接
        } catch (Exception e) {
        }
        //判断数据库连接是否成功，如果失败，con 的值应该是 null
```

```
        if (con != null) {
            //System.out.println("数据库连接返回成功!"); //测试用代码
        } else {
            System.out.println("数据库连接返回失败!");   //测试用代码
        }
        return con;
    }
```

以上代码中，变量 DRIVER 用于保存数据库的固定驱动信息，变量 URL 用于保存数据库连接信息。代码中还定义了返回类型为 Connection 的 getConnection 方法，用于实现数据库的连接操作。

(2) 定义一些辅助数据库操作的函数，其代码如下：

```
/**
     * 静态方法 ConnectionClose: 关闭数据库的连接
     * 资源应该及时释放,用完数据库连接就关闭
     * 参数: Connection cnn 代表需要关闭的数据库连接
     */
    public static void ConnectionClose(Connection cnn) {
        try {
            if (cnn.isClosed() == false && cnn != null)
                cnn.close();
        } catch (Exception e) {
    System.out.println("ConnectionManager 类的 ConnectionClose()方法有错误! : "+
e.getMessage());
        }
    }
    /**
     * 静态方法 ResultSetclose: 关闭记录集
     * 资源应该及时释放,用完记录集就关闭
     * 参数: ResultSet res 代表需要关闭的记录集
     */
    public static void ResultSetClose(ResultSet res) {
        try {
            if (res != null)
                res.close();
        } catch (Exception e) {
System.out.println("ConnectionManager 类的 ResultSetClose()方法有错误! : "+
e.getMessage());
        }
    }

    /**
     * 静态方法 StatementClose: 关闭执行 SQL 命令的对象
     * 资源应该及时释放,用完执行 SQL 命令的对象就关闭
     * 参数: PreparedStatement pS 代表执行 SQL 命令的对象
     */
    public static void StatementClose(PreparedStatement pS) {
        try {
            if (pS != null)
                pS.close();
        } catch (Exception e) {
    System.out.println("ConnectionManager 类的 ResultSetClose()方法有错误! : "
                    + e.getMessage());
        }
    }
}
```

以上代码中定义了如下数据库处于不同打开状态时的关闭方法。

- ConnectionClose：关闭数据库的连接，每个系统用户登录系统后首先要建立一个连接，在建立连接后才进行数据库的访问操作。当用户退出系统时要关闭连接，以节省系统资源。
- ResultSetClose：在每个数据库连接建立并从数据库中读取相应的数据后，返回结果是操作要清除掉数据集中的内容。以减轻数据库内存的消耗。
- StatementClose：用户访问数据库时需要用到 SQL 语句，访问完成后应该及时清除掉命令集。

8.5.3 系统登录模块设计

因为网吧是一个公共场所，所以在开发网吧管理系统时一定要考虑到系统的安全性，设置只有通过系统身份验证的用户才能够使用本系统，为此必须增加一个系统登录模块。

(1) 添加登录 login 类，定义相应的成员变量用来记录当前登录名和用户密码信息，并通过触发事件判断用户名和密码是否存在，然后进行登录初始化操作。其代码如下：

```
public class login extends JFrame {
    JPanel contentPane;
    JTextField txtMing = new JTextField();
    JPasswordField txtMiMa = new JPasswordField();
    JLabel jLabel1 = new JLabel();
    JLabel jLabel2 = new JLabel();
    JButton btnDeng = new JButton();
    JButton btnTuiChu = new JButton();
    public login() {
        try {
            setDefaultCloseOperation(EXIT_ON_CLOSE);
            jbInit();
        } catch (Exception exception) {
            exception.printStackTrace();
        }
    }
    private void jbInit() throws Exception {
        contentPane = (JPanel) getContentPane();
        contentPane.setLayout(null);
        setSize(new Dimension(400, 300));
        setTitle("后台用户登录");
        txtMing.setBounds(new Rectangle(135, 62, 213, 38));
        txtMing.addKeyListener(new RuanJianFrame_txtMing_keyAdapter(this));
        txtMiMa.setBounds(new Rectangle(135, 131, 212, 33));
        txtMiMa.addKeyListener(new RuanJianFrame_txtMiMa_keyAdapter(this));
        jLabel1.setToolTipText("");
        jLabel1.setText("用户名");
        jLabel1.setBounds(new Rectangle(32, 62, 102, 36));
        jLabel2.setText("密码");
        jLabel2.setBounds(new Rectangle(30, 131, 80, 32));
        btnDeng.setBounds(new Rectangle(84, 221, 71, 28));
        btnDeng.setText("登录");
        btnDeng.addActionListener(new RuanJianFrame_btnDeng_actionAdapter(this));
        btnTuiChu.setBounds(new Rectangle(226, 222, 71, 27));
        btnTuiChu.setText("退出");
        btnTuiChu.addActionListener(new RuanJianFrame_jButton2_actionAdapter(this));
        contentPane.add(txtMing);
        contentPane.add(txtMiMa);
```

```
    contentPane.add(jLabel1);
    contentPane.add(jLabel2);
    contentPane.add(btnDeng);
    contentPane.add(btnTuiChu);
    Dimension screenSize = Toolkit.getDefaultToolkit().getScreenSize();
   Dimension frameSize = this.getSize();
  }
```

以上代码中首先创建了登录窗体用到的用户名和密码输入框，以及“登录”和“退出”按钮；然后定义了该类的构造方法 login，实现了窗体关闭事件；最后实现了窗体初始化方法 jbInit，方法中集中对登录窗体进行布局管理。

(2) 为登录窗体添加监听处理事件，其代码如下：

```
class RuanJianFrame_btnDeng_actionAdapter implements ActionListener {
  private login adaptee;
  RuanJianFrame_btnDeng_actionAdapter(login adaptee) {
    this.adaptee = adaptee;
  }
  public void actionPerformed(ActionEvent e) {
    adaptee.btnDeng_actionPerformed(e);
  }
}
public void btnDeng_actionPerformed(ActionEvent e) {
    String userName = (String)this.txtMing.getText();
        String passWord = new String((this.txtMiMa.getPassword()));
        // 表单验证_判断用户的输入是否为空
        if (userName.length() == 0 || passWord.length() == 0) {
           javax.swing.JOptionPane.showMessageDialog(this,
                "用户名和密码不能为空！");
           return;
        }
        // 业务验证_判断用户名和密码是否为空
        User us = new User();
        us.setUsername(userName);
        us.setPassword(passWord);
        // 调用业务层的相关方法,实现业务验证
        ArrayList arr = null;
        arr = UserBusiness.Dselect(us);  //验证是否是正确的用户名和密码
     if (!arr.isEmpty()) {
           boolean shiFou = UserBusiness.DLselect(us);  //如果正确,判断权限
           if (shiFou == true)
          {javax.swing.JOptionPane.showMessageDialog(this,
                  "欢迎管理员使用本系统！");
         MainFrame f=new MainFrame();
           f.setVisible(true);
      this.setVisible(false);
              } else {
              javax.swing.JOptionPane.showMessageDialog(this,
                  "欢迎普通用户使用本系统！");
               this.setVisible(false);
           }
        } else {  //如果密码不正确
           javax.swing.JOptionPane.showMessageDialog(this,
                "用户名和密码输入不正确！");
           this.txtMing.setText("");
           this.txtMiMa.setText("");
           this.txtMing.requestFocus();
    }
  }
```

以上代码为“登录”按钮增加了具体的监听器实现。通过 btnDeng_actionPerformedp 方法，创建了 User 对象来封装用户名和密码，然后利用用户操作类 UserBusiness，调用其中的 Dselect 方法访问数据库。Dselect 方法的参数为 User 对象实例。

(3) UserBusiness 类中的所有方法都是为操作用户信息准备的，每个方法中都会创建 UserDAO 类的对象，通过该对象的方法进行具体的数据操作，这样做的目的是对数据操作进行统一管理。其代码如下：

```
    public class UserBusiness {
    private UserBusiness() {
    }
    //增加用户
public static void insert(User stu) {
UserDAO sdo = new UserDAO();
sdo.insert(stu);
}
//删除用户
public static void delete(User stu) {
UserDAO sdo = new UserDAO();
sdo.delete(stu);
}
//修改用户
public static void update(User stu){
UserDAO sdo = new UserDAO();
sdo.update(stu);
}
//全部查询
public static ArrayList select() {
UserDAO sdo = new UserDAO();
return sdo.chaXun();
}
//条件查询
public static ArrayList select(User stu) {
UserDAO sdo = new UserDAO();
return sdo.chaXun(stu);
}//条件查询
public static ArrayList Dselect(User stu) {
UserDAO sdo = new UserDAO();
return sdo.DchaXun(stu);
}
public static boolean DLselect(User stu) {
    UserDAO sdo = new UserDAO();
    return sdo.DLchaXun(stu);
}
}
```

(4) UserDAO 类的代码如下:

```
public class UserDAO {
     public ArrayList DchaXun(User stu) {
     //声明一个数据库连接对象
     Connection con = null;
     //声明一个执行命令的对象
     PreparedStatement ps = null;
     //声明一个存储记录集的对象
     ResultSet rs = null;
     //集合类对象
     ArrayList arr = new ArrayList();
     try {
```

```
        /** 数据库操作系列代码*/
        //调用 ConnectionManager 的静态方法,建立数据库连接
        con = ConnectionManager.getConnection();
        //拼接数据库操作的 SQL 语句
        String sq = "select * from [user] where Username=? and password=?";
        //建立一个 PreparedStatement 对象执行 SQL 语句
        ps = con.prepareStatement(sq,
                                  ResultSet.TYPE_SCROLL_SENSITIVE,
                                  ResultSet.CONCUR_UPDATABLE);
        //把要查找的用户名和密码作为参数传递给 SQL 语句
        ps.setString(1, stu.getUsername());
        ps.setString(2,stu.getPassword());
//调用 PreparedStatement 对象的 executeQuery 方法，执行 Select 语句，并返回一个记录集对象
        rs = ps.executeQuery();
        //调用记录集对象的 next 方法，移动指针，如果到达 EOF 则返回 false
        while (rs.next()) {
            //创建新的 User 对象
            User temp = new User();
            //为 Computer 对象属性赋值
            temp.setUsername(rs.getString(1));
            temp.setPassword(rs.getString(2));
            temp.setPopedomId(rs.getInt(3));
            //为集合类添加对象
            arr.add(temp);
        }
    } catch (Exception e) {
        System.out.println("UserDAO 类的 DchaXun(student stu)方法有错误! : "
                         + e.getMessage());
    } finally {
        /** 释放资源系列代码*/
        ConnectionManager.ResultSetClose(rs);
        ConnectionManager.StatementClose(ps); //释放执行命令的对象
        ConnectionManager.ConnectionClose(con); //关闭数据库连接
    }
    return arr;
}
```

以上代码中列出了 UserDAO 类查询用户名和密码的方法。DchaXun 方法的参数是用户信息类的实例对象，对象中包含有用户名和密码信息。在方法中建立数据连接，在 user 表中查询是否包含有该用户的信息，若有则返回数组类型，若没有则返回空。并在 login 类中，通过 arr.isEmpty()判断所输入的用户名和密码是否合法。

上述代码使用 executeQuery 方法执行 Select 语句，并返回了一个记录集对象。在 Java 程序中可以使用 execute 方法执行几乎所有的 SQL 语句，但是执行时比较麻烦，所以通常没有必要使用 execute 方法来执行 SQL 语句，而是使用 executeQuery 或 executeUpdate 方法。当不清楚 SQL 语句的类型时，只能使用 execute 方法执行该 SQL 语句。使用 execute 方法执行 SQL 语句后，返回值是一个 boolean 类型的值，表明执行该 SQL 语句返回了一个 ResultSet 对象。在执行 SQL 语句后，可以通过如下两个方法来获取执行结果。

- getResultSet()：根据获取用户的 Statement 执行查询语句，并返回 ResultSet 对象。
- getUpdateCount()：获取该 Statement 执行 DML(数据操作语言)语句所影响的记录行数。

8.5.4 普通用户登录设计

现在在网吧上网都要使用上网卡，用户可以先为自己的上网卡预充一定金额，上网时输入自己的卡号，系统会自动从卡里扣钱。在开发网吧管理系统时要考虑上网用户的登录功能，只有通过系统身份验证的用户才能够上网，为此必须增加一个普通用户登录模块。

(1) 添加登录类 cus_login，定义相应的成员变量用来记录当前登录用户名和密码信息。并且通过触发事件判断用户名和密码是否存在，然后进行登录初始化操作。其代码如下：

```
public class cus_login extends JFrame {
    JPanel contentPane;
    int j=0;
    JTextField CardName = new JTextField();
    JPasswordField Cardpassword = new JPasswordField();
    JLabel a = new JLabel();
    JLabel jLabel2 = new JLabel();
    JButton btnTui = new JButton();
    JButton btnDeng = new JButton();
    public cus_login() {
        try {
            setDefaultCloseOperation(EXIT_ON_CLOSE);  //增加关闭事件
            jbInit();   //界面初始化
        } catch (Exception exception) {
            exception.printStackTrace();
        }
    }
    private void jbInit() throws Exception {
        contentPane = (JPanel) getContentPane();
        contentPane.setLayout(null);
        setSize(new Dimension(400, 300));
        setTitle("网吧登录");
        CardName.setText("");
        CardName.setBounds(new Rectangle(156, 51, 195, 33));
        CardName.addKeyListener(new DengFrame_CardName_keyAdapter(this));
        Cardpassword.setText("");
        Cardpassword.setBounds(new Rectangle(157, 110, 194, 30));
        Cardpassword.addActionListener(new
DengFrame_Cardpassword_actionAdapter(this));
        Cardpassword.addKeyListener(new DengFrame_Cardpassword_keyAdapter(this));
        a.setFont(new java.awt.Font("Dialog", Font.PLAIN, 14));
        a.setText("用户名");
        a.setBounds(new Rectangle(72, 49, 83, 35));
        jLabel2.setFont(new java.awt.Font("Dialog", Font.PLAIN, 14));
        jLabel2.setToolTipText("");
        jLabel2.setText("密码");
        jLabel2.setBounds(new Rectangle(70, 107, 86, 30));
        btnTui.setBounds(new Rectangle(254, 212, 92, 30));
        btnTui.setFont(new java.awt.Font("Dialog", Font.PLAIN, 14));
        btnTui.setText("退出");
        btnTui.addKeyListener(new DengFrame_jButton2_keyAdapter(this));
        btnTui.addActionListener(new DengFrame_jButton2_actionAdapter(this));
        btnDeng.setBounds(new Rectangle(102, 213, 92, 30));
        btnDeng.setFont(new java.awt.Font("Dialog", Font.PLAIN, 14));
        btnDeng.setText("登录");
        btnDeng.addActionListener(new DengFrame_jButton1_actionAdapter(this));
        contentPane.add(CardName);
        contentPane.add(Cardpassword);
        contentPane.add(a);
```

```
        contentPane.add(jLabel2);
        contentPane.add(btnTui);
        contentPane.add(btnDeng);
        Dimension screenSize = Toolkit.getDefaultToolkit().getScreenSize();
        Dimension frameSize = this.getSize();
    }
```

以上代码中首先创建了登录窗体用到的用户名和密码输入框，以及“登录”和“退出”按钮；然后定义了该类的构造方法 cus_login，实现了窗体关闭事件；最后实现了窗体初始化方法 jbInit，方法中集中对登录窗体进行布局管理。

(2) 为登录窗体添加监听处理事件，其代码如下：

```
public void jButton1_actionPerformed(ActionEvent e) {
        String a = (String) CardName.getText();
        String b = new String(Cardpassword.getPassword());
        //记录错误
        if (a.length() == 0 || b.length() == 0) {
            javax.swing.JOptionPane.showMessageDialog(this,
                    "用户名和密码不能为空！");
            return;
        }
        Card stu = new Card();
        stu.setId(a);
        stu.setPassword(b);
        ArrayList arr = CardBusiness.Dselect(stu);
        if (!arr.isEmpty()) {
            javax.swing.JOptionPane.showMessageDialog(this,
                    "欢迎普通用户使用本系统！");
            Card stu1 = new Card();
            Record.cardId = a; //存卡 ID
            stu1.setId(a);
            /*查询卡的余额*/
            ArrayList arr1 = CardBusiness.select(stu1);
            for (int i = 0; i < arr1.size(); i++) {
                stu1 = (Card) arr1.get(i);
            }
            double tall = stu1.getBalance();
            try {
                InetAddress add = InetAddress.getLocalHost();
                //利用 getHostAddress()方法获取本机的 IP 地址
                String id = add.getHostAddress();
                String name = add.getHostName();
                Record.computerId = name; //存计算机 ID
                /*更新计算机信息表,设置计算机正在使用*/
                Computer gen = new Computer();
                gen.setId(name);
                gen.setOnUse(1);
                gen.setNotes("使用");
                ComBusiness.update(gen);
            } catch (UnknownHostException ex) {
                System.out.println("有错误发生了！" + ex.getMessage());
            }
```

以上代码为“登录”按钮增加了具体的监听器实现。通过 jButton1_actionPerformed 方法，创建了 Card 对象来封装上网卡用户名和密码，然后利用上网卡操作类 CardBusiness，调用其中的 Dselect 方法访问数据库。Dselect 方法的参数为 Card 对象实例，若系统存在该会员卡，则取出相应的信息赋值给相应的变量。

(3) 判断上网卡的余额，若余额不足，则提示用户充值，同时返回登录界面。若用户名和密码错误，则提示相应的信息。其代码如下：

```
                /*获得当前时间*/
                Date Time = new Date();
                SimpleDateFormat df;
                df = new SimpleDateFormat("yyyy-MM-dd hh:mm:ss");
                String bs = df.format(Time);
                Record.beginTime = bs; //存上机时间
                Record.balance = tall; //存卡余额
                if (Record.balance < 0.7) {
                    javax.swing.JOptionPane.showMessageDialog(this,
                            "你的卡余额不足！请充值！");
                    this.CardName.setText(""); //setText 清空文本框中的文本
                    this.Cardpassword.setText("");
                    this.CardName.requestFocus();
                    return;
                }
                /*转换到计费页面，隐藏本页面。*/
                XiaoFeiFrame f = new XiaoFeiFrame();
                f.setVisible(true);
                this.setVisible(false);
            } else {
                JLabel lf = new JLabel("错误的用户名和密码!");
                lf.setFont(new java.awt.Font("Dialog", Font.PLAIN, 14));
                JOptionPane.showMessageDialog(null, lf, "消息提示",
                        JOptionPane.INFORMATION_MESSAGE);
                }
                j++;
                this.CardName.setText(""); //setText 清空文本框中的文本
                this.Cardpassword.setText("");
                this.CardName.requestFocus(); //requestFocus 方法用来设置焦点
            }
        }
```

8.6 用户信息管理模块

视频讲解 光盘：视频\第 8 章\用户信息管理模块.avi

本节主要介绍添加用户信息、删除用户信息、修改用户信息、查询用户信息的实现。

8.6.1 用户信息类

在工程中增加用户信息类 User，此类继承 Java 系统中的 JPanel 类。User 类主要用于对 user 表的相关字段进行封装，以便在业务逻辑实现时直接调用该类的实例对象，以实现多个变量同时传递的目的。还要定义 User 类所有成员变量的 setX 和 getX 方法对，并对对象的变量进行取值和赋值操作。其代码如下：

```
public class User extends JPanel {
   BorderLayout borderLayout1 = new BorderLayout();
   private String username;
   private String password;
   private int popedomId;
```

```
    public User() {
        try {
            jbInit();
        } catch (Exception exception) {
            exception.printStackTrace();
        }
    }
    private void jbInit() throws Exception {
        setLayout(borderLayout1);
    }
    public void setUsername(String username) {
        this.username = username;
    }
    public void setPassword(String password) {
        this.password = password;
    }
    public void setPopedomId(int popedomId) {
        this.popedomId = popedomId;
    }
    public String getUsername() {
        return username;
    }
    public String getPassword() {
        return password;
    }
    public int getPopedomId() {
        return popedomId;
    }
}
```

8.6.2　“用户管理”窗体

(1) 在工程中增加用户管理类 UserFramer，此类继承 Java 系统中的 JFrame 类。User Framer 类主要用于集中在窗体中处理用户的添加、删除、修改和查询操作。其部分代码如下：

```
public class UserFrame extends JFrame {
  public UserFrame() {
      try {
          setDefaultCloseOperation(EXIT_ON_CLOSE);
          jbInit();
      } catch (Exception exception) {
          exception.printStackTrace();
      }
  }
private void jbInit() throws Exception {
      contentPane = (JPanel) getContentPane();
      contentPane.setLayout(borderLayout1);
      this.setDefaultCloseOperation(JFrame.DO_NOTHING_ON_CLOSE);
      setSize(new Dimension(600, 400));
      setTitle("用户管理");
      jPanel1.setLayout(cardLayout1);
      jPanel2.setLayout(null);
      txtName.setBounds(new Rectangle(94, 41, 177, 34));
      txtName.addKeyListener(new UserFrame_txtName_keyAdapter(this));
      txtPassword.setBounds(new Rectangle(94, 92, 177, 38));
      jLabel1.setText("用户名");
      jLabel1.setBounds(new Rectangle(22, 41, 73, 34));
      jLabel2.setText("密码");
```

```
        jLabel2.setBounds(new Rectangle(22, 94, 72, 34));
        jLabel3.setText("权限");
        jLabel3.setBounds(new Rectangle(24, 148, 68, 36));
        btnTian.setBounds(new Rectangle(46, 233, 83, 29));
        btnTian.setText("添加");
        btnTian.addActionListener(new UserFrame_btnTian_actionAdapter(this));
        jButton2.setBounds(new Rectangle(184, 232, 84, 30));
        jButton2.setText("取消");
```

以上代码实现了“用户管理”窗体的初始化操作，在界面上增加了“用户”、“密码”和“权限”的组件，并在该类中定义了 UserFrame 构造方法，实现了窗体关闭事件。

(2) 将与用户操作相关的功能用树状列表的方式显示在窗体左侧，其部分代码如下：

```
  jScrollPane1.getViewport().add(jTree1);
     DefaultMutableTreeNode Tian = new DefaultMutableTreeNode("添加用户信息");
      gen.add(Tian);
     DefaultMutableTreeNode Shan = new DefaultMutableTreeNode("删除用户信息");
       gen.add(Shan);
     DefaultMutableTreeNode Xiou = new DefaultMutableTreeNode("修改用户信息");
      gen.add(Xiou);
   DefaultMutableTreeNode Cha = new DefaultMutableTreeNode("条件查询用户信息");
      gen.add(Cha);
  DefaultMutableTreeNode Cha1 = new DefaultMutableTreeNode("查询全部用户信息");
      gen.add(Cha1);
        jPanel1.add(QuanBuCha, "QuanBuCha");
        jTree1.expandRow(0);
   Dimension screenSize = Toolkit.getDefaultToolkit().getScreenSize();
  Dimension frameSize = this.getSize();
  this.setLocation((screenSize.width - frameSize.width) / 2,
                   (screenSize.height - frameSize.height) / 2);
this.txtQuan.addItem("******请选择******");
    this.txtQuan.addItem("管理员");
    this.txtQuan.addItem("普通用户");
```

8.6.3 添加用户信息

在 UserDAO 类中增加用于添加用户信息的 insert 方法，其参数是 User 类的实例，利用该实例可以获得相关的用户信息，包括用户名、密码和权限信息。最后建立数据库连接，向 user 表中插入所添加的用户信息。其代码如下：

```
     public class UserDAO {
   public UserDAO() {
public void insert(User stu) {
        //声明一个数据库连接对象
        Connection con = null;
        //声明一个执行命令的对象
        PreparedStatement ps = null;
        try {
            /** 数据库操作系列代码*/
            //调用 ConnectionManager 的静态方法,建立数据库连接
            con = ConnectionManager.getConnection();
            //数据库操作的 SQL 语句
            String sq="insert into [user](Username,password,popedomId)"+"values (?,?,?)";
            //建立一个 PreparedStatement 对象执行 SQL 语句
            ps = con.prepareStatement(sq);
            //设置命令参数
            ps.setString(1,stu.getUsername());
```

```
            ps.setString(2, stu.getPassword());
            ps.setInt(3,stu.getPopedomId());
            //执行 SQL 语句
            ps.executeUpdate();
            System.out.println("添加信息完成了!");
        } catch (Exception e) {
            System.out.println("UserDAO 类的 insert()方法有错误! : "
                        + e.getMessage());
        } finally {
            /** 释放资源系列代码*/
            ConnectionManager.StatementClose(ps); //释放执行命令的对象
            ConnectionManager.ConnectionClose(con);
            //关闭数据库连接
        }
    }
```

“添加用户信息”界面如图 8-7 所示。

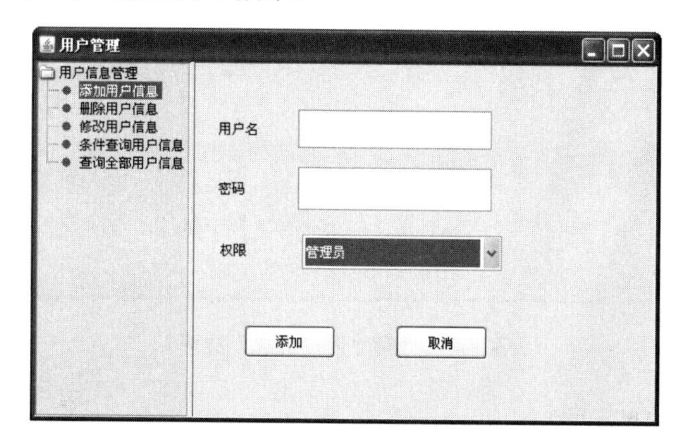

图 8-7　“添加用户信息”界面

8.6.4　删除用户信息

在 UserDAO 类中增加用于删除用户信息的 delete 方法，其参数是 User 类的实例，利用该实例可以获得相关的用户信息，即将要删除用户信息的用户名。最后建立数据库连接，删除 user 表中的该用户信息。其代码如下：

```
public void delete(User stu) {
        //声明一个数据库连接对象
        Connection con = null;
        //声明一个执行命令的对象
        PreparedStatement ps = null;
        try {
            /** 数据库操作系列代码*/
            //调用 ConnectionManager 的静态方法,建立数据库连接
            con = ConnectionManager.getConnection();
            //数据库操作的 SQL 语句
            String sq = "delete from [user] " +
                    " where Username=?";
            //建立一个 PreparedStatement 对象执行 SQL 语句
            ps = con.prepareStatement(sq);
            //设置命令参数
            ps.setString(1, stu.getUsername());
            //执行 SQL 语句
```

```
            ps.executeUpdate();
            System.out.println("删除信息完成了!");
        } catch (Exception e) {
            System.out.println("UserDAO类的delete()方法有错误! : "
                        + e.getMessage());
        } finally {
            /** 释放资源系列代码*/
            ConnectionManager.StatementClose(ps); //释放执行命令的对象
            ConnectionManager.ConnectionClose(con); //关闭数据库连接
        }
    }
```

“删除用户信息”界面如图 8-8 所示。

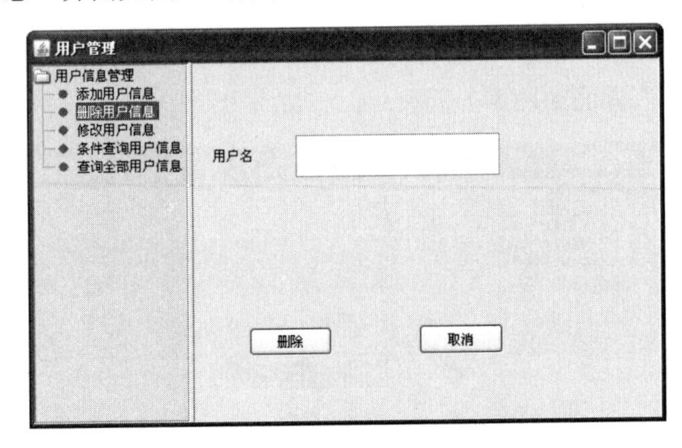

图 8-8 “删除用户信息”界面

8.6.5 修改用户信息

在 UserDAO 类中增加用于修改用户信息的 update 方法，其参数是 User 类的实例，利用该实例可以获得相关的用户信息，包括将要修改用户信息的用户名和待修改的信息。最后建立数据库连接，修改 user 表中的该用户信息。其代码如下：

```
    public void update(User stu) {
      //声明一个数据库连接对象
      Connection con = null;
      //声明一个执行命令的对象
      PreparedStatement ps = null;
      try {
          /** 数据库操作系列代码*/
          //调用 ConnectionManager 的静态方法,建立数据库连接
          con = ConnectionManager.getConnection();
          //数据库操作的 SQL 语句
          String sq = "UPDATE [user]" +" SET  password=?,popedomId=?" +
" WHERE Username=?";
          //建立一个 PreparedStatement 对象执行 SQL 语句
          ps = con.prepareStatement(sq);
          //设置命令参数
          ps.setString(1, stu.getPassword());
          ps.setInt(2,stu.getPopedomId() );
          ps.setString(3, stu.getUsername());
          //执行 SQL 语句
          ps.executeUpdate();
          System.out.println("修改信息完成了!");
```

```
    } catch (Exception e) {
        System.out.println("UserDAO类的update()方法有错误! : " + e.getMessage());
    } finally {
        /** 释放资源系列代码*/
        ConnectionManager.StatementClose(ps); //释放执行命令的对象
        ConnectionManager.ConnectionClose(con); //关闭数据库连接
    }
}
```

“修改用户信息”界面如图 8-9 所示。

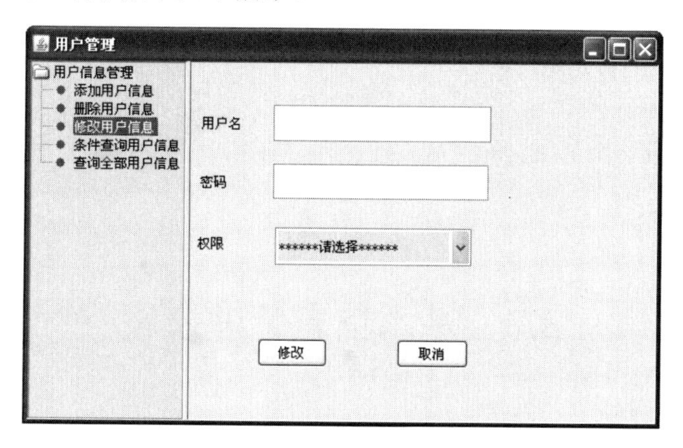

图 8-9　“修改用户信息”界面

8.6.6　查询用户信息

在 UserDAO 类中增加用于查询用户信息的 chaXun 方法，利用它可以查询系统内的所有用户信息，并将每个用户信息返回给 User 对象的实例，最后取出相应的用户信息，以数组类型返回给“用户管理”窗体。其代码如下：

```
public ArrayList chaXun() {
      //声明一个数据库连接对象
      Connection con = null;
      //声明一个执行命令的对象
      PreparedStatement ps = null;
      //声明一个存储记录集的对象
      ResultSet rs = null;
      //集合类对象
      ArrayList arr = new ArrayList();
      try {
         /** 数据库操作系列代码*/
         //拼接数据库操作的 SQL 语句
         String sq = "select * from [user]";
         //调用 ConnectionManager 的静态方法,建立数据库连接
         con = ConnectionManager.getConnection();
         //建立一个 PreparedStatement 对象执行 SQL 语句
         ps = con.prepareStatement(sq,
                     ResultSet.TYPE_SCROLL_SENSITIVE,
                     ResultSet.CONCUR_UPDATABLE);
  //调用 PreparedStatement 对象的 executeQuery 方法，执行 Select 语句，并返回一个记录集对象
         rs = ps.executeQuery();
         //调用记录集对象的 next 方法，移动指针，如果到达 EOF 则返回 false
         while (rs.next()) {
            //User 类对象
```

```
            User stu = new User();
            //为User对象属性赋值
            stu.setUsername(rs.getString(1));
            stu.setPassword(rs.getString(2));
            stu.setPopedomId(rs.getInt(3));
            //为集合类添加对象
            arr.add(stu);
        }
    } catch (Exception e) {
        System.out.println("UserDAO类的chaXun()方法有错误! : "
                    + e.getMessage());
    } finally {
        /** 释放资源系列代码*/
        ConnectionManager.ResultSetClose(rs);
        ConnectionManager.StatementClose(ps); //释放执行命令的对象
        ConnectionManager.ConnectionClose(con); //关闭数据库连接
    }
    return arr;
}
```

8.7　基本信息管理模块

视频讲解　光盘：视频\第8章\基本信息管理模块.avi

本节主要介绍计算机信息管理和上网卡信息管理的实现。

8.7.1　计算机信息管理

(1) 在工程中添加计算机类Computer，该类主要用于对computer表的相关字段进行封装，以便在业务逻辑实现时直接调用该类的实例对象，以实现多个变量同时传递的目的。定义Computer类所有成员变量的setX和getX方法对，并对对象的变量进行取值和赋值操作。其代码如下：

```
public class Computer extends JPanel {
   private String id;
   private int onUse;
   private String notes;
   public Computer() {
   }
   public void setId(String id) {
      this.id = id;
   }
   public void setOnUse(int onUse) {
      this.onUse = onUse;
   }
   public void setNotes(String notes) {
      this.notes = notes;
   }
```

(2) 定义计算机信息ComBusiness类的所有接口，利用该类对接口进行集中管理，方便以后接口方法的扩充。其中部分接口的代码如下：

```
public class ComBusiness {
    private ComBusiness() {//增加
    }
```

```
public static void insert(Computer stu) {//删除
    ComputerDAO sdo = new ComputerDAO();
    sdo.insert(stu);
}
public static void delete(Computer stu) {//修改
    ComputerDAO sdo = new ComputerDAO();
    sdo.delete(stu);
}
public static void update(Computer stu){ //全部查询
    ComputerDAO sdo = new ComputerDAO();
    sdo.update(stu);
}
public static ArrayList select() {
    ComputerDAO sdo = new ComputerDAO();//条件查询
    return sdo.chaXun();
}
public static ArrayList select(Computer stu) {
    ComputerDAO sdo = new ComputerDAO();
    return sdo.chaXun(stu);
}}
```

以上代码主要列出了接口方法的定义，有了这些接口方法，只要在业务逻辑层调用这些方法，便可轻松地完成功能实现。

(3) 由于篇幅的限制，在此只给出用于添加计算机信息的方法的具体实现，其代码如下：

```
public void insert(Computer stu) {
        //声明一个数据库连接对象
        Connection con = null;
        //声明一个执行命令的对象
        PreparedStatement ps = null;
        try {
            /** 数据库操作系列代码*/
            //调用 ConnectionManager 的静态方法,建立数据库连接
            con = ConnectionManager.getConnection();
            //数据库操作的 SQL 语句
            String sq = "insert into Computer (id,OnUse,notes)" +
                     "      values (?,?,?)";
            //建立一个 PreparedStatement 对象执行 SQL 语句
            ps = con.prepareStatement(sq);
            //设置命令参数
            ps.setString(1,stu.getId());
            ps.setInt(2,stu.getOnUse());
            ps.setString(3, stu.getNotes());
            //执行 SQL 语句
            ps.executeUpdate();
            System.out.println("添加信息完成了!");
        } catch (Exception e) {
            System.out.println("ComputerDAO 类的 insert()方法有错误! : "
                               + e.getMessage());
        } finally {
            /** 释放资源系列代码*/
            ConnectionManager.StatementClose(ps);           //释放执行命令的对象
            ConnectionManager.ConnectionClose(con);         //关闭数据库连接
        }
    }
```

“计算机信息管理”窗体如图 8-10 所示。

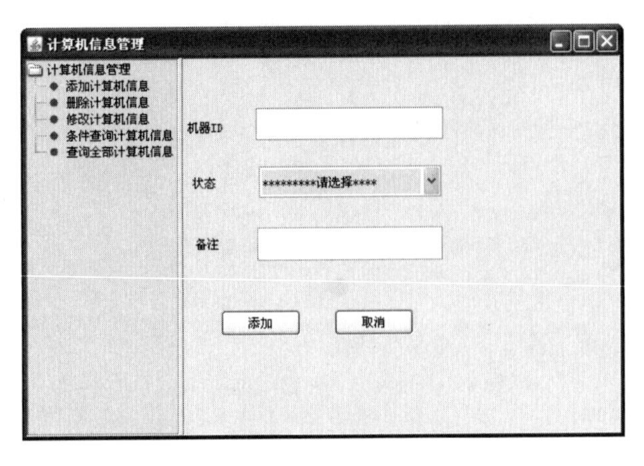

图 8-10 “计算机信息管理”窗体

8.7.2 上网卡信息管理

(1) 在工程中添加上网卡类 Card，该类主要用于对 card 表的相关字段进行封装，以便在业务逻辑实现时直接调用该类的实例对象，以实现多个变量同时传递的目的。定义 Card 类所有成员变量的 setX 和 getX 方法对，并对对象的变量进行取值和赋值操作。其部分代码定义如下：

```
public class Card {
   private String id;
   private String MemberId;
   private String password;
   private double balance;
   public Card() {
   }
   public void setId(String id) {
      this.id = id;
   }
   public void setMemberId(String MemberId) {
      this.MemberId = MemberId;
   }
   public void setPassword(String password) {
      this.password = password;
   }
```

(2) 定义上网卡信息 CardBusiness 类的所有接口，利用该类对接口进行集中管理，方便以后接口方法的扩充。其中部分接口的代码如下：

```
  public class ComBusiness {
   private ComBusiness() {
   } //增加
public static void insert(Computer stu) {
   ComputerDAO sdo = new ComputerDAO();
   sdo.insert(stu);
} //删除
public static void delete(Computer stu) {
   ComputerDAO sdo = new ComputerDAO();
   sdo.delete(stu);
}//修改
```

```
public static void update(Computer stu){
    ComputerDAO sdo = new ComputerDAO();
    sdo.update(stu);
}
```

(3) 由于篇幅的限制，在此只给出用于删除上网卡信息的方法的具体实现，其代码如下：

```
public void delete(Card stu) {
    //声明一个数据库连接对象
    Connection con = null;
    //声明一个执行命令的对象
    PreparedStatement ps = null;
    try {
        /** 数据库操作系列代码*/
        //调用 ConnectionManager 的静态方法,建立数据库连接
        con = ConnectionManager.getConnection();
        //数据库操作的 SQL 语句
        String sq = "delete from Card " +
                  " where Id=?";
        //建立一个 PreparedStatement 对象执行 SQL 语句
        ps = con.prepareStatement(sq);
        //设置命令参数
        ps.setString(1, stu.getId());
        //执行 SQL 语句
        ps.executeUpdate();
        System.out.println("删除信息完成了!");
    } catch (Exception e) {
        System.out.println("CardDAO 类的 delete()方法有错误! : "
                    + e.getMessage());
    } finally {
        /** 释放资源系列代码*/
        ConnectionManager.StatementClose(ps);            //释放执行命令的对象
        ConnectionManager.ConnectionClose(con);          //关闭数据库连接
    }
}
```

“上网卡信息”窗体如图 8-11 所示。

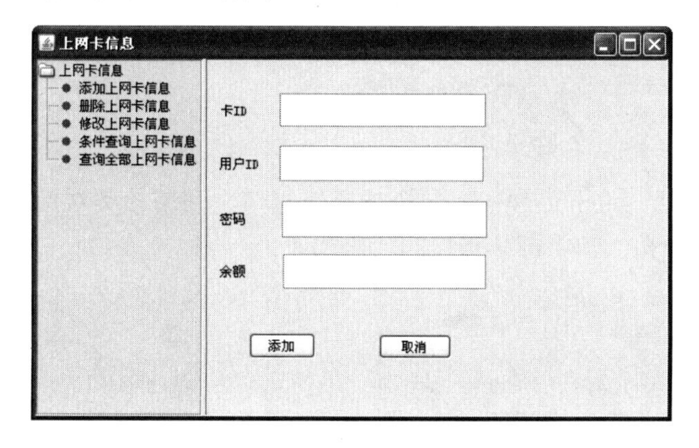

图 8-11　“上网卡信息”窗体

8.8　高级功能管理模块

视频讲解 光盘：视频\第 8 章\高级功能管理模块.avi

本节主要介绍会员信息管理和消费信息管理的实现。

8.8.1　会员信息管理

(1) 在工程中添加会员信息类 Member，该类主要用于对 member 表的相关字段进行封装，以便在业务逻辑实现时直接调用该类的实例对象，以实现多个变量同时传递的目的。定义 Member 类所有成员变量的 setX 和 getX 方法，并对对象的变量进行取值和赋值操作。其代码如下：

```
public class Member extends JPanel {
   BorderLayout borderLayout1 = new BorderLayout();
   private String id;
   private String myName;
   private String birthDate;
   private String identitycard;
   private String phone;
   public Member() {
      try {
         jbInit();
      } catch (Exception exception) {
         exception.printStackTrace();
      }
   }
   private void jbInit() throws Exception {
      setLayout(borderLayout1);
   }
   public void setId(String id) {
      this.id = id;
   }
   public void setMyName(String myName) {
      this.myName = myName;
   }
   public void setBirthDate(String birthDate) {
      this.birthDate = birthDate;
   }
```

(2) 定义会员信息 MemberBusiness 类的所有接口，利用该类对接口进行集中管理，方便以后接口方法的扩充。其中部分接口的代码如下：

```
 public class MemberBusiness {
  private MemberBusiness() {
   } //增加
public static void insert(Member stu) {
   MemberDAO sdo = new MemberDAO();
   sdo.insert(stu);
}//删除
public static void delete(Member stu) {
   MemberDAO sdo = new MemberDAO();
   sdo.delete(stu);
}//修改
```

```
public static void update(Member stu){
   MemberDAO sdo = new MemberDAO();
   sdo.update(stu);
}//全部查询
public static ArrayList select() {
   MemberDAO sdo = new MemberDAO();
   return sdo.chaXun();
}
```

(3) 下面给出用于修改会员信息的方法的具体实现，其代码如下：

```
public void update(Member stu) {
//声明一个数据库连接对象
Connection con = null;
//声明一个执行命令的对象
PreparedStatement ps = null;
try {
   /** 数据库操作系列代码*/
   //调用 ConnectionManager 的静态方法,建立数据库连接
   con = ConnectionManager.getConnection();
   //数据库操作的 SQL 语句
   String sq = "UPDATE Member" +
            " SET MyName=?,BirthDate=?,identitycard=?,Phone=?" +
            " WHERE Id=?";
   //建立一个 PreparedStatement 对象执行 SQL 语句
   ps = con.prepareStatement(sq);
   //设置命令参数
      ps.setString(1,stu.getMyName());
      ps.setString(2,stu.getBirthDate());
      ps.setString(3, stu.getIdentitycard());
      ps.setString(4,stu.getPhone());
     ps.setString(5,stu.getId());
   //执行 SQL 语句
   ps.executeUpdate();
   System.out.println("修改信息完成了!");
} catch (Exception e) {
   System.out.println("MemberDAO 类的 update()方法有错误! : "
+ e.getMessage());
} finally {
   /** 释放资源系列代码*/
   ConnectionManager.StatementClose(ps);          //释放执行命令的对象
   ConnectionManager.ConnectionClose(con);        //关闭数据库连接
}
}
```

8.8.2　消费信息管理

(1) 在工程中添加消费信息类 Record，该类主要用于对 record 表的相关字段进行封装，以便在业务逻辑实现时直接调用该类的实例对象，以实现多个变量同时传递的目的。定义 Record 类所有成员变量的 setX 和 getX 方法，并对对象的变量进行取值和赋值操作。其代码如下：

```
public class Record extends JPanel {
   BorderLayout borderLayout1 = new BorderLayout();
  public static int id;
  public static  String cardId;
  public static  String computerId;
   public static  String beginTime;
```

```
   public static  String endTime;
   public static  double balance;
   public Record() {
      try {
          jbInit();
      } catch (Exception exception) {
          exception.printStackTrace();
      }
   }
   private void jbInit() throws Exception {
      setLayout(borderLayout1);
   }
   public void setId(int id) {
      this.id = id;
   }
```

(2) 定义消费信息 RecordBuiness 类的所有接口，利用该类对接口进行集中管理，方便以后接口方法的扩充。其中部分接口的代码如下：

```
public class RecordBuiness {
   private RecordBuiness() {
} //增加
public static void insert(Record stu) {
   RecordDAO sdo = new RecordDAO();
   sdo.insert(stu);
} //删除
public static void delete(Record stu) {
   RecordDAO sdo = new RecordDAO();
   sdo.delete(stu);
}//修改
public static void update(Record stu){
   RecordDAO sdo = new RecordDAO();
   sdo.update(stu);
}//全部查询
public static ArrayList select() {
   RecordDAO sdo = new RecordDAO();
   return sdo.chaXun();
}
```

(3) 下面给出用于查询消费信息的方法的具体实现，其代码如下：

```
public ArrayList chaXun() {
      //声明一个数据库连接对象
      Connection con = null;
      //声明一个执行命令的对象
      PreparedStatement ps = null;
      //声明一个存储纪录集的对象
      ResultSet rs = null;
      //集合类对象
      ArrayList arr = new ArrayList();
      try {
          /** 数据库操作系列代码*/
          //拼接数据库操作的 SQL 语句
          String sq = "select * from Record";
          //调用 ConnectionManager 的静态方法,建立数据库连接
          con = ConnectionManager.getConnection();
          //建立一个 PreparedStatement 对象执行 SQL 语句
          ps = con.prepareStatement(sq,  ResultSet.TYPE_SCROLL_SENSITIVE,
                              ResultSet.CONCUR_UPDATABLE);
  //调用 PreparedStatement 对象的 executeQuery 方法，执行 Select 语句，并返回一个记录集对象
```

```
        rs = ps.executeQuery();
        //调用记录集对象的 next 方法，移动指针，如果到达 EOF 则返回 false
        while (rs.next()) {
            //Record 类对象
            Record stu = new Record();
            //为 Record 对象属性赋值
            stu.setId(rs.getInt(1));
            stu.setCardId(rs.getString(2));
            stu.setComputerId(rs.getString(3));
            stu.setBeginTime(rs.getString(4).toString());
            stu.setEndTime(rs.getString(5).toString());
            stu.setBalance(rs.getDouble(6));
            //为集合类添加对象
            arr.add(stu);
        }
    } catch (Exception e) {
        System.out.println("RecordDAO 类的 chaXun()方法有错误！ : "
                        + e.getMessage());
    } finally {
        /** 释放资源系列代码*/
        ConnectionManager.ResultSetClose(rs);
        ConnectionManager.StatementClose(ps); //释放执行命令的对象
        ConnectionManager.ConnectionClose(con); //关闭数据库连接
    }
    return arr;
}
```

到此为止，已经完成了网吧管理系统各主要模块的开发工作。读者可以发现，系统中很多模块的开发代码都很类似，这体现出开发系统基础框架的重要性。有了合理的开发框架，就可以大大地简化开发过程。

第 9 章　典型企业快信系统

企业快信系统是为企业内、外部进行联系和交流提供的一个平台，通过提供便利的短信服务和邮件服务，可以帮助企业解决沟通难、信息不能及时传播等问题，从而提高企业的运行效率，降低企业的运作成本。本章将向读者介绍现实应用中企业快信系统的构建方法。

赠送的超值电子书

081.使用 final 修饰方法
082.为什么需要内部类
083.非静态内部类
084.成员内部类
085.局部内部类
086.静态内部类
087.匿名内部类
088.对内部类的总结
089.手动实现枚举类的缺点
090.枚举类型

9.1 提高程序的健壮性

视频讲解 光盘：视频\第 9 章\提高程序的健壮性.avi

一款好的软件程序。要能够在所有可能发生的情形下都获得正确的结果。在评价软件质量高低的规范中，健壮性是其中重要的一条。

9.1.1 一段房贷代码引发的深思

平常写一段功能性的代码，可能需要 100 行代码即可实现。但是如果要写一段具有健壮性的程序，则至少需要 300 行代码。例如写一个房贷计算器程序，算法十分简单，十多行就完成了。在提示用户输入金额一栏中，要求从用户界面读取利率、年限和贷款额三个数据，大多数人的写法十分简单，只需如下一句代码即可。

```
doubleNum = Double.parseDouble(JOptionPane.showInputDialog(null,"请输入"+StrChars)) ;
```

但是，上述代码完全不具备健壮性，因为用户输入的金额字符是不受限制的，可能会出现如下情况：

- 输入了负数；
- 输入超出了 double 类型所能涵盖的范围；
- 输入了标点符号；
- 输入了中文；
- 没有任何输入；
- 单击了“取消”或者“关闭”按钮。

上述情形都有可能发生，而且它们都超出了程序的处理范围。那么，程序员应该如何让自己的代码在执行时确保输入字符的合法性呢？此时可以编写一个独立的方法来验证输入的数据，限定输入的只能是正实数，否则就报错。这个验证方法就是为了提高程序的健壮性而开发的。由此可见，程序的健壮性就是要求程序要考虑各种各样的运行环境和情形。

9.1.2 赢在高质量——提高程序的健壮性

程序的健壮性是指在异常情况下，程序能够正常运行的能力。正确性与健壮性的区别是：前者描述软件在需求范围之内的行为，而后者描述软件在需求范围之外的行为。可是正常情况与异常情况并不容易区分，开发者往往要么没想到异常情况，要么把异常情况错当成正常情况而不做处理，结果都会降低程序的健壮性。

程序的健壮性有两层含义：一是容错能力，二是恢复能力。其中，容错是指发生异常情况时系统不出错误的能力；而恢复则是指软件发生错误重新运行时，恢复到没有发生错误前的状态的能力。

那么，究竟如何提高程序的健壮性呢？需要从如下三个方面着手。

(1) 提高黑箱操作的要求。

由于面向对象要求各个部分是彼此独立的，因此各个部分都要足够强劲，以应付输入参数的不合理性。虽然现代编程都讲究预处理功效，就是将输入格式转换为统一的格式，然后进行处理。比如说现在的网络搜索引擎，都是将输入转换为Unicode的格式。但是这并不是说我们的处理函数就不需要进行错误处理了。预处理能够大大减少程序出错的概率和编写错误处理的复杂度。

但是考虑到单独模块越来越趋向于智能化，这就要求各个黑箱应该具有独立的行为、错误处理以及错误纠正的功能。

(2) 实现错误捕捉并给出错误信息。

Java 语言的错误处理机制比较健全，这里需要注意的问题是应该提供什么样的错误信息。错误信息要完整，要给出错误发生的位置、具体的错误描述等。

开发人员要充分借助于 log(日志)实现错误捕捉。在关键的步骤上输入一些信息到 log 文件内，提示当前程序运行到什么地方去了(如有可能，得到系统的当前错误码)。这样当程序意外中断的时候，可以使用 log 进行一定的判断。

(3) 实现程序的自我防御，预防二义性。

好的程序应该是能够自动纠错的，这在程序的输入不可预测的情况下尤为重要。实现程序的自我防御的方法是在模块内对输入进行判断，如果有二义性，则进行合理纠错，并给出有效的提示(在 Debug 版本下)。解决方案之一是在循环语句中，使用 if 语句来处理二义性的情况。其中最简单的方法是，将 if 语句设置为一旦程序有任何错误发生，就退出当前的程序或单个线程。

9.2　新的项目

视频讲解　光盘：视频\第9章\新的项目.avi

本项目是为一家电信服务公司开发一个在线企业快信系统，整个开发团队成员的具体职责如下。

- 软件工程师A：负责项目分析、前台界面设计和系统架构设计。
- 软件工程师B：负责撰写项目计划书和完成具体的编码工作。
- 软件工程师C：负责系统调试和发布。

9.3　项目分析

视频讲解　光盘：视频\第9章\项目分析.avi

通过浏览市面上一些主流的企业快信系统，可以总结出典型企业快信系统所具备的基本功能。

9.3.1　背景分析

在企业信息化的今天，效率决定成败，企业内、外部沟通的及时性直接影响企业的运作效率，如何在节约成本的同时提高沟通效率是摆在很多企业老总面前的一大难题。当前很多企业的OA(办公自动化)系统仅限于在企业的内部网络中使用，如果员工不在线，便无法得知是否有重要任务或通知。为了确保知道自己是否有需要处理的工作，员工就不得不经常访问 OA 系统，这样就造成了办事效率的低下。为了解决上述问题，开发企业快信系统便被提上了议程。

9.3.2 需求分析

通过对大多数企业快信系统的考察和分析，并结合短信和邮件的特点，得到本企业快信系统应具备的功能如下。

(1) 管理客户和员工的信息名片夹。

(2) 管理常用短语及其类别。

(3) 实现短信群发和短信接收。

(4) 实现邮件群发。

9.3.3 核心技术分析

本系统需要使用短信猫和 JavaMail 组件来实现短信收发和邮件发送。通过信息搜集和分析，决定采用金仓信息技术有限公司开发的短信猫，该产品还提供了相应的程序开发包，为开发人员带来了极大的方便。JavaMail 方面采用 Sun 公司发布的一款用于读取、编写和发送电子邮件的包，利用此包可以很方便地实现邮件功能的开发。

9.4 系 统 设 计

视频讲解 光盘：视频\第 9 章\系统设计.avi

系统设计属于项目的前期工作。前期工作主要是指业务需求调研，包括配合用户制订项目建设方案、撰写技术规范书、配合市场人员进行售前技术交流等环节，最终形成系统设计规划书。此阶段应该组织售前工程师、需求分析师(业务专家)以及系统构架师等组成一个临时小组，并根据项目的规模和客户的要求确定小组成员，一般由 3～5 名成员组成。

9.4.1 系统目标

根据需求分析可知，本项目的系统目标如下。

- 界面友好、美观。
- 提供信息库管理，方便用户编写短信。
- 操作灵活、方便。
- 提供邮件发送功能，提高工作效率。
- 对用户输入的数据进行严格的数据检验，尽量避免人为错误。

9.4.2 系统功能结构

根据系统需求，可以将系统分为名片夹管理、信息库管理、收发短信、邮件群发、系统参数设定、系统设置等部分，各个部分及其包括的具体功能模块如图 9-1 所示。

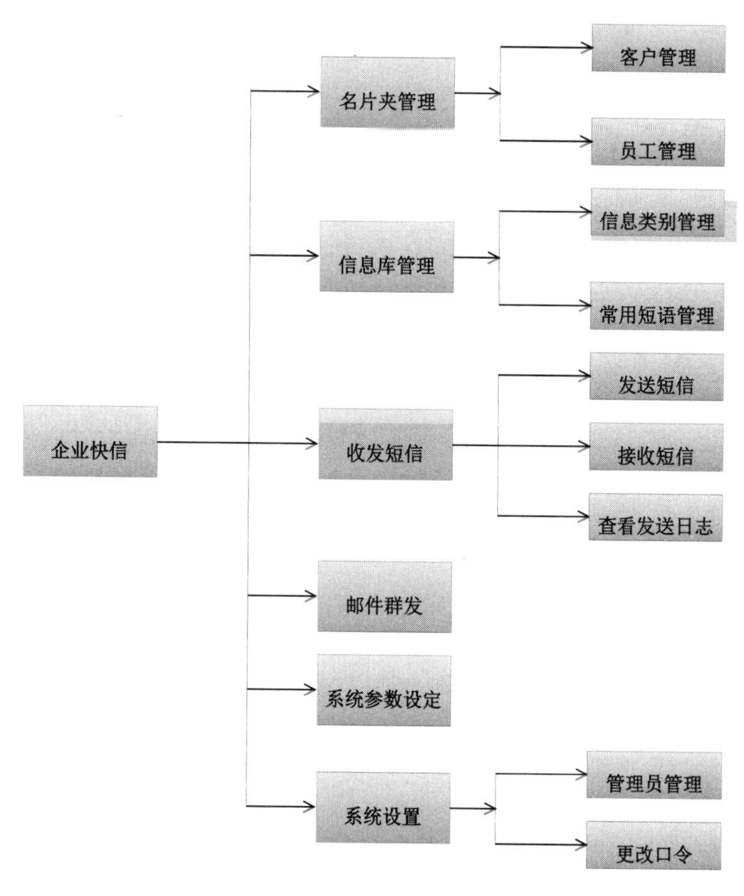

图 9-1　系统功能结构

9.5　搭建开发环境

视频讲解 光盘：视频\第 9 章\搭建开发环境.avi

9.5.1　建立短信猫和 JavaMail 开发环境

1. 建立短信猫开发环境

因为本项目是一个短信群发平台，所以需要硬件——短信猫。所谓短信猫，其实是一种用来收发短信的设备。它和人们用的手机一样，需要手机 SIM 卡的支持，在需要收发短信的时候，在短信猫里面插入一张人们平时用的手机卡，插上电源，通过(USB 或者串口、网口)数据线和计算机相连，在计算机的应用管理软件中就可以实现短信收发的功能。

下面简要介绍短信猫的基本知识。

(1) 原理。

短信猫收发短信的原理、资费和人们平常所用的手机是一样的，但因为短信猫专注于短信收发应用，所以相对于手机，短信猫在短信收发方面的速度更快、可靠性更高，并具有实时发送等优点，在目前的企业中应用广泛。标准短信猫=短信猫硬件+短信猫二次开发包。标准短信猫是短信猫硬件和软件的有机结合体。

(2) 开发及应用。

短信猫常用的核心模块有西门子和 WAVECOM 两种。其中西门子短信猫又分为手机版和工业模块版两种，手机版主要是指西门子 3508 手机，工业模块版包括 TC35、TC37 MC 等类型；WAVECOM 主要分为 OEM 和原装两种，主要有 1206.2403 2403A 等类型。短信猫通过串口 RS-232 与计算机连接，可以通过 AT 指令控制进行短信收发的设备。基于短信猫的开发应用，有以下几种方式。

- 直接使用 AT 指令：通过串口用 AT 指令驱动短信模块收发短信，这是最底层的开发模式，需要对短信模块的 AT 指令相当熟悉。
- 短信猫开发包：短信猫厂商基于串口 AT 指令集成的二次开发包，开发商只需直接调用短信收发 API 即可。
- 短信猫通信中间件：短信猫厂商提供的基于数据库接口的短信收发后台服务软件，是一种更高级的短信开发解决方案。

短信猫的二次开发流程如下。

- 短信相关应用需要发送短信时，需要将短信接收者与内容提交到短信发送队列；同时从短信接收队列中读取收到的短信。
- 软件开发商需要开发独立的短信后台服务，从短信发送队列中读取短信，调用短信猫开发包发送短信；同时调用短信猫开发包读取设备已收到的短信，将其放入短信接收队列。
- 短信猫开发包内部实际是通过串口通信与短信猫连接，通过 AT 指令驱动短信模块收发短信。

短信猫是串行通信设备，必须串行提交短信发送，而且提交后必须等到有回应后才能提交下一条，否则会导致短信猫死机。目前大部分应用都是多用户应用，如果存在多线程同时并发操作短信模块，也会造成短信猫死机。即使是针对同一短信模块的收发，也必须为一前一后串行，而不能通过收发两个并发线程来操作。因此建议使用短信队列，常用的方式就是使用数据库表。

在使用短信猫时，首先将短信猫安装到使用的机器上，然后将短信猫提供的通信动态库 BestMail.dll 复制到 JDK 安装路径下的 jre\bin 文件夹下，并将封装的 Java 类库 BestMail.jar 复制到 Tomcat 安装路径下的 lib 文件夹下。

2. 建立 JavaMail 开发环境

在使用 JavaMail 前，必须先下载 JavaMail API 和 Sun 公司的 JAF，因为 JavaMail 的运行必须依赖于 JAF 的支持。下载 JavaMail 后，要将其解压到硬盘中，并在系统环境变量 CLASSPATH 中指定 mail.jar 文件的存放路径。例如，若将 mail.jar 文件复制到 C:\Java Mail 文件夹中，则可以在环境变量 CLASSPATH 中添加如下路径：

```
C:\JavaMail\mail.jar
```

如果不想更改环境变量，也可以把 mail.jar 放到实例程序的 WEB-INF/LIB 目录下。

接下来需要下载 JAF，其功能是实现对任意数据的支持，并实现响应的处理操作。下载后将其保存到硬盘中，并在系统环境变量 CLASSPATH 中指定 activation.jar 文件的存放路径。例如，若将 activation.jar 文件复制到 C:\JavaMail 文件夹中，则可以在环境变量 CLASSPATH 中添加如下路径：

```
C:\JavaMail\activation.jar
```

如果不想更改环境变量，也可以把 activation.jar 放到实例程序的 WEB-INF/LIB 目录下。

9.5.2 设计数据库

一个成功的管理系统是由 50%的业务和 50%的软件所组成的，而 50%的成功软件又是由 25%的数据库和 25%的程序所组成的，可见，数据库设计的好坏是系统能否成功的关键。

本项目采用 SQL Server 2005 数据库，名称为 db_ExpressLetter。

根据前面的需求分析和系统设计，可以总结出系统所需要的实体包括客户档案实体、系统参数实体、短信实体、管理员实体、短语类别实体、员工档案实体和常用短语实体。

客户档案实体的 E-R 图如图 9-2 所示。

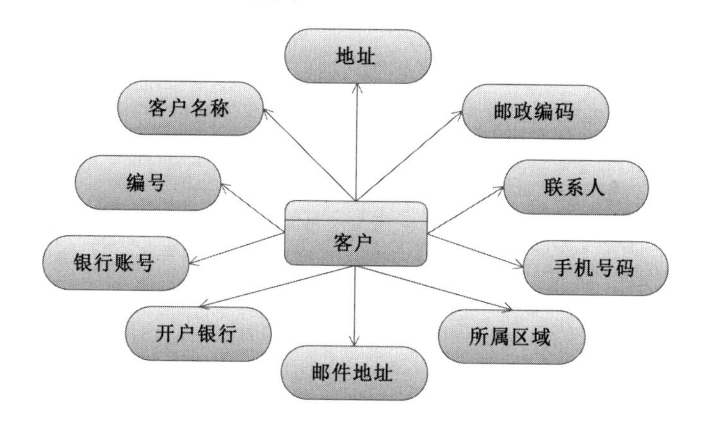

图 9-2　客户档案实体 E-R 图

系统参数实体的 E-R 图如图 9-3 所示。

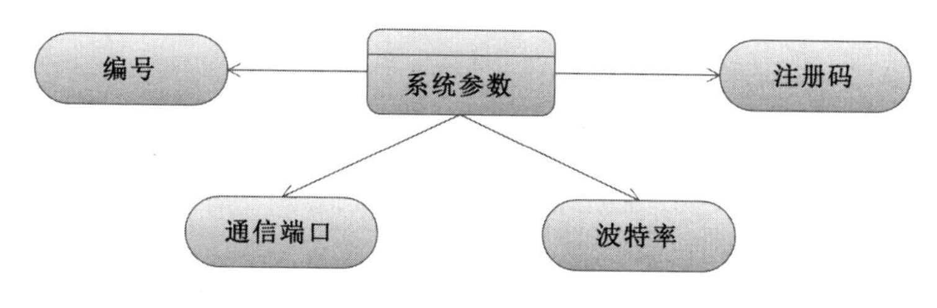

图 9-3　系统参数实体 E-R 图

短信实体的 E-R 图如图 9-4 所示。

管理员实体的 E-R 图如图 9-5 所示。

短语类别实体的 E-R 图如图 9-6 所示。

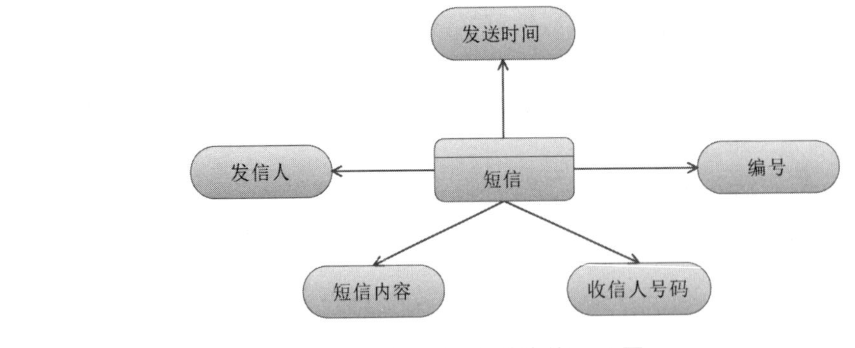

图 9-4　短信实体 E-R 图

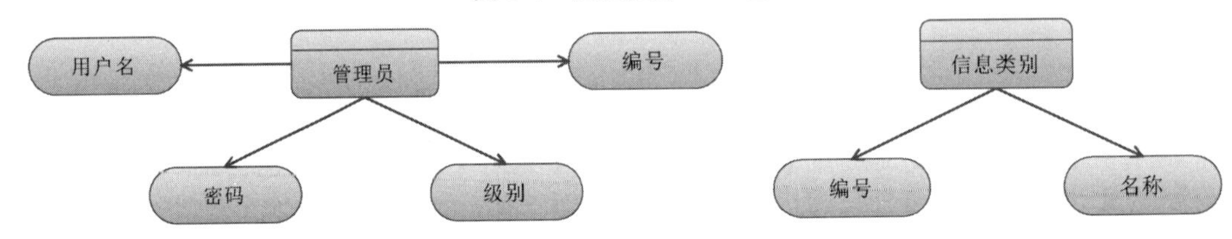

图 9-5　管理员实体 E-R 图

图 9-6　短语类别实体 E-R 图

员工档案实体的 E-R 图如图 9-7 所示。

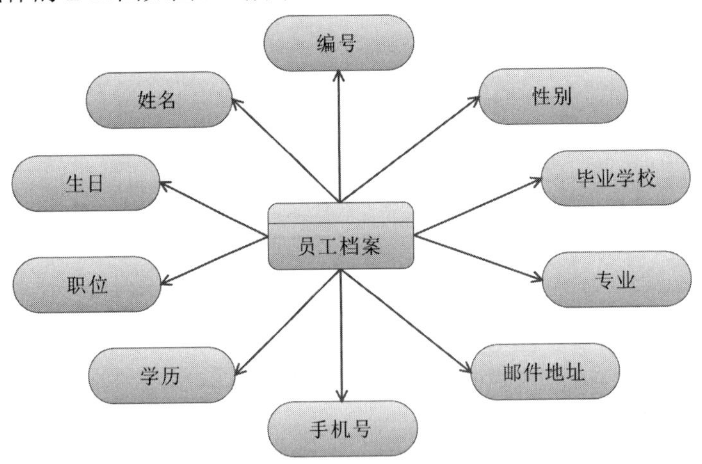

图 9-7　员工档案实体 E-R 图

常用短语实体的 E-R 图如图 9-8 所示。

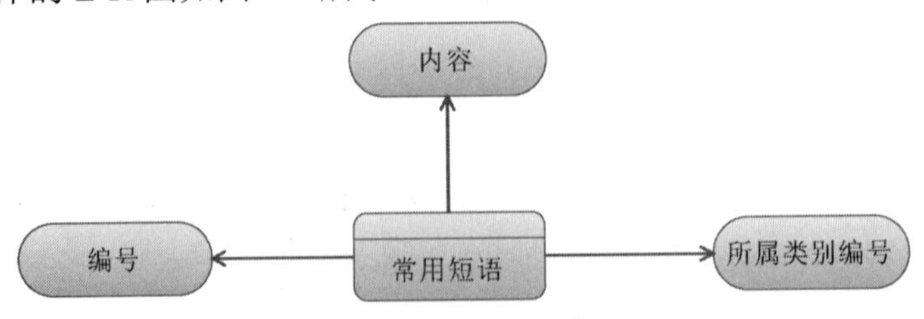

图 9-8　常用短语实体 E-R 图

9.5.3　设计表

客户档案信息表 tb_customer 如表 9-1 所示。

表 9-1　tb_customer(客户档案信息表)

字段名称	数据类型	说　　明
ID	int	编号
name	varchar(50)	客户名称
address	varchar(100)	地址
postcode	varchar(6)	邮政编码
area	varchar(20)	所属区域
mobileTel	varchar(15)	手机号码
email	varchar(100)	邮件地址
bankNo	varchar(30)	银行账号
bankName	varchar(20)	开户银行
linkName	varchar(10)	联系人

系统参数信息表 tb_parameter 如表 9-2 所示。

表 9-2　tb_parameter(系统参数信息表)

字段名称	数据类型	说　明
ID	int	编号
device	varchar(10)	通信端口
baud	varchar(10)	波特率
sn	varchar(30)	注册码

短信信息表 tb_shortLetter 如表 9-3 所示。

表 9-3　tb_shortLetter(短信信息表)

字段名称	数据类型	说　　明
ID	int	编号
toMan	varchar(200)	收信人号码
[content]	varchar(500)	短信内容
fromMan	varchar(30)	发信人
sendTime	datetime	发送时间

管理员信息表 tb_manager 如表 9-4 所示。

表 9-4　tb_manager(管理员信息表)

字段名称	数据类型	说　　明
ID	int	编号
name	varchar(30)	用户名
pwd	varchar(30)	密码
state	bit	级别

短语类别信息表 tb_infoType 如表 9-5 所示。

表 9-5　tb_infoType(短语类别信息表)

字段名称	数据类型	说　　明
ID	int	编号
name	varchar(50)	名称

员工档案信息表 tb_personnel 如表 9-6 所示。

表 9-6　tb_personnel(员工档案信息表)

字段名称	数据类型	说　　明
ID	int	编号
name	varchar(100)	姓名
sex	char(2)	性别
birthday	smalldatetime	生日
school	varchar(20)	毕业学校
education	varchar(10)	学历
specialty	varchar(30)	专业
place	varchar(10)	职位
mobileTel	varchar(15)	手机号
email	varchar(100)	邮件地址

常用短语信息表 tb_shortInfo 如表 9-7 所示。

表 9-7　tb_shortInfo(常用短语信息表)

字段名称	数据类型	说　　明
ID	int	编号
typeId	int	所属类别编号
[content]	varchar(200)	内容

9.6　编写项目计划书

视频讲解　光盘：视频\第 9 章\规划系统文件.avi

结合系统功能分析，根据《GB8567－88 计算机软件产品开发文件编制指南》中的项目开发计划要求，结合实际情况编写了如下的项目计划书。

1. 引言

(1) 编写目的。

随着计算机网络和电子商务的飞速发展，各企业单位建立自己的快信系统势在必行。这样不但可以实现和客户、员工的快速交流，而且可以提高企业的形象，为客户提供更完善的服务。

(2) 背景。

本项目是由×××公司委托我公司开发的 Web 项目，主要功能是实现短信和邮件的快速发送交流。项目周期为 40 天。

2. 功能分析

(1) 发送短信模块：利用互联网快速发送短信，并且实现短信群发。

(2) 发送邮件模块：直接对用户发送邮件，并且实现邮件群发。

3. 应交付成果

项目开发完成后的交付内容包括编译运行后的软件、系统数据库文件和系统使用说明书。我公司提供 6 个月的无偿维护服务，超过 6 个月则提供有偿维护服务。

4. 项目开发环境

操作系统可为 Windows XP、Windows 2003、Windows 7，使用金仓信息公司生产的串口短信猫，并下载 JavaMail 组件，服务器为 Tomcat 6.0 或以上版本，需要 JDK 1.5 或以上版本的开发包。

5. 项目验收方式与依据

项目验收分为内部验收和外部验收两种方式。项目开发完成后，首先进行内部验收，由测试人员根据用户需求和项目目标进行验收。通过内部验收后，交给客户进行外部验收，验收的主要依据为需求规格说明书。

6. 项目团队

项目团队职能结构图如图 9-9 所示。

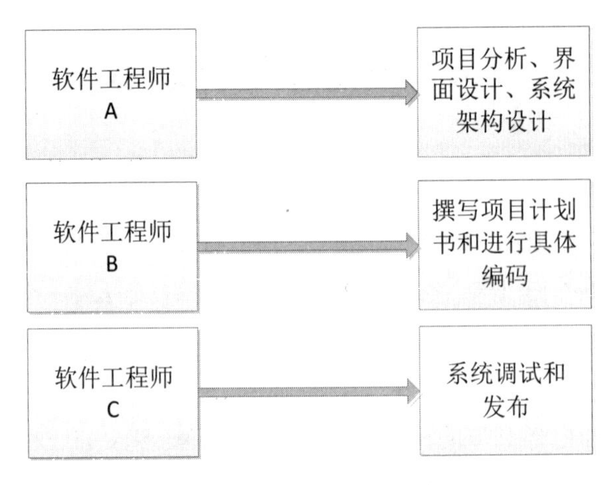

图 9-9　项目团队职能结构图

9.7　具 体 编 码

视频讲解 光盘：视频\第 9 章\具体编码.avi

本节将详细讲解本项目的具体编码过程。

9.7.1　编写公用模块代码

为方便应用程序移植，为版本控制提供更好的支持，可以将经常用到的代码进行整合，组成公共模块，也就是公共类，这样在需要时只要直接调用即可。

1. 数据库连接和操作

本系统基于数据库，所以很多页面都需要调用数据库工具。要使用数据库中的数据，必须预先实现和数据库的连接，然后实现对数据库数据的操作。下面将详细介绍项目中实现数据库连接和操作的公共模块的实现过程。

(1) 定义 ConnDB 类，用于建立和数据库的连接，并将该类保存到 com.wgh.core 包中；同时还要定义该类所需要的全局变量和构造方法。文件 ConnDB.java 中实现上述功能的主要代码如下：

```
package com.wgh.core; //将该类保存到 com.wgh.core 包中

import java.io.InputStream; //导入 java.io.InputStream 类
import java.sql.*; //导入 java.sql 包中的所有类
import java.util.Properties; //导入 java.util.Properties 类

public class ConnDB {
    public Connection conn = null; // 声明 Connection 对象的实例
    public Statement stmt = null; // 声明 Statement 对象的实例
    public ResultSet rs = null; // 声明 ResultSet 对象的实例
    private static String propFileName = "/com/connDB.properties";
    // 指定资源文件保存的位置
    private static Properties prop = new Properties();
```

```
    // 创建并实例化 Properties 对象的实例
    private static String dbClassName =
"com.microsoft.jdbc.sqlserver.SQLServerDriver";//定义保存数据库驱动的变量
    private static String dbUrl =
"jdbc:microsoft:sqlserver://localhost:1433;DatabaseName=db_expressLetter";
    private static String dbUser = "sa";
    private static String dbPwd = "";
    public ConnDB() {  //定义构造方法
        try {          //捕捉异常
            //将 Properties 文件读取到 InputStream 对象中
            InputStream in = getClass().getResourceAsStream(propFileName);
            prop.load(in); // 通过输入流对象加载 Properties 文件
            dbClassName = prop.getProperty("DB_CLASS_NAME");  // 获取数据库驱动
            dbUrl = prop.getProperty("DB_URL", dbUrl);        //获取 URL
            dbUser = prop.getProperty("DB_USER", dbUser);     //获取登录用户
            dbPwd = prop.getProperty("DB_PWD", dbPwd);        //获取密码
        } catch (Exception e) {
            e.printStackTrace(); // 输出异常信息
        }
    }
```

以上代码中通过 try...catch 语句实现了异常处理。在 Java 应用程序中，异常处理可通过 try、catch、throw、throws、finally 这 5 个关键字进行管理。基本过程是：用 try 语句块包住要监视的语句，如果在 try 语句块内出现异常，则异常会被抛出，在 catch 语句块中可以捕获到这个异常并进行处理；还有一部分系统生成的异常在 Java 运行时自动抛出。也可以通过 throws 关键字在方法上声明该方法要抛出异常，然后在方法内部通过 throw 抛出异常对象。finally 语句块会在方法执行 return 之前执行。

在编写 Java 程序时，需要处理的异常一般放在 try 代码块里，然后创建 catch 代码块处理异常。在 Java 语言中，用 try...catch 语句来捕获异常的格式如下：

```
try {
   可能会出现异常情况的代码
}catch (SQLException e) {
   处理操纵数据库出现的异常
}catch (IOException e) {
  处理操纵输入流和输出流出现的异常
}
```

对于以上代码，当程序操纵数据库出现异常时，Java 虚拟机将创建一个包含了异常信息的 SQLException 对象。catch (SQLException e)语句中的引用变量 e 引用这个 SQLException 对象。

(2) 在文件 ConnDB.java 中定义 getConnection()方法，其功能是返回 Connection 对象的一个实例，对应的实现代码如下：

```
    public static Connection getConnection() {
        Connection conn = null;
        try {
            Class.forName(dbClassName).newInstance();
            conn = DriverManager.getConnection(dbUrl, dbUser, dbPwd);
        } catch (Exception ee) {
            ee.printStackTrace();
        }
        if (conn == null) {
            System.err
```

```
                    .println("警告: DbConnectionManager.getConnection() 获得数据库连接
失败.\r\n\r\n 连接类型:"
                            + dbClassName
                            + "\r\n 连接位置:"
                            + dbUrl
                            + "\r\n 用户/密码"
                            + dbUser + "/" + dbPwd);
        }
        return conn;
    }
```

(3) 在文件 ConnDB.java 中定义 executeQuery()方法，用于执行查询操作，返回值是 ResultSet 的结果集，对应的实现代码如下：

```
    /*
     * 功能: 执行查询操作
     */
    public ResultSet executeQuery(String sql) {
        try { // 捕捉异常
            conn = getConnection();
            // 调用 getConnection()方法构造 Connection 对象的一个实例 conn
            stmt = conn.createStatement(ResultSet.TYPE_SCROLL_INSENSITIVE,
                    ResultSet.CONCUR_READ_ONLY);
            rs = stmt.executeQuery(sql);
        } catch (SQLException ex) {
            System.err.println(ex.getMessage()); // 输出异常信息
        }
        return rs; // 返回结果集对象
    }
```

(4) 在文件 ConnDB.java 中定义 executeUpdate()方法，用于执行更新操作，返回值是一个 int 类型的值，表示更新的行数，对应的实现代码如下：

```
    /*
     * 功能:执行更新操作
     */
    public int executeUpdate(String sql) {
        int result = 0; // 定义保存返回值的变量
        try { // 捕捉异常
            conn = getConnection();
            // 调用 getConnection()方法构造 Connection 对象的一个实例 conn
            stmt = conn.createStatement(ResultSet.TYPE_SCROLL_INSENSITIVE,
                    ResultSet.CONCUR_READ_ONLY);
            result = stmt.executeUpdate(sql); // 执行更新操作
        } catch (SQLException ex) {
            result = 0; // 将保存返回值的变量赋值为 0
        }
        return result; // 返回保存返回值的变量
    }
```

(5) 在文件 ConnDB.java 中定义 close()方法，用于关闭数据库的连接，对应的实现代码如下：

```
    /*
     * 功能:关闭数据库的连接
     */
    public void close() {
        try { // 捕捉异常
            if (rs != null) {      // 当 ResultSet 对象的实例 rs 不为空时
```

```
                rs.close();                         // 关闭 ResultSet 对象
            }
            if (stmt != null) {                     // 当 Statement 对象的实例 stmt 不为空时
                stmt.close(); // 关闭 Statement 对象
            }
            if (conn != null) {                     // 当 Connection 对象的实例 conn 不为空时
                conn.close();                       // 关闭 Connection 对象
            }
        } catch (Exception e) {
            e.printStackTrace(System.err);          // 输出异常信息
        }
    }
```

(6) 为了方便对程序的移植，将数据库连接所需要的信息保存到 properties 文件中，并将该文件保存在 com 包中。文件 connDB.properties 的实现代码如下：

```
#DB_CLASS_NAME(驱动的类的类名)=com.microsoft.jdbc.sqlserver.SQLServerDriver
DB_CLASS_NAME=com.microsoft.jdbc.sqlserver.SQLServerDriver
#DB_URL(要连接数据库的地址)=jdbc(JDBC 模式):microsoft(谁提供的):sqlserver(产
品)://localhost:1433(SQL SERVER 默认端口);DatabaseName=db_database
DB_URL=jdbc:microsoft:sqlserver://localhost:1433;DatabaseName=db_expressLetter
#DB_USER=用户名
DB_USER=sa
#DB_PWD(用户密码)=
DB_PWD=
```

2. Struts 配置

Struts 框架需要一个专门的配置文件来控制，即 struts-config.xml，当然也可以是别的文件名。首先要在 web.xml 文件中配置，代码如下：

```
<?xml version="1.0" encoding="UTF-8"?>
<web-app xmlns="http://java.sun.com/xml/ns/j2ee"
xmlns:xsi="http://www.w3.org/2001/XMLSchema-instance" version="2.4"
xsi:schemaLocation="http://java.sun.com/xml/ns/j2ee
http://java.sun.com/xml/ns/j2ee/web-app_2_4.xsd">
  <servlet>
    <servlet-name>action</servlet-name>
    <servlet-class>org.apache.struts.action.ActionServlet</servlet-class>
    <init-param>
      <param-name>config</param-name>
      <param-value>/WEB-INF/struts-config.xml</param-value>
    </init-param>
    <init-param>
      <param-name>debug</param-name>
      <param-value>3</param-value>
    </init-param>
    <init-param>
      <param-name>detail</param-name>
      <param-value>3</param-value>
    </init-param>
    <load-on-startup>0</load-on-startup>
  </servlet>
  <servlet-mapping>
    <servlet-name>action</servlet-name>
    <url-pattern>*.do</url-pattern>
  </servlet-mapping>
  <!-- 设置默认文件名称 -->
     <welcome-file-list>
```

```
        <welcome-file>login.jsp</welcome-file>
        <welcome-file>index.jsp</welcome-file>
    </welcome-file-list>
</web-app>
```

接下来需要配置 struts-config.xml 文件，主要代码如下：

```
<?xml version="1.0" encoding="UTF-8"?>
<!DOCTYPE struts-config PUBLIC "-//Apache Software Foundation//DTD Struts Configuration
1.2//EN" "http://struts.apache.org/dtds/struts-config_1_2.dtd">

<struts-config>
  <data-sources />

  <form-beans >
    <form-bean name="managerForm" type="com.wgh.actionForm.ManagerForm" />
      <form-bean name="customerForm" type="com.wgh.actionForm.CustomerForm" />
    <form-bean name="personnelForm" type="com.wgh.actionForm.PersonnelForm" />
    <form-bean name="infoTypeForm" type="com.wgh.actionForm.InfoTypeForm" />
    <form-bean name="shortInfoForm" type="com.wgh.actionForm.ShortInfoForm" />
    <form-bean name="parameterForm" type="com.wgh.actionForm.ParameterForm" />
    <form-bean name="sendMailForm" type="com.wgh.actionForm.SendMailForm" />
    <form-bean name="sendLetterForm" type="com.wgh.actionForm.SendLetterForm" />
  </form-beans>
  <action-mappings >
  <!-- 管理员 -->
       <action name="managerForm" path="/manager" scope="request"
type="com.wgh.action.Manager" validate="true">
          <forward name="managerLoginok" path="/main.jsp" />
     <forward name="managerQuery" path="/manager.jsp" />
     <forward name="managerAdd" path="/manager_ok.jsp?para=1" />
     <forward name="pwdQueryModify" path="/pwd_Modify.jsp" />
     <forward name="pwdModify" path="/pwd_ok.jsp" />
………………………………………

  </action-mappings>
</struts-config>
```

到此为止，整个项目的前期编码工作结束。在使用 Java 开发项目时，公共类必不可少，它既可以节省代码编写量，也可以实现面向对象，何乐而不为呢？但是，究竟哪些信息常作为公共类呢？在 Java 程序中，通常将如下所示的应用编写为公共类的形式。

- 建立数据库连接。
- 获取数据库的连接，返回值需判断是否连接成功。
- 根据 Select 查询语句返回结果。
- 使用数据库内容填充数据绑定控件。
- 返回 SQL 语句所查询出来的行数。
- 返回单个查询数据，返回第一列、第一行的值。
- 对数据库中的某条记录进行增、删、改操作。
- 对数据库进行增、删、改操作。
- 判断传递参数(如 str)是不是全由数字构成。
- 检测含有中文的字符串的实际长度。
- 验证会员用户是否已经登录。

9.7.2　设计主页

管理员通过登录验证后即可进入系统主页，系统主页包括导航栏、信息显示区和版权信息三部分。

- 导航栏：根据管理员的权限显示管理菜单。
- 信息显示区：管理员单击某个导航链接后显示对应的内容。
- 版权信息：显示系统的版权信息。

1. 导航栏页面

导航栏文件 navigation.jsp 实现首页导航栏的显示，下面讲解其具体实现流程。

(1) 验证用户是否登录，已登录则存储登录信息，没有登录则跳转到登录表单界面，对应代码如下：

```
<%@ page contentType="text/html; charset=gb2312"%>
<%@ page import="com.wgh.core.ChStr" %>
<%
//验证用户是否登录
String manager=(String)session.getAttribute("manager");
String purview=(String)session.getAttribute("purview");
if (manager==null || "".equals(manager)){
     response.sendRedirect("login.jsp");
     return;
}
ChStr chStr=new ChStr();
%>
```

(2) 通过 div 标记，在 onmouseover 和 onmouseout 事件中调用对应的 javascript 函数来控制下拉菜单的显示和隐藏，对应代码如下：

```
<div class=menuskin id=popmenu onmouseover="clearhidemenu();highlightmenu(event,'on')"
     onmouseout="highlightmenu(event,'off');dynamichide(event)"
style="Z-index:100;position:absolute;"></div>
```

(3) 在要显示导航菜单的位置添加相应的主菜单项，对应代码如下：

```
      <tr>
        <td width="28%"> </td>
        <td width="70%" align="center" valign="middle" class="word_grey"><a
href="main.jsp">首页</a> |
          <a onmouseover=showmenu(event,cardClip) onmouseout=delayhidemenu()
class='navlink' style="CURSOR:hand" >名片夹管理</a> |
          <a onmouseover=showmenu(event,infoLibrary) onmouseout=delayhidemenu()
class='navlink' style="CURSOR:hand" >信息库管理</a> |
          <a onmouseover=showmenu(event,shortLetter) onmouseout=delayhidemenu()
class='navlink' style="CURSOR:hand" >收发短信</a> |
          <a href="sendMail.do?action=addMail">邮件群发</a> |
        <%if(purview.equals("1")){%>
        <a href="sysParameterSet.do?action=parameterQuery" >系统参数设定</a> |
        <%}%>
            <a onmouseover=showmenu(event,sysSet) onmouseout=delayhidemenu()
class='navlink' style="CURSOR:hand">系统设置</a>
          | <a href="#" onClick="quit()">退出系统</a></td>
        <td width="2%"> </td>
      </tr>
```

(4) 在 javascript 中指定各个子菜单的内容，并根据管理员的权限显示对应的菜单项，对应代码如下：

```
<script language="javascript">
var cardClip='<table width=56><tr><td id=customer onMouseOver=overbg(customer)
onMouseOut=outbg(customer)><a href=customer.do?action=customerQuery>客户管理
</a></td></tr>\
<tr><td id=personnel onMouseOver=overbg(personnel) onMouseOut=outbg(personnel)><a
href=personnel.do?action=personnelQuery>员工管理</a></td></tr>\
</table>'
var infoLibrary='<table width=86><tr><td id=infoType onMouseOver=overbg(infoType)
onMouseOut=outbg(infoType)><a href=infoType.do?action=infoTypeQuery>信息类别管理
</a></td></tr>\
<tr><td id=shortInfo onMouseOver=overbg(shortInfo) onMouseOut=outbg(shortInfo)><a
href=shortInfo.do?action=shortInfoQuery>常用短语管理</a></td></tr>\
</table>'
<%if(purview.equals("1")){%>
    var shortLetter='<table width=86><tr><td id=sendLetter
onMouseOver=overbg(sendLetter) onMouseOut=outbg(sendLetter)><a
href=sendLetter.do?action=addLetter>发送短信</a></td></tr>\
<tr><td id=getLetter onMouseOver=overbg(getLetter) onMouseOut=outbg(getLetter)><a
href=sendLetter.do?action=getLetterQuery>接收短信</a></td></tr>\
<tr><td id=historyQ onMouseOver=overbg(historyQ) onMouseOut=outbg(historyQ)><a
href=sendLetter.do?action=historyQuery>查看发送日志</a></td></tr>\
</table>'
<%}else{%>
    var shortLetter='<table width=56><tr><td id=sendLetter
onMouseOver=overbg(sendLetter) onMouseOut=outbg(sendLetter)><a
href=sendLetter.do?action=addLetter>发送短信</a></td></tr>\
<tr><td id=getLetter onMouseOver=overbg(getLetter) onMouseOut=outbg(getLetter)><a
href=sendLetter.do?action=getLetterQuery>接收短信</a></td></tr>\
</table>'
<%}
if(purview.equals("1")){%>
    var sysSet='<table width=70><tr><td id=manager onMouseOver=overbg(manager)
onMouseOut=outbg(manager)><a href=manager.do?action=managerQuery>操作员管理
</a></td></tr>\
<tr><td id=changePWD onMouseOver=overbg(changePWD) onMouseOut=outbg(changePWD)><a
href="manager.do?action=queryPWD">更改口令</a></td></tr>\
</table>'
<%}else{%>
    var sysSet='<table width=70><tr><td id=changePWD onMouseOver=overbg(changePWD)
onMouseOut=outbg(changePWD)><a                    href="manager.do?action=queryPWD">
更改口令</a></td></tr></table>'
<%}%>
</script>
```

2. 信息显示文件

信息显示文件 main.jsp 用于显示对应链接的具体信息，主要代码如下：

```
<meta http-equiv="Content-Type" content="text/html; charset=gb2312">
<head>
<title>企业快信——短信+邮件</title>
<link href="CSS/style.css" rel="stylesheet">
</head>
<body>
<%@include file="navigation.jsp"%>
<table width="778" border="0" cellspacing="0" cellpadding="0" align="center">
```

```
  <tr>
    <td valign="top" bgcolor="#FFFFFF"><table width="99%" height="510" border="0"
align="center" cellpadding="0" cellspacing="0" bgcolor="#FFFFFF"
class="tableBorder_gray">
  <tr>
    <td align="center" valign="top" background="Images/main.jpg"
style="padding:5px;"><table width="100%" border="0" cellpadding="0" cellspacing="0">
      <tr>
        <td width="100%" height="20" valign="middle" class="word_orange"> 当前位置:
首页 &gt;&gt;&gt; </td>
      </tr>
    </table>
      </td>
  </tr>
</table></td>
  </tr>
</table>
<%@ include file="copyright.jsp"%>
</body>
</html>
```

9.7.3　名片夹管理模块

名片夹管理模块的功能是管理系统内的客户信息和员工信息。其中，客户管理包括如下四种功能：查看客户列表、添加客户信息、修改客户信息、删除客户信息；员工管理包括如下四种功能：查看员工列表、添加员工信息、修改员工信息、删除员工信息。下面主要介绍客户管理模块的实现。

1. 客户管理模块的 ActionForm 类

客户管理模块中使用了数据表 tb_customer，客户管理模块的 ActionForm 类是 CustomerForm，对应的主要代码如下：

```
public class CustomerForm extends ActionForm {
     private String bankNo;           //银行账号
     private String area;             //所属区域
     private String email;            //邮件地址
     private String address;          //地址
     private String mobileTel;        //手机号码
     private String name;             //客户名称
     private int ID;                  //编号
     private String bankName;         //开户银行
     private String postcode;         //邮政编码
     private String linkName;         //联系人
     public String getBankNo() {
          return bankNo;
     }
     public void setBankNo(String bankNo) {
          this.bankNo = bankNo;
     }
     public String getArea() {
          return area;
     }
     public void setArea(String area) {
          this.area = area;
     }
     public String getEmail() {
```

```
        return email;
    }
……………………………………………
省略一些处理方法
……………………………………………
    }
}
```

2. 实现客户管理模块的 Action

客户管理模块的 Action 实现类 Customer 继承了 Action 类。在此类中，首先要在构造方法中实例化客户管理模块的 CustomerDAO 类。Action 实现类的主要方法是 execute()方法，此方法会自动执行。客户管理模块的 Action 实现类的主要代码如下：

```
package com.wgh.action;

import javax.servlet.http.HttpServletRequest;
import javax.servlet.http.HttpServletResponse;
import org.apache.struts.action.*;

import com.wgh.actionForm.CustomerForm;
import com.wgh.core.ChStr;
import com.wgh.dao.CustomerDAO;

public class Customer extends Action{
   private CustomerDAO customerDAO = null;
   private ChStr chStr=new ChStr();
   public Customer() {
      this.customerDAO = new CustomerDAO();
   }
     public ActionForward execute(ActionMapping mapping,ActionForm
form,HttpServletRequest request,HttpServletResponse response){
      String action = request.getParameter("action");
      System.out.println("获取的查询字符串: " + action);
      if (action == null || "".equals(action)) {
         request.setAttribute("error","您的操作有误! ");
         return mapping.findForward("error");
      }else if ("customerQuery".equals(action)) {
         return customerQuery(mapping, form, request,response);
         }else if("customerAdd".equals(action)){
              return customerAdd(mapping, form, request,response);
         }else if("customerDel".equals(action)){
             return customerDel(mapping, form, request,response);
         } else if("customerModifyQ".equals(action)){
            return customerQueryModify(mapping, form, request,response);
      }else if("customerModify".equals(action)){
         return customerModify(mapping, form, request,response);
      }
             request.setAttribute("error", "操作失败! ");
             return mapping.findForward("error");
    }

   //添加客户信息
   private ActionForward customerAdd(ActionMapping mapping, ActionForm form,
                        HttpServletRequest request,
                        HttpServletResponse response) {
      CustomerForm customerForm = (CustomerForm) form;
      //此处需要进行中文转码
      customerForm.setName(chStr.toChinese(customerForm.getName()));
```

```
        customerForm.setAddress(chStr.toChinese(customerForm.getAddress()));
        customerForm.setArea(chStr.toChinese(customerForm.getArea()));
        customerForm.setBankName(chStr.toChinese(customerForm.getBankName()));
        customerForm.setLinkName(chStr.toChinese(customerForm.getLinkName()));
        int ret = customerDAO.insert(customerForm);
        System.out.println("返回值 ret: "+ret);
        if (ret == 1) {
            return mapping.findForward("customerAdd");
        } else if(ret==2){
            request.setAttribute("error","该客户信息已经添加！");
            return mapping.findForward("error");
        }else {
            request.setAttribute("error","添加客户信息失败！");
            return mapping.findForward("error");
        }
    }
    //修改客户信息的查询
    private ActionForward customerQueryModify(ActionMapping mapping, ActionForm form,
                        HttpServletRequest request,
                        HttpServletResponse response) {

request.setAttribute("customerQuery",customerDAO.query(Integer.parseInt(request.getPa
rameter("id"))));
        return mapping.findForward("customerQueryModify");
    }
    //修改客户信息
    private ActionForward customerModify(ActionMapping mapping, ActionForm form,
                        HttpServletRequest request,
                        HttpServletResponse response){
        CustomerForm customerForm=(CustomerForm) form;
        //此处需要进行中文转码
        customerForm.setName(chStr.toChinese(customerForm.getName()));
        customerForm.setAddress(chStr.toChinese(customerForm.getAddress()));
        customerForm.setArea(chStr.toChinese(customerForm.getArea()));
        customerForm.setBankName(chStr.toChinese(customerForm.getBankName()));
        customerForm.setLinkName(chStr.toChinese(customerForm.getLinkName()));
        int ret=customerDAO.update(customerForm);
        if(ret==0){
            request.setAttribute("error","修改客户信息失败！");
            return mapping.findForward("error");
        }else{
            return mapping.findForward("customerModify");
        }
    }
    //删除客户信息
    private ActionForward customerDel(ActionMapping mapping, ActionForm form,
                        HttpServletRequest request,
                        HttpServletResponse response) {
        CustomerForm customerForm = (CustomerForm) form;
        customerForm.setID(Integer.parseInt(request.getParameter("id")));
        int ret = customerDAO.delete(customerForm);
        if (ret == 0) {
            request.setAttribute("error","删除客户信息失败！");
            return mapping.findForward("error");
        } else {
            return mapping.findForward("customerDel");
        }
    }
}
```

3. 查看客户列表

用户登录系统，单击“名片夹管理/客户管理”超链接后，将进入查看客户列表界面。在此界面中，客户信息将以列表的样式显示，并在对应信息后显示添加、删除和修改客户信息的超链接。

查看客户列表所涉及的 action 的参数值是 customerQuery，当 action=customerQuery 时，会调用查看客户列表的方法 customerQuery()，具体代码如下：

```
}else if ("customerQuery".equals(action)) {
    return customerQuery(mapping, form, request,response);
```

在查看客户列表的方法 customerQuery()中，首先调用 CustomerDAO 类中的 query()方法查询全部客户信息，再将返回的查询结果保存到 HttpServletRequest 对象的 customerQuery 的参数中。customerQuery()方法的具体代码如下：

```
//查询客户信息
private ActionForward customerQuery(ActionMapping mapping, ActionForm form,
                        HttpServletRequest request,
                        HttpServletResponse response) {
    request.setAttribute("customerQuery", customerDAO.query(0));
    return mapping.findForward("customerQuery");
}
```

查看客户列表使用的 CustomerDAO 类的方法是 query()，此方法的具体实现代码如下：

```
//查询方法
public List query(int id) {
  List customerList = new ArrayList();
    CustomerForm cF = null;
    String sql="";
    if(id==0){
        sql = "SELECT * FROM tb_customer";
    }else{
        sql = "SELECT * FROM tb_customer WHERE ID=" +id+ "";
    }
    ResultSet rs = conn.executeQuery(sql);
    try {
        while (rs.next()) {
            cF = new CustomerForm();
            cF.setID(rs.getInt(1));
            cF.setName(rs.getString(2));
            cF.setAddress(rs.getString(3));
            cF.setPostcode(rs.getString(4));
            cF.setArea(rs.getString(5));
            cF.setMobileTel(rs.getString(6));
            cF.setEmail(rs.getString(7));
            cF.setBankNo(rs.getString(8));
            cF.setBankName(rs.getString(9));
            cF.setLinkName(rs.getString(10));
            customerList.add(cF);
        }
    } catch (SQLException ex) {}
    finally{
        conn.close();                        //关闭数据库连接
    }
    return customerList;
}
```

在以上代码中，对数据库表 tb_customer 的查询是基于标识符 id 号进行的。在平时的项目开发中，有许多人都在使用这个数据库自增 ID。用数据库自增 ID 有利也有弊。优点是节省时间，根本不用考虑怎么来标识唯一记录，写程序变得简单，会有数据库帮着维护这一批 ID 号。缺点是在做分布式数据库且要求数据同步时，这种自增 ID 就会出现严重的问题，因为无法用该 ID 来唯一标识记录。同时，在进行数据库移植时，也会出现各种问题。

4. 添加客户信息

在查看客户列表界面中单击“添加客户信息”超链接，进入添加客户信息界面。

添加客户信息的方法 customerAdd()的具体代码如下：

```
//添加客户信息
private ActionForward customerAdd(ActionMapping mapping, ActionForm form,
                      HttpServletRequest request,
                      HttpServletResponse response) {
    CustomerForm customerForm = (CustomerForm) form;
    //此处需要进行中文转码
    customerForm.setName(chStr.toChinese(customerForm.getName()));
    customerForm.setAddress(chStr.toChinese(customerForm.getAddress()));
    customerForm.setArea(chStr.toChinese(customerForm.getArea()));
    customerForm.setBankName(chStr.toChinese(customerForm.getBankName()));
    customerForm.setLinkName(chStr.toChinese(customerForm.getLinkName()));
    int ret = customerDAO.insert(customerForm);
    System.out.println("返回值 ret: "+ret);
    if (ret == 1) {
       return mapping.findForward("customerAdd");
    } else if(ret==2){
       request.setAttribute("error","该客户信息已经添加！");
       return mapping.findForward("error");
    }else {
       request.setAttribute("error","添加客户信息失败！");
       return mapping.findForward("error");
    }
}
```

在 CustomerDAO 类中，添加客户信息是通过 insert()方法实现的，具体实码如下：

```
//添加数据
public int insert(CustomerForm cF) {
    String sql1="SELECT * FROM tb_customer WHERE name='"+cF.getName()+"'";
    ResultSet rs = conn.executeQuery(sql1);
    String sql = "";
    int falg = 0;
       try {
          if (rs.next()) {
             falg=2;
          } else {
             sql = "INSERT INTO tb_customer
(name,address,area,postcode,mobileTel,email,bankName,bankNo,linkName) values('" +
             cF.getName() + "','" +cF.getAddress()
+"','"+cF.getArea()+"','"+cF.getPostcode()+"','"+cF.getMobileTel()+"','"+

cF.getEmail()+"','"+cF.getBankName()+"','"+cF.getBankNo()+"','"+cF.getLinkName()+"')"
;
             falg = conn.executeUpdate(sql);
             System.out.println("添加客户信息的 SQL: " + sql);
             conn.close();
          }
```

```
        } catch (SQLException ex) {
            falg=0;
        }
        return falg;
    }
```

5. 删除客户信息

在查看客户列表界面中单击“删除”超链接，可以删除对应的客户信息。

删除客户信息的方法 customerDel()的具体代码如下：

```
//删除客户信息
private ActionForward customerDel(ActionMapping mapping, ActionForm form,
                    HttpServletRequest request,
                    HttpServletResponse response) {
    CustomerForm customerForm = (CustomerForm) form;
    customerForm.setID(Integer.parseInt(request.getParameter("id")));
    int ret = customerDAO.delete(customerForm);
    if (ret == 0) {
        request.setAttribute("error","删除客户信息失败！");
        return mapping.findForward("error");
    } else {
        return mapping.findForward("customerDel");
    }
}
```

在 CustomerDAO 类中，删除客户信息是通过 delete()方法实现的，具体代码如下：

```
    // 删除数据
    public int delete(CustomerForm customerForm) {
        int flag=0;
        try{
        String sql = "DELETE FROM tb_customer where id=" + customerForm.getID() +"";
        flag = conn.executeUpdate(sql);
        }catch(Exception e){
            System.out.println("删除客户信息时产生的错误："+e.getMessage());
        }finally{
            conn.close(); //关闭数据库连接
        }
         return flag;
    }
```

9.7.4 收发短信模块

收发短信模块可实现的功能包括发送短信、接收短信和查看发送日志。

1. 收发短信模块的 Action 实现类

收发短信模块的 Action 实现类 SendLetter 继承了 Action 类，在该 SendLetter 的构造方法中需要实例化收发短信模块的 SendLetterDAO 类。Action 实现类的主要方法是 execute()，此方法会自动执行。收发短信模块的 Action 实现类的主要代码如下：

```
package com.wgh.action;
......................................................
public class SendLetter extends Action{
    private SendLetterDAO sendLetterDAO = null;
    private PersonnelDAO personnelDAO=null;
```

```
    private CustomerDAO customerDAO=null;
    private InfoTypeDAO infoTypeDAO=null;
    private ChStr chStr=new ChStr();
    public SendLetter() {
        this.sendLetterDAO = new SendLetterDAO();
        this.personnelDAO=new PersonnelDAO();
        this.customerDAO=new CustomerDAO();
        this.infoTypeDAO=new InfoTypeDAO();
    }
     public ActionForward execute(ActionMapping mapping,ActionForm
form,HttpServletRequest request,HttpServletResponse response){
        String action = request.getParameter("action");
        System.out.println("获取的查询字符串：" + action);
        if (action == null || "".equals(action)) {
            request.setAttribute("error","您的操作有误！");
            return mapping.findForward("error");
        }else if ("addLetter".equals(action)) {
            return addLetter(mapping, form, request,response);
        }else if("sendLetter".equals(action)){
            return sendLetter(mapping, form, request,response);
        }else if("historyQuery".equals(action)){
            return queryHistory(mapping, form, request,response);
        }else if("getLetterQuery".equals(action)){
            return getLetterQuery(mapping,form,request,response);
        }
                request.setAttribute("error", "操作失败！");
                return mapping.findForward("error");
     }

    //编写短信页面应用的查询方法，用于查询收信人列表信息
    private ActionForward addLetter(ActionMapping mapping, ActionForm form,
                        HttpServletRequest request,
                        HttpServletResponse response) {
        request.setAttribute("personnelQuery",personnelDAO.query(0));
        request.setAttribute("customerQuery",customerDAO.query(0));
        request.setAttribute("shortInfo",infoTypeDAO.query(0));
        return mapping.findForward("addLetter");
    }
    //群发短信
    private ActionForward sendLetter(ActionMapping mapping, ActionForm form,
                        HttpServletRequest request,
                        HttpServletResponse response){
      SendLetterForm sendLetterForm=(SendLetterForm) form;
      sendLetterForm.setContent(chStr.toChinese(sendLetterForm.getContent()));
      sendLetterForm.setFromMan(chStr.toChinese(sendLetterForm.getFromMan()));
        String ret=sendLetterDAO.sendLetter(sendLetterForm);
        if(ret.equals("ok")){
            return mapping.findForward("sendLetter");
        }else{
            request.setAttribute("error",ret);
            return mapping.findForward("error");
        }
    }
    //查看历史记录
    private ActionForward queryHistory(ActionMapping mapping, ActionForm form,
                        HttpServletRequest request,
                        HttpServletResponse response) {
        request.setAttribute("history",sendLetterDAO.query());
        return mapping.findForward("queryHistory");
    }
    //接收短信
```

```
    private ActionForward getLetterQuery(ActionMapping mapping, ActionForm form,
                       HttpServletRequest request,
                       HttpServletResponse response) {
        request.setAttribute("shortLetter",sendLetterDAO.getLetter());
        return mapping.findForward("getLetterQuery");
    }
}
```

以上代码中涉及了如下方法。

- sendLetter()方法：实现群发短信功能。
- getLetterQuery 方法：实现接收短信功能。

2. 发送短信的 SendLetterDAO 类的方法

在 SendLetterDAO 类中，发送短信是通过 sendLetter()方法实现的。SendLetterDAO.java 文件中的对应代码如下：

```
    // 发送短信
    public String sendLetter(SendLetterForm s) {
        String ret = "";
        String device="";
        String baud="";
        String sn="";
        String info="";
        String sendnum="";
        String flag="";
        try {
            String sql_p="SELECT top 1 * FROM tb_parameter";
            ResultSet rs=conn.executeQuery(sql_p);
            if(rs.next()){
                device=rs.getString(2);
                baud=rs.getString(3);
                sn=rs.getString(4);
                info=s.getContent();
                sendnum=s.getToMan();
                System.out.println("SN:"+sn+"***********"+info);
                flag=mySend(device,baud,sn,info,sendnum);//发送短信
                if(flag.equals("ok")){
                String sql = "INSERT INTO tb_shortLetter (toMan,content,fromMan)
values('" +s.getToMan() +"','"+s.getContent()+"','"+s.getFromMan()+"')";
                int r= conn.executeUpdate(sql);
                System.out.println("添加短信发送历史记录的 SQL: " + sql);
                if(r==0){
                    ret="添加短信发送历史记录失败! ";
                }else{
                    ret="ok";
                }
                }else{
                    ret=flag;
                }
            }else{
                ret="发送短信失败! ";
            }
        } catch (Exception e) {
            System.out.println("发送短信产生的错误: " + e.getMessage());
            ret = "发送短信失败! ";
        }finally{
            conn.close();
        }
```

```
        return ret;
    }
```

3. 通过短信猫发送短信

在 SendLetterDAO.java 文件中编写两个通过短信猫发送短信的方法。第一个是 getConnectionModem()方法，其功能是初始化 GSM Modem 设备，对应代码如下：

```
    // 初始化 GSM Modem 设备
    public boolean getConnectionModem(String device,String baud,String sn) {
        smssendinformation = new smssend();
        boolean connection = true;
        if (!smssendinformation.GSMModemInitNew(device, baud, null, "GSM",
            false, sn)) {
            System.out.println("初始化 GSM Modem 设备失败: "
                    + smssendinformation.GSMModemGetErrorMsg());
            connection = false;
        }
        return connection;
    }
```

第二个是 mySend()方法，其功能是实现手机短信发送，具体实现代码如下：

```
    // 发送手机短信的方法
    public String mySend(String device,String baud,String sn,String info, String sendnum)
{
        boolean flag = false;
        String rtn="";
        flag=this.getConnectionModem(device,baud,sn);

        if(flag){
            byte[] sendtest = smssendinformation.getUNIByteArray(info);
            // 转化为 NICOCE
            //实现群发
            String[] arrSendnum=sendnum.split(",");
            for(int i=0;i<arrSendnum.length;i++){
                if (!smssendinformation.GSMModemSMSsend(null, 8, sendtest, arrSendnum[i],
false)) {
                    System.out.println("发送短信失败: "
                            + smssendinformation.GSMModemGetErrorMsg());
                    rtn =rtn+"向"+arrSendnum[i]+"发送短信失败!<br>原因是:"+smssendinformation.
GSMModemGetErrorMsg()+"<br>";
                }
            }
        }else{
            rtn="初始化 GSM Modem 设备失败! ";
        }
        if(rtn.equals("")){
            rtn="ok";
        }
        closeConnection();      //关闭连接
        return rtn;
    }
    // 关闭连接的方法
    public void closeConnection() {
        if (smssendinformation != null) {
            smssendinformation.GSMModemRelease();
            System.out.println("关闭成功! ! ! ");
        }
    }
```

4. 接收短信

在 SendLetterDAO 类中，接收短信是通过 getLetter()方法实现的，此方法没有参数，返回值是接收到的短信息。getLetter()方法的具体实现代码如下：

```
//接收短信
public List getLetter(){
 List list=new ArrayList();
      String device="";
      String baud="";
      String sn="";
      try {
           String sql_p="SELECT top 1 * FROM tb_parameter";
           ResultSet rs=conn.executeQuery(sql_p);
           if(rs.next()){
                device=rs.getString(2);
                baud=rs.getString(3);
                sn=rs.getString(4);
                list=myGet(device,baud,sn);//接收短信
           }else{
                System.out.println("接收短信失败");
           }
      } catch (Exception e) {
           System.out.println("接收短信产生的错误：" + e.getMessage());
      }finally{
           conn.close();
      }
  return list;
 }
```

在接收短信时，还需要调用 myGet()方法，有三个参数，分别用于指定通信端口、波特率和注册码等连接短信猫所需要的参数信息，并返回 List 集合。myGet()方法的具体实现代码如下：

```
//接收短信的方法
public List myGet(String device,String baud,String sn) {
       boolean flag = false;
       flag=this.getConnectionModem(device,baud,sn);
       List list=new ArrayList();
       if(flag){
            String[] allmsg = smssendinformation.GSMModemSMSReadAll(1);
         // 读出的每一条信息由三部分组成：电话号码#编码#文本内容
         for (int kk = 0; allmsg != null && kk < allmsg.length; kk++) {
            if (allmsg[kk] == null) continue;
            String[] tmp = allmsg[kk].split("#");
            if (tmp == null || tmp.length != 3) continue;
            //获取数据
            String codeflg = tmp[1];    //编码
            String recvtext = tmp[2];   //短信内容
            if (recvtext != null && codeflg.equalsIgnoreCase("8")){
            //得到 Java 的短信文本字符串
            recvtext = smssendinformation.HexToBuf(recvtext);
            }
            tmp[2]=recvtext;
            System.out.println("短信内容："+recvtext);
            list.add(tmp);
         }
       }
```

```
        closeConnection();      //关闭连接
        return list;
    }
```

9.7.5　邮件群发模块

邮件群发模块的功能是实现邮件群发，并可以发送附件。

1. 邮件群发模块的 Action 实现类

邮件群发模块的 Action 实现类的主要代码如下：

```
package com.wgh.action;
……………………………………………………
public class SendMail extends Action{
   private SendMailDAO sendMailDAO = null;
   private PersonnelDAO personnelDAO=null;
   private CustomerDAO customerDAO=null;
   private ChStr chStr=new ChStr();
   public SendMail() {
      this.sendMailDAO = new SendMailDAO();
      this.personnelDAO=new PersonnelDAO();
      this.customerDAO=new CustomerDAO();
   }
     public ActionForward execute(ActionMapping mapping,ActionForm
form,HttpServletRequest request,HttpServletResponse response){
      String action = request.getParameter("action");
      System.out.println("获取的查询字符串：" + action);
      if (action == null || "".equals(action)) {
         request.setAttribute("error","您的操作有误！"); //将错误信息保存到error中
         return mapping.findForward("error");          //转到显示错误信息的页面
      }else if ("addMail".equals(action)) {
         return addMail(mapping, form, request,response);
      }else if("sendMail".equals(action)){
         return sendMail(mapping, form, request,response);
      }
            request.setAttribute("error", "操作失败！");
            return mapping.findForward("error");
    }
……………………………………………………
```

2. 群发邮件的 Action 实现类

群发邮件功能是通过 SendMailDAO 类中的 sendMail()方法实现的，具体代码如下：

```
    // 发送邮件
    public int sendMail(SendMailForm s) {
        int ret = 0;
        String from = s.getAddresser();
        String to = s.getAddressee();
        String subject = s.getTitle();
        String content = s.getContent();
        String password = s.getPwd();
        String path = s.getAdjunct();
        try {
            //String mailserver ="smtp."+to.substring(to.indexOf('@')+1,to.length());
                                                //在Internet上发送邮件时的代码
             String mailserver = "wanggh";             //在局域网内发送邮件时的代码
```

```
            Properties prop = new Properties();
            prop.put("mail.smtp.host", mailserver);
            prop.put("mail.smtp.auth", "true");
            Session sess = Session.getDefaultInstance(prop);
            sess.setDebug(true);
            MimeMessage message = new MimeMessage(sess);
            message.setFrom(new InternetAddress(from));   // 给消息对象设置发件人
            //设置收件人
            String toArr[]=to.split(",");
            InternetAddress[] to_mail=new InternetAddress[toArr.length];
            for(int i=0;i<toArr.length;i++){
                to_mail[i]=new InternetAddress(toArr[i]);
            }
           message.setRecipients(Message.RecipientType.BCC,to_mail);
            //设置主题
            message.setSubject(subject);
            Multipart mul = new MimeMultipart();
            // 新建一个MimeMultipart对象来存放多个BodyPart对象
            BodyPart mdp = new MimeBodyPart(); // 新建一个存放信件内容的BodyPart对象
            mdp.setContent(content, "text/html;charset=gb2312");
            mul.addBodyPart(mdp); // 将含有信件内容的BodyPart加入到MimeMulitipart对象中
            if(!path.equals("") && path!=null){  //当存在附件时
                // 设置信件的附件(用本机上的文件作为附件)
                mdp = new MimeBodyPart(); // 新建一个存放附件的BodyPart
                String adjunctname = new String(path.getBytes("GBK"), "ISO-8859-1");
                // 此处需要转码，否则附件中包括中文时，将产生乱码
                path = (System.getProperty("java.io.tmpdir") + "/" + path).replace(
                        "\\", "/");
                System.out.println("路径: " + path);
                FileDataSource fds = new FileDataSource(path);
                DataHandler handler = new DataHandler(fds);
                mdp.setFileName(adjunctname);
                mdp.setDataHandler(handler);
                mul.addBodyPart(mdp);
            }
            message.setContent(mul); // 把mul作为消息对象的内容
            message.saveChanges();
            Transport transport = sess.getTransport("smtp");
            // 以smtp方式登录邮箱，第1个参数是发送邮件用的邮件服务器SMTP地址，第2个参数为用户
名，第3个参数为密码
            transport.connect(mailserver, from, password);
            transport.sendMessage(message, message.getAllRecipients());
            transport.close();
            ret = 1;
        } catch (Exception e) {
            System.out.println("发送邮件产生的错误: " + e.getMessage());
            ret = 0;
        }
        return ret;
    }
}
```

9.8 分析 JavaMail 组件

视频讲解 光盘：视频\第 9 章\分析 JavaMail 组件.avi

本系统的核心功能之一是实现邮件发送，通过使用第三方控件 JavaMail，就可以不用编

写太多的代码，只要直接调用 JavaMail 中的方法即可实现邮件发送。

9.8.1　JavaMail 简介

JavaMail 是 Sun 公司提供的一套完整的用于读取、编写和发送邮件的 API，利用 JavaMail 可以实现类似 Outlook、Foxmail 等邮件客户端的程序。JavaMail API 隐藏了邮件底层的各种复杂操作，对邮件的特定协议提供了支持，如 smtp、pop3、imap、mime 等，简化了编写邮件程序的操作。

JavaMail 只是一套 API 标准，其实现要由 provider(具体的软件提供商)来提供。Sun 公司自己提供了一套实现，作为默认的 provider，也可以采用其他 provider 实现来进行邮件的发送。

要编写邮件程序，必须了解邮件的各种协议。邮件协议用于实现邮件服务器与服务器、服务器与客户端之间的相互交流，包括：SMTP、POP3、MIME、IMAP。

(1) SMTP(Simple Mail Transfer Protocol，简单邮件传输协议)。SMTP 是事实上的在 Internet 上传输 E-mail 的标准。SMTP 是一个相对简单的基于文本的协议，是一组用于由源地址到目的地址传送邮件的规则，由它来控制信件的中转方式。SMTP 属于 TCP/IP 协议簇，它帮助每台计算机在发送或中转信件时找到下一个目的地。通过 SMTP 所指定的服务器，就可以把 E-mail 寄到收信人的服务器上了。SMTP 使用 TCP 端口 25。

(2) POP3(Post Office Protocol 3，邮局协议版本 3)。POP3 也是 TCP/IP 协议簇中的一员，主要用于支持使用客户端远程管理在服务器上的电子邮件。它是 Internet 电子邮件的第一个离线协议标准，允许用户将邮件从服务器端存储到本地主机上。POP3 使用 TCP 端口 110。

(3) MIME(Multipurpose Internet Mail Extensions，多用途 Internet 邮件扩展)。MIME 用于定义复杂邮件体的格式，例如，在邮件体中内嵌的图像数据和邮件附件等。采用 MIME 协议的电子邮件就叫作 MIME 邮件。MIME 的格式灵活，允许邮件中包含任意类型的文件。

(4) IMAP(Internet Mail Access Protocol，Internet 邮件访问协议)。IMAP 和 POP3 类似，主要作用是使邮件客户端可以通过这种协议从邮件服务器上获取邮件的信息、下载邮件等。IMAP 运行在 TCP/IP 之上，使用的端口是 143。IMAP 与 POP3 的主要区别是用户无须下载所有的邮件，可以通过客户端直接对服务器上的邮件进行操作。

核心 JavaMail API 可以分为两部分。一部分由七个类组成，包括 Session、Message、Address、Authenticator、Transport、Store 及 Folder，它们都来自 JavaMail API 顶级包(但开发者需要使用的具体子类可能在 javax.mail.internet 包内)。通过这些类，可以完成大量常见的电子邮件任务，包括发送消息、检索消息、删除消息、认证、回复消息、转发消息、管理附件、处理基于 HTML 文件格式的消息以及搜索或过滤邮件列表，这类任务主要属于 MTA(邮件传输代理)范畴。另一部分接口和类主要实现邮件的阅读和撰写任务。

9.8.2　发送邮件

发送邮件的步骤如下。

(1) 建立邮件会话对象(Session)。

(2) 由会话对象(Session)创建 MimeMessage 邮件。

(3) 由会话对象(Session)创建邮件发送对象(Transport)。

(4) 由发送对象(Transport)发送邮件，并关闭 Transport 连接。

Session 是 JavaMail 中最重要的类之一。它表示邮件会话，是 JavaMail API 的最高层入口类。要收发邮件，首先得建立 Session 对象。建立 Session 对象要使用 Session 的静态方法 Session.getInstance(Properties pro)。该方法的参数为一个 Properties 对象，它提供了邮件服务器的各种参数，包括邮件服务器所用的传输协议、是否需要登录认证、smtp 地址和 pop3 地址等。例如下面的 Java 代码：

```
Properties props = new Properties();
props.setProperty("mail.smtp.auth", "true");
props.setProperty("mail.transport.protocol", "smtp");
props.setProperty("mail.store.protocol", "pop3");
props.put("mail.smtp.host", "smtp.163.com")
Session session = Session.getInstance(props);

Properties props = new Properties();
props.setProperty("mail.smtp.auth", "true");
props.setProperty("mail.transport.protocol", "smtp");
props.setProperty("mail.store.protocol", "pop3");
props.put("mail.smtp.host", "smtp.163.com")
Session session = Session.getInstance(props);
```

要注意的是，Session 的创建还有另一个静态方法 Session.getInstance(Properties prop, Authenticator auth)。Authenticator 是一个认证对象，当程序需要邮件服务器用户名和密码时，这个对象被当作回调对象来使用，可以得到认证信息。例如下面的 Java 代码：

```
Session session = Session.getInstance(props,new Authenticator(){
   protected PasswordAuthentication getPasswordAuthentication(){
      return new PasswordAuthentication("username","password");
   }
  }
);
Session session = Session.getInstance(props,new Authenticator(){
protected PasswordAuthentication getPasswordAuthentication(){
return new PasswordAuthentication("username","password");
}
  }
);
```

PasswordAuthentication 不是 Authentication 的子类，它是一个持有邮件服务器用户名和密码的一个普通 Javabean，只有 getUsername 和 getPassword 两个方法。

在 JavaMail 里，邮件类用 Message 表示。Message 是抽象类，JavaMail 里只提供了一个子类 MimeMessage。MimeMessage 就是前面提到的 MIME 邮件，可以表示复杂的邮件格式。MimeMessage 的构造器需要提供一个 Session 对象。MimeMessage 对象可以设置邮件内容、主题、发件人、收件人等信息。例如下面的 Java 代码：

```
Message message=new MimeMessage(session);
message.setSubject("主题");
message.setText("邮件内容");
message.setFrom(new InternetAddress("xxxx@sohu.com"));

Message message=new MimeMessage(session);
message.setSubject("主题");
message.setText("邮件内容");
message.setFrom(new InternetAddress("xxxx@sohu.com"));
```

邮件的地址用 InternetAddress 表示。

建立好邮件对象和 Session 后，下一步就是创建邮件发送对象 Transport。创建好 Transport 对象后，就可以进行邮件发送了，具体有如下三个步骤。

(1) 调用 Transport 对象的 conection 方法连接 smtp 服务器，该方法有四个参数，分别是 smtp 地址、端口号(默认 25)、用户名和密码。

(2) 利用 Transport.sendMessage(Message)方法发送邮件。

(3) 利用 Transport.close()方法关闭 Transport 连接。

例如下面的 Java 代码：

```
Transport tran=session.getTransport();
tran.connection("smtp.163.com",25,"username","password");
tran.sendMessage(message);
tran.close();
Transport tran=session.getTransport();
tran.connection("smtp.163.com",25,"username","password");
tran.sendMessage(message);
tran.close();
```

在此处要注意的是，Transport 是一个抽象类，其子类由 provider 提供。Transport 类有两个静态方法 send(Message message)和 send(Message message, Address[] address)。若要使用这两个静态方法，则 Session 对象必须包含认证信息，即 Session 对象必须通过 Session.getInstance (Properties prop,Authentication auth)方法获得。调用这两个方法发送邮件时，Transport 对象会自动连接服务器、发送邮件并断开连接，所以如果要循环发邮件，则最好不要使用这两个方法，因为这个循环过程是很费资源的。

另外，也可以在发送时通过 send(Message message,Address[] address)和 Transport.send Message(Message message,Address[] address)指定邮件地址。

9.8.3　收取邮件

收取邮件的步骤如下。

(1) 建立 Session 对象。

(2) 由 Session 对象创建 Store 对象。

(3) 由 Store 对象进行服务器连接，打开邮件箱文件夹(Folder)。

Store 对象主要用于从邮件服务器取得邮件，其 API 和 Transport 类似，使用时首先也要进行服务器连接，使用完后要关闭连接。不同的是，Transport 可以直接发送邮件，而 Store 则需要先打开文件夹 Folder，再从 Folder 里得到邮件。使用完后，Folder 和 Store 都必须要关闭。

Store 定义的存储器包括一个分层的目录体系，消息存储在目录内。客户程序可以通过获取一个实现了数据库访问协议的 Store 对象来访问消息存储器，绝大多数存储器要求用户在访问前提供认证信息，connect 方法执行了该认证过程。例如下面的 Java 代码：

```
Store store=session.getStore();
store.connect("pop.163.com",110,"username","password");
Store store=session.getStore();
store.connect("pop.163.com",110,"username","password");
```

Folder 是一个抽象类，用于分级组织邮件，其子类提供针对具体协议的实现。Folder 代表的目录可以容纳消息或子目录，存储在目录内的消息被顺序计数(从 1 开始到消息总数)，该顺序被称为“邮箱顺序”，通常基于邮件消息到达目录的顺序。邮件顺序的变动将改变消息的序列号，这种情况仅发生在客户程序调用 Expunge 方法擦除目录内设置了 Flags.Flag.DELETED 标志位的消息时。执行擦除操作后，目录内的消息将重新编号。

客户程序可以通过消息序列号或直接通过相应的 Message 对象来引用目录中的消息，由于消息序列号在会话中很可能改变，因此应尽可能保存 Message 对象而非序列号来反复引用对象。

连接到 Store 之后，接下来可以获取一个文件夹(Folder)。该文件夹必须先使用 open()方法打开，然后才能读取里面的消息。例如下面的 Java 代码：

```
Folder folder = store.getFolder("INBOX");
folder.open(Folder.READ_ONLY);
Message[] message = folder.getMessages();
Folder folder = store.getFolder("INBOX");
folder.open(Folder.READ_ONLY);
Message[] message = folder.getMessages();
```

上述 open()方法指定了要打开的文件夹及打开方式(如 Folder.READ_WRITE)。INBOX 是 POP3 唯一可以使用的文件夹。如果使用 IMAP，则还可以使用其他文件夹。获得 Message 之后，就可以用 getContent()方法获得其内容，或者用 writeTo()方法将内容写入输出流。getContent()方法只能得到消息内容，而 writeTo()方法的输出还包含消息头。读完邮件之后要关闭与 Folder 和 Store 的连接。例如下面的 Java 代码：

```
folder.close();
store.close();
```

9.9 项 目 调 试

视频讲解 光盘：视频\第 9 章\项目调试.avi

编译运行后的管理登录界面的效果如图 9-10 所示，管理主界面的效果如图 9-11 所示，发送短信界面的效果如图 9-12 所示，发送邮件界面的效果如图 9-13 所示。

图 9-10　管理登录界面

当前位置：首页 >>>
编写并群发短信
接收短信并回复
系统参数设定
管理员
接收信息
编写邮件内容
邮件群发

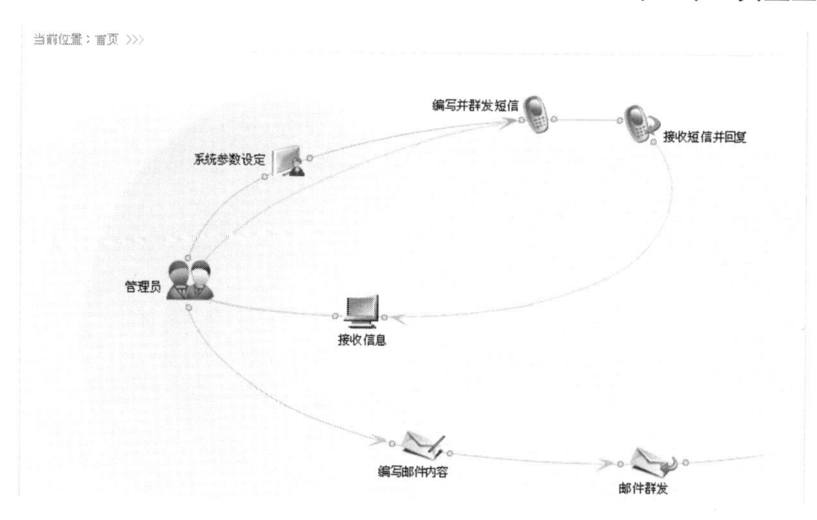

图 9-11　管理主界面

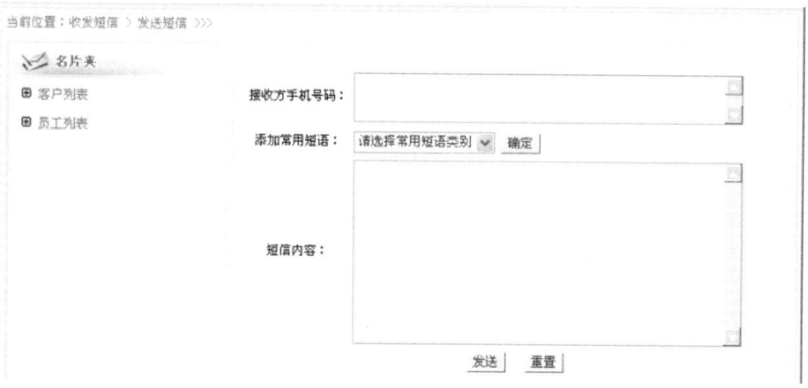

当前位置：收发短信 > 发送短信 >>>
名片夹
客户列表
员工列表
接收方手机号码：
添加常用短语：
请选择常用短语类别
确定
短信内容：
发送
重置

图 9-12　发送短信界面

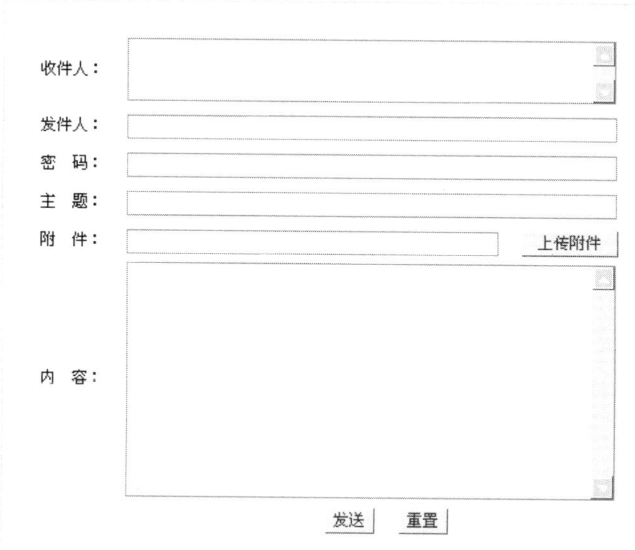

收件人：
发件人：
密　码：
主　题：
附　件：
上传附件
内　容：
发送
重置

图 9-13　发送邮件界面

第 10 章　Android 地图系统

社会在进步，技术在发展。随着生活水平的提高和信息技术的进步，智能手机被推上了现代舞台。谷歌推出的智能手机系统 Android 在经过几年的发展之后已经迅速蔓延开来。本章将通过简洁的程序代码和通俗的技术讲解，介绍一个 Android 地图系统的实现过程，引领读者迈入手机开发高手之列。

赠送的超值电子书

091.接口和抽象类
092.区分构造器和方法
093.使用 instanceof 运算符时要避免编译错误
094.分析 Java 中的自动装箱和自动拆箱
095.使用 this 限定类的属性
096.在匿名类和内部类中使用 this
097.枚举类常用的 5 个方法
098.Java 集合概述
099.改变 Collection 集合元素的问题
100.Set 接口基础知识介绍

10.1 做好项目管理者

视频讲解 光盘：视频\第 10 章\做好项目管理者.avi

无论不同程序员之间的个体差异有多大，他们都会不断地在实战中实现技术上的反思和提高。当开发技术和经验积累到一定级别后，程序员很有可能会经历带队做项目的阶段。对于身处这一阶段的程序员来说，开发技术已经不是那么重要，最关键的是管理能力和协调能力。

10.1.1 软件工程师到项目经理到管理者之路

很多程序员可能会干一辈子的软件工程师，但是也有一些程序员工作机遇比较好，不但负责项目的设计工作，而且负责项目的管理工作，这表明他已经对项目经理这个工作有了一定的尝试。因此，这类程序员可以审视一下自己，看自己是否适合这项工作。如果自己对这种工作比较满意，而且具备项目经理的要求，则可以向项目经理这个方向发展。项目经理承担着项目管理的职责，对项目负主要责任。项目经理和程序员的作用也不相同，项目经理的重点已经从编程转移到对人、对技术、对进度、对项目的管理。由于软件的项目经理与软件项目的相关性太大，因此，他必须要了解软件开发的各个环节，了解开发的各种技术和运用，了解开发队伍人员的水平和特点。从程序员成长到项目经理，可以使得项目经理更好地理解程序员在项目中的地位和作用，了解软件开发的各种规律性的东西，从而保证项目正常完成。

当然，也有很多程序员希望自己能成为公司中更高一级的管理者，这要求程序员要做更多的准备，做更多的转型工作。虽然管理者不是想当就能当的，但如果程序员有这个志向和爱好，并积累了这方面的工作经验，自己也感觉能够在这个方面有所发展，更重要的是有这样的机会，那么，成为一名管理者也是可能的。此外，软件公司的管理者不同于一般公司的管理者，专业能力越强，管理起来就越得心应手，如果缺乏专业能力，则会遇到很多问题，并且会感到这些问题很难解决。因此，建议程序员最好要把编程、项目设计、项目管理等基础打好，这样转型到管理者的成功率也会更高一些。

10.1.2 赢在管理——运转一个健步如飞的团队

在项目开发过程中，项目经理的角色之所以非常重要，是因为他需要负责项目组开发人员的日常管理，控制项目的进度，负责和设计部门、市场部门以及客户之间进行必要的沟通。要想在项目经理的位置上做到游刃有余，让你的团队运转得健步如飞，需要重视以下几方面的问题。

(1) 自身修养。

① 亲和力。

项目经理自身除了开发技术过关外，还要具备完美的亲和力。亲和力是指你和团队相互依赖、相互信任的能力。亲和力是你领导团队走向成功的基础，如果一个团队的向心力不够，各自为政，那么就很难成功。要团队的每个成员都信任你，你必须要做到关心下属、主动与下属沟通、为下属争取合法权利等。

② 敢负责任。

在实际工作中，项目经理要负责完成项目组的人员安排调度、工作分配、工作审核、工作跟踪、项目计划、项目汇报总结、成本核算、利润分配等工作，是整个项目中责任最大的人，需要具备良好的心理素质和应对能力。

(2) 慧眼识珠。

在软件项目外包过程中，如何在一大批开发人员中进行甄别与筛选，找到最适合的开发人员，是项目经理必须解决的一大难题。如果草率地选择开发人员，往往会造成项目的开发周期延长、质量无法达到要求、成本增加甚至项目彻底失败的严重后果。

要想在公司内部选择最合适的开发人员，通常可以采用如下方法。

- 查看开发人员的档案、作品展示信息，详细了解每一名备选者的技术能力和经验。
- 查看开发人员的工作历史记录以及客户对其的评价信息。如果开发人员完成过较多的项目并且客户给出的评分和评价都很好，则该开发人员通常是值得信赖的。当然，有时也会有例外。有的开发人员可能因为一些客观原因而出现了个别失败的项目，这种情况可以和同事进一步沟通来了解并判断。
- 对于初步通过筛选的程序员，接下来要进一步了解其完成的项目或提供的作品的类型、规模、使用的技术等信息。有的开发人员完成了很多项目或者提供了较多的展示作品，但如果这些项目或作品和你现在的项目差异很大甚至完全不同，则表示他们的专业领域不一定适合你的项目。
- 对比开发人员的外语能力和沟通能力。如果你的项目要使用外语，就需要考查开发人员的外语能力。如果你确信开发过程中需要和开发人员进行频繁的沟通，则需要了解对方是否有相关的沟通条件。

(3) 团队意识高于一切。

对于国内中小型公司来说，通常开发团队就是固定的几个人，没有太多的人才可供选择。在这种情况下，团队中的成员都已经十分了解，此时一定要确保团队成员具有团队意识。现在的软件开发通常都是以团队的形式进行系统的设计和开发，团队精神变得越来越重要。所以在组建自己的团队，特别是在挑选长期固定的团队成员时，必须要考虑成员是否具备团队精神。那么，到底什么是团队精神呢？它具有如下四个特点。

① 荣辱与共。

作为一个团队中的成员，就要把整个团队的荣辱放在第一位，这样团队才能够发展和进步，而团队的发展和进步必定会给其中的每个成员带来好处。

② 交流分享。

交流在任何工作中都是非常重要的，人和人之间需要充分交流后才能够更好地工作。团队中的每个成员之间都应该充分交流，否则会在信息的传达过程中出现理解上的偏差。例如，如果负责需求分析、概要设计的人员不和进行详细设计、编码、测试的人员充分交流，那么很可能会做出一个客户不满意的产品。

③ 精诚协作。

要想做到精诚协作，首先就要远离“事不关己，高高挂起”。尽管有些工作不是我们的分内工作，但是既然都是属于团队的事情，就有责任尽自己所能去做，这样做非常有利于形成真正意义上的团队，当出现问题的时候，大家也就会互相帮助。

④ 尊重理解。

每个人都有自己的长处，也都有自己的短处，只能尽量做到完美。当发现别人犯错的时候，应该表示理解，并以对事不对人的态度去解决问题。例如，测试人员发现开发人员的程序中有很多问题，那么测试人员不应该去指责开发人员，而是应该将问题记录下来，然后和开发人员一起分析，提醒他以后不要再出现类似的错误。

10.2 新的项目

视频讲解 光盘：视频\第 10 章\新的项目.avi

本项目是为某手机厂商开发一个 Android 地图系统，整个开发团队成员的具体职责如下。

- 软件工程师 A：负责系统分析、系统设计和搭建数据库。
- 软件工程师 B：负责设计公共类和具体编码。
- 软件工程师 C：负责系统后期调试和发布。

具体的团队职能结构图如图 10-1 所示。

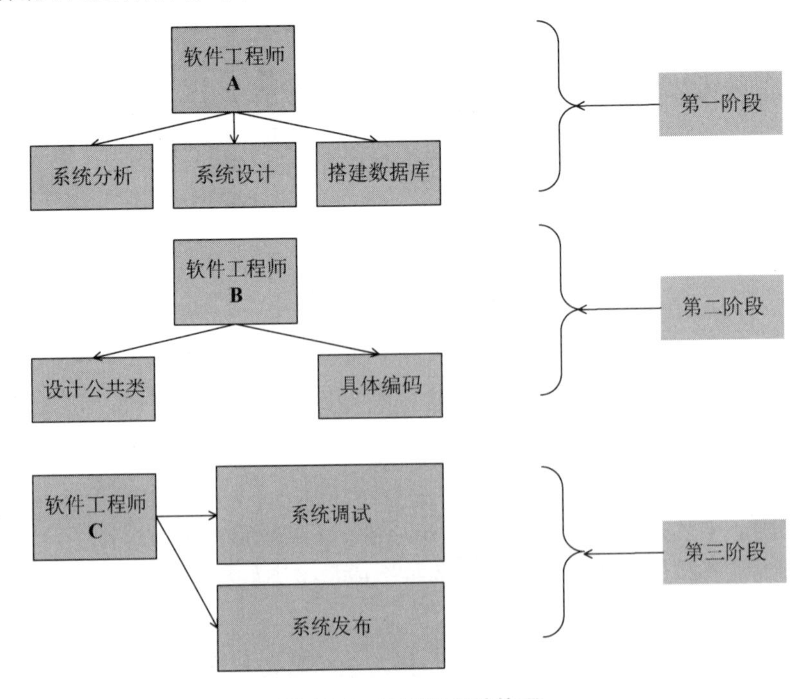

图 10-1 团队职能结构图

10.3　系 统 分 析

视频讲解　光盘：视频\第 10 章\系统分析.avi

10.3.1　背景

手机厂商××为了丰富旗下智能手机的功能，现委托我公司开发一个 Android 地图系统。该系统的主要作用是：当用户外出时，可以使用该系统定位当前位置，并绘制行动路线。

10.3.2　Android 技术分析

Android 是谷歌公司于 2007 年 11 月 5 日发布的基于 Linux 的开源手机平台。该平台由操作系统、中间件、用户界面和应用软件组成，是首个为移动终端打造的真正开放和完整的移动软件平台。Android 平台采用了 WebKit 浏览器引擎，具备触摸屏、高级图形显示和上网功能，使得用户能够在手机上查看电子邮件、搜索网址和观看视频节目等。

Android 平台的优势在于其的开放性和免费服务。Android 是一个对第三方软件完全开放的平台，开发者在为其开发程序时拥有更大的自由度，因此 Android 获得了更多厂商的支持。在国内，Android 社区十分红火，这些社区为 Android 在中国的普及起到了很好的推广作用。包括中国移动、中国联通、华为、联想、魅族等在内的国内运营商和厂商也纷纷加入 Android 阵营。

10.3.3　编写可行性研究报告

根据《GB8567－88 计算机软件产品开发文件编制指南》中对可行性分析的要求，编制可行性研究报告如下。

1. 引言

(1) 编写目的。

为了给企业的决策层提供是否进行项目实施的参考依据，现以文件的形式分析项目的风险、项目需要的投资与效益。

(2) 背景。

手机厂商××为了丰富旗下智能手机的功能，现委托我公司开发一个 Android 地图系统。

2. 可行性研究的前提

(1) 要求。

要求本系统能够实现位置定位和谷歌地图导航功能。

(2) 目标。

本系统的主要目标是实现位置定位和导航功能。

(3) 条件、假定和限制。

项目需要在40天内交付用户使用。系统分析人员需要两天内到位。用户需要3天时间确认需求分析文档。程序开发人员需要在35天的时间内进行系统设计、程序编码、系统测试、程序调试和系统打包部署工作，其间还包括了员工每周的休息时间。

3．投资及效益分析

(1) 支出。

根据系统的规模及项目的开发周期(一个月)，公司决定投入3个人进行本项目的开发。此外，公司将直接支付3万元的工资及各种福利待遇。在项目安装及调试阶段，用户培训、员工出差等费用支出需要1万元。在项目维护阶段，预计需要投入2万元的资金。累计项目投入需要6万元资金。

(2) 收益。

用户提供项目资金10万元。对于项目运行后进行的改动，采取协商的原则，根据改动规模额外提供资金。因此从投资与收益的效益比上，公司可以获得4万元的利润。

项目完成后，会给公司提供资源储备，包括技术、经验的积累，其后再开发类似的项目时，可以极大地缩短项目开发周期。

4．结论

根据前面的分析，在技术上不会存在问题，因此项目延期的可能性很小。公司投入3个人，一个月的时间获利4万元，效益比较可观；并且还可为公司今后的发展储备软件开发的经验和资源，因此认为该项目可行。

10.3.4　编写项目计划书

根据《GB8567－88计算机软件产品开发文件编制指南》中对项目开发计划的要求，结合单位的实际情况，编制项目计划书如下。

1．引言

(1) 编写目的。

为了保证项目开发人员按时保质地完成预定目标，更好地了解项目实际情况，按照合理的顺序开展工作，现以书面的形式将项目开发生命周期中的项目任务范围、项目团队组织结构、团队成员的工作责任、团队内外沟通协作方式、开发进度、检查项目工作等内容描述出来，作为项目相关人员之间的统一约定和项目生命周期内的所有项目活动的行动基础。

(2) 背景。

手机厂商××为丰富旗下智能手机的功能，现委托我公司开发一个Android地图系统。项目周期为一个月，项目背景规划如表10-1所示。

表 10-1　项目背景规划

项目名称	项目委托单位	任务提出者	项目承担部门
Android 地图系统	手机厂商××	DP	研发部门 测试部门

2. 概述

(1) 项目目标。

项目目标应当符合 SMART 原则，把项目要完成的工作用清晰的语言描述出来。Android 地图系统的主要目标是实现位置定位和导航功能。

(2) 应交付成果。

项目开发完成后，交付的内容如下。

- 以光盘的形式提供的源程序、系统数据库文件和系统使用说明书。
- 系统发布后，提供 6 个月的无偿维护服务，超过 6 个月则提供有偿维护服务。

(3) 项目开发环境。

开发本项目所用的操作系统可以是 Windows 2000 Server、Windows XP、Windows Server 2003、Windows Vista、Windows 7，开发工具为 Visual Studio 2010+视频采集卡，数据库采用 Microsoft Access 2010。

(4) 项目验收方式与依据。

项目验收分为内部验收和外部验收两种方式。项目开发完成后，首先进行内部验收，由测试人员根据用户需求和项目目标进行验收。通过内部验收后，交给用户进行外部验收，验收的主要依据为需求规格说明书。

3. 项目团队组织

为了完成 Android 地图系统的开发，公司组建了一个临时的项目团队，团队职能结构图如图 10-1 所示。

10.4　系统设计

视频讲解　光盘：视频\第 10 章\系统设计.avi

10.4.1　流程分析

本系统的功能是，为用户提供需要的目标定位处理，即用户设置一个目标后，可以在后台启动一个服务，定时读取 GPS 数据以获得用户目前所在的位置信息，并将其保存在数据库中。用户也可以选择其他目标信息，系统能够将这些定位轨迹显示在地图上，为日后的行程生成导航参考。本项目的具体实现过程如图 10-2 所示。

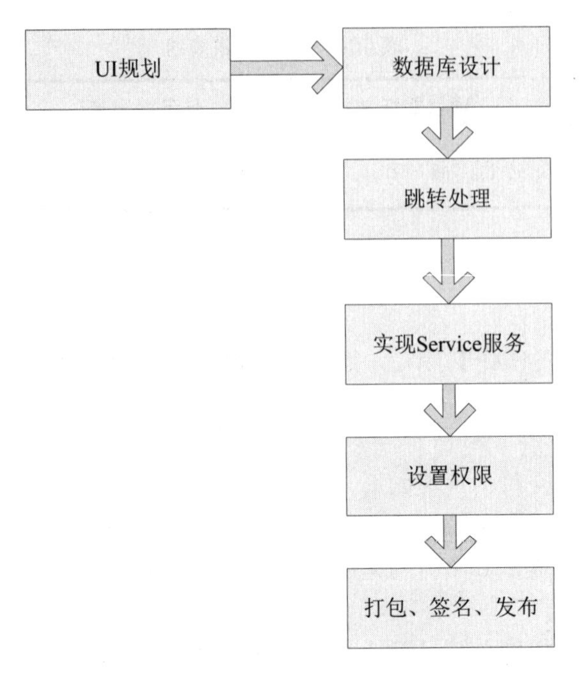

图 10-2　项目实现过程

10.4.2　规划 UI 界面

根据系统需求，UI 界面结构如图 10-3 所示。

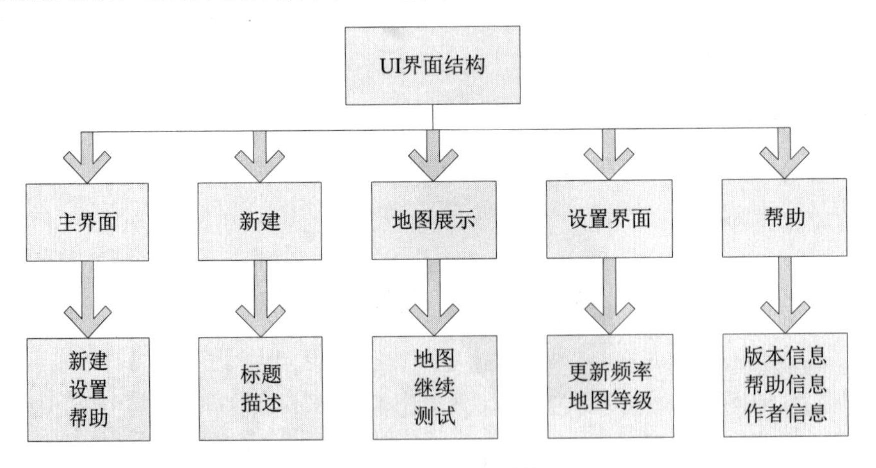

图 10-3　UI 界面结构

10.5　数据库设计

视频讲解 光盘：视频\第 10 章\数据库设计.avi

手机项目的数据库和计算机项目的数据库有很大区别，而且数据存储既可以通过文件系统实现，也可以通过专用数据库工具实现。为了保证系统日后的维护工作顺利开展，本系统将使用数据库工具方式，并决定使用 Sqlite 数据库。

根据系统需求分析，本系统中用到了两类数据：目标信息和每次追踪时的位置信息。为此，本系统需要设计两个表来存储数据，具体说明如下。

表 Tracks 用于存储目标信息，具体结构如表 10-2 所示。

表 10-2　表 Tracks

属　性	类　型	说　明
id	INTEGER	主键
name	TEXT	信息名
desc	TEXT	说明
distance	LONG	距离
tracked_time	LONG	时间
locates_count	INTEGER	点数
created_at	INTEGER	创建时间
update_at	INTEGER	更新时间
avg_speed	LONG	平均速度
max_speed	LONG	最大速度

表 Locats 用于存储目标的位置信息，具体结构如表 10-3 所示。

表 10-3　表 Locats

属　性	类　型	说　明
id	INTEGER	主键
track_id	INTEGER	跟踪的目标 ID
longitude	TEXT	维度
latiude	TEXT	经度
altitude	TEXT	偏差
created_at	INTEGER	创建时间

10.6　具体编码

视频讲解　光盘：视频\第 10 章\具体编码.avi

本节将详细介绍本项目的具体编码过程。

10.6.1　新建工程

打开 Eclipse，选择 File | New | Android Project 菜单项，新建一个名为 map 的工程文件，如图 10-4 所示。

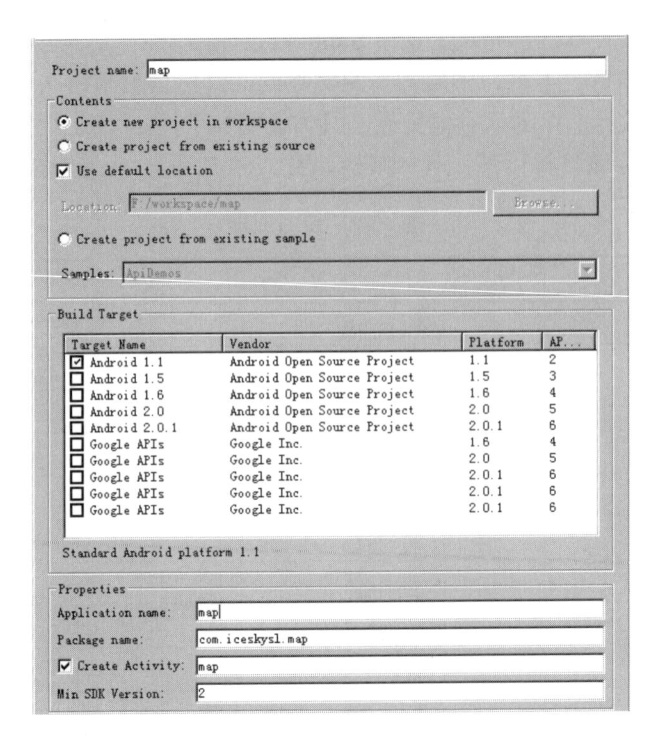

图 10-4　新建工程

10.6.2　主界面

主界面即项目执行后首先显示的界面，其实现流程如下。

(1) 编写主布局文件 main.xml，具体代码如下：

```
<?xml version="1.0" encoding="utf-8"?>
<LinearLayout xmlns:android="http://schemas.android.com/apk/res/android"
   android:orientation="vertical"
   android:layout_width="fill_parent"
   android:layout_height="fill_parent"
   >
<TextView
   android:layout_width="fill_parent"
   android:layout_height="wrap_content"
   android:text="@string/title"
   />
    <ListView android:id="@id/android:list"
       android:layout_width="fill_parent"
         android:layout_height="wrap_content"
         android:drawSelectorOnTop="false" />

    <TextView android:id="@+id/android:empty"
         android:layout_width="wrap_content"
         android:layout_height="wrap_content"
         android:text="@string/start" />
</LinearLayout>
```

(2) 编写一个“历史记录”的列表信息，只显示系统数据库内的前 10 条数据。该功能是在 string.xml 文件中实现的，具体代码如下：

```
<string name="title">历史记录:</string>
<string name="app_name">aaa</string>
<string name="app_title">bbbb</string>
<string name="menu_main">主页</string>
<string name="menu_new">新建</string>
<string name="menu_con">继续</string>
<string name="menu_del">删除</string>
<string name="menu_setting">设置</string>
<string name="menu_helps">帮助</string>
<string name="menu_back">返回</string>
<string name="menu_exit">退出</string>
```

(3) 编写 onCreate 方法，具体代码如下：

```
@Override
public void onCreate(Bundle savedInstanceState) {
   super.onCreate(savedInstanceState);
   setContentView(R.layout.main);
      render_tracks();
}
```

在上述代码中，需要读取数据库中保存的数据并显示在列表中，然后使用 render_tracks() 方法将数据库的历史记录读取出来，并更新到列表中。

(4) 在 iTracks.java 文件中编写实现菜单的代码，主要代码如下：

```
//定义菜单需要的常量
private static final int MENU_NEW = Menu.FIRST + 1;
private static final int MENU_CON = MENU_NEW + 1;
private static final int MENU_SETTING = MENU_CON + 1;
private static final int MENU_HELPS = MENU_SETTING + 1;
private static final int MENU_EXIT = MENU_HELPS + 1;
// 初始化菜单
@Override
public boolean onCreateOptionsMenu(Menu menu) {
    Log.d(TAG, "onCreateOptionsMenu");

    super.onCreateOptionsMenu(menu);

    menu.add(0, MENU_NEW, 0, R.string.menu_new).setIcon(
            R.drawable.new_track).setAlphabeticShortcut('N');
    menu.add(0, MENU_CON, 0, R.string.menu_con).setIcon(
            R.drawable.con_track).setAlphabeticShortcut('C');
    menu.add(0, MENU_SETTING, 0, R.string.menu_setting).setIcon(
            R.drawable.setting).setAlphabeticShortcut('S');
    menu.add(0, MENU_HELPS, 0, R.string.menu_helps).setIcon(
            R.drawable.helps).setAlphabeticShortcut('H');
    menu.add(0, MENU_EXIT, 0, R.string.menu_exit).setIcon(
            R.drawable.exit).setAlphabeticShortcut('E');
    return true;
}

// 当一个菜单被选中的时候调用
@Override
public boolean onOptionsItemSelected(MenuItem item) {
    Intent intent = new Intent();
    switch (item.getItemId()) {
    case MENU_NEW:
        intent.setClass(iTracks.this, NewTrack.class);
        startActivity(intent);
```

```
            return true;
        case MENU_CON:
            //TODO: 继续跟踪选择的记录
            conTrackService();
            return true;
        case MENU_SETTING:
            intent.setClass(iTracks.this, Setting.class);
            startActivity(intent);
            return true;
        case MENU_HELPS:
            intent.setClass(iTracks.this, Helps.class);
            startActivity(intent);
            return true;
        case MENU_EXIT:
           finish();
            break;
        }
        return true;
    }
```

通过上述代码，创建了菜单框架和菜单被选中后的响应方法。

10.6.3 新建界面

在主界面中单击“新建”按钮后，会弹出新建目标记录界面，其实现流程如下。

(1) 编写布局文件 new_track.xml，主要代码如下：

```
<?xml version="1.0" encoding="utf-8"?>
<LinearLayout xmlns:android="http://schemas.android.com/apk/res/android"
    android:orientation="vertical" android:layout_width="fill_parent"
    android:layout_height="fill_parent">
    <TextView android:layout_width="fill_parent"
        android:layout_height="wrap_content"
        android:text="@string/new_tips" />
    <TextView android:layout_width="fill_parent"
        android:layout_height="wrap_content"
        android:text="@string/new_name" />
    <EditText android:id="@+id/new_name"
    android:layout_width="fill_parent"
        android:layout_height="wrap_content"
        android:text="" />
    <TextView android:layout_width="fill_parent"
        android:layout_height="wrap_content"
        android:text="@string/new_desc" />
    <EditText android:id="@+id/new_desc"
        android:layout_width="fill_parent"
        android:layout_height="wrap_content"
        android:layout_weight="1"
        android:scrollbars="vertical"/>
    <Button android:id="@+id/new_submit"
        android:layout_width="wrap_content"
        android:layout_height="wrap_content"
        android:text="@string/new_submit" />
</LinearLayout>
```

上述代码中用 TextView 来显示提示信息，用 EditText 来接收用户的输入。

(2) 编写处理文件 NewTrack.java，具体代码如下：

```
package com.iceskysl.map;


import com.iceskysl.map.R;

import android.app.Activity;
import android.content.Intent;
import android.os.Bundle;
import android.util.Log;
import android.view.View;
import android.widget.Button;
import android.widget.EditText;
import android.widget.Toast;

public class NewTrack extends Activity {
   private static final String TAG = "NewTrack";
    private Button button_new;
    private EditText field_new_name;
    private EditText field_new_desc;

    private TrackDbAdapter mDbHelper;

    /** Called when the activity is first created. */
   @Override
   public void onCreate(Bundle savedInstanceState) {
      super.onCreate(savedInstanceState);
      setContentView(R.layout.new_track);
    setTitle(R.string.menu_new);
        findViews();
        setListensers();

        mDbHelper = new TrackDbAdapter(this);
        mDbHelper.open();
   }

    @Override
    protected void onStop(){
        super.onStop();
        Log.d(TAG, "onStop");
        mDbHelper.close();
    }

    private void findViews() {
        Log.d(TAG, "find Views");
        field_new_name = (EditText) findViewById(R.id.new_name);
        field_new_desc = (EditText) findViewById(R.id.new_desc);
        button_new = (Button) findViewById(R.id.new_submit);
    }

    // Listen for button clicks
    private void setListensers() {
        Log.d(TAG, "set Listensers");
        button_new.setOnClickListener(new_track);
    }

    private Button.OnClickListener new_track = new Button.OnClickListener() {
        public void onClick(View v) {
            Log.d(TAG, "onClick new_track..");
            try {
                String name = (field_new_name.getText().toString());
```

```
                String desc = (field_new_desc.getText()
                        .toString());
                if (name.equals("")) {
                    Toast.makeText(NewTrack.this,
                            getString(R.string.new_name_null),
                            Toast.LENGTH_SHORT).show();
                } else {
                    // TODO 调用存储接口保存到数据库并启动 service
                    Long row_id = mDbHelper.createTrack(name, desc);
                    Log.d(TAG, "row_id="+row_id);

                    Intent intent = new Intent();
                    intent.setClass(NewTrack.this, ShowTrack.class);
                    intent.putExtra(TrackDbAdapter.KEY_ROWID, row_id);
                    intent.putExtra(TrackDbAdapter.NAME, name);
                    intent.putExtra(TrackDbAdapter.DESC, desc);

                    startActivity(intent);
                }
            } catch (Exception err) {
                Log.e(TAG, "error: " + err.toString());
                Toast.makeText(NewTrack.this, getString(R.string.new_fail),
                        Toast.LENGTH_SHORT).show();
            }
        }
    };
}
```

在上述代码中，首先在 onCreate 方法中设置了其关联的界面布局；然后调用 findViewsBYid() 方法来获取名字和 EditText 组件，并获取提交按钮；最后，定义了一个 Button.OnClickListener new_track 对象，实现了它的 onClick 方法。

10.6.4 设置界面

在主界面中单击“设置”按钮后，会弹出系统设置界面，其实现流程如下。

(1) 编写布局文件 setting.xml，主要代码如下：

```
<?xml version="1.0" encoding="utf-8"?>
<LinearLayout xmlns:android="http://schemas.android.com/apk/res/android"
    android:orientation="vertical" android:layout_width="fill_parent"
    android:layout_height="fill_parent">
    <TextView android:id="@+id/setting_tips"
       android:layout_width="fill_parent"
        android:layout_height="wrap_content"
        android:text="" />
    <TextView android:layout_width="fill_parent"
        android:layout_height="wrap_content"
        android:text="@string/setting_gps" />
           <Spinner android:id="@+id/setting_gps"
      android:layout_width="fill_parent"
      android:layout_height="wrap_content"
      android:drawSelectorOnTop="true"
      android:prompt="@string/spinner_gps_prompt"
   />
    <TextView android:layout_width="fill_parent"
        android:layout_height="wrap_content"
        android:text="@string/setting_map_level" />
   <Spinner android:id="@+id/setting_map_level"
```

```
        android:layout_width="fill_parent"
        android:layout_height="wrap_content"
        android:drawSelectorOnTop="true"
        android:prompt="@string/spinner_map_prompt"
    />
    <Button android:id="@+id/setting_submit"
        android:layout_width="wrap_content"
        android:layout_height="wrap_content"
        android:text="@string/setting_submit" />
</LinearLayout>
```

上述代码中通过 Spinner 组件实现了一个供用户使用的下拉菜单。

(2) 编写处理文件 Setting.java，具体代码如下：

```
public class Setting extends Activity {
    private static final String TAG = "Setting";
    //定义菜单需要的常量
    private static final int MENU_MAIN = Menu.FIRST + 1;
    private static final int MENU_NEW = MENU_MAIN + 1;
    private static final int MENU_BACK = MENU_NEW + 1;;

    // 保存个性化设置
    public static final String SETTING_INFOS = "SETTING_Infos";
    public static final String SETTING_GPS = "SETTING_Gps";
    public static final String SETTING_MAP = "SETTING_Map";
    public static final String SETTING_GPS_POSITON = "SETTING_Gps_p";
    public static final String SETTING_MAP_POSITON = "SETTING_Map_p";

    private Button button_setting_submit;
    private Spinner field_setting_gps;
    private Spinner field_setting_map_level;

    @Override
    public void onCreate(Bundle savedInstanceState) {
        super.onCreate(savedInstanceState);
        setContentView(R.layout.setting);
        setTitle(R.string.menu_setting);
        findViews();
        setListensers();
        restorePrefs();
    }

    private void findViews() {
        Log.d(TAG, "find Views");
        button_setting_submit = (Button) findViewById(R.id.setting_submit);
        field_setting_gps = (Spinner) findViewById(R.id.setting_gps);
        ArrayAdapter<CharSequence> adapter = ArrayAdapter.createFromResource(
            this, R.array.gps, android.R.layout.simple_spinner_item);
        adapter.setDropDownViewResource(android.R.layout.simple_spinner_dropdown_item);
        field_setting_gps.setAdapter(adapter);

        field_setting_map_level = (Spinner) findViewById(R.id.setting_map_level);
        ArrayAdapter<CharSequence> adapter2 = ArrayAdapter.createFromResource(
            this, R.array.map, android.R.layout.simple_spinner_item);

adapter2.setDropDownViewResource(android.R.layout.simple_spinner_dropdown_item);
        field_setting_map_level.setAdapter(adapter2);
    }

    // Listen for button clicks
    private void setListensers() {
```

```
        Log.d(TAG, "set Listensers");
        button_setting_submit.setOnClickListener(setting_submit);
    }
    private Button.OnClickListener setting_submit = new Button.OnClickListener() {
        public void onClick(View v) {
            Log.d(TAG, "onClick new_track..");
            try {
                String gps = (field_setting_gps.getSelectedItem().toString());
                String map = (field_setting_map_level.getSelectedItem()
                        .toString());
                if (gps.equals("") || map.equals("")) {
                    Toast.makeText(Setting.this,
                            getString(R.string.setting_null),
                            Toast.LENGTH_SHORT).show();
                } else {
                    //保存设定
                    storePrefs();
                    Toast.makeText(Setting.this,
                            getString(R.string.setting_ok),
                            Toast.LENGTH_SHORT).show();
                    //跳转到主界面
                    Intent intent = new Intent();
                    intent.setClass(Setting.this, iTracks.class);
                    startActivity(intent);
                }
            } catch (Exception err) {
                Log.e(TAG, "error: " + err.toString());
                Toast.makeText(Setting.this, getString(R.string.setting_fail),
                        Toast.LENGTH_SHORT).show();
            }
        }
    };

    // Restore preferences
    private void restorePrefs() {
        SharedPreferences settings = getSharedPreferences(SETTING_INFOS, 0);
        int setting_gps_p = settings.getInt(SETTING_GPS_POSITON, 0);
        int setting_map_level_p = settings.getInt(SETTING_MAP_POSITON, 0);
        Log.d(TAG, "restorePrefs: setting_gps= "+ setting_gps_p + ",setting_map_level="
+ setting_map_level_p);

        if (setting_gps_p != 0 && setting_map_level_p != 0) {
            field_setting_gps.setSelection(setting_gps_p);
            field_setting_map_level.setSelection(setting_map_level_p);
            button_setting_submit.requestFocus();
        }else if(setting_gps_p != 0 ){
            field_setting_gps.setSelection(setting_gps_p);
            field_setting_map_level.requestFocus();
        }else if(setting_map_level_p != 0){
            field_setting_map_level.setSelection(setting_map_level_p);
            field_setting_gps.requestFocus();
        }else{
            field_setting_gps.requestFocus();
        }
    }

    @Override
    protected void onStop(){
        super.onStop();
        Log.d(TAG, "save setting infos");
        // Save user preferences. We need an Editor object to
```

```
        // make changes. All objects are from android.context.Context
        storePrefs();
    }

    //保存个人设置
    private void storePrefs() {
        Log.d(TAG, "storePrefs setting infos");
        SharedPreferences settings = getSharedPreferences(SETTING_INFOS, 0);
        settings.edit()
            .putString(SETTING_GPS, field_setting_gps.getSelectedItem().toString())
            .putString(SETTING_MAP,
field_setting_map_level.getSelectedItem().toString())
            .putInt(SETTING_GPS_POSITON,
field_setting_gps.getSelectedItemPosition())
            .putInt(SETTING_MAP_POSITON,
field_setting_map_level.getSelectedItemPosition())
            .commit();
    }

    // 初始化菜单
    @Override
    public boolean onCreateOptionsMenu(Menu menu) {
        super.onCreateOptionsMenu(menu);
        menu.add(0, MENU_MAIN, 0, R.string.menu_main).setIcon(
                R.drawable.icon).setAlphabeticShortcut('M');
        menu.add(0, MENU_NEW, 0, R.string.menu_new).setIcon(
                R.drawable.new_track).setAlphabeticShortcut('N');
        menu.add(0, MENU_BACK, 0, R.string.menu_back).setIcon(
                R.drawable.back).setAlphabeticShortcut('E');
        return true;
    }

    // 当一个菜单被选中的时候调用
    @Override
    public boolean onOptionsItemSelected(MenuItem item) {
        Intent intent = new Intent();
        switch (item.getItemId()) {
        case MENU_NEW:
            intent.setClass(Setting.this, NewTrack.class);
            startActivity(intent);
            return true;
        case MENU_MAIN:
            intent.setClass(Setting.this, iTracks.class);
            startActivity(intent);
            return true;
        case MENU_BACK:
           finish();
            break;
        }
        return true;
    }

}
```

上述代码的具体实现流程如下。

第 1 步：声明需要的变量。

第 2 步：在 onCreate。方法中绑定 setting.xml 为其布局模板。

第 3 步：使用 setContentView()方法设定其对应的界面布局文件 setting.xml，使用 setTitle()

方法设定其标题，进一步调用 findViews()方法查询到需要的操作组件，并调用 setListensers()方法给按钮设定单击监听器，最后调用 restorePrefs()方法将默认值或用户的历史选择值显示出来。

第 4 步：使用 findViews()方法找到需要使用的组件。

界面中使用了下拉列表框，其中的内容是预先设置好的，在 array.xml 文件中定义，具体代码如下：

```
<?xml version="1.0" encoding="utf-8"?>
<resources>
   <!-- Used in View/setting.java -->
   <string-array name="gps">
      <item>1</item>
      <item>10</item>
      <item>20</item>
      <item>30</item>
      <item>40</item>
      <item>50</item>
   </string-array>
   <string-array name="map">
      <item>2</item>
      <item>3</item>
      <item>4</item>
      <item>5</item>
      <item>20</item>
      <item>30</item>
      <item>41</item>
      <item>52</item>
      <item>63</item>
      <item>74</item>
      <item>85</item>
      <item>96</item>
   </string-array>
</resources>
```

10.6.5 帮助界面

在主界面中单击“帮助”按钮后，会弹出系统默认的帮助界面，其实现流程如下。

(1) 编写布局文件 helps.xml，主要代码如下：

```
<?xml version="1.0" encoding="utf-8"?>
<LinearLayout xmlns:android="http://schemas.android.com/apk/res/android"
   android:orientation="vertical"
   android:layout_width="fill_parent"
   android:layout_height="fill_parent"
   >
<TextView
   android:layout_width="fill_parent"
   android:layout_height="wrap_content"
   android:text="@string/version"
   />
<TextView
   android:layout_width="fill_parent"
   android:layout_height="wrap_content"
   android:text="@string/version_text"
   />
<TextView
   android:layout_width="fill_parent"
```

```
    android:layout_height="wrap_content"
    android:text="@string/helps_infos"
    />
   <TextView
    android:layout_width="fill_parent"
    android:layout_height="wrap_content"
    android:autoLink="all"
    android:text="@string/helps_text"
 />
 <TextView
    android:layout_width="fill_parent"
    android:layout_height="wrap_content"
    android:text="@string/author"
    />
    <TextView
    android:layout_width="fill_parent"
    android:layout_height="wrap_content"
    android:autoLink="all"
    android:text="@string/author_text"
 />
</LinearLayout>
```

上述代码通过 TextView 显示了各条帮助信息。

(2) 编写处理文件 helps.java，主要代码如下：

```
    //定义菜单需要的常量
    private static final int MENU_MAIN = Menu.FIRST + 1;
    private static final int MENU_NEW = MENU_MAIN + 1;
    private static final int MENU_BACK = MENU_NEW + 1;;
  @Override
  public void onCreate(Bundle savedInstanceState) {
      super.onCreate(savedInstanceState);
      setContentView(R.layout.helps);
    setTitle(R.string.menu_helps);
  }
    // 初始化菜单
    @Override
    public boolean onCreateOptionsMenu(Menu menu) {
         super.onCreateOptionsMenu(menu);
         menu.add(0, MENU_MAIN, 0, R.string.menu_main).setIcon(
                  R.drawable.icon).setAlphabeticShortcut('M');
         menu.add(0, MENU_NEW, 0, R.string.menu_new).setIcon(
                  R.drawable.new_track).setAlphabeticShortcut('N');
         menu.add(0, MENU_BACK, 0, R.string.menu_back).setIcon(
                  R.drawable.back).setAlphabeticShortcut('E');
         return true;
    }

    // 当一个菜单被选中的时候调用
    @Override
    public boolean onOptionsItemSelected(MenuItem item) {
         Intent intent = new Intent();
         switch (item.getItemId()) {
         case MENU_NEW:
              intent.setClass(Helps.this, NewTrack.class);
              startActivity(intent);
              return true;
         case MENU_MAIN:
              intent.setClass(Helps.this, iTracks.class);
              startActivity(intent);
              return true;
```

```
            case MENU_BACK:
                finish();
                break;
            }
            return true;
        }
}
```

上述代码首先在 onCreate 方法中设定其对应的界面布局文件为 helps.xml，然后添加了菜单和菜单对应的功能。

10.6.6 地图界面

前面介绍的都是主菜单中的选项，下面开始讲解比较复杂的功能：在 Android 手机中显示地图。其基本实现流程如下。

1. 申请 APIKey

(1) 打开 Eclipse，选择 Windows | Preferences | Android | Build 菜单项，查看默认的 debug keystore 位置，如图 10-5 所示。

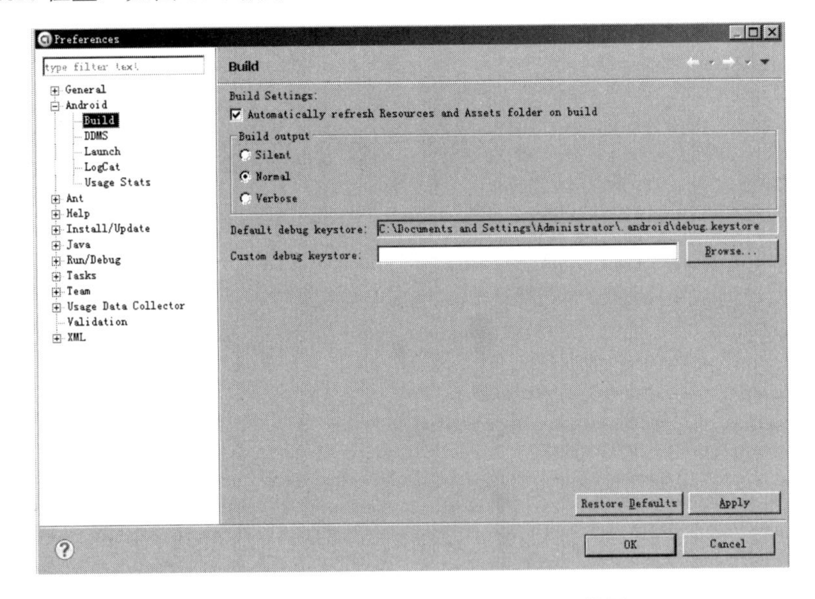

图 10-5　查看默认的 debug keystore 位置

(2) 打开 cmd，在 cmd 中执行如下命令：

```
keytool -list -alias androiddebugkey -keystore "C:\Documents and
Settings\Administrator\.android\debug.keystore" -storepass android -keypass android
```

通过上述命令可以获取 MD5 指纹，此时系统会提示输入 keystore 代码，输入 android 后会显示要获取的指纹。

(3) 打开网址，输入得到的 MD5 指纹，然后单击 Cenerate API Key 按钮申请获取 API Key，如图 10-6 所示。

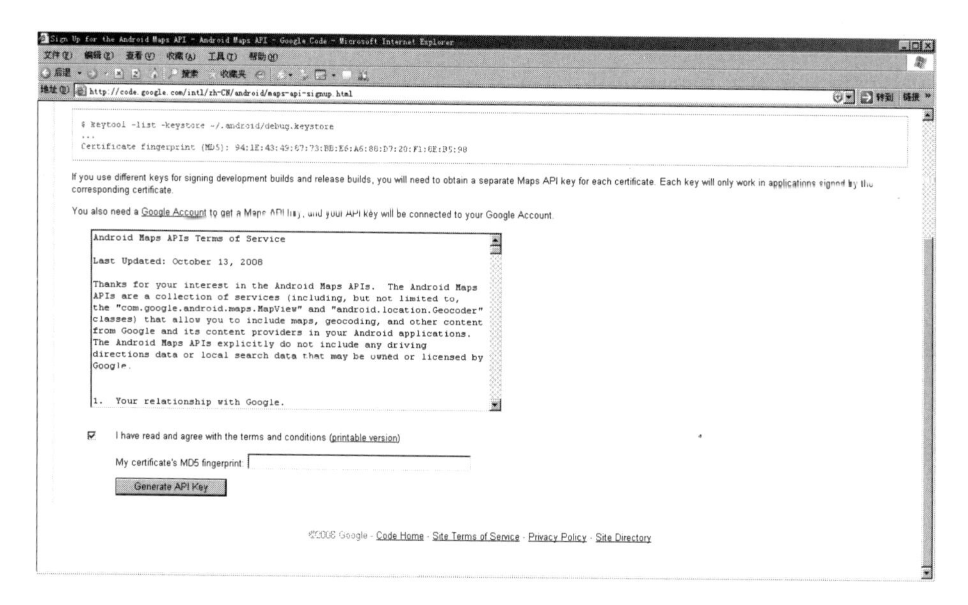

图 10-6　获取 API Key

2. 编码

下面介绍编码过程。

(1) 编写布局文件 show_track.xml，具体代码如下：

```
<?xml version="1.0" encoding="utf-8"?>
<FrameLayout xmlns:android=
  "http://schemas.android.com/apk/res/android"
  android:layout_width="fill_parent"
  android:layout_height="fill_parent"
  >
<view android:id="@+id/mv"
  class="com.xxx.android.maps.MapView"
  android:layout_width="fill_parent"
  android:layout_height="fill_parent"
  android:layout_weight="1"
  android:apiKey="01Yu9W3X3vbr4UFCa_OlwALuXpyD__ocgLaiYNw"
  />
<LinearLayout xmlns:android=
  "http://schemas.android.com/apk/res/android"
  android:orientation="horizontal"
  android:layout_width="fill_parent"
  android:layout_height="wrap_content"
  android:background="#550000ff"
  android:padding="1px"
  >
<Button android:id="@+id/sat"
  android:layout_width="wrap_content"
  android:layout_height="wrap_content"
  android:layout_marginLeft="40px"
  android:text="@string/satellite" />
<Button android:id="@+id/traffic"
   android:layout_width="wrap_content"
   android:layout_height="wrap_content"
   android:text="@string/traffic" />
<Button android:id="@+id/streetview"
```

```
    android:layout_width="wrap_content"
    android:layout_height="wrap_content"
    android:text="@string/street" />

<Button android:id="@+id/gps"
    android:layout_width="wrap_content"
    android:layout_height="wrap_content"
    android:text="GPS" />
</LinearLayout>
<LinearLayout xmlns:android=
   "http://schemas.android.com/apk/res/android"
   android:orientation="vertical"
   android:layout_width="wrap_content"
   android:layout_height="fill_parent"
   android:background="#550000ff"
   android:padding="1px"
   >
<Button android:id="@+id/zin"
   android:layout_width="wrap_content"
   android:layout_height="wrap_content"
   android:layout_marginTop="30px"
   android:text="+" />
<Button android:id="@+id/zout"
    android:layout_width="wrap_content"
    android:layout_height="wrap_content"
    android:text="-" />
<Button android:id="@+id/pann"
    android:layout_width="wrap_content"
    android:layout_height="wrap_content"
    android:text="N" />
<Button android:id="@+id/pane"
    android:layout_width="wrap_content"
    android:layout_height="wrap_content"
    android:text="E" />

<Button android:id="@+id/panw"
    android:layout_width="wrap_content"
    android:layout_height="wrap_content"
    android:text="W" />
<Button android:id="@+id/pans"
    android:layout_width="wrap_content"
    android:layout_height="wrap_content"
    android:text="S" />
</LinearLayout>
</FrameLayout>
```

上述代码中通过MapView组件来显示地图，并通过设置的按钮来控制地图，实现地图的放大、缩小、移动和模式的转换等。

(2) 编写处理文件ShowTrack.java，具体代码如下：

```
    // 定义菜单需要的常量
    private static final int MENU_NEW = Menu.FIRST + 1;
    private static final int MENU_CON = MENU_NEW + 1;
    private static final int MENU_DEL = MENU_CON + 1;
    private static final int MENU_MAIN = MENU_DEL + 1;

    private TrackDbAdapter mDbHelper;
    private LocateDbAdapter mlcDbHelper;

    private static final String TAG = "ShowTrack";
```

```
private static MapView mMapView;
private MapController mc;

protected MyLocationOverlay mOverlayController;
private Button mZin;
private Button mZout;
private Button mPanN;
private Button mPanE;
private Button mPanW;
private Button mPanS;
private Button mGps;
private Button mSat;
private Button mTraffic;
private Button mStreetview;
private String mDefCaption = "";
private GeoPoint mDefPoint;

private LocationManager lm;
private LocationListener locationListener;

private int track_id;
private Long rowId;

/** 第一次创建界面时调用 */
public void onCreate(Bundle icicle) {
     super.onCreate(icicle);
     setContentView(R.layout.show_track);
     findViews();
     centerOnGPSPosition();
     revArgs();
     paintLocates();
     startTrackService();
}

private void startTrackService() {
     Intent i = new Intent("com.iceskysl.iTracks.START_TRACK_SERVICE");
     i.putExtra(LocateDbAdapter.TRACKID, track_id);
  startService(i);
}

private void stopTrackService() {
  stopService(new Intent("com.iceskysl.iTracks.START_TRACK_SERVICE"));
}

private void paintLocates() {
     mlcDbHelper = new LocateDbAdapter(this);
     mlcDbHelper.open();
     Cursor mLocatesCursor = mlcDbHelper.getTrackAllLocates(track_id);
     startManagingCursor(mLocatesCursor);
     Resources resources = getResources();
     Overlay overlays = new LocateOverLay(resources
              .getDrawable(R.drawable.icon), mLocatesCursor);
     mMapView.getOverlays().add(overlays);
     mlcDbHelper.close();
}

private void revArgs() {
     Log.d(TAG, "revArgs.");
     Bundle extras = getIntent().getExtras();
     if (extras != null) {
          String name = extras.getString(TrackDbAdapter.NAME);
```

```
            //String desc = extras.getString(TrackDbAdapter.DESC);
            rowId = extras.getLong(TrackDbAdapter.KEY_ROWID);
            track_id = rowId.intValue();
            Log.d(TAG, "rowId=" + rowId);
            if (name != null) {
                setTitle(name);
            }
        }
    }

    protected boolean isRouteDisplayed() {
        return false;
    }

    private void findViews() {
        Log.d(TAG, "find Views");
        // 地图上的操作按钮
        mMapView = (MapView) findViewById(R.id.mv);
        mc = mMapView.getController();

        SharedPreferences settings = getSharedPreferences(Setting.SETTING_INFOS, 0);
        String setting_gps = settings.getString(Setting.SETTING_MAP, "10");
        mc.setZoom(Integer.parseInt(setting_gps));

        // 地图上的操作按钮
        mPanE = (Button) findViewById(R.id.sat);
        mPanE.setOnClickListener(new OnClickListener() {
            // @Override
            public void onClick(View arg0) {
                panEast();
            }
        });
        // 地图上的操作按钮
        mZin = (Button) findViewById(R.id.zin);
        mZin.setOnClickListener(new OnClickListener() {
            // @Override
            public void onClick(View arg0) {
                zoomIn();
            }
        });
        // 地图上的操作按钮
        mZout = (Button) findViewById(R.id.zout);
        mZout.setOnClickListener(new OnClickListener() {
            // @Override
            public void onClick(View arg0) {
                zoomOut();
            }
        });
        // 地图上的操作按钮
        mPanN = (Button) findViewById(R.id.pann);
        mPanN.setOnClickListener(new OnClickListener() {
            // @Override
            public void onClick(View arg0) {
                panNorth();
            }
        });

        // 地图上的操作按钮
        mPanE = (Button) findViewById(R.id.pane);
        mPanE.setOnClickListener(new OnClickListener() {
            // @Override
```

```
        public void onClick(View arg0) {
            panEast();
        }
    });

    // 地图上的操作按钮
    mPanW = (Button) findViewById(R.id.panw);
    mPanW.setOnClickListener(new OnClickListener() {
        // @Override
        public void onClick(View arg0) {
            panWest();
        }
    });
    // 地图上的操作按钮
    mPanS = (Button) findViewById(R.id.pans);
    mPanS.setOnClickListener(new OnClickListener() {
        // @Override
        public void onClick(View arg0) {
            panSouth();
        }
    });

    // 地图上的操作按钮
    mGps = (Button) findViewById(R.id.gps);
    mGps.setOnClickListener(new OnClickListener() {
        // @Override
        public void onClick(View arg0) {
            centerOnGPSPosition();
        }
    });
    // 地图上的操作按钮
    mSat = (Button) findViewById(R.id.sat);
    mSat.setOnClickListener(new OnClickListener() {
        // @Override
        public void onClick(View arg0) {
            toggleSatellite();
        }
    });

    // 地图上的操作按钮
    mTraffic = (Button) findViewById(R.id.traffic);
    mTraffic.setOnClickListener(new OnClickListener() {
        // @Override
        public void onClick(View arg0) {
            toggleTraffic();
        }
    });

    // 地图上的操作按钮
    mStreetview = (Button) findViewById(R.id.streetview);
    mStreetview.setOnClickListener(new OnClickListener() {
        // @Override
        public void onClick(View arg0) {
            toggleStreetView();
        }
    });

    //  使用 LocationManager 类获得 GPS 位置
    lm = (LocationManager) getSystemService(Context.LOCATION_SERVICE);
    locationListener = new MyLocationListener();
    lm.requestLocationUpdates(LocationManager.GPS_PROVIDER, 0, 0,
```

```
                locationListener);
    }

    public boolean onKeyDown(int keyCode, KeyEvent event) {
        Log.d(TAG, "onKeyDown");
        if (keyCode == KeyEvent.KEYCODE_DPAD_LEFT) {
            panWest();
            return true;
        } else if (keyCode == KeyEvent.KEYCODE_DPAD_RIGHT) {
            panEast();
            return true;
        } else if (keyCode == KeyEvent.KEYCODE_DPAD_UP) {
            panNorth();
            return true;
        } else if (keyCode == KeyEvent.KEYCODE_DPAD_DOWN) {
            panSouth();
            return true;
        }
        return false;
    }

    public void panWest() {
        GeoPoint pt = new GeoPoint(mMapView.getMapCenter().getLatitudeE6(),
                mMapView.getMapCenter().getLongitudeE6()
                        - mMapView.getLongitudeSpan() / 4);
        mc.setCenter(pt);
    }

    public void panEast() {
        GeoPoint pt = new GeoPoint(mMapView.getMapCenter().getLatitudeE6(),
                mMapView.getMapCenter().getLongitudeE6()
                        + mMapView.getLongitudeSpan() / 4);
        mc.setCenter(pt);
    }

    public void panNorth() {
        GeoPoint pt = new GeoPoint(mMapView.getMapCenter().getLatitudeE6()
                + mMapView.getLatitudeSpan() / 4, mMapView.getMapCenter()
                .getLongitudeE6());
        mc.setCenter(pt);
    }

    public void panSouth() {
        GeoPoint pt = new GeoPoint(mMapView.getMapCenter().getLatitudeE6()
                - mMapView.getLatitudeSpan() / 4, mMapView.getMapCenter()
                .getLongitudeE6());
        mc.setCenter(pt);
    }

    public void zoomIn() {
        mc.zoomIn();
    }

    public void zoomOut() {
        mc.zoomOut();
    }

    public void toggleSatellite() {
        mMapView.setSatellite(true);
        mMapView.setStreetView(false);
        mMapView.setTraffic(false);
```

```
    }

    public void toggleTraffic() {
        mMapView.setTraffic(true);
        mMapView.setSatellite(false);
        mMapView.setStreetView(false);
    }

    public void toggleStreetView() {
        mMapView.setStreetView(true);
        mMapView.setSatellite(false);
        mMapView.setTraffic(false);
    }

    private void centerOnGPSPosition() {
        Log.d(TAG, "centerOnGPSPosition");
        String provider = "gps";
        LocationManager lm = (LocationManager)
getSystemService(Context.LOCATION_SERVICE);

        Location loc = lm.getLastKnownLocation(provider);
        loc = lm.getLastKnownLocation(provider);

        mDefPoint = new GeoPoint((int) (loc.getLatitude() * 1000000),
                (int) (loc.getLongitude() * 1000000));
        mDefCaption = "I'm Here.";
        mc.animateTo(mDefPoint);
        mc.setCenter(mDefPoint);
        MyOverlay mo = new MyOverlay();
        mo.onTap(mDefPoint, mMapView);
        mMapView.getOverlays().add(mo);
    }

    // 在地图中绘制路线
    protected class MyOverlay extends Overlay {
        @Override
        public void draw(Canvas canvas, MapView mv, boolean shadow) {
            Log.d(TAG, "MyOverlay::darw..mDefCaption=" + mDefCaption);
            super.draw(canvas, mv, shadow);

            if (mDefCaption.length() == 0) {
                return;
            }

            Paint p = new Paint();
            int[] scoords = new int[2];
            int sz = 5;

            Point myScreenCoords = new Point();
            mMapView.getProjection().toPixels(mDefPoint, myScreenCoords);
            Scoords[0] = myScreenCoords.X;
            scoords[1] = myScreenCoords.y;
            p.setTextSize(14);
            p.setAntiAlias(true);

            int sw = (int) (p.measureText(mDefCaption) + 0.5f);
            int sh = 25;
            int sx = scoords[0] - sw / 2 - 5;
            int sy = scoords[1] - sh - sz - 2;
            RectF rec = new RectF(sx, sy, sx + sw + 10, sy + sh);
```

```
            p.setStyle(Style.FILL);
            p.setARGB(128, 255, 0, 0);

            canvas.drawRoundRect(rec, 5, 5, p);

            p.setStyle(Style.STROKE);
            p.setARGB(255, 255, 255, 255);
            canvas.drawRoundRect(rec, 5, 5, p);

            canvas.drawText(mDefCaption, sx + 5, sy + sh - 8, p);

            p.setStyle(Style.FILL);
            p.setARGB(88, 255, 0, 0);
            p.setStrokeWidth(1);
            RectF spot = new RectF(scoords[0] - sz, scoords[1] + sz, scoords[0]
                    + sz, scoords[1] - sz);
            canvas.drawOval(spot, p);

            p.setARGB(255, 255, 0, 0);
            p.setStyle(Style.STROKE);
            canvas.drawCircle(scoords[0], scoords[1], sz, p);
        }
    }

    //
    protected class MyLocationListener implements LocationListener {

        @Override
        public void onLocationChanged(Location loc) {
            Log.d(TAG, "MyLocationListener::onLocationChanged..");
            if (loc != null) {
                Toast.makeText(
                        getBaseContext(),
                        "Location changed : Lat: " + loc.getLatitude()
                                + " Lng: " + loc.getLongitude(),
                        Toast.LENGTH_SHORT).show();
                mDefPoint = new GeoPoint((int) (loc.getLatitude() * 1000000),
                        (int) (loc.getLongitude() * 1000000));
                mc.animateTo(mDefPoint);
                mc.setCenter(mDefPoint);
                mDefCaption = "Lat: " + loc.getLatitude() + ",Lng: "
                        + loc.getLongitude();
                MyOverlay mo = new MyOverlay();
                mo.onTap(mDefPoint, mMapView);
                mMapView.getOverlays().add(mo);
            }
        }

        @Override
        public void onProviderDisabled(String provider) {
            Toast.makeText(
                    getBaseContext(),
                    "ProviderDisabled.",
                    Toast.LENGTH_SHORT).show();     }

        @Override
        public void onProviderEnabled(String provider) {
            Toast.makeText(
                    getBaseContext(),
                    "ProviderEnabled,provider:"+provider,
                    Toast.LENGTH_SHORT).show();     }
```

```
        @Override
        public void onStatusChanged(String provider, int status, Bundle extras) {
        }
    }

    // 初始化菜单
    @Override
    public boolean onCreateOptionsMenu(Menu menu) {
        super.onCreateOptionsMenu(menu);
        menu.add(0, MENU_CON, 0, R.string.menu_con).setIcon(
                R.drawable.con_track).setAlphabeticShortcut('C');
        menu.add(0, MENU_DEL, 0, R.string.menu_del).setIcon(R.drawable.delete)
                .setAlphabeticShortcut('D');
        menu.add(0, MENU_NEW, 0, R.string.menu_new).setIcon(
                R.drawable.new_track).setAlphabeticShortcut('N');
        menu.add(0, MENU_MAIN, 0, R.string.menu_main).setIcon(R.drawable.icon)
                .setAlphabeticShortcut('M');
        return true;
    }

    // 当一个菜单被选中的时候调用
    @Override
    public boolean onOptionsItemSelected(MenuItem item) {
        Intent intent = new Intent();
        switch (item.getItemId()) {
        case MENU_NEW:
            intent.setClass(ShowTrack.this, NewTrack.class);
            startActivity(intent);
            return true;
        case MENU_CON:
            // TODO: 继续跟踪选择的记录
            startTrackService();
            return true;
        case MENU_DEL:
            mDbHelper = new TrackDbAdapter(this);
            mDbHelper.open();
            if (mDbHelper.deleteTrack(rowId)) {
                mDbHelper.close();
                intent.setClass(ShowTrack.this, iTracks.class);
                startActivity(intent);
            }else{
                mDbHelper.close();
            }
            return true;
        case MENU_MAIN:
            intent.setClass(ShowTrack.this, iTracks.class);
            startActivity(intent);
            break;
        }
        return true;
    }

    @Override
    protected void onStop() {
        super.onStop();
        Log.d(TAG, "onStop");
        // mDbHelper.close();
        //mlcDbHelper.close();
    }
```

```
    @Override
   public void onDestroy() {
        Log.d(TAG, "onDestroy.");
     super.onDestroy();
     stopTrackService();
     }
}
```

上述代码的具体实现流程如下。

第 1 步：通过 findViews 方法来确定要使用的控件，并绑定需要响应的事件。

第 2 步：通过 findViews 方法实现对地图的处理，首先获取布局中的 MapView，使用 getController 方法得到一个 MapController，然后注册一个基于 locationListener 的 MyLocation Listener。

第 3 步：分别实现地图视图上移动按钮被触发后的处理方法，原理比较简单，即首先获取地图中心，然后向四个方向移动 1/4 距离。

第 4 步：单击 GPS 按钮后会响应方法 centerOnGPSPosition，功能是将地图定位到当前 GPS 指定的位置。

第 5 步：通过 Overylay 抽象类重载实现其 draw 方法。

10.6.7 数据存取

本系统要求将每次跟踪的目标位置保存在数据库中，并且每次改变后都要保存。系统的个性化配置信息保存在 SharedPreferences(数据对象)中，在 SharedPreferences 中将需要存取的数据放在数据库中。在 Android 中，存取数据库的方法有两种：一种是通过 help 类继承 SQLiteDatabase 相关类绑定 SQL，另一种是使用 ContentProvideer 进行封装。

1. 创建数据库

本项目需要同时操作数据库中的两个表，在此先在 DbAdapter.java 文件中创建一个名为 DbAdapter 的类，具体实现代码如下：

```
public class DbAdapter {
    private static final String TAG = "DbAdapter";
    private static final String DATABASE_NAME = "iTracks.db";
    private static final int DATABASE_VERSION = 1;

    public class DatabaseHelper extends SQLiteOpenHelper {
        public DatabaseHelper(Context context) {
            super(context, DATABASE_NAME, null, DATABASE_VERSION);
        }
        @Override
        public void onCreate(SQLiteDatabase db) {
            String tracks_sql = "CREATE TABLE " + TrackDbAdapter.TABLE_NAME + " ("
            + TrackDbAdapter.ID    + " INTEGER primary key autoincrement, "
            + TrackDbAdapter.NAME  + " text not null, "
            + TrackDbAdapter.DESC + " text ,"
            + TrackDbAdapter.DIST + " LONG ,"
            + TrackDbAdapter.TRACKEDTIME + " LONG ,"
            + TrackDbAdapter.LOCATE_COUNT + " INTEGER, "
            + TrackDbAdapter.CREATED + " text, "
            + TrackDbAdapter.AVGSPEED + " LONG, "
            + TrackDbAdapter.MAXSPEED + " LONG ,"
            + TrackDbAdapter.UPDATED + " text "
```

```
                + ");";
            Log.i(TAG, tracks_sql);
            db.execSQL(tracks_sql);

            String locats_sql = "CREATE TABLE " + LocateDbAdapter.TABLE_NAME + " ("
            + LocateDbAdapter.ID    + " INTEGER primary key autoincrement, "
            + LocateDbAdapter.TRACKID   + " INTEGER not null, "
            + LocateDbAdapter.LON + " DOUBLE ,"
            + LocateDbAdapter.LAT + " DOUBLE ,"
            + LocateDbAdapter.ALT + " DOUBLE ,"
            + LocateDbAdapter.CREATED + " text "
            + ");";
            Log.i(TAG, locats_sql);
            db.execSQL(locats_sql);
        }
        @Override
        public void onUpgrade(SQLiteDatabase db, int oldVersion, int newVersion) {
            db.execSQL("DROP TABLE IF EXISTS " + LocateDbAdapter.TABLE_NAME + ";");
            db.execSQL("DROP TABLE IF EXISTS " + TrackDbAdapter.TABLE_NAME + ";");
            onCreate(db);
        }
    }

}
```

上述代码中重新定义了 SQLiteOpenHelper 的 onCreate 方法和 onUpgrade 方法，通过这两个方法实现了数据库脚本的创建和升级。

2. 数据库操作

数据库操作功能实现了对两个表操作的封装处理，因为共用同一个数据库，所以只需继承前面创建的 DbAdapter 类即可，在此继承出了两个类：TrackDbAdapter 和 LocateDbAdapter。通过对这两个类的封装，实现了对数据表的操作。

(1) TrackDbAdapter 类是在 TrackDbAdapter.java 文件中定义的，具体代码如下：

```
public class TrackDbAdapter extends DbAdapter{
    private static final String TAG = "TrackDbAdapter";

    public static final String TABLE_NAME = "tracks";

    public static final String ID = "_id";
    public static final String KEY_ROWID = "_id";
    public static final String NAME = "name";
    public static final String DESC = "desc";
    public static final String DIST = "distance";
    public static final String TRACKEDTIME = "tracked_time";
    public static final String LOCATE_COUNT = "locats_count";
    public static final String CREATED = "created_at";
    public static final String UPDATED = "updated_at";
    public static final String AVGSPEED = "avg_speed";
    public static final String MAXSPEED = "max_speed";

    private DatabaseHelper mDbHelper;
    private SQLiteDatabase mDb;
    private final Context mCtx;

    public TrackDbAdapter(Context ctx) {
        this.mCtx = ctx;
    }
```

```
    public TrackDbAdapter open() throws SQLException {
        mDbHelper = new DatabaseHelper(mCtx);
        mDb = mDbHelper.getWritableDatabase();
        return this;
    }

    public void close() {
        mDbHelper.close();
    }

    public Cursor getTrack(long rowId) throws SQLException {
        Cursor mCursor =
        mDb.query(true, TABLE_NAME, new String[] { KEY_ROWID, NAME,
                DESC, CREATED }, KEY_ROWID + "=" + rowId, null, null,
                null, null, null);
        if (mCursor != null) {
            mCursor.moveToFirst();
        }
        return mCursor;
    }

    public long createTrack(String name, String desc) {
        Log.d(TAG, "createTrack.");
        ContentValues initialValues = new ContentValues();
        initialValues.put(NAME, name);
        initialValues.put(DESC, desc);
        Calendar calendar = Calendar.getInstance();
       String created = calendar.get(Calendar.YEAR) + "-" +calendar.get(Calendar.MONTH)
+ "-" +  calendar.get(Calendar.DAY_OF_MONTH) + " "
                + calendar.get(Calendar.HOUR_OF_DAY) + ":"
                + calendar.get(Calendar.MINUTE) + ":" +
calendar.get(Calendar.SECOND);
        initialValues.put(CREATED, created);
        initialValues.put(UPDATED, created);
        return mDb.insert(TABLE_NAME, null, initialValues);
    }

    //
    public boolean deleteTrack(long rowId) {
        return mDb.delete(TABLE_NAME, KEY_ROWID + "=" + rowId, null) > 0;
    }

    public Cursor getAllTracks() {
        return mDb.query(TABLE_NAME, new String[] { ID, NAME,
                DESC, CREATED }, null, null, null, null, "updated_at desc");
    }

    public boolean updateTrack(long rowId, String name, String desc) {
        ContentValues args = new ContentValues();
        args.put(NAME, name);
        args.put(DESC, desc);
        Calendar calendar = Calendar.getInstance();
       String updated = calendar.get(Calendar.YEAR) + "-" +calendar.get(Calendar.MONTH)
+ "-" +  calendar.get(Calendar.DAY_OF_MONTH) + " "
        + calendar.get(Calendar.HOUR_OF_DAY) + ":"
        + calendar.get(Calendar.MINUTE) + ":" + calendar.get(Calendar.SECOND);
        args.put(UPDATED, updated);
        return mDb.update(TABLE_NAME, args, KEY_ROWID + "=" + rowId, null) > 0;
    }

}
```

上述代码中首先声明了一些常量，然后根据需要的操作功能定义了具体方法。

(2) LocateDbAdapter 类是在 LocateDbAdapter.java 文件中实现的，具体代码如下：

```
public class LocateDbAdapter extends DbAdapter {
    private static final String TAG = "LocateDbAdapter";
    public static final String TABLE_NAME = "locates";

    public static final String ID = "_id";
    public static final String TRACKID = "track_id";
    public static final String LON = "longitude";
    public static final String LAT = "latitude";
    public static final String ALT = "altitude";
    public static final String CREATED = "created_at";

    private DatabaseHelper mDbHelper;
    private SQLiteDatabase mDb;
    private final Context mCtx;

    public LocateDbAdapter(Context ctx) {
        this.mCtx = ctx;
    }

    public LocateDbAdapter open() throws SQLException {
        mDbHelper = new DatabaseHelper(mCtx);
        mDb = mDbHelper.getWritableDatabase();
        return this;
    }

    public void close() {
        mDbHelper.close();
    }

    public Cursor getLocate(long rowId) throws SQLException {
        Cursor mCursor =
        mDb.query(true, TABLE_NAME, new String[] { ID, LON,
                LAT, ALT, CREATED }, ID + "=" + rowId, null, null,
                null, null, null);
        if (mCursor != null) {
            mCursor.moveToFirst();
        }
        return mCursor;
    }

    public long createLocate(int track_id, Double longitude, Double latitude ,Double
altitude) {
        Log.d(TAG, "createLocate.");
        ContentValues initialValues = new ContentValues();
        initialValues.put(TRACKID, track_id);
        initialValues.put(LON, longitude);
        initialValues.put(LAT, latitude);
        initialValues.put(ALT, altitude);

        Calendar calendar = Calendar.getInstance();
        String created = calendar.get(Calendar.YEAR) + "-" +calendar.get(Calendar.MONTH)
+ "-" + calendar.get(Calendar.DAY_OF_MONTH) + " "
                + calendar.get(Calendar.HOUR_OF_DAY) + ":"
                + calendar.get(Calendar.MINUTE) + ":" +
calendar.get(Calendar.SECOND);
        initialValues.put(CREATED, created);
        return mDb.insert(TABLE_NAME, null, initialValues);
```

```
    }

    //
    public boolean deleteLocate(long rowId) {
        return mDb.delete(TABLE_NAME, ID + "=" + rowId, null) > 0;
    }


    public Cursor getTrackAllLocates(int trackId) {
        return mDb.query(TABLE_NAME, new String[] { ID,TRACKID, LON,
                LAT, ALT,CREATED }, "track_id=?", new String[]
{String.valueOf(trackId)}, null, null, "created_at asc");
    }
}
```

上述代码中也是首先声明了一些常量，然后根据需要的操作功能定义了具体方法。

10.6.8 实现 Service 服务

本项目的基本要求是，切换界面不会影响对目标的追踪。也就是说，即使进入另外一个界面，程序也需要在后台进行跟踪和记录。因此系统中需要用到 Service 服务，首先在 AndroidManifest.xml 文件中加入对 Service 的声明，具体代码如下：

```
        <service android:name=".Track">
            <intent-filter>
                <action android:name="com.iceskysl.map.START_TRACK_SERVICE" />
                <category android:name="android.intent.category.default" />
            </intent-filter>
        </service>
```

通过上述代码添加了一个名为 Track 的 Service，并设定了其名字为“com.iceskysl.map.START_TRACK_SERVICE”。处理文件 Track.java 的具体实现代码如下：

```
public class Track extends Service {
    private static final String TAG = "Track";

    private LocationManager lm;
    private LocationListener locationListener;

    static LocateDbAdapter mlcDbHelper = null;
    private int track_id;

    @Override
    public IBinder onBind(Intent arg0) {
        Log.d(TAG, "onBind.");
        return null;
    }

    public void onStart(Intent intent, int startId) {
        Log.d(TAG, "onStart.");
      super.onStart(intent, startId);
      startDb();
        Bundle extras = intent.getExtras();
        if (extras != null) {
            track_id = extras.getInt(LocateDbAdapter.TRACKID);
        }
        Log.d(TAG, "track_id =" + track_id);
        // ---use the LocationManager class to obtain GPS locations---
        lm = (LocationManager) getSystemService(Context.LOCATION_SERVICE);
```

```
        locationListener = new MyLocationListener();
        lm.requestLocationUpdates(LocationManager.GPS_PROVIDER, 0, 0,
                locationListener);
    }

    private void startDb() {
        if(mlcDbHelper == null){
            mlcDbHelper = new LocateDbAdapter(this);
            mlcDbHelper.open();
        }
    }

    private void stopDb() {
        if(mlcDbHelper != null){
            mlcDbHelper.close();
        }
    }


    public static LocateDbAdapter getDbHelp(){
        return mlcDbHelper;
    }


    public void onDestroy() {
        Log.d(TAG, "onDestroy.");
        super.onDestroy();
        stopDb();
    }
    protected class MyLocationListener implements LocationListener {
        @Override
        public void onLocationChanged(Location loc) {
            Log.d(TAG, "MyLocationListener::onLocationChanged..");
            if (loc != null) {
                // //////////
                if(mlcDbHelper == null){
                    mlcDbHelper.open();
                }
                mlcDbHelper.createLocate(track_id,
loc.getLongitude(),loc.getLatitude(), loc.getAltitude());
            }
        }

        @Override
        public void onProviderDisabled(String provider) {
            Toast.makeText(
                    getBaseContext(),
                    "ProviderDisabled.",
                    Toast.LENGTH_SHORT).show();     }
        @Override
        public void onProviderEnabled(String provider) {
            Toast.makeText(
                    getBaseContext(),
                    "ProviderEnabled,provider:"+provider,
                    Toast.LENGTH_SHORT).show();      }
        @Override
        public void onStatusChanged(String provider, int status, Bundle extras) {
            // TODO Auto-generated method stub
        }
    }
}
```

在上述代码中，Track 类继承了 Service 类，然后在 onStart 方法中连接了数据库，接收了参数并设定了监听器，并使用 MyLocationListener 类来监听当前位置的变化(onLoacation Changed)。当位置发生变化时调用前面已经实现的 mlcDbHelper.createLocate 方法，将位置信息和接收到的参数写入到数据库中。

10.7 项 目 调 试

视频讲解 光盘：视频\第 10 章\项目调试.avi

运行本系统后，主界面的效果如图 10-7 所示，地图显示界面的效果如图 10-8 所示，卫星地图界面的效果如图 10-9 所示。

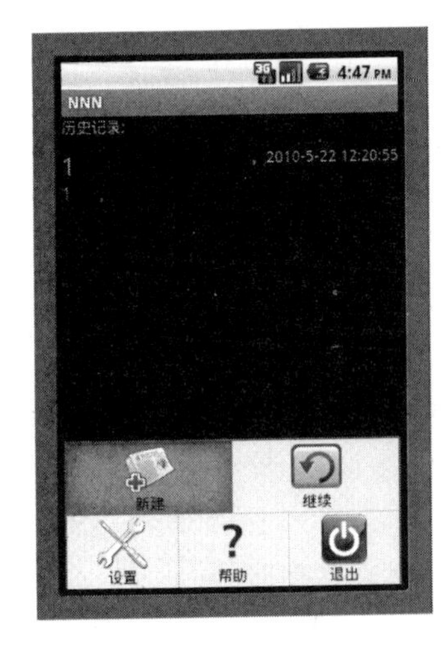

图 10-7 主界面

图 10-8 地图显示界面

图 10-9 卫星地图界面

第 11 章　任务管理系统

任务管理系统是能够全面实施任务过程化、规范化、信息化的管理软件产品，它适用于任何协作型组织(如政府机关、企事业单位)，有助于实现任务过程追踪、经验知识积累、效能绩效评估等。本章将详细讲解利用 Eclipse 开发任务管理系统的方法，进一步介绍 Eclipse 集成开发环境的强大功能。

赠送的超值电子书

101.使用 HashSet
102.HashSet 深入
103.List 接口基本知识介绍
104.使用 List 接口和 ListIterator 接口
105.使用 ArrayList 和 Vector 类
106.使用 HashMap 和 Hashtable 实现类
107.使用 SortedMap 和 TreeMap 实现排序处理
108.使用 WeakHashMap 类
109.使用 IdentityHashMap 类
110.使用 EnumMap 类

11.1 算法是程序的灵魂

视频讲解 光盘：视频\第 11 章\算法是程序的灵魂.avi

11.1.1 何谓算法

算法(Algorithm)是指解题方案的准确而完整的描述，是一系列解决问题的清晰指令，算法代表着用系统的方法描述解决问题的策略机制。也就是说，能够对一定规范的输入，在有限时间内获得所要求的输出。如果一个算法有缺陷，或不适合于某个问题，执行这个算法将不会解决这个问题。不同的算法可能用不同的时间、空间或效率来完成同样的任务。一个算法的优劣可以用空间复杂度与时间复杂度来衡量。

一个算法应该具有如下五个重要的特征。

(1) 有穷性：算法必须能在执行有限个步骤之后终止。

(2) 确切性：算法的每一步骤必须有确切的定义。

(3) 输入：每个算法有零个或多个输入，以刻画运算对象的初始情况，所谓零个输入是指算法本身已设定了初始条件。

(4) 输出：每个算法有一个或多个输出，以反映对输入数据加工后的结果。没有输出的算法是毫无意义的。

(5) 可行性：算法中执行的任何计算步骤都可以被分解为基本的可执行的操作步，即每个计算步都可以在有限时间内完成(也称之为有效性)。

11.1.2 赢在技术沉淀——计算机中的算法

算法是计算机为解决一个问题而采取的方法和步骤。程序设计离不开算法，算法指导程序设计，算法是程序的灵魂。程序是语句的集合，但如何围绕所要解决的任务来安排这些语句的次序则是由算法决定的。

例如，要计算 1×2×3×4×5 的运算结果，最普通的做法是按照如下步骤进行计算。

第 1 步：先计算 1×2，得到结果 2。

第 2 步：将步骤 1 得到的结果 2 乘以 3，计算得到结果 6。

第 3 步：将 6 再乘以 4，计算得到结果 24。

第 4 步：将 24 再乘以 5，计算得到最终结果 120。

上述第 1 步到第 4 步的计算过程就是一个算法。如果想用编程的方式来解决上述运算，通常会使用如下算法来实现。

第 1 步：定义 t=1。

第 2 步：使 i=2。

第 3 步：计算 t×i，结果仍然放在变量 t 中，可表示为 t×i→t。

第 4 步：使 i 的值加 1，即 i+1→i。

第 5 步：如果 i≤5，返回重新执行第 3 步～第 5 步；否则，算法结束。

再看如下的数学应用问题：假设有 80 个学生，要求打印输出成绩在 60 分以上的学生。

在此假设用 n 来表示学生学号，n_i 表示第 i 个学生学号；cheng 表示学生成绩，$cheng_i$ 表示第 i 个学生成绩。根据题目要求，可以写出如下算法。

第 1 步：1→i。

第 2 步：如果 $cheng_i \geqslant 60$，则打印输出 n_i 和 $cheng_i$；否则不打印输出。

第 3 步：i+1→i。

第 4 步：如果 $i \leqslant 80$，返回第 2 步；否则，算法结束。

11.1.3　赢在技术沉淀——表示算法的方法

算法的表示方法即算法的描述和外在表现，11.1.2 节中演示的算法都是通过自然语言来表示的。本节将介绍算法的另外两种表示方法。

1. 用流程图来表示算法

流程图中使用的标识说明如图 11-1 所示。

针对 11.1.2 节中提到的数学应用问题，可以使用如图 11-2 所示的算法流程图来表示。

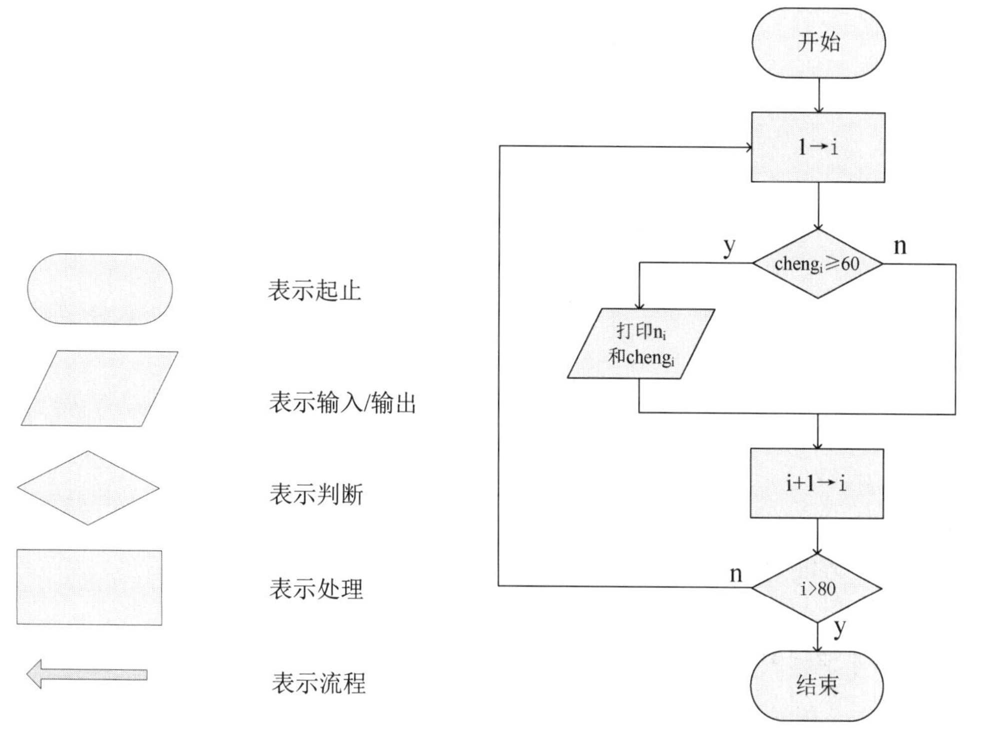

图 11-1　流程图标识说明

图 11-2　算法流程图

流程图有如下三种基本结构。

- 顺序结构。顺序结构如图 11-3 所示，其中 A 和 B 两个操作是顺序执行的，即执行完 A 操作以后再执行 B 操作。
- 选择结构。选择结构也称为分支结构，如图 11-4 所示。选择结构中必含一个判断框，根据给定的条件是否成立而选择是执行 A 操作还是 B 操作。无论条件是否成立，只能执行 A 操作或 B 操作之一。也就是说，A、B 两个操作中只有一个，也必须有一个被执行。若其中一个操作为空，则程序仍然按两个分支的方向运行。

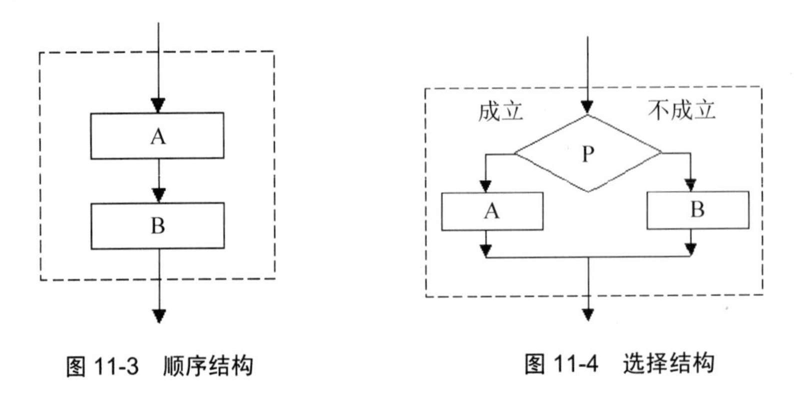

图 11-3　顺序结构　　　　图 11-4　选择结构

- 循环结构。循环结构分为两种，一种是当型循环，一种是直到型循环。当型循环是先判断条件 P 是否成立，成立才执行 A 操作，如图 11-5 所示；而直到型循环是先执行 A 操作，再判断条件 P 是否成立，若成立又执行 A 操作。

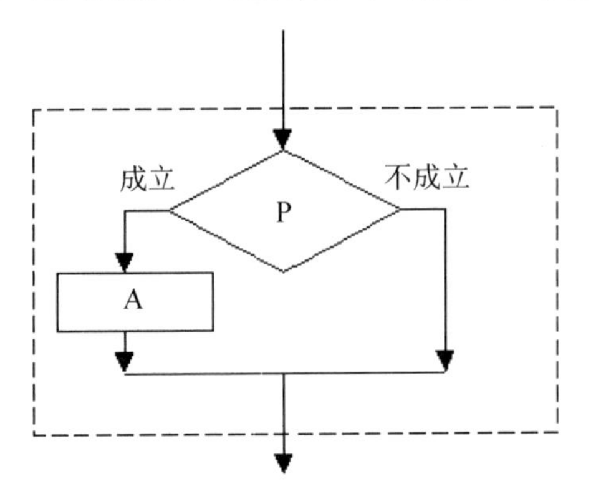

图 11-5　循环结构(当型)

上述三种基本结构有如下四个很重要的特点。

- 只有一个入口。
- 只有一个出口。
- 每个基本结构中的每一部分都有机会被执行到。
- 结构内不存在“死循环”。

2. 用 N-S 流程图来表示算法

1973 年，美国学者提出了 N-S 流程图的概念，通过它可以表示计算机的算法。N-S 流程图由一些特定意义的图形、流程线及简要的文字说明构成，能够比较清晰明确地表示程序的运行过程。N-S 图去掉了传统流程图中带箭头的流程线，把整个算法写在一个大的矩形框内，其中还包含若干个小的基本框图。

遵循 N-S 流程图的特点，顺序结构可表示为如图 11-6 所示的结构，选择结构可表示为如图 11-7 所示的结构，循环结构可表示为如图 11-8 所示的结构。

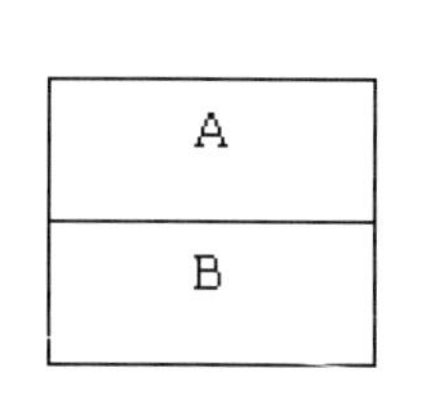

图 11-6　顺序结构

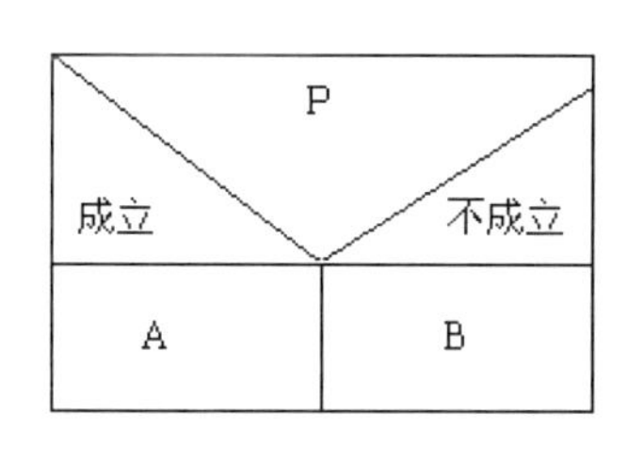

图 11-7　选择结构

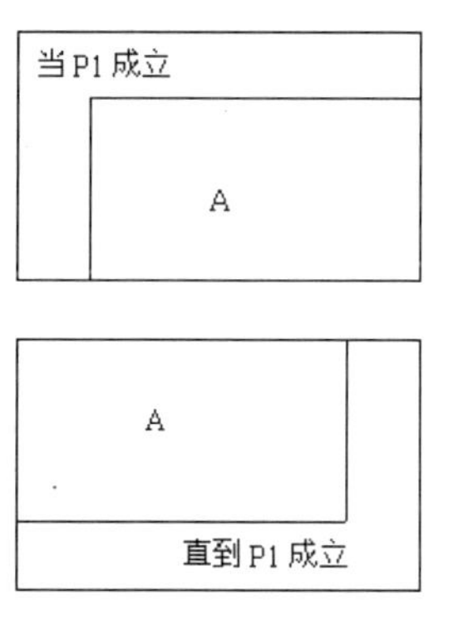

图 11-8　循环结构

11.2　新的项目

视频讲解　光盘：视频\第 11 章\新的项目.avi

本项目是为某知名软件公司开发一个任务管理系统，项目开发团队成员的具体职责如下。

- 软件工程师 A：负责用户管理模块的实现。
- 软件工程师 B：负责个人任务管理和公司任务管理模块的实现。
- 软件工程师 C：负责调研并编写需求文档、构建数据库表结构和设计系统框架。

本项目的具体开发流程如图 11-9 所示。

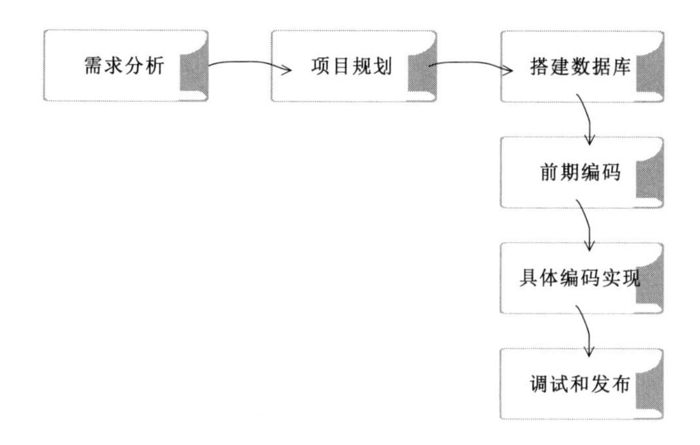

图 11-9　开发流程

11.3　系统概述和总体设计

视频讲解　光盘：视频\第 11 章\系统概述和总体设计.avi

本项目的系统规划书分为如下两部分。

- 系统需求分析文档。

- 系统运行流程说明。

11.3.1 系统需求分析

任务管理系统的用户主要是任务发布人员和需要完成任务的人员。该系统包含的核心功能如下。

(1) 用户管理模块，包括添加用户信息、查询用户信息、删除用户信息等子模块。

(2) 个人任务管理模块，主要包括设置任务状态(设置为完成、暂时不做或不做)、查看任务列表、查询各类任务(如无效的任务、进行中的任务、已完成的任务、转发的任务、暂时不做的任务、不做的任务)、转发任务等子模块。

(3) 公司任务管理模块，主要包括查看任务列表、查询各类任务(如无效的任务、进行中的任务、已完成的任务、转发的任务、暂时不做的任务、不做的任务)、新建任务、催办任务、设置任务为无效等子模块。

根据需求分析设计系统的体系结构，如图 11-10 所示。

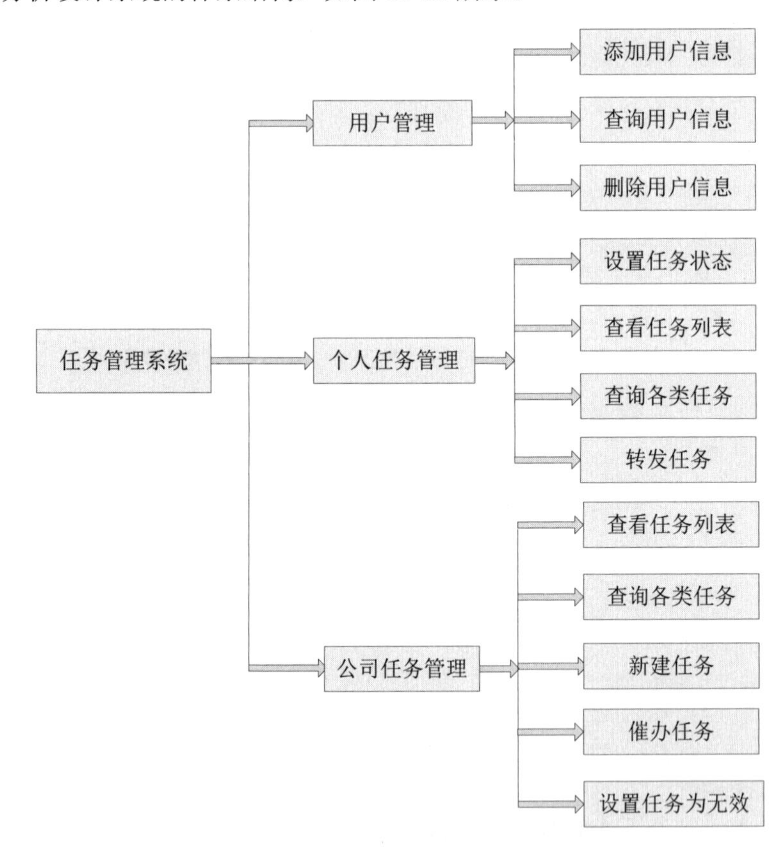

图 11-10　任务管理系统体系结构示意图

图 11-10 中详细列出了本系统的主要功能模块，因为本书篇幅的限制，在本书后面的内容讲解过程中，只是讲解了图 11-10 中的重要模块的具体实现过程。对于其他模块的具体实现，请读者参阅本书附带光盘中的源代码和讲解视频。

11.3.2　系统 demo 流程

下面模拟系统的运行流程：运行系统后，首先会弹出用户登录窗口，对用户的身份进行检验并确定用户的权限，如图 11-11 所示。

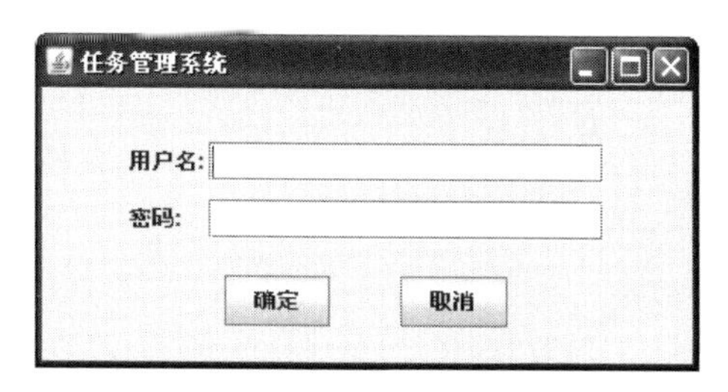

图 11-11　用户登录窗口

系统初始化时会生成两个默认的用户：系统管理员和普通用户。系统管理员的用户名为 admin，密码为 admin；普通用户的用户名为 user，密码为 user。这是由程序设计人员添加到数据库表中的。如果要对其他任何普通用户进行管理，需要使用 admin 用户(系统管理员)登录，登录后可以创建其他用户，并在系统维护菜单下进行添加、修改、删除操作。否则建议使用 user 用户进行登录。

11.4　数据库设计

视频讲解　光盘：视频\第 11 章\数据库设计.avi

本项目系统的开发工作主要包括后台数据库的建立、测试数据的录入以及前台应用程序的开发三个方面。数据库设计是系统设计的一个重要组成部分，数据库设计的好坏直接影响程序编码的复杂程度。

11.4.1　选择数据库

在开发数据库管理信息系统时，需要根据用户需求、系统功能和性能要求等因素，来选择后台数据库和相应的数据库访问接口。本项目选择使用 MySQL 作为后台数据库管理平台，这款轻量级的数据库易于管理和维护。另外，进行系统开发时还需要特别注意数据库访问的速度与安全性能。

11.4.2　数据库结构的设计

由需求规划可知，整个项目包含 6 种信息，对应的数据库也需要包含这 6 种信息，因此系统中需要包含 6 个数据库表，分别如下。

- t_user：用户信息表。
- t_role：角色信息表。
- t_log：日志信息表。
- t_transaction：任务信息表。

- user_transfer：用户任务信息表。
- t_comment：评论信息表。

(1) 用户信息表 t_user，用来保存用户信息，表结构如表 11-1 所示。

表 11-1 用户信息表结构

编 号	字段名称	数据类型	说 明
1	ID	int(10)	ID 号
2	USER_NAME	varchar(255)	用户名
3	ROLE_ID	int(10)	角色 ID
4	REAL_NAME	varchar(255)	真实姓名
5	IS_DELETE	varchar(255)	是否存在
6	PASS_WD	varchar(255)	密码

(2) 角色信息表 t_role，用来保存角色信息，表结构如表 11-2 所示。

表 11-2 角色信息表结构

编 号	字段名称	数据结构	说 明
1	ID	int(11)	ID 号
2	good_ID_FK	int(11)	商品 ID
3	T_IN_RECORD_ID_FK	int(11)	入库 ID
4	IN_SUM	int(10)	库存量

(3) 日志信息表 t_log，用来保存日志信息，表结构如表 11-3 所示。

表 11-3 日志信息表结构

编 号	字段名称	数据结构	说 明
1	ID	int(10)	ID 号
2	LOG_DATE	varchar(255)	日期
3	HANDLER_ID	int(10)	处理人
4	COMMENT_ID	int(10)	评论 ID
5	TS_ID	int(10)	任务 ID
6	TS_DESC	varchar(255)	日志描述

(4) 任务信息表 t_transaction，用来保存任务信息，表结构如表 11-4 所示。

表 11-4 任务信息表结构

编 号	字段名称	数据结构	说 明
1	ID	int(10)	ID 号
2	TS_TITLE	varchar(255)	任务标题
3	TS_CONTENT	text	任务内容

续表

编　号	字段名称	数据结构	说　明
4	TS_TARGETDATE	varchar(255)	目标完成日期
5	TS_FACTDATE	varchar(255)	实际完成日期
6	TS_CREATEDATE	varchar(255)	任务建立日期
7	INITIATOR_ID	int(10)	发起人 ID
8	HANDLER_ID	int(10)	当前处理人 ID
9	PRE_HANDLER_ID	int(10)	上一个处理人 ID
10	TS_STATE	varchar(255)	任务状态
11	IS_HURRY	varchar(255)	是否催办

(5) 用户任务信息表 user_transfer，用来保存用户任务信息，表结构如表 11-5 所示。

表 11-5　用户任务信息表结构

编　号	字段名称	数据结构	说　明
1	ID	int(10)	ID 号
2	TS_ID	int(10)	任务 ID
3	USER_ID	int(10)	任务发起人 ID
4	TARGET_USER_ID	int(10)	完成任务者 ID
5	OPERATE_DATE	varchar(255)	日期

(6) 评论信息表 t_comment，用来保存评论信息，表结构如表 11-6 所示。

表 11-6　评论信息表结构

编　号	字段名称	数据结构	说　明
1	ID	int(10)	ID 号
2	CM_TITLE	varchar(255)	评论标题
3	CM_CONTENT	text	内容
4	CM_DATE	varchar(255)	日期
5	USER_ID	int(10)	用户 ID
6	TRANSACTION_ID	int(10)	任务 ID

数据库中的数据分布通常有垂直划分和水平划分两种方式。

(1) 垂直划分。

垂直划分是指按照功能把数据分别放到不同的数据库和服务器中。

当一个网站刚刚开始创建时，可能只考虑一天有几十或者几百个人访问，整个数据库只需要一台普通的服务器就可以了。并且因为所有的表都在一个数据库中，查询语句可以随便关联。但是随着访问压力的增加，读/写操作不断增加，数据库的压力肯定越来越大，这时可能需要采用增加从服务器或事项集群处理等解决方案。但是这时又会出现新的问题，数据量也会随之快速增长。

此时可以考虑将读、写操作进行分离，按照业务把不同的数据放到不同的库中。其实，在一个大型而且臃肿的数据库中，表和表之间的很多数据没有关系，不需要执行 join 操作，从理论上来说，可以把它们分别放到不同的服务器中。例如，用户的收藏夹的数据和博客的数据就可以放在两个独立的服务器中，如图 11-12 所示。

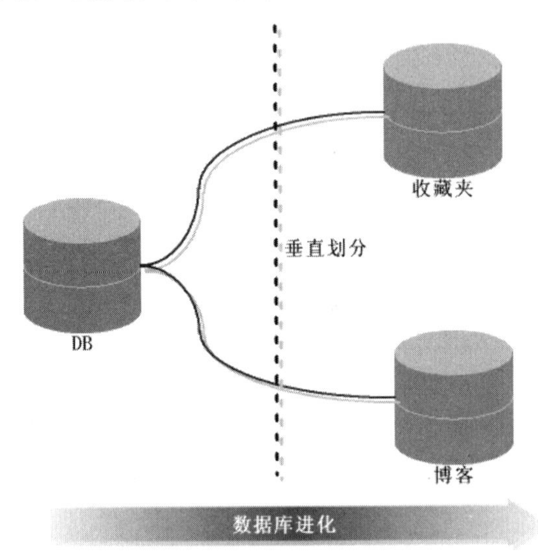

图 11-12　垂直划分演示图

(2) 水平划分。

水平划分是指把一个表的数据划分到两个不同的数据库中，两个数据库中的表结构一样。具体怎么划分应该有一定的规则，比如可以由数据的产生者来引导。例如，在人事管理系统中，几乎所有的数据都是由人产生的，这时可以根据人的 ID(userId)来划分数据库，然后再根据一定的规则，将不同的数据分配到不同的数据库中，如图 11-13 所示。

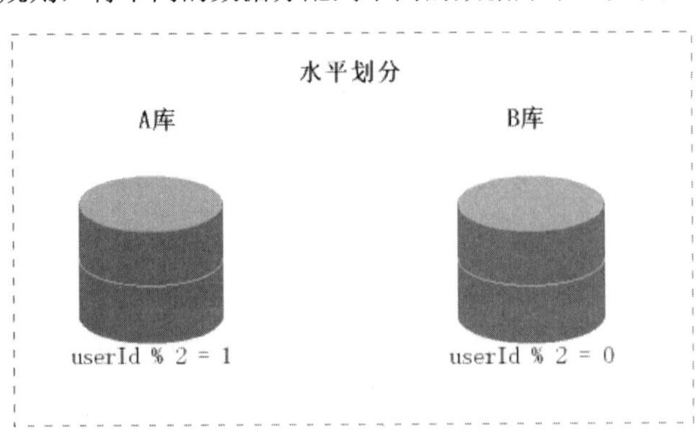

图 11-13　水平划分演示图

11.5　系统框架设计

视频讲解　光盘：视频\第 11 章\系统框架设计.avi

系统框架设计步骤属于整个项目开发过程中的前期工作，项目中的具体功能将以此为基础进行扩展。本项目的系统框架设计工作需要如下四个阶段来实现。

(1) 搭建开发环境：操作系统 Windows 7、数据库 MySQL、开发工具 Eclipse SDK。

(2) 设计主界面：对主界面进行简单的布局，后期再美化。

(3) 设计各个对象类：基于这些类定义数据库操作接口类、接口函数的实现类、业务逻辑实现类和窗体界面的实现类。

(4) 系统登录验证：确保只有合法的用户才能登录系统。

11.5.1　创建工程及设计主界面

1. 创建工程

(1) 找开 Eclipse 创建工程，如图 11-14 所示。

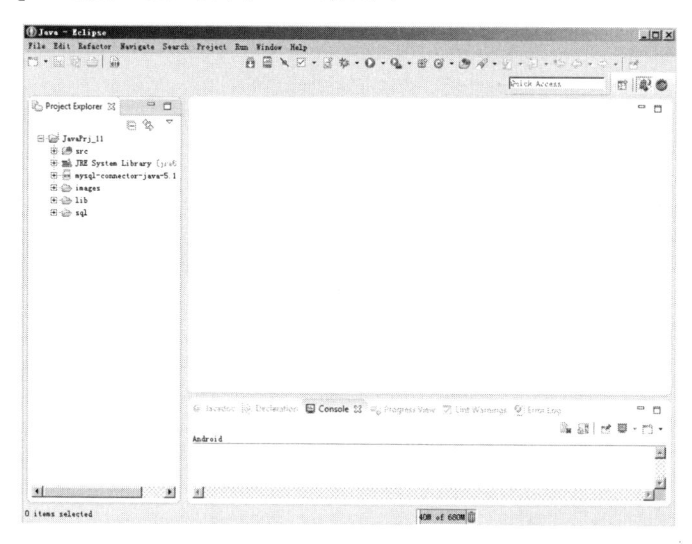

图 11-14　创建工程

(2) 新建的工程下已自动生成 src 目录用于存放源代码，JRE System Library 目录下已添加了系统要引用的 jar 包。如果在开发中需要引用第三方 jar 包，可右击工程名，在弹出的快捷菜单中选择 build path 子菜单，然后在弹出的对话框中单击右侧的 Libraries 标签，在 Libraries 选项卡中添加第三方 jar 包，如图 11-15 所示。

2. 设计主界面

用户登录系统后会进入系统主界面。主界面包括如下两部分：位于界面顶部的菜单栏，用于将系统所具有的功能进行归类展示；位于菜单栏下方的工作区，用于进行各项功能操作，如图 11-16 所示。

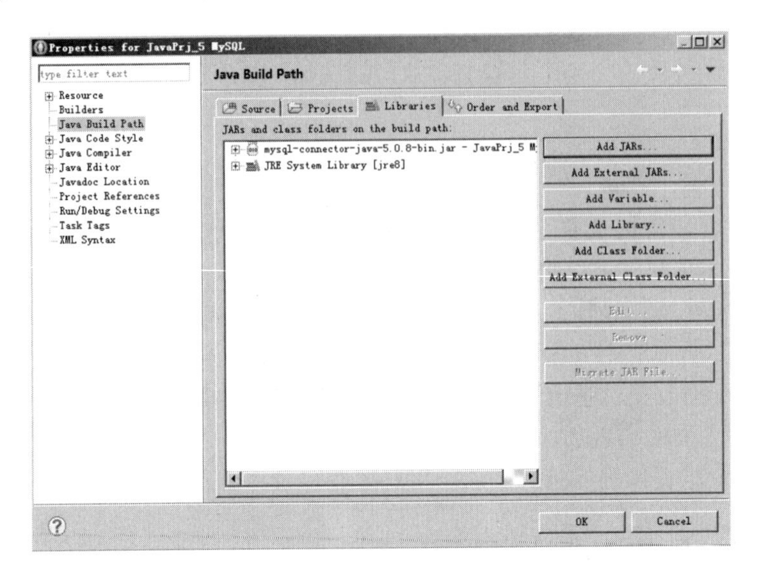

图 11-15　JDK 路径对话框

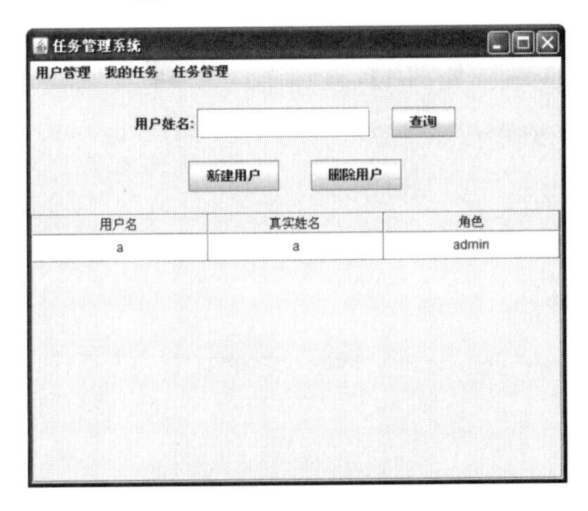

图 11-16　系统主界面

(1) 主界面是系统中各个功能模块的集中营，所以要将各个功能模块的窗体加入主界面中，同时保证各窗体布局合理，方便用户操作。在主窗体中加入整个系统的入口方法 main，通过执行该方法进而执行整个系统。main 方法在窗体初始化时调用。主窗体文件 MainFrame.java 的代码如下：

```
public class MainFrame extends JFrame {
    private JMenuBar menuBar = new JMenuBar();
    private JMenu  Menu1  = new JMenu("用户管理");
    private JMenu  Menu2  = new JMenu("我的任务");
    private JMenu  Menu3  = new JMenu("任务管理");
    //当前界面
    private BasePanel currentPanel;
    //我的任务
    private MyTransactionPanel myTransactionPanel;
    //任务管理
    private TransactionManagePanel transactionManagePanel;
    //用户管理
    private UserPanel userPanel;
```

以上代码定义了主窗体的菜单栏对象，并且创建了三个一级菜单，分别是："用户管理"、"我的任务"和"任务管理"。代码中还创建了其他窗体的实例对象，为后面添加监听器做准备。

(2) 主窗体的其他初始化操作的代码如下：

```
public MainFrame() {
        this.myTransactionPanel = new MyTransactionPanel();
        this.transactionManagePanel = new TransactionManagePanel();
        this.userPanel = new UserPanel();
        createMenu();
        this.add(this.myTransactionPanel);
        this.currentPanel = this.myTransactionPanel;
        this.pack();
        this.setTitle("任务管理系统");
        this.setDefaultCloseOperation(JFrame.EXIT_ON_CLOSE);
        this.setVisible(true);
        Dimension screen = Toolkit.getDefaultToolkit().getScreenSize();
        this.setLocation((int)screen.getWidth()/10, (int)screen.getHeight()/10);
    }
private void createMenu() {
        this.Menu2.add(this.myTransaction);
        this.Menu3.add(this.transactionManage);
        this.Menu1.add(this.userManage);
        this.Menu1.add(this.exit);
        //判断权限
        User loginUser = ApplicationContext.loginUser;
        System.out.println(loginUser.getRole().getROLE_NAME());
        if (loginUser.getRole().getROLE_NAME().equals("manager")) {
            this.Menu2.remove(1);
        } else if (loginUser.getRole().getROLE_NAME().equals("employee")) {
            this.Menu2.remove(1);
            this.Menu3.remove(1);
        }
        this.menuBar.add(this.Menu1);
        this.menuBar.add(this.Menu2);
        this.menuBar.add(this.Menu3);
        this.setJMenuBar(this.menuBar);
    }
```

以上代码定义了主窗体的构造方法 MainFrame，在该构造方法中再次初始化各窗体。代码中还利用 createMenu 方法进行菜单的初始化操作；将各窗体通过 add 方法绑定在各个菜单上。在菜单对象中引用了 remove 函数，根据用户权限的不同移除前面所加入在该菜单下的子菜单信息，最后调用 menuBar 对象的 add 方法将菜单加入到菜单栏中。

(3) 添加监听器，代码如下：

```
    // 我的任务
    private Action myTransaction = new AbstractAction("我的任务", new ImageIcon("images/
menu/myTransaction.gif")) {
        public void actionPerformed(ActionEvent e) {
            changePanel(myTransactionPanel);
        }
    };
    //任务管理(上级等分派任务)
    private Action transactionManage = new AbstractAction("任务管理", new
ImageIcon("images/menu/transactionManage.gif")) {
        public void actionPerformed(ActionEvent e) {
```

```
            changePanel(transactionManagePanel);
        }
    };
    //用户管理
    private Action userManage = new AbstractAction("用户管理", new
ImageIcon("images/menu/userManage.gif")) {
        public void actionPerformed(ActionEvent e) {
            changePanel(userPanel);
        }
    };
    //退出系统
    private Action exit = new AbstractAction("退出系统", new
ImageIcon("images/menu/exit.gif")) {
        public void actionPerformed(ActionEvent e) {

        }
    };
    private void changePanel(BasePanel panel) {
        //移除当前显示的 JPanel
        this.remove(this.currentPanel);
        //添加需要显示的 JPanel
        this.add(panel);
        this.currentPanel = panel;
        this.currentPanel.readData();
        this.pack();
        this.repaint();
        this.setVisible(true);
    }
```

以上代码为各个菜单添加了监听器。当监听器被触发后，会调用 changePanel 方法，该方法的参数是不同功能窗体类的实例对象，也相当于调用该功能窗体类。

3. 设计菜单

系统的具体功能都是通过操作菜单实现的，所以下面进行菜单设计。

在 MainFrame 类中进行菜单管理设置，添加如表 11-7 所示的菜单。

表 11-7　菜单名称与窗体监听器对应表

菜单名称	监听器
用户管理	userPanel
我的任务	myTransactionPanel
任务管理	transactionManagePanel

11.5.2　建立数据库连接类

由于在项目开发中数据库可能会发生变化，所以可以利用配置文件配置关于数据库连接的信息，这样可以方便地管理系统的运行环境。

(1) 添加 PropertiesUtil 类，用于建立与数据库的连接，通过获得数据库连接配置文本文件中的内容，判断数据库采用哪种数据库类型实现。通过 PropertiesUtil 类从文件中读取配置文件 jdbc.properties 中的信息，并赋值给相应的变量。其代码如下：

```
public class PropertiesUtil {
    //属性列表
    private static Properties properties = new Properties();
    //配置文件的路径
    private static String CONFIG = "/cfg/jdbc.properties";
    //读取资源文件，设置输入流
    private static InputStream
 is = PropertiesUtil.class.getResourceAsStream(CONFIG);
    //数据库驱动
    public static String JDBC_DRIVER;
    //jdbc 连接 url
    public static String JDBC_URL;
    //数据库用户名
    public static String JDBC_USER;
    //数据库密码
    public static String JDBC_PASS;
    static {
        try {
            //加载输入流
            properties.load(is);
            //获得配置的各个属性
            JDBC_DRIVER = properties.getProperty("jdbc.driver");
            JDBC_URL = properties.getProperty("jdbc.url");
            JDBC_USER = properties.getProperty("jdbc.user");
            JDBC_PASS = properties.getProperty("jdbc.pass");
        } catch (IOException e) {
            e.printStackTrace();
        }
    }
}
```

(2) 通过文件方式配置数据连接的做法方便管理和易于修改，配置文件中包含了数据 IP、端口、用户名、密码等一些常用信息。用此方式的好处在于当环境发生变化时，不用使用开发工具修改程序，更不用重新编译，只需直接编辑文本即可。其代码如下：

```
jdbc.driver=com.mysql.jdbc.Driver
jdbc.url=jdbc:mysql://localhost:3306/transaction
jdbc.user=root
jdbc.pass=root
```

11.5.3　系统登录模块设计

出于系统安全性的考虑，软件管理系统应该有系统登录管理功能，设置只有通过系统身份验证的用户才能够使用本系统，为此要增加一个系统登录模块。

(1) 添加 LoginFrame 类，获取当前登录名和用户密码信息，并通过触发事件判断用户名和密码是否存在，然后根据权限进行登录初始化操作。其代码如下：

```
public class LoginFrame extends JFrame {//用户名
    private JLabel userNameLabel = new JLabel("用户名: ");
    private JTextField userName = new JTextField(20);
      //密码
    private JLabel passwordLabel = new JLabel("密码: ");
    private JPasswordField password = new JPasswordField(20);
      //按钮
    private JButton confirmButton = new JButton("确定");
    private JButton cancelButton = new JButton("取消");
```

```
public LoginFrame() {
    //用户名
    Box userNameBox = Box.createHorizontalBox();
    userNameBox.add(Box.createHorizontalStrut(50));
    userNameBox.add(this.userNameLabel);
    userNameBox.add(this.userName);
    userNameBox.add(Box.createHorizontalStrut(50));
    //密码
    Box passwordBox = Box.createHorizontalBox();
    passwordBox.add(Box.createHorizontalStrut(50));
    passwordBox.add(this.passwordLabel);
    passwordBox.add(Box.createHorizontalStrut(13));
    passwordBox.add(this.password);
    passwordBox.add(Box.createHorizontalStrut(50));
    主Box
    Box mainBox = Box.createVerticalBox();
    mainBox.add(Box.createVerticalStrut(30));
    mainBox.add(userNameBox);
    mainBox.add(Box.createVerticalStrut(10));
    mainBox.add(passwordBox);
    mainBox.add(Box.createVerticalStrut(20));
    mainBox.add(buttonBox);
    mainBox.add(Box.createVerticalStrut(20));
    //获得屏幕大小
    Dimension screen = Toolkit.getDefaultToolkit().getScreenSize();
    this.add(mainBox);
    this.setLocation((int)screen.getWidth()/3, (int)screen.getHeight()/3);
    this.pack();
    this.setTitle("任务管理系统");
    this.setVisible(true);
    this.setDefaultCloseOperation(JFrame.EXIT_ON_CLOSE);
    initListeners();
}
```

以上代码建立了用户窗体需要的组件，并定义了 LoginFrame 类的构造方法，该方法中初始化了窗体的输入框，通过 Box 进行布局管理。代码中 createHorizontalStrut 方法的参数是组件的宽度。最后设置窗体的大小和标题，并实现 setDefaultCloseOperation 窗体的关闭退出事件。

(2) 为窗体增加监听器，其代码如下：

```
private void initListeners() {
    this.confirmButton.addActionListener(new ActionListener() {
        public void actionPerformed(ActionEvent arg0) {
            login(); //登录事件处理方法
        }
    });
    this.cancelButton.addActionListener(new ActionListener() {
        public void actionPerformed(ActionEvent arg0) {
            System.exit(0); //退出系统
        }
    });
}
//返回密码字符串
private String getPassword() {
    char[] passes = this.password.getPassword();
    StringBuffer password = new StringBuffer();
    for (char c : passes) {
        password.append(c);
    }
```

```
        return password.toString();
    }
    //单击"确定"按钮触发的方法
    private void login() {
        //得到用户名
        String userName = this.userName.getText();
        //得到密码
        String passwd = getPassword();
        //进行登录
        try {
            ApplicationContext.userService.login(userName, passwd);
            this.setVisible(false);
            MainFrame mf = new MainFrame();
        } catch (Exception e) {
            e.printStackTrace();
            ViewUtil.showWarn(e.getMessage(), this);
        }
    }
}
```

以上代码定义了 initListeners 监听方法，其中加入了用户登录事件处理方法。在登录时执行的方法是 login，通过它将输入的用户和密码代入用户服务对象 userService 的 login 方法中，检验用户和密码是否同时满足条件，若满足条件则将主窗体界面设置为可见；否则提示用户名和密码错误，不能登录。

11.5.4 数据获取基类

因为本系统的功能设计不是很复杂，所以功能界面也不是很复杂，而且各模块获取数据的方式基本上很相似，所以定义基类对数据进行读取。

添加 BasePanel 抽象类，在该类中加入抽象方法 readData，该抽象类也继承 JPanel 组件。其代码如下：

```
public abstract class BasePanel extends JPanel {
    public abstract void readData();    //获得数据接口
}
```

11.5.5 系统框架设计

(1) 在本项目中，表现层、业务层和数据访问层将分别实现。其中，和界面设计相关的表现层比较简单，此处不详细介绍。下面首先实现数据访问层，这里以用户信息的实现为例简单说明。实现文件 User.java 的代码如下：

```
public class User extends ValueObject {
    //用户名称
    private String USER_NAME;
    //密码
    private String PASS_WD;
    //用户角色 id，数据库字段
    private String ROLE_ID;
```

(2) 定义数据访问层的接口。接口是没有实际内容的方法定义，通过接口获得传入的用户名和密码参数的返回值。实现文件 UserDao.java 的代码如下：

```
public interface UserDao {
/**
      * 根据 用户名与密码查找用户
      */
    User findUser(String userName, String passwd);
```

(3) 实现接口中的方法。UserDaoImpl.java 文件的代码如下：

```
public class UserDaoImpl extends BaseDaoImpl implements UserDao {
    public User findUser(String userName, String passwd) {
        String sql = "select * from T_USER u where u.USER_NAME = '" +
            userName + "' and u.PASS_WD = '" + passwd + "' and u.IS_DELETE = '0'";
        List<User> users = (List<User>)getDatas(sql, new ArrayList(), User.class);
        return users.size() == 1 ? users.get(0) : null;
    }
}
```

以上代码中的 findUser 方法的作用是按参数传入的内容在数据库中进行查询操作。

(4) 实现业务层的定义。UserService.java 文件的代码如下：

```
public interface UserService {
    /**
     * 用户登录
     */
    void login(String userName, String passwd);
}
```

(5) 为同一接口实现不同种功能时，更能体现出代码的可管理性。UserServiceImpl.java 文件的代码如下：

```
public class UserServiceImpl implements UserService {
    private UserDao userDao;
    private RoleDao roleDao;
    public UserServiceImpl(UserDao userDao, RoleDao roleDao) {
        this.userDao = userDao;
        this.roleDao = roleDao;
    }
    public void login(String userName, String passwd) {
        User user = this.userDao.findUser(userName, passwd);
        //没有找到用户，抛出异常
        if (user == null) throw new BusinessException("用户名密码错误");
        Role role = this.roleDao.find(user.getROLE_ID());
        user.setRole(role);
        ApplicationContext.loginUser = user;
    }
```

以上代码实现了业务层接口的定义，如果需要修改上述业务流程，可以直接修改代码，而不用再去修改和数据库有关的查询，不用再去查询数据表中相关字段的含义，直接引用底层数据库接口方法，利用这些方法即可完成应用系统的开发。

(6) 那么，在不同业务功能中是怎么引用接口的呢？可在登录窗体文件 LoginFrame.java 中定义如下代码：

```
public class LoginFrame extends JFrame {
    try {
            ApplicationContext.userService.login(userName, passwd);
            this.setVisible(false);
            MainFrame mf = new MainFrame();
        } catch (Exception e) {
```

```
            e.printStackTrace();
            ViewUtil.showWarn(e.getMessage(), this);
        }
}
```

在登录窗体中直接创建了业务层的用户操作类对象，通过该实例对象直接引用其下方的接口方法 login(string name,string pass)即可实现登录系统功能，而不用再去添加访问操作数据库的查询等，这样减轻了业务实现模块中操作数据的代码。本系统的设计就是在此模式框架上构建起来的。

在 Java 程序中，连接到数据库服务器的过程通常由几个需要较长时间的步骤组成。比如：建立物理通道(例如套接字或命名管道)，与服务器进行初次连接，分析连接字符串信息，由服务器对连接进行身份验证等。实际上，大部分的应用程序都会使用一个或几个不同的连接进行配置。如果应用程序的数据量和访问量较大，这意味着在运行应用程序的过程中，许多相同的连接将反复地被打开和关闭，这可能会引起数据库服务器效率低下甚至引发程序崩溃。为了确保应用程序的稳定和降低性能成本，可以使用连接池的优化方法来管理连接。

连接池可以减少创建连接的次数。定义最小连接数(固定连接数)，当应用程序在连接上调用 Open 方法时，连接池会检查池中是否有可用的连接。如果发现有连接可用，会将该连接返回给调用者，而不是创建新连接。当应用程序在该连接上调用 Close 方法时，连接池会判断该连接是否在最小连接数之内，如果是，会将连接回收到活动连接池中而不是真正关闭连接，否则将销毁连接。连接返回到连接池中之后，即可在下一个 Open 方法调用中重复使用。

在使用数据库连接时需要注意，不用的连接池必须及时关闭。因为每次打开连接都会建立一条到服务器数据库的通道，每台服务器的总通道数量是有限的，大概为 2000 条，而且打开连接后内存占用也会比较大，因此连接需要用完即关闭。在本项目的公共类中，就及时关闭了不用的连接。如果不写关闭代码，一个终端退出后数据库通道仍被占用，那么创建了大量连接之后就会占满通道，没法再创建新的连接，除非重启数据库服务或重启服务器，这样就得不偿失了。

11.6　用户管理模块

视频讲解　光盘：视频\第 11 章\用户管理模块.avi

用户管理模块用于实现用户信息的添加、查询和删除操作。因为在系统框架设计中已经编写好了系统需要的类，所以本模块的设计思路十分清晰，只需在已经编写的类的基础上进行扩充即可。

11.6.1　添加用户信息类

(1) 在工程中增加用户信息类 User，该类封装了用户信息表的所有字段，将这些字段当作成员变量，并且通过 set 和 get 方法进行变量赋值和取值。类中还为上层接口方法提供了事件对象，以方便操作用户表信息。其定义代码如下：

```
public class User extends ValueObject {
    //用户名
    private String USER_NAME;
    //密码
    private String PASS_WD;
    //用户角色 id，数据库字段
    private String ROLE_ID;
    //用户真实姓名
    private String REAL_NAME;
    //是否被删除，0 表示没有被删除，1 表示已经删除
    private String IS_DELETE;
    //用户角色，不保存在数据库中
    private Role role;
    public String getUSER_NAME() {
        return USER_NAME;
    }
    public void setUSER_NAME(String user_name) {
        USER_NAME = user_name;
    }
    public String getROLE_ID() {
        return ROLE_ID;
    }
    public void setROLE_ID(String role_id) {
        ROLE_ID = role_id;
    }
}
```

(2) 定义用户操作类 UserDao，在该类中定义了查询、删除和添加用户的接口方法。例如，查询用户信息的方法返回 user 数据类型，将查询到的用户信息返回到上层业务逻辑并实现操作。其定义代码如下：

```
public interface UserDao {
    /*** 根据用户名与密码查找用户*/
    User findUser(String userName, String passwd);
    /*** 查找全部的用户*/
    List<User> findUsers();
    /*** 保存新用户*/
    void save(User user);
    /*** 根据用户名查找用户*/
    User findUser(String userName);
    /** 修改用户*/
    void delete(String id);
    /*** 返回用户数*/
    int getUserCount();
    /*** 根据用户模糊查找用户*/
    List<User> query(String realName);
    /*** 根据 ID 查找用户*/
    User find(String id);
}
```

以上代码中定义了接口方法。要实现用户信息的操作，就必须实现相应的接口方法。在实现接口方法时，需要针对不同的功能定义各自的数据库访问方法，以保证每个操作都相对独立，不会存在相互依赖的关系，这样就增强了代码的维护性。

(3) 下面要为用户信息管理做好底层数据库的访问，上层业务实现开发人员只要查看底层设计数据操作的方法参数和返回类型，即可直接调用，代码如下：

```
public class UserDaoImpl extends BaseDaoImpl implements UserDao {
    public User findUser(String userName, String passwd) {
        String sql = "select * from T_USER u where u.USER_NAME = '" +
            userName + "' and u.PASS_WD = '" + passwd + "' and u.IS_DELETE = '0'";
        List<User> users = (List<User>)getDatas(sql, new ArrayList(), User.class);
        return users.size() == 1 ? users.get(0) : null;
    }
    public List<User> findUsers() {  //查询用户信息,返回 List 集合
        String sql = "select * from T_USER u where u.IS_DELETE = '0'";
        List<User> users = (List<User>)getDatas(sql, new ArrayList(), User.class);
        return users;
    }
    public void save(User user) { //保存用户信息
        StringBuffer sql = new StringBuffer("insert into T_USER VALUES (ID, '");
        sql.append(user.getUSER_NAME() + "', '")
        .append(user.getROLE_ID() + "', '")
        .append(user.getREAL_NAME() + "', '")
        .append("0', '")
        .append(user.getPASS_WD() + "')");
        getJDBCExecutor().executeUpdate(sql.toString());
    }
    public User findUser(String userName) { //查询指定用户信息
        String sql = "select * from T_USER u where u.USER_NAME = '"
            + userName +"' and u.IS_DELETE = '0'";
        List<User> users = (List<User>)getDatas(sql, new ArrayList(), User.class);
        return users.size() == 1 ? users.get(0) : null;
    }
    public void delete(String id) {  //删除指定用户信息
        StringBuffer sql = new StringBuffer("update T_USER u");
        sql.append(" set u.IS_DELETE = '1'")
        .append(" where u.ID = '" + id + "'");
        getJDBCExecutor().executeUpdate(sql.toString());
    }
    public int getUserCount() {  //统计用户数量
        String sql = "select count(*) from T_USER u where u.IS_DELETE = '0'";
        return getJDBCExecutor().count(sql);
    }
    public List<User> query(String realName) { //模糊查询用户信息
        String sql = "select * from T_USER u where u.REAL_NAME like '%"
            + realName + "%' and u.IS_DELETE = '0'";
        List<User> users = (List<User>)getDatas(sql, new ArrayList(), User.class);
        return users;
    }
    public User find(String id) {  //查询指定用户号的用户信息
        String sql = "select * from T_USER u where u.ID = '" + id + "'";
        List<User> users = (List<User>)getDatas(sql, new ArrayList(), User.class);
        return users.size() == 1 ? users.get(0) : null;
    }
}
```

(4) 为业务层定义接口方法，其定义代码如下：

```
public interface UserService {
    /*** 用户登录*/
    void login(String userName, String passwd);
    /*** 返回全部的用户*/
    List<User> getUsers();
    /*** 添加一个用户*/
    void addUser(User user);
    /*** 删除用户*/
```

```
    void delete(String id);
    /*** 查询用户*/
    List<User> query(String realName);
}
```

以上代码中定义了业务层可直接调用的接口，这样在业务层中看不到对数据库的访问，在维护代码时很方便，查找问题也一目了然，这是最常见的一种 Java 开发模式中。

(5) 接口方法的具体实现代码如下：

```
public class UserServiceImpl implements UserService {
    private UserDao userDao;
    private RoleDao roleDao;
    public UserServiceImpl(UserDao userDao, RoleDao roleDao) { //传入需要的对象实例
        this.userDao = userDao;
        this.roleDao = roleDao;
    }
    public void login(String userName, String passwd) {
        User user = this.userDao.findUser(userName, passwd);
        //没有找到用户，抛出异常
        if (user == null) throw new BusinessException("用户名密码错误");
        Role role = this.roleDao.find(user.getROLE_ID());
        user.setRole(role);
        ApplicationContext.loginUser = user;
    }
    public List<User> getUsers() {
        List<User> users = this.userDao.findUsers();
        for (User u : users) {
            Role role = this.roleDao.find(u.getROLE_ID());
            u.setRole(role);
        }
        return users;
    }
    /* * 添加用户*  */
    public void addUser(User user) {
        //根据新的用户名去查找，判断是否存在相同用户名的用户
        User u = this.userDao.findUser(user.getUSER_NAME());
        if (u != null) throw new BusinessException("该用户名已经存在");
        this.userDao.save(user);
    }
    /** 删除用户，将用户的IS_DELETE属性设为1*/
    public void delete(String id) {
        //最后一个用户不能删除
        if (this.userDao.getUserCount() <= 1) {
            throw new BusinessException("最后一个用户不能删除");
        }
        this.userDao.delete(id);
    }
    public List<User> query(String realName) {
        List<User> users = this.userDao.query(realName);
        for (User u : users) {
            Role role = this.roleDao.find(u.getROLE_ID());
            u.setRole(role);
        }
        return users;
    }
}
```

以上代码中实现了业务层的接口方法，在这些接口方法中可以看到用户判断提示信息和对其他对象实例的引用，其中 UserServiceImpl 方法在该类中起着至关重要的作用，它将传递该类中所有逻辑判断所需要的信息实例。在具体判断的时候，只要调用相应的底层接

口方法即可读取到数据库中的值。这样做可以减少多处都定义相同的数据访问代码的情形，使代码具有清晰的条理。

11.6.2　实现用户管理窗体

(1) 创建用户管理窗体类 UserPanel，在该类中可以实现所有和业务操作相关的动作事件，包括用户的添加、删除和查询操作等。由于前面的框架设计比较合理，所以在该类中不用编写数据库访问代码，只需直接调用前面定义好的实例对象进行引用即可。其定义代码如下：

```
public class UserPanel extends BasePanel {
    private JScrollPane tableScrollPane;
    //数据列表
    private UserTable dataTable;
    private UserTableModel tableModel;
    //操作区域
    private Box handleBox = Box.createVerticalBox();
    //查询
    private Box queryBox = Box.createHorizontalBox();
    private JLabel userNameLabel = new JLabel("用户姓名: ");
    private JTextField realName = new JTextField(10);
    private JButton queryButton = new JButton("查询");
    //操作
    private Box operateBox = Box.createHorizontalBox();
    private JButton newButton = new JButton("新建用户");
    private JButton deleteButton = new JButton("删除用户");
    private AddUserDialog addUserDialog;
    public UserPanel() {
        this.addUserDialog = new AddUserDialog(this);
        BoxLayout mainLayout = new BoxLayout(this, BoxLayout.Y_AXIS);
        this.setLayout(mainLayout);
        createTable();
        createQueryBox();
        createOperateBox();
        this.handleBox.add(Box.createVerticalStrut(20));
        this.handleBox.add(this.queryBox);
        this.handleBox.add(Box.createVerticalStrut(20));
        this.handleBox.add(this.operateBox);
        this.handleBox.add(Box.createVerticalStrut(20));
        this.add(this.handleBox);
        this.add(this.tableScrollPane);
        initListeners();
    }
```

以上代码实现了用户管理窗体界面的组件定义，进行了一些基本界面的布局管理。UserPanel 方法用于实现组件的布局，createTable 方法用于建立界面中的表格显示区域，createQueryBox 方法用于增加查询所需的“用户姓名”和“查询”按钮，createOperateBox 方法用于增加“删除用户”和“新建用户”按钮。

(2) 为窗体中的按钮添加相应的监听器，其定义代码如下：

```
    private void initListeners() {
        this.queryButton.addActionListener(new ActionListener() {
            public void actionPerformed(ActionEvent arg0) {
                query();  //查询
            }
```

```
        });
        this.newButton.addActionListener(new ActionListener() {
            public void actionPerformed(ActionEvent arg0) {
                addUser(); //添加
            }
        });
        this.deleteButton.addActionListener(new ActionListener() {
            public void actionPerformed(ActionEvent arg0) {
                deleteUser(); //删除
            }
        });
    }
```

(3) 实现了各按钮的事件监听器后，分别调用 query、addUser 和 deleteUser 方法，在这些方法中进行具体的逻辑判断。其定义代码如下：

```
    //查询
    private void query() {
        String realName = this.realName.getText();
        List<User> users = ApplicationContext.userService.query(realName);
        this.tableModel.setDatas(users);
        this.dataTable.updateUI();
    }
    //添加
    private void addUser() {
        this.addUserDialog.setVisible(true);
    }
    //删除
    private void deleteUser() {
        String userId = ViewUtil.getSelectValue(this.dataTable, "id");
        if (userId == null) {
            ViewUtil.showWarn("请选择需要操作的用户", this);
            return;
        }
        int result = ViewUtil.showConfirm("是否要删除?", this);
        if (result == 0) {
            try {
                ApplicationContext.userService.delete(userId);
                this.readData();
            } catch (Exception e) {
                ViewUtil.showWarn(e.getMessage(), this);
            }
        }
    }
```

在以上代码的 query 方法中，userService 是业务逻辑实例对象，调用其 query 方法查询指定的用户名信息。然后利用 setDatas 方法读取信息，最后通过 dataTable 对象的 updateUI 方法将查询到的信息展示于窗体表格中。

(4) 实现窗体布局的具体方法的代码如下：

```
    //创建任务列表
    private void createTable() {
        this.tableModel = new UserTableModel();
        this.dataTable = new UserTable(this.tableModel);
this.dataTable.setPreferredScrollableViewportSize(new Dimension(500, 300));
        this.tableScrollPane = new JScrollPane(this.dataTable);
    }
    //创建操作区域 Box
    private void createOperateBox() {
```

```
        this.operateBox.add(this.newButton);
        this.operateBox.add(Box.createHorizontalStrut(30));
        this.operateBox.add(this.deleteButton);
        this.handleBox.add(this.operateBox);
    }
    //实现父类的抽象方法，读取数据
    public void readData() {
        List<User> users = ApplicationContext.userService.getUsers();
        this.tableModel.setDatas(users);
        this.dataTable.updateUI();
    }
    //创建查询区域
    private void createQueryBox() {
        this.queryBox.add(Box.createHorizontalStrut(100));
        this.queryBox.add(this.userNameLabel);
        this.queryBox.add(this.realName);
        this.queryBox.add(Box.createHorizontalStrut(20));
        this.queryBox.add(this.queryButton);
        this.queryBox.add(Box.createHorizontalStrut(100));
        this.handleBox.add(this.queryBox);
    }
```

在本模块的实现代码中，为了提高程序的健壮性，多次用到了异常处理机制。当 Java 运行环境接收到异常对象时，每个 catch 块都是专门用于处理该异常类及其子类的异常实例。当 Java 运行时环境接收到异常对象后，会依次判断该异常对象是否是 catch 块异常类或其子类的实例，如果是，Java 运行时环境将调用该 catch 块来处理该异常，否则再次拿该异常对象和下一个 catch 块里的异常类进行比较。

当程序进入负责异常处理的 catch 块时，系统生成的异常对象 ex 将会传给 catch 块后的异常形参，从而允许 catch 块通过该对象来获得异常的详细信息。在一个 try 块后可以有多个 catch 块，在 try 块后可以使用多个 catch 块是为了针对不同异常类提供不同的异常处理方式。当系统发生不同意外情况时，系统会生成不同的异常对象，Java 运行时就会根据该异常对象所属的异常类来决定使用哪个 catch 块来处理该异常。

通过在 try 块后提供多个 catch 块可以无须在异常处理块中使用 if、switch 判断异常类型，但依然可以针对不同异常类型提供相应的处理逻辑，从而提供更细致、更有条理的异常处理逻辑。通常情况下，如果 try 块被执行一次，则 try 块后只有一个 catch 块会被执行，绝不可能有多个 catch 块被执行。除非在循环中使用了 continue 开始下一次循环，下一次循环又重新运行了 try 块，这才可能导致多个 catch 块被执行。

try 块与 if 语句不一样，try 块后的花括号“{...}”不可以省略，即使 try 块里只有一行代码，也不可以省略这个花括号。同样道理，也不能省略 catch 块后的花括号“{...}”。并且 try 块里声明的变量是代码块内的局部变量，它只在 try 块内有效，catch 块中不能访问该变量。

11.7　个人任务管理模块

视频讲解　光盘：视频\第 11 章\个人任务管理模块.avi

本节将详细介绍个人管理模块的具体实现过程。

11.7.1 添加个人任务信息类

(1) 在工程中增加个人任务信息类 UserTransfer，该类封装了用户任务信息表的所有字段，将这些字段当作成员变量，并且通过 set 和 get 方法进行变量赋值和取值。类中还为上层接口方法提供了事件对象，以方便操作任务表信息。其定义代码如下：

```
public class UserTransfer extends ValueObject {
    //任务 ID
    private String TS_ID;
    //进行转发操作的用户
    private String USER_ID;
    //进行转发操作的目标用户
    private String TARGET_USER_ID;
    //进行转发操作的用户对该任务的转发时间
    private String OPERATE_DATE;
    public String getTS_ID() {
        return TS_ID;
    }
    public void setTS_ID(String ts_id) {
        TS_ID = ts_id;
    }
    public String getUSER_ID() {
        return USER_ID;
    }
    public void setUSER_ID(String user_id) {
        USER_ID = user_id;
    }
    public String getTARGET_USER_ID() {
        return TARGET_USER_ID;
    }
    public void setTARGET_USER_ID(String target_user_id) {
        TARGET_USER_ID = target_user_id;
    }
    public String getOPERATE_DATE() {
        return OPERATE_DATE;
    }
    public void setOPERATE_DATE(String operate_date) {
        OPERATE_DATE = operate_date;
    }
}
```

(2) 定义个人任务操作类 UserTransferDao，在该类中定义了任务保存接口方法，用于将新添加的任务保存到用户任务信息表中。其定义代码如下：

```
public interface UserTransferDao {
    /**  * 保存一条转发记录 */
    void save(UserTransfer ut);
     /**  * 查找用户进行转发操作的转发记录 */
    List<UserTransfer> find(String userId);
}
```

以上代码中定义了接口方法。要实现个人任务信息的操作，就必须实现相应的接口方法。在实现接口方法时，需要针对不同的功能定义各自的数据库访问方法，以保证每个操作都相对独立，不会存在相互依赖的关系。

(3) 下面要为个人任务信息管理做好底层数据库的访问，上层业务实现开发人员只要查看底层设计数据操作的方法参数和返回类型，即可直接调用，代码如下：

```
public class UserTransferDaoImpl extends BaseDaoImpl implements UserTransferDao {
    public void save(UserTransfer ut) {
StringBuffer sql = new StringBuffer("insert into USER_TRANSFER values(ID, '");
        sql.append(ut.getTS_ID() + "', '")
        .append(ut.getUSER_ID() + "', '")
        .append(ut.getTARGET_USER_ID() + "', '")
        .append(ut.getOPERATE_DATE() + "')");
        getJDBCExecutor().executeUpdate(sql.toString());
    }
    public List<UserTransfer> find(String userId) {
        String sql = "select * from USER_TRANSFER ut where ut.USER_ID
= '" + userId + "'";
        return (List<UserTransfer>)getDatas(sql,
 new ArrayList(), UserTransfer.class);
    }
}
```

(4) 为业务层定义接口方法，其定义代码如下：

```
public interface TransactionService {
    /** * 根据处理人获取相应状态的任务 */
    List<Transaction> getHandlerTransaction(User user, String state);
      /** * 根据发起人获取相应状态的任务  */
    List<Transaction> getInitiatorTransaction(User user, String state);
     /** * 根据 id 获取任务对象  */
    Transaction get(String id);
     /** * 新增一个任务 */
    void save(Transaction t);
     /** * 催办任务  */
    void hurry(String id);
     /**  * 将任务状态设置为无效 */
    void invalid(String id);
     /** * 将任务状态设置为暂时不做 */
    void forAWhile(String id, String userId, Comment comment);
     /** * 将任务状态设置为不做   */
    void notToDo(String id, String userId, Comment comment);
     /**  * 完成任务  */
    void finish(String id, String userId, Comment comment);
     /**  转发任务  */
    void transfer(String targetUserId, String sourceUserId, Comment comment);
     /** * 查看任务  */
    Transaction view(String id);
}
```

TransactionService 类中定义了业务层可直接调用的接口，这样在业务层中看不到对数据库的访问，在维护代码时很方便。

(5) 接口方法的具体实现代码如下：

```
public class TransactionServiceImpl implements TransactionService {
    private TransactionDao transactionDao;
    private UserDao userDao;
    private CommentDao commentDao;
    private UserTransferDao userTransferDao;
    private LogDao logDao;
public TransactionServiceImpl(TransactionDao transactionDao, UserDao userDao, CommentDao
commentDao, UserTransferDao userTransferDao, LogDao logDao) {
        this.transactionDao = transactionDao;
        this.userDao = userDao;
```

```
        this.commentDao = commentDao;
        this.userTransferDao = userTransferDao;
        this.logDao = logDao;
    }
    public void invalid(String id) {
        //如果任务已经完成，则不可以设置其状态为无效
        Transaction t = this.transactionDao.find(id);
        if (t.getTS_STATE().equals(TransactionState.FINISHED)) {
            throw new BusinessException("任务已经完成，不可以设置为无效");
        } else {
            this.transactionDao.invalid(id);
        }
    }
    public void notToDo(String id, String userId, Comment comment) {
        Transaction t = this.transactionDao.find(id);
        //只有自己的任务才可以设置其状态为不做
        if (!t.getHANDLER_ID().equals(userId)) {
            throw new BusinessException("只能处理自己的任务");
        }
        //只有在进行中的任务与暂时不做的任务才可以改变为此状态
        if (t.getTS_STATE().equals(TransactionState.PROCESSING)
                || t.getTS_STATE().equals(TransactionState.FOR_A_WHILE)) {
            this.transactionDao.notToDo(id);
            //保存评论
            Integer commentId = this.commentDao.save(comment);
            createLog(id, userId, String.valueOf(commentId), " 决定不做");
        } else {
            throw new BusinessException("不可以置为暂时不做状态");
        }
    }
```

以上代码中定义了 TransactionServiceImpl 类的构造方法，传入了该类将要实现的所有操作所要引用到的实例对象，其中 invalid 方法用于将任务置为无效状态，notToDo 方法用于查询出暂时不做的任务信息。

(6) 定义用于将任务置为完成状态和记录操作日志的方法，其定义代码如下：

```
    public void finish(String id, String userId, Comment comment) {
        Transaction t = this.transactionDao.find(id);
        //只有自己的任务才可以设置其状态为完成
        if (!t.getHANDLER_ID().equals(userId)) {
            throw new BusinessException("只能处理自己的任务");
        }
        //只有在进行中的任务与暂时不做的任务才可以改变为此状态
        if (t.getTS_STATE().equals(TransactionState.PROCESSING)
                || t.getTS_STATE().equals(TransactionState.FOR_A_WHILE)) {
            this.transactionDao.finish(id, ViewUtil.formatDate(new Date()));
            //保存评论
            Integer commentId = this.commentDao.save(comment);
            createLog(id, userId, String.valueOf(commentId), "做完了");
        } else {
            throw new BusinessException("只有进行中或者暂时不做的任务才可以完成");
        }
    }
    /** 创建日志*/
    private void createLog(String tsId, String handlerId, String commentId, String desc)
{
        Log log = new Log();
        log.setCOMMENT_ID(commentId);
        log.setHANDLER_ID(handlerId);
```

```
        log.setLOG_DATE(ViewUtil.timeFormatDate(new Date()));
        log.setTS_ID(tsId);
        log.setTS_DESC(desc);
        this.logDao.save(log);
    }
}
```

到此为止，已经实现了一个事务接口实现类，其中包含个人任务管理模块和公司任务管理模块中相关接口的具体实现。由于篇幅限制，在此只列出部分方法的具体实现，读者可以参考本书附带光盘中提供的源代码。

11.7.2　实现个人任务管理窗体

(1) 创建个人任务管理类 MyTransactionPanel，继承自定义基类 BasePanel，用于装载显示窗体的数据。同时定义 MyTransactionPanel 构造方法，实现窗体的初始化。此外还增加了相应的监听器。其定义代码如下：

```
public class MyTransactionPanel extends BasePanel {
public MyTransactionPanel() {
        this.vtDialog = new ViewTransactionDialog();
        this.htDialog = new HandleTransactionDialog(this);
        this.transferDialog = new TransferTransactionDialog(this);
        BoxLayout mainLayout = new BoxLayout(this, BoxLayout.Y_AXIS);
        this.setLayout(mainLayout);
        createTable();
        createQueryBox();
        createOperateBox();
        this.handleBox.add(Box.createVerticalStrut(20));
        this.handleBox.add(this.queryBox);
        this.handleBox.add(Box.createVerticalStrut(20));
        this.handleBox.add(this.operateBox);
        this.handleBox.add(Box.createVerticalStrut(20));
        this.add(this.handleBox);
        this.add(this.tableScrollPane);
        initListeners();
    }
    //初始化按钮监听器
    private void initListeners() {
        this.queryButton.addActionListener(new ActionListener() {
            public void actionPerformed(ActionEvent arg0) {
                query();  //查询任务
            }
        });
        this.finishButton.addActionListener(new ActionListener() {
            public void actionPerformed(ActionEvent arg0) {
                finish();  //设置任务状态为完成
            }
        });

        this.notToDoButton.addActionListener(new ActionListener() {
            public void actionPerformed(ActionEvent arg0) {
                notToDo();  //设置任务状态为暂时不做
            }
        });
    }
```

(2) 下面给出用于查询任务和设置任务状态为完成的方法的具体实现，其代码如下：

```
private void query() {
        State state = (State)this.stateSelect.getSelectedItem();
        this.currentState = state.getValue();
        readData();
    }
private void finish() {
        String id = ViewUtil.getSelectValue(this.dataTable, "id");
        if (id == null) {
            ViewUtil.showWarn("请选择需要操作的任务", this);
            return;
        }
        //得到任务对象
        Transaction t = ApplicationContext.transactionService.get(id);
        //显示处理对话框
        this.htDialog.setTransaction(t);
        this.htDialog.setHandler(this.finishHandler);
        this.htDialog.setVisible(true);
    }
```

个人任务管理窗体的运行效果如图 11-17 所示。

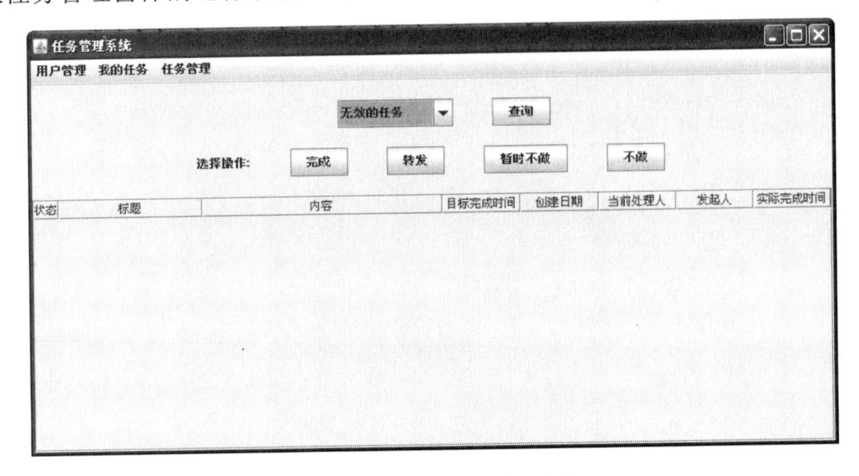

图 11-17 个人任务管理窗体

11.8 公司任务管理模块

视频讲解 光盘：视频\第 11 章\公司任务管理模块.avi

本节将详细介绍公司任务管理模块的具体实现过程。

11.8.1 添加公司任务信息类

(1) 在工程中增加公司任务信息类 Transaction，该类封装了任务信息表的所有字段，将这些字段当作成员变量。类中还为上层接口方法提供了事件对象，以方便操作任务表信息。其部分定义代码如下：

```
public class Transaction extends ValueObject {
    //任务标题
    private String TS_TITLE;
```

```
    //任务内容
    private String TS_CONTENT;
    //目标完成日期
    private String TS_TARGETDATE;
    //实际完成日期
    private String TS_FACTDATE;
    //任务建立日期
    private String TS_CREATEDATE;
    //发起人 ID
    private String INITIATOR_ID;
    private User initiator;//发起人与任务的关系
    //当前处理人 ID
    private String HANDLER_ID;
    private User handler;
    //上一个处理人 ID
    private String PRE_HANDLER_ID;
    private User preHandler;
    //任务状态
    private String TS_STATE;
```

(2) 定义公司任务操作类 TransactionDao，在该类中定义了公司任务管理接口方法，通过这些接口方法可以实现数据库的修改操作。其定义代码如下：

```
public interface TransactionDao {
    /** * 根据处理人 ID 与任务状态查找任务* /
    List<Transaction> findHandlerTransactions(String state, String userId);
     /** * 保存任务  */
    void save(Transaction t);
     /**  * 根据发起人 ID 与任务状态查找任务  */
    List<Transaction> findInitiatorTransactions(String state, String userId);
     /**  * 催办任务 */
    void hurry(String id);
     /**  * 将任务状态设置为无效  */
    void invalid(String id);
     /**  根据 ID 查找任务 */
    Transaction find(String id);
     /** * 将任务状态设置为暂时不做 */
    void forAWhile(String id);
    /**   将任务状态设置为不做 */
    void notToDo(String id);
     /* * 将任务状态设置为完成 */
    void finish(String id, String date);
     /** *  改变任务的处理人  */
    void changeHandler(String currentHandlerId, String preHandlerId,
            String transactionId);
}
```

以上代码中定义了公司任务管理接口方法。要实现公司任务信息的操作，就必须实现相应的接口方法。在实现接口方法时，需要针对不同的功能定义各自的数据库访问方法。

(3) 部分接口方法的具体实现代码如下：

```
public class TransactionDaoImpl extends BaseDaoImpl implements TransactionDao {
    /* * 保存一个任务对象*/
    public void save(Transaction t) {
StringBuffer sql = new StringBuffer("insert into T_TRANSACTION values(ID, '");
        sql.append(t.getTS_TITLE() + "', '")
        .append(t.getTS_CONTENT() + "', '")
        .append(t.getTS_TARGETDATE() + "', '")
        .append(t.getTS_FACTDATE() + "', '")
```

```
        .append(t.getTS_CREATEDATE() + "', ")
        .append(t.getINITIATOR_ID() + ", ")
        .append(t.getHANDLER_ID() + ", ")
        .append(t.getPRE_HANDLER_ID() + ", '")
        .append(t.getTS_STATE() + "', '0')");
        getJDBCExecutor().executeUpdate(sql.toString());
    }
    public void invalid(String id) {
        String sql = "update T_TRANSACTION ts set ts.TS_STATE = '" +
        TransactionState.INVALID + "' where ts.ID = '" + id + "'";
        getJDBCExecutor().executeUpdate(sql.toString());
    }
    public Transaction find(String id) {
        String sql = "select * from T_TRANSACTION ts where ts.ID = '" + id + "'";
        List<Transaction> result = (List<Transaction>)getDatas(sql.toString(),
                new ArrayList(), Transaction.class);
        return result.size() == 1 ? result.get(0) : null;
    }
    public void notToDo(String id) {
        String sql = "update T_TRANSACTION ts set ts.TS_STATE = '" +
        TransactionState.NOT_TO_DO + "' where ts.ID = '" + id + "'";
        getJDBCExecutor().executeUpdate(sql.toString());
    }
    public void finish(String id, String date) {
        String sql = "update T_TRANSACTION ts set ts.TS_STATE = '" +
        TransactionState.FINISHED + "', ts.TS_FACTDATE = '" + date +
        "', ts.IS_HURRY='0' where ts.ID = '" + id + "'";
        getJDBCExecutor().executeUpdate(sql.toString());
    }
    public void changeHandler(String currentHandlerId, String preHandlerId,
            String transactionId) {
        StringBuffer sql = new StringBuffer("update T_TRANSACTION ts set");
        sql.append(" ts.HANDLER_ID = '" + currentHandlerId + "', ")
        .append(" ts.PRE_HANDLER_ID = '" + preHandlerId + "' ")
        .append("where ts.ID = '" + transactionId + "'");
        getJDBCExecutor().executeUpdate(sql.toString());
    }
}
```

以上代码中，多次用到了修饰符 public。在 Java 语言中，为了严格控制访问权限，特意引进了修饰符这一概念。

(1) public 修饰符。

在 Java 程序中，如果将属性和方法定义为 public 类型，那么此属性和方法所在的类及其子类、同一个包中的类、不同包中的类都可以访问这些属性和方法。

(2) private 私有修饰符。

在 Java 程序里，如果将属性和方法定义为 private 类型，那么该属性和方法只能在自己的类中被访问，在其他类中不能被访问。

(3) protected 保护修饰符。

在 Java 程序里，如果将属性和方法定义为 protected 类型，那么该属性和方法只能在自己的子类和类中被访问。

(4) 其他修饰符。

前面讲解的三个修饰符是在 Java 中最常用的修饰符。除了这三个修饰符以外，Java 程序中还有许多其他的修饰符，具体如下。

- 默认修饰符：如果没有指定访问控制修饰符，则表示使用默认修饰符，这时变量和方法只能在自己的类及该类同一个包下的类中访问。
- static：被 static 修饰的变量为静态变量，被 static 修饰的方法为静态方法。
- final：被 final 修饰的变量在程序的整个执行过程中最多赋一次值，所以经常被定义为常量。
- transient：只能修饰非静态的变量。
- volatile：和 transient 一样，只能修饰变量。
- abstract：被 abstract 修饰的方法称为抽象方法。
- synchronized：只能修饰方法，不能修饰类和变量。

11.8.2　实现公司任务管理窗体

(1) 创建公司任务管理类 TransactionManagePanel，继承自定义基类 BasePanel，用于装载显示窗体的数据。同时定义该类的构造方法，实现窗体布局初始化。其定义代码如下：

```
public class TransactionManagePanel extends BasePanel {
public TransactionManagePanel() {
        this.vtDialog = new ViewTransactionDialog();
        this.newTransactionDialog = new NewTransactionDialog(this);
        BoxLayout mainLayout = new BoxLayout(this, BoxLayout.Y_AXIS);
        this.setLayout(mainLayout);
        createTable();   //建立显示数据的表格
        createQueryBox(); //建立查询
        createOperateBox(); //增加操作按钮
        this.handleBox.add(Box.createVerticalStrut(20));
        this.handleBox.add(this.queryBox);
        this.handleBox.add(Box.createVerticalStrut(20));
        this.handleBox.add(this.operateBox);
        this.handleBox.add(Box.createVerticalStrut(20));
        this.add(this.handleBox);
        this.add(this.tableScrollPane);
        initListeners();  //增加监听器
    }
private void initListeners() {
        this.queryButton.addActionListener(new ActionListener() {
            public void actionPerformed(ActionEvent arg0) {
                query(); //查询公司任务
            }
        });
        this.newButton.addActionListener(new ActionListener() {
            public void actionPerformed(ActionEvent arg0) {
                newTransactionDialog.setVisible(true);
            }
        });
        this.hurryButton.addActionListener(new ActionListener() {
            public void actionPerformed(ActionEvent arg0) {
                hurry(); //催办任务
            }
        });
        this.invalidButton.addActionListener(new ActionListener() {
            public void actionPerformed(ActionEvent arg0) {
                invalid(); //设置任务状态为无效
            }
        });
```

以上代码中定义了 initListeners 方法，用于为公司任务管理窗体中的组件添加监听器。

(2) 下面给出查询任务、将任务状态设置为无效、催办任务等方法的具体实现，其部分代码如下：

```
//查询任务
    private void query() {
        State state = (State)this.stateSelect.getSelectedItem();
        this.currentState = state.getValue();
        readData();
    }
//将任务状态设置为无效
    private void invalid() {
        String id = ViewUtil.getSelectValue(this.dataTable, "id");
        if (id == null) {
            ViewUtil.showWarn("请选择需要操作的任务", this);
            return;
        }
        try {
            ApplicationContext.transactionService.invalid(id);
            readData();
        } catch (Exception e) {
            ViewUtil.showWarn(e.getMessage(), this);
        }
    }
//催办任务
    private void hurry() {
        String id = ViewUtil.getSelectValue(this.dataTable, "id");
        if (id == null) {
            ViewUtil.showWarn("请选择需要催办的任务", this);
            return;
        }
        try {
            ApplicationContext.transactionService.hurry(id);
            readData();
        } catch (Exception e) {
            ViewUtil.showWarn(e.getMessage(), this);
        }
    }
```

以上代码可以针对公司任务采取不同的操作，以实现公司任务的管理。代码中不直接访问数据库，而是调用相关对象的方法进行数据操作和逻辑判断，这意味着本项目真正实现了 Java 的三层开发模式。

(3) 如下代码也与公司任务管理窗体中的数据展示相关：

```
    //从数据库中读取数据
    private List<Transaction> getDatas() {
        User loginUser = ApplicationContext.loginUser;
        List<Transaction> datas = ApplicationContext.transactionService
        .getInitiatorTransaction(loginUser, currentState);
        return datas;
    }
    //任务管理界面读取数据，实现父类的抽象方法
    public void readData() {
        List<Transaction> datas = getDatas();
        this.tableModel.setDatas(datas);
        this.dataTable.updateUI();
    }
    //创建查询区域
    private void createQueryBox() {
```

```
        this.stateSelect.addItem(State.PROCESS_STATE);
        this.stateSelect.addItem(State.FINISHED_STATE);
        this.stateSelect.addItem(State.FOR_A_WHILE_STATE);
        this.stateSelect.addItem(State.NOT_TO_DO_STATE);
        this.stateSelect.addItem(State.INVALID_STATE);
        this.queryBox.add(Box.createHorizontalStrut(250));
        this.queryBox.add(Box.createHorizontalStrut(20));
        this.queryBox.add(this.stateLabel);
        this.queryBox.add(this.stateSelect);
        this.queryBox.add(Box.createHorizontalStrut(40));
        this.queryBox.add(this.queryButton);
        this.queryBox.add(Box.createHorizontalStrut(250));
    }
```

在以上代码中，getDatas 方法引用了 transactionService 实例对象的方法 getInitiator Transaction，能够根据任务发起人查询任务的当前状态，然后将返回的任务信息利用 readData 方法进行数据转换，最后通过调用 dataTable 对象的方法 updateUI 刷新窗体中的内容。

公司任务管理窗体的运行效果如图 11-18 所示。

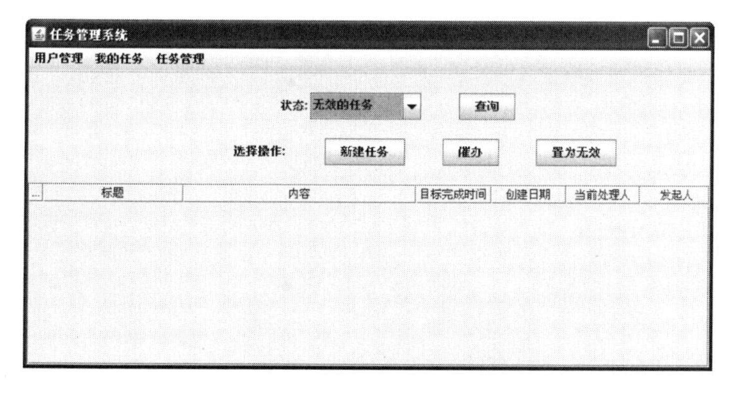

图 11-18　公司任务管理窗体

第 12 章　音像公司管家婆系统

企业管理软件是能够帮助企业管理者优化工作流程、提高工作效率的信息化系统。企业管理软件重视功能的全面性、流程的可控性、技术的先进性和系统的易用性。最常见的企业管理软件系统包括 ERP(企业资源计划)系统、CRM(客户关系管理)系统、HR(人力资源)管理系统、OA(办公自动化)系统、财务管理系统等。本章将通过一个具体实例来讲解使用 Java 语言编写音像公司管家婆系统的方法。

赠送的超值电子书

111.List 接口的实现类——LinkedList
112.处理优先级的 PriorityQueue 类
113.排序操作
114.使用 swap()交换集合中两个位置的内容
115.查找和替换
116.总结 Java 中处理排序的问题
117.体会 List 中的额外方法——iterator
118.HashMap 和 Hashtable 之间的选择
119.体验数组的优良性能
120.LmkedList、ArrayList、Vector 性能分析

12.1 走向架构师之路

视频讲解 光盘：视频\第 12 章\走向架构师之路.avi

程序员的水平有高有低，职位也不尽相同。如果立志向技术方面发展，那么在众多的职位中，可以选择架构师为目标。

12.1.1 什么是架构师

架构师是软件开发行业中的一种新兴职业，工作职责是在软件项目开发过程中，将客户的需求转换为规范的开发计划及文本，并制定这个项目的总体架构，指导整个开发团队完成这个项目。架构师的主要任务不是从事具体的软件程序的编写，而是从事更高层次的架构开发工作。架构师必须对开发技术非常了解，并且需要有良好的组织管理能力。可以这样说，一个架构师工作的好坏决定了整个软件开发项目的成败。

架构师实际上就是软件的总体设计师，是客户需求和开发者之间的桥梁。在软件行业中，一般提到的架构师是技术架构师，而忽略了领域架构师的概念。一个好的领域专家一定是业务领域的架构师，他能够给出某一个业务领域的架构，可以称之为业务架构，只有技术架构和业务架构紧密结合，才有可能真正创造出一个好的系统。

软件架构师在整个软件开发过程中都起着重要的作用，而且其职责或关注点会随着开发进程的推进不断地变化。在需求阶段，软件架构师主要负责理解和管理非功能性系统需求，比如软件的可维护性、性能、复用性、可靠性、有效性和可测试性等。此外，架构师还要经常审查客户及市场人员所提出的需求，确认开发团队所提出的设计。在需求越来越明确后，架构师的关注点开始转移到组织开发团队成员和开发过程定义上。在软件设计阶段，架构师负责对整个软件体系结构、关键构件、接口和开发策略的设定。在编码阶段，架构师则成为详细设计者和代码编写者的顾问，并且经常性地要举行一些技术研讨会、技术培训班等。随着软件开始测试、集成和交付，集成和测试支持将成为软件架构师的工作重点。在软件维护开始时，软件架构师就开始为下一版本的产品是否应该增加新的功能模块进行决策。

12.1.2 赢在架构——如何成为一名架构师

在软件开发过程中，一名优秀的软件架构师的重要性是不应被低估的。那么，究竟如何才能成为优秀的软件架构师呢？

- 必须具有丰富的软件设计与开发经验，这有助于理解并解释所进行的设计是如何映射到实现中去的。
- 要具有领导能力与团队协作技能。软件架构师必须是一个得到承认的技术领导，能在关键时刻对技术的选择做出及时、有效的决定。
- 具有很强的沟通能力。软件架构师需要与各路人马打交道，包括客户、市场人员、开发人员、测试人员、项目经理、网络管理员、数据库工程师等，而且在很多角色之间还要起沟通者的作用。

- 需要时刻注意新软件设计和开发方面的发展情况，并不断探索更有效的新方法。开发语言、设计模式和开发平台在不断地升级，软件架构师需要吸收这些新技术、新知识，并将它们用于软件系统开发工作中。
- 具备行业的业务知识，这有助于设计出一个满足客户需求的体系结构。优秀的软件架构师常常因为要尽快获得对行业业务的理解而必须快速学习并且进行敏锐的观察。

12.1.3　赢在架构——何种架构才算是一个“美丽”的架构

无论是一个大规模的电信网络管理系统、大规模应用的互联网架构还是企业级的 ERP 系统，很多时候不可能一开始就设计出最完美的解决方案。系统应该随着规模的变化不断演进，这样的系统才是科学的、经济的。

架构之美体现在关注点的分离和结合上。在软件设计中，我们需要考虑多方面的关注点，漂亮的架构就要让这些关注点尽可能分离，然后以最简单的方式结合，从而得到高内聚、低耦合的系统。

在现实应用中，一般有如下三种评估架构的方式。

(1) 确定架构属性，通过建模或者模拟系统的一个或者多个方面实现。

例如，通过性能建模来评估系统的吞吐量和伸缩性，通过失效树模型来评估系统的可靠性和可访问性，还有复杂性和耦合性指标，可用于评估可变性和可维护性。

(2) 质询评估法，即通过对架构师的质询来评估架构。

有许多结构化的质询方法，通过组织内的专家或者一些领域专家对架构师的质询来评估架构。

(3) 架构折中分析法。

这是质询评估法的变体，它通过寻找架构中不能满足品质关注点的风险来评估架构。这种方法使用特定场景进行分析，每种场景描述特定利益相关人对系统的品质关注点，然后由架构师来解释如何支持每一种场景。

12.1.4　赢在架构——如何打造一个美丽的架构

(1) 要明确系统的关注点。

要明确系统需要考虑哪些关注点，其中又有哪些关注点是需要重点考虑的。没有一个系统能够完美地满足所有关注点，对其中一个关注点的完美满足就是对另外一个关注点的不完美满足，所以架构是一种折中，一种针对特定系统重要关注点的折中满足。发现特定系统中的重要关注点，以及满足这些关注点的条件，是我们取得架构的方法。

另外，项目中的不同群体对系统有不同的关注点，具体如下。

- 投资人：关注的项目是否可以在给定的资源和进度约束下完成。

- 架构师、开发人员、测试人员：关注的是系统最初的构建和以后的维护、演进。
- 项目经理：关注的是如何组织团队，指定迭代计划。
- 客户：关心的所有关注点是否得到了合适的满足。

设计架构时要与相关利益群体沟通、明确这些关注点和约束，并为它们排列优先级。

(2) 确定一组要遵循的规则。

这组规则有助于消除复杂性，并可以用于指导详细设计和系统验证。设计规则可能表现为特定的抽象，这些抽象总是以同样的方式使用；设计规则还表现为一种模式，如管道模式和过滤器模式。系统中处处使用相同的设计规则，整个设计概念具有完整性。设计规则还体现在符合法规和安全性的要求。

(3) 确保设计概念在实现时得到一致体现。

(4) 好的架构来自于更好的架构师提供的现场指导，原因在于一些关注点是很多系统的共性。

- 功能性：产品向其用户提供哪些功能？
- 可变性：软件将来可能要发生哪些改变？
- 性能：产品将达到怎样的性能？
- 容量：多少用户将并发使用该系统？该系统为多少用户保存数据？
- 生态系统：在部署的生态环境中，该系统与其他系统进行哪些交互？
- 模块化：如何将编写软件的任务分解为可指派的工作？特别是这些模块如何进行独立开发，并能够准确而容易地满足彼此的需要？
- 可构建性：如何将软件构建为一组组件，并能够独立实现和验证这些组件？哪些组件应该复用其他的产品？哪些应该从外部供应商处获得？
- 产品化：如果产品将以几种变体的形式存在，如何开发一个产品线，并利用这些变体的共性？产品线中的产品以怎样的步骤开发？是否可以开发最小的产品，然后再添加、扩展组件？在不改变以前编写的代码的情况下，如何开发产品线的其他成员？
- 安全性：产品是否需要用户认证？如何保障数据的安全性？如何抵挡外来的攻击？

最后想说的是，架构之路并不平坦，需要我们不断探索、不断实践。在自己的成长之路上，每一滴汗水才是自己成长的记号。

12.2 组建团队

视频讲解 光盘：视频\第 12 章\组建团队.avi

本项目是为某音像公司开发一个管家婆系统，有效的项目团队由担当各种角色的人员所组成，每位成员扮演一个或多个角色，常见的一些项目角色如表 12-1 所示。

表 12-1　常见的项目角色

角　色	描述及要求	来　源
项目经理	项目管理人员，要求具有良好的沟通能力和管理能力	开发部或专家库
客户经理	市场人员	市场部
技术经理	开发过程中负责技术管理的人员	开发部或专家库
售前工程师	知识全面、表达能力优秀	专家库
需求分析师	业务专家	专家库
系统架构师	技术能力突出，有丰富的项目经验	专家库
界面设计师	具有一定的业务知识，能快速设计用户界面	专家库
系统设计师	设计人员	专家库
数据库设计师	数据库设计人员	专家库
数据库管理员	DBA	开发部
技术支持工程师	硬件、网络支撑	系统集成部
程序员	包括界面开发工程师、业务逻辑开发工程师、数据库开发工程师等	开发部
质量保证工程师	质量管理和质量控制人员	质量管理部
测试人员	对业务非常熟悉，能从功能和性能方面测试系统	质量管理部
产品包装师	包装产品，包括各种交付的文档	产品部

以上每个角色都应该有清晰的工作定位，并要求具有相应的技能，能在项目的各个阶段出色完成任务，这是保证项目成功的最基本的条件。在项目开发过程中，系统设计阶段要决定项目或软件系统“怎样做”，要解决系统应该如何实现的问题，设计团队以及该团队的工作成绩对于整个系统来说至关重要。

设计团队一般由 3～8 名设计人员组成，具体如下。

- 1 名项目经理。
- 1～2 名项目前期成员。
- 1 名系统架构师。
- 2～4 名设计人员。
- 1 名数据库设计人员。
- 1 名用户界面设计人员。

设计团队需要完成的工作如下。

- 制定项目开发计划。
- 确定系统软硬件配置最佳方案。
- 确定系统开发平台以及开发工具。
- 确定系统软件结构。
- 确定系统功能模块以及各个模块之间的关系。
- 确定系统测试方案。
- 提交系统数据库设计方案。
- 提交系统概要设计文档。

由于应用软件需求经常变化，因此设计需要考虑系统可扩展性，并需要在设计过程中对于重要的环节和用户进行及时沟通。

12.3 搭建数据库

视频讲解 光盘：视频\第 12 章\搭建数据库.avi

本系统采用 Java 和 SQL Sever 数据库实现，下面将详细讲解具体操作步骤。

12.3.1 数据库结构的设计

数据库在整个系统中占有十分重要的地位，用户首先要安装好 SQL Sever 数据库，这里以 SQL Sever 2000 为例进行讲解。完成安装后，用户选择企业管理器，创建一个 db-JXC 数据库，然后创建需要的表。

用于管理用户的数据库表 Tb_userlist 如图 12-1 所示。

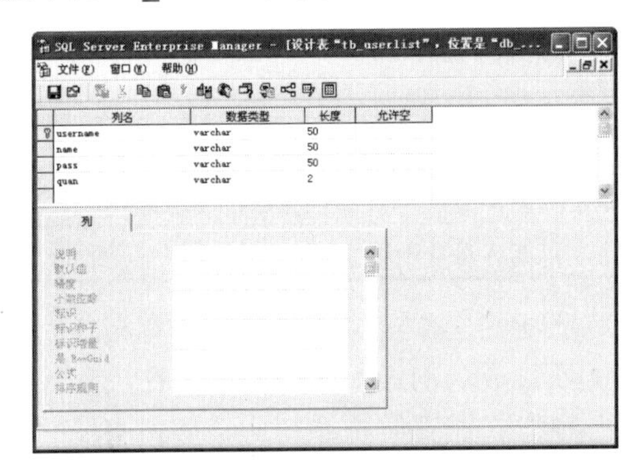

图 12-1 用户管理表

供应商信息表 tb_gysinfo 如图 12-2 所示，商品信息表 tb_spinfo 如图 12-3 所示。

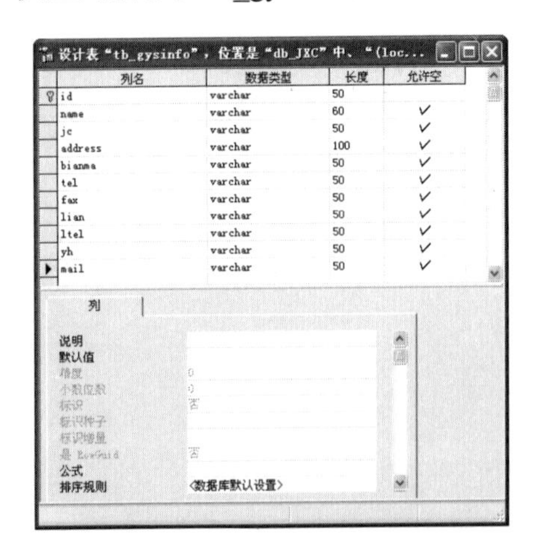

图 12-2 供应商信息表

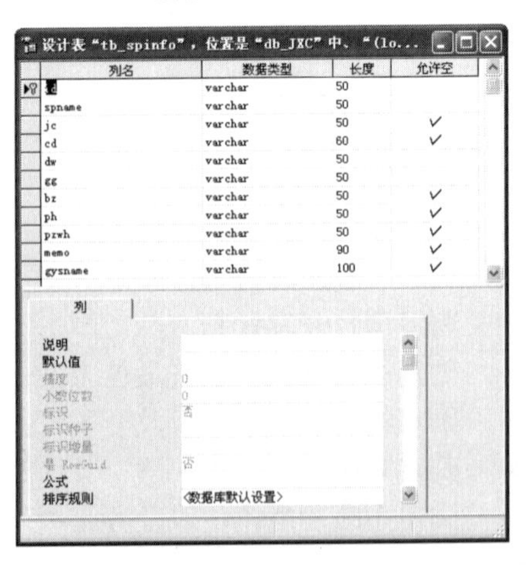

图 12-3 商品信息表

销售主表 tb_sell_main，如图 12-4 所示，销售明细表 tb_sell_detail，如图 12-5 所示。

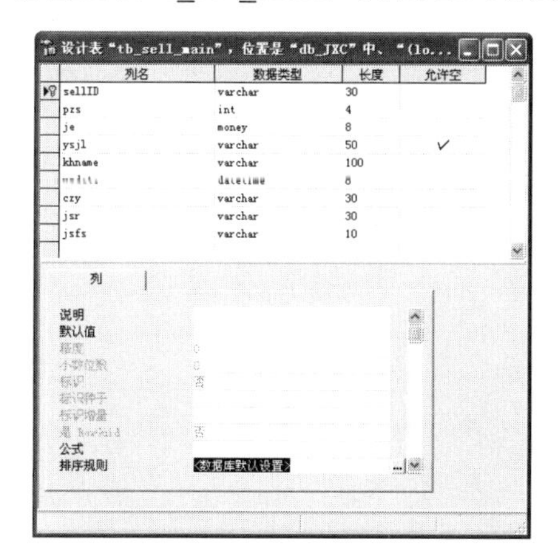

图 12-4　销售主表

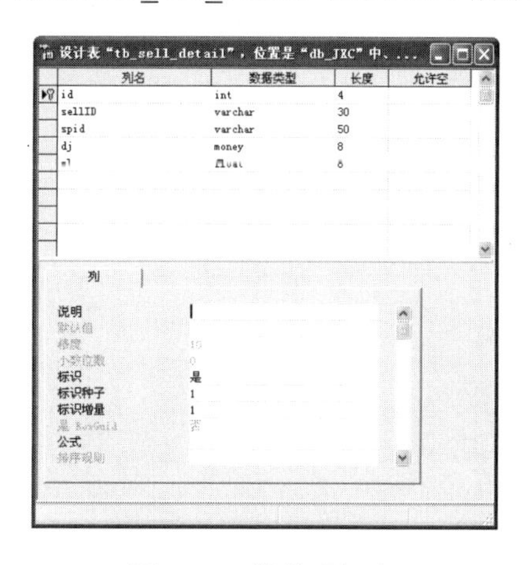

图 12-5　销售明细表

其他几张表如图 12-6～图 12-11 所示。

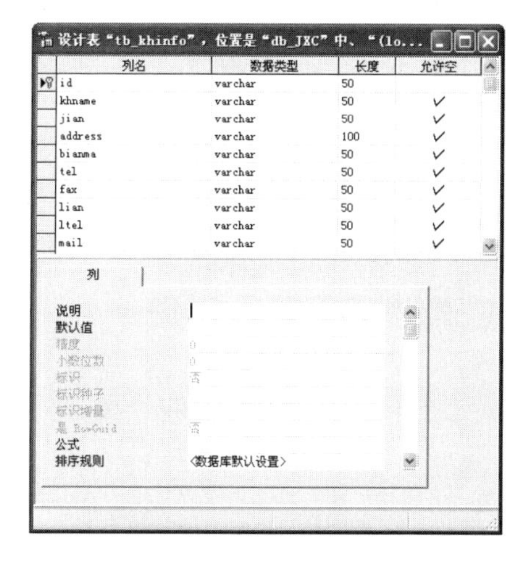

图 12-6　tb_khinfo 表

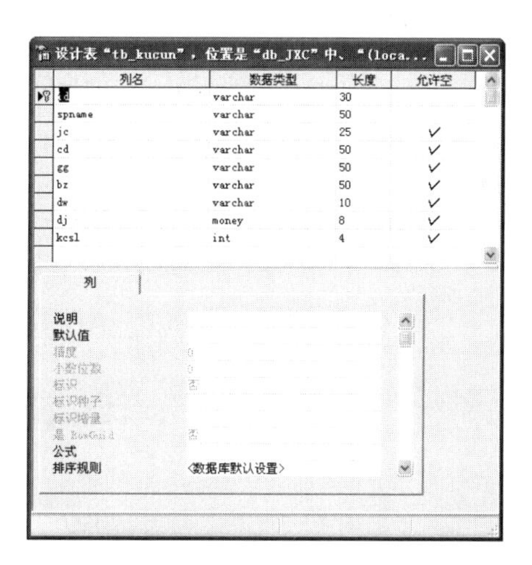

图 12-7　tb_kucun 表

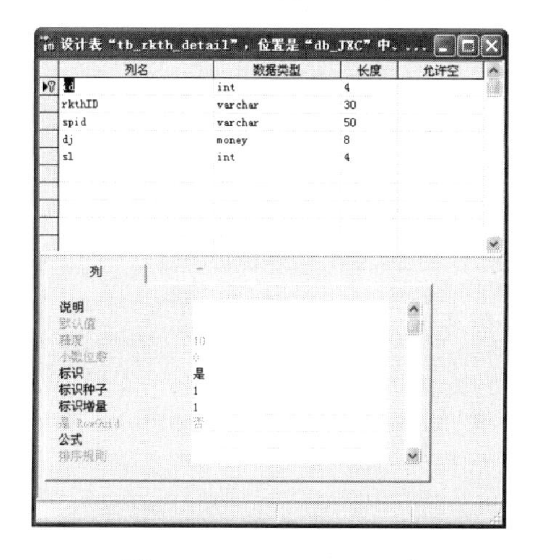

图 12-8　tb_rkth_detail 表

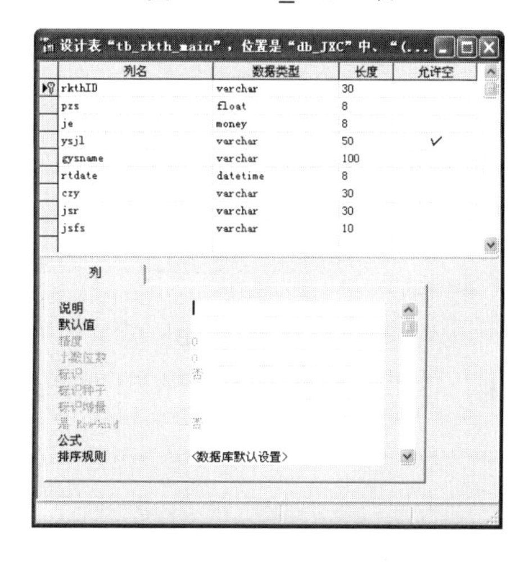

图 12-9　tb_rkth_main 表

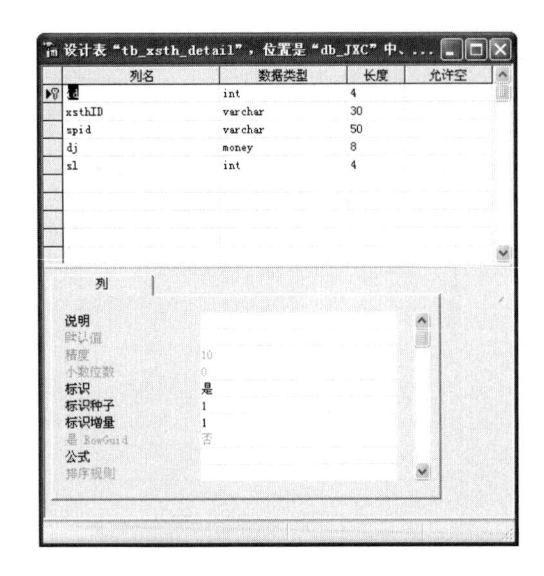

图 12-10　tb_xsth_detail 表

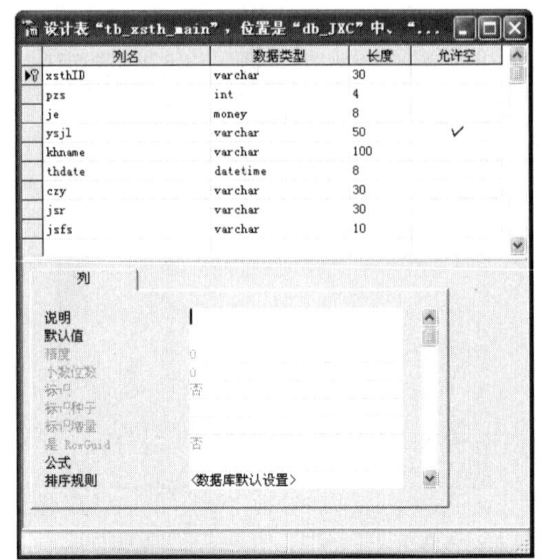

图 12-11　tb_xsth_main 表

12.3.2　下载并安装 SQL Server JDBC 驱动

在 Java 程序中连接 SQL Sever 数据库时，必须先下载 JDBC 驱动。

(1) 在搜索引擎中输入 SQL Server 2000 Driver for JDBC，进行搜索并下载相应软件，下载后双击软件进行安装。安装完成后，打开安装文件夹下的 lib 文件夹，如图 12-12 所示。

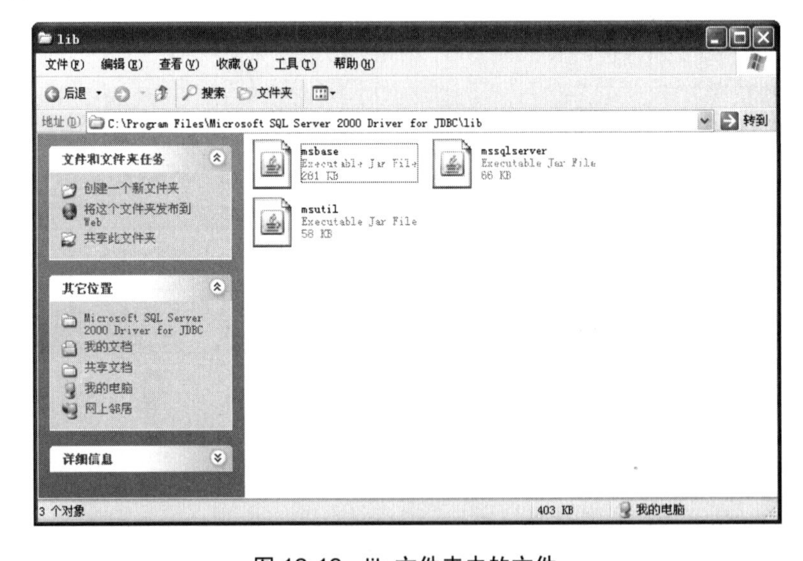

图 12-12　lib 文件夹中的文件

(2) 对环境变量 CLASSPATH 指定 lib 文件夹中的三个文件的路径，如图 12-13 所示。

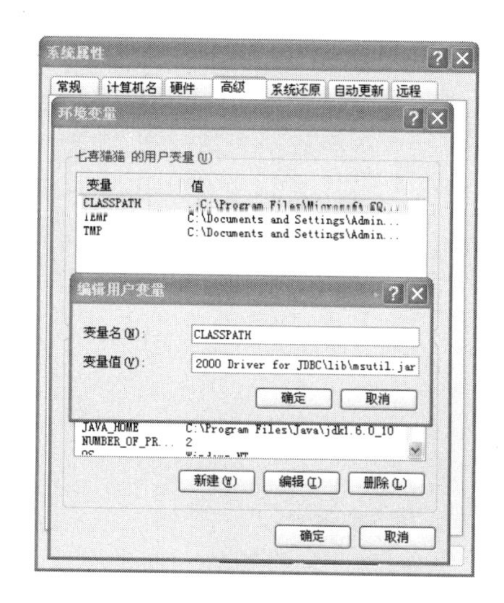

图 12-13　设置 CLASSPATH

12.4　具体编码

视频讲解　光盘：视频\第 12 章\具体编码.avi

本节讲解具体的编码过程。将用户的需求变成真正可用的软件系统，是通过编码和系统实现阶段完成的。虽然软件的质量主要取决于系统设计的质量，但是编码的途径和实现的具体方法也会对程序的可靠性、可读性、可测试性和可维护性产生深远的影响。编码阶段要根据用户对项目进度的要求灵活组织开发团队，一般包括 5～15 人。为了工作的连贯性，同时也为了解决在开发过程中用户需求有可能变化的因素，开发团队应该保留 1～3 名设计团队的成员。

在开发过程中，项目经理的角色非常重要，项目经理负责项目组开发人员的日常管理，并控制项目的进度，还要负责和设计部门、市场部门以及客户之间进行必要的沟通。项目组通常由多个部门的人员共同组成，因此，一定要保证统一管理，理想状态是项目经理全权负责项目组人员的人员工作安排、业绩考核、工资奖金等，因为项目经理最了解项目组成员的工作态度和工作业绩。在大型项目开发团队中，一般应该设立专门的技术经理岗位，负责对项目组的技术方案进行管控。技术经理在项目开发过程中需要注意程序风格、编码规范等问题，并必须进行有效的代码管理(版本管理)。

另外，开发过程还应该进行系统的单元测试工作，确保各个独立模块功能的正确性和性能满足需求说明书的要求。开发团队应该完成的工作如下。

- 编写系统的实现代码。
- 进行单元测试。
- 提交源代码清单。
- 提交单元测试报告。

12.4.1 登录窗口

在本项目中，登录窗口是启动系统后显示的第一个窗口，对应的实现文件是 Long.java、LongPanel.java 和 Main.java。其中，Long.java 文件的代码如下：

```
public class Login extends JFrame {
    private JLabel userLabel;
    private JLabel passLabel;
    private JButton exit;
    private JButton login;
    private Main window;
    private static TbUserlist user;
    public Login() {
        setIconImage(new ImageIcon("res/main1.gif").getImage());
        setTitle("猫猫音响公司管家婆系统");
        final JPanel panel = new LoginPanel();
        panel.setLayout(null);
        getContentPane().add(panel);
        setBounds(300, 200, panel.getWidth(), panel.getHeight());
        userLabel = new JLabel();
        userLabel.setText("用户名：");
        userLabel.setBounds(140, 160, 200, 18);
        panel.add(userLabel);
        final JTextField userName = new JTextField();
        userName.setBounds(190, 160, 200, 18);
        panel.add(userName);
        passLabel = new JLabel();
        passLabel.setText("密  码：");
        passLabel.setBounds(140, 200, 200, 18);
        panel.add(passLabel);
        final JPasswordField userPassword = new JPasswordField();
        userPassword.addKeyListener(new KeyAdapter() {
            public void keyPressed(final KeyEvent e) {
                if (e.getKeyCode() == 10)
                    login.doClick();
            }
        });
        userPassword.setBounds(190, 200, 200, 18);
        panel.add(userPassword);
        login = new JButton();
        login.addActionListener(new ActionListener() {
            public void actionPerformed(final ActionEvent e) {
                user = Dao.getUser(userName.getText(), userPassword.getText());
                if (user.getUsername() == null || user.getName() == null) {
                    userName.setText(null);
                    userPassword.setText(null);
                    return;
                }
                setVisible(false);
                window = new Main();
                window.frame.setVisible(true);
            }
        });
        login.setText("登录");
        login.setBounds(200, 250, 60, 18);
        panel.add(login);
        exit = new JButton();
        exit.addActionListener(new ActionListener() {
```

```
            public void actionPerformed(final ActionEvent e) {
                System.exit(0);
            }
        });
        exit.setText("退出");
        exit.setBounds(280, 250, 60, 18);
        panel.add(exit);
        setVisible(true);
        setResizable(false);
        setDefaultCloseOperation(WindowConstants.DO_NOTHING_ON_CLOSE);
    }
    public static TbUserlist getUser() {
        return user;
    }
    public static void setUser(TbUserlist user) {
        Login.user = user;
    }
}
```

LongPanel.java 文件的代码如下：

```
public class LoginPanel extends JPanel {
    protected ImageIcon icon = new ImageIcon("res/login.jpg");
    public int width = icon.getIconWidth(), height = icon.getIconHeight();
    public LoginPanel() {
        super();
        setSize(width, height);
    }
    protected void paintComponent(Graphics g) {
        super.paintComponent(g);
        Image img = icon.getImage();
        g.drawImage(img, 0, 0,getParent());
    }
}
```

12.4.2　主窗口

在登录窗口中输入用户名和密码并成功登录后，需要显示一个操作的界面，即主窗口界面，其实现代码如下：

```
public class Main {
    private JDesktopPane desktopPane;
    private JMenuBar menuBar;
    protected JFrame frame;
    private JLabel backLabel;
    // 创建窗体的 Map 类型集合对象
    private Map<String, JInternalFrame> ifs = new HashMap<String, JInternalFrame>();
    // 创建 Action 动作的 ActionMap 类型集合对象
    private ActionMap actionMap = new ActionMap();
    // 创建并获取当前登录的用户对象
    private TbUserlist user = Login.getUser();
    private Color bgcolor = new Color(Integer.valueOf("ECE9D8", 16));
    public Main() {
        Font font = new Font("宋体", Font.PLAIN, 12);
        UIManager.put("Menu.font", font);
        UIManager.put("MenuItem.font", font);
        // 调用 initialize()方法初始化菜单、工具栏、窗体
        initialize();
    }
```

```
public static void main(String[] args) {
    SwingUtilities.invokeLater(new Runnable() {
        public void run() {
            new Login();
        }
    });
}
private void initialize() {
    frame = new JFrame("猫猫音响公司管家婆系统");
    frame.addComponentListener(new ComponentAdapter() {
        public void componentResized(final ComponentEvent e) {
            if (backLabel != null) {
                int backw = ((JFrame) e.getSource()).getWidth();
                ImageIcon icon = backw <= 800 ? new ImageIcon(
                        "res/welcome.jpg") : new ImageIcon(
                        "res/welcomeB.jpg");
                backLabel.setIcon(icon);
                backLabel.setSize(backw, frame.getWidth());
            }
        }
    });
    frame.setIconImage(new ImageIcon("res/main1.gif").getImage());
    frame.getContentPane().setLayout(new BorderLayout());
    frame.setBounds(100, 100, 800, 600);
    frame.setDefaultCloseOperation(JFrame.EXIT_ON_CLOSE);
    desktopPane = new JDesktopPane();
    desktopPane.setBackground(Color.WHITE); // 白色背景
    frame.getContentPane().add(desktopPane);
    backLabel = new JLabel();
    backLabel.setVerticalAlignment(SwingConstants.TOP);
    backLabel.setHorizontalAlignment(SwingConstants.CENTER);
    desktopPane.add(backLabel, new Integer(Integer.MIN_VALUE));
    menuBar = new JMenuBar();
    menuBar.setBounds(0, 0, 792, 66);
    menuBar.setBackground(bgcolor);
    menuBar.setBorder(new LineBorder(Color.BLACK));
    menuBar.setBorder(new BevelBorder(BevelBorder.RAISED));
    frame.setJMenuBar(menuBar);
    menuBar.add(getBasicMenu());                // 添加"基础信息管理"菜单
    menuBar.add(getJinHuoMenu());               // 添加"进货管理"菜单
    menuBar.add(getSellMenu());                 // 添加"销售管理"菜单
    menuBar.add(getKuCunMenu());                // 添加"库存管理"菜单
    menuBar.add(getCxtjMenu());                 // 添加"查询统计"菜单
    menuBar.add(getSysMenu());                  // 添加"系统管理"菜单
    final JToolBar toolBar = new JToolBar("工具栏");
    frame.getContentPane().add(toolBar, BorderLayout.NORTH);
    toolBar.setOpaque(true);
    toolBar.setRollover(true);
    toolBar.setBackground(bgcolor);
    toolBar.setBorder(new BevelBorder(BevelBorder.RAISED));
    defineToolBar(toolBar);
}
private JMenu getSysMenu() {                    // 获取"系统管理"菜单
    JMenu menu = new JMenu();
    menu.setText("系统管理");
    JMenuItem item = new JMenuItem();
    item.setAction(actionMap.get("操作员管理"));
    item.setBackground(Color.MAGENTA);
    addFrameAction("操作员管理", "CzyGL", menu);
    addFrameAction("更改密码", "GengGaiMiMa", menu);
```

```
        addFrameAction("权限管理", "QuanManager", menu);
        actionMap.put("退出系统", new ExitAction());
        JMenuItem mItem = new JMenuItem(actionMap.get("退出系统"));
        mItem.setBackground(bgcolor);
        menu.add(mItem);
        return menu;
    }
    private JMenu getSellMenu() {                       // 获取"销售管理"菜单
        JMenu menu = new JMenu();
        menu.setText("销售管理");
        addFrameAction("销售单", "XiaoShouDan", menu);
        addFrameAction("销售退货", "XiaoShouTuiHuo", menu);
        return menu;
    }
    private JMenu getCxtjMenu() {                       // 获取"查询统计"菜单
        JMenu menu;
        menu = new JMenu();
        menu.setText("查询统计");
        addFrameAction("客户信息查询", "KeHuChaXun", menu);
        addFrameAction("商品信息查询", "ShangPinChaXun", menu);
        addFrameAction("供应商信息查询", "GongYingShangChaXun", menu);
        addFrameAction("销售信息查询", "XiaoShouChaXun", menu);
        addFrameAction("销售退货查询", "XiaoShouTuiHuoChaXun", menu);
        addFrameAction("入库查询", "RuKuChaXun", menu);
        addFrameAction("入库退货查询", "RuKuTuiHuoChaXun", menu);
        addFrameAction("销售排行", "XiaoShouPaiHang", menu);
        return menu;
    }
    private JMenu getBasicMenu() {                      // 获取"基础信息管理"菜单
        JMenu menu = new JMenu();
        menu.setText("基础信息管理");
        addFrameAction("客户信息管理", "KeHuGuanLi", menu);
        addFrameAction("商品信息管理", "ShangPinGuanLi", menu);
        addFrameAction("供应商信息管理", "GysGuanLi", menu);
        return menu;
    }
    private JMenu getKuCunMenu() {                      // 获取"库存管理"菜单
        JMenu menu = new JMenu();
        menu.setText("库存管理");
        addFrameAction("库存盘点", "KuCunPanDian", menu);
        addFrameAction("价格调整", "JiaGeTiaoZheng", menu);
        return menu;
    }
    private JMenu getJinHuoMenu() {             // 获取"进货管理"菜单
        JMenu menu = new JMenu();
        menu.setText("进货管理");
        addFrameAction("进货单", "JinHuoDan", menu);
        addFrameAction("进货退货", "JinHuoTuiHuo", menu);
        return menu;
    }
    // 添加工具栏按钮
    private void defineToolBar(final JToolBar toolBar) {
        toolBar.add(getToolButton(actionMap.get("客户信息管理")));
        toolBar.add(getToolButton(actionMap.get("商品信息管理")));
        toolBar.addSeparator();
        toolBar.add(getToolButton(actionMap.get("客户信息查询")));
        toolBar.add(getToolButton(actionMap.get("商品信息查询")));
        toolBar.addSeparator();
        toolBar.add(getToolButton(actionMap.get("库存盘点")));
```

```
        toolBar.add(getToolButton(actionMap.get("入库查询")));
        toolBar.add(getToolButton(actionMap.get("价格调整")));
        toolBar.add(getToolButton(actionMap.get("销售单")));
        toolBar.add(getToolButton(actionMap.get("退出系统")));
    }
    private JButton getToolButton(Action action) {
        JButton actionButton = new JButton(action);
        actionButton.setHideActionText(true);
        actionButton.setMargin(new Insets(0, 0, 0, 0));
        actionButton.setBackground(bgcolor);
        return actionButton;
    }
    /**********************辅助方法*************************/
    // 为内部窗体添加Action的方法
    private void addFrameAction(String fName, String cname, JMenu menu) {
        // System.out.println(fName+".jpg");//输出图片名--调试用
        String img = "res/ActionIcon/" + fName + ".png";
        Icon icon = new ImageIcon(img);
        Action action = new openFrameAction(fName, cname, icon);
        if (menu.getText().equals("系统管理") && !fName.equals("更改密码")) {
            if (user == null || user.getQuan() == null
                    || !user.getQuan().equals("a")) {
                action.setEnabled(false);
            }
        }
        actionMap.put(fName, action);
        JMenuItem item = new JMenuItem(action);
        item.setBackground(bgcolor);
        menu.add(item);
        if (!menu.getBackground().equals(bgcolor))
            menu.setBackground(bgcolor);
    }
    // 获取内部窗体的唯一实例对象
    private JInternalFrame getIFrame(String frameName) {
        JInternalFrame jf = null;
        if (!ifs.containsKey(frameName)) {
            try {
                jf = (JInternalFrame) Class.forName(
                        "internalFrame." + frameName).getConstructor(null)
                        .newInstance(null);
                ifs.put(frameName, jf);
            } catch (Exception e) {
                e.printStackTrace();
            }
        } else
            jf = ifs.get(frameName);
        return jf;
    }
    // 主窗体菜单项的单击事件监听器
    protected final class openFrameAction extends AbstractAction {
        private String frameName = null;
        private openFrameAction() {
        }
        public openFrameAction(String cname, String frameName, Icon icon) {
            this.frameName = frameName;
            putValue(Action.NAME, cname);
            putValue(Action.SHORT_DESCRIPTION, cname);
            putValue(Action.SMALL_ICON, icon);
        }
        public void actionPerformed(final ActionEvent e) {
            JInternalFrame jf = getIFrame(frameName);
```

```
            // 在内部窗体关闭时，从内部窗体容器 ifs 对象中清除该窗体
            jf.addInternalFrameListener(new InternalFrameAdapter() {
                public void internalFrameClosed(InternalFrameEvent e) {
                    ifs.remove(frameName);
                }
            });
            if (jf.getDesktopPane() == null) {
                desktopPane.add(jf);
                jf.setVisible(true);
            }
            try {
                jf.setSelected(true);
            } catch (PropertyVetoException e1) {
                e1.printStackTrace();
            }
        }
    }
    // 退出动作
    protected final class ExitAction extends AbstractAction {
        private ExitAction() {
            putValue(Action.NAME, "退出系统");
            putValue(Action.SHORT_DESCRIPTION, "猫猫图书管管理系统 1.0");
            putValue(Action.SMALL_ICON,
                    new ImageIcon("res/ActionIcon/退出系统.png"));
        }
        public void actionPerformed(final ActionEvent e) {
            int exit;
            exit = JOptionPane.showConfirmDialog(frame.getContentPane(),
                    "确定要退出吗？", "退出系统", JOptionPane.YES_NO_OPTION);
            if (exit == JOptionPane.YES_OPTION)
                System.exit(0);
        }
    }
    static {
        try {
            UIManager.setLookAndFeel(UIManager.getSystemLookAndFeelClassName());
        } catch (Exception e) {
            e.printStackTrace();
        }
    }
}
```

12.4.3　连接数据库

使用 Dao.java 文件连接数据库，其代码如下：

```
public class Dao {
    protected static String dbClassName =
"com.microsoft.jdbc.sqlserver.SQLServerDriver";
    protected static String dbUrl = "jdbc:microsoft:sqlserver://localhost:1433;"
            + "DatabaseName=db_JXC;SelectMethod=Cursor";
    protected static String dbUser = "sa";
    protected static String dbPwd = "";
    protected static String second = null;
    public static Connection conn = null;
    static {
        try {
            if (conn == null) {
                Class.forName(dbClassName).newInstance();
```

```
                conn = DriverManager.getConnection(dbUrl, dbUser, dbPwd);
            }
        } catch (Exception ee) {
            ee.printStackTrace();
        }
    }
```

12.4.4 读取数据库信息

作为一个管理系统，自然需要读取系统数据库信息。读取数据库中的客户信息、供应商信息等的代码如下：

```
private Dao() {
}
// 读取所有客户信息
public static List getKhInfos() {
    List list = findForList("select id,khname from tb_khinfo");
    return list;
}
// 读取所有供应商信息
public static List getGysInfos() {
    List list = findForList("select id,name from tb_gysinfo");
    return list;
}
// 读取客户信息
public static TbKhinfo getKhInfo(Item item) {
    String where = "khname='" + item.getName() + "'";
    if (item.getId() != null)
        where = "id='" + item.getId() + "'";
    TbKhinfo info = new TbKhinfo();
    ResultSet set = findForResultSet("select * from tb_khinfo where "
            + where);
    try {
        if (set.next()) {
            info.setId(set.getString("id").trim());
            info.setKhname(set.getString("khname").trim());
            info.setJian(set.getString("jian").trim());
            info.setAddress(set.getString("address").trim());
            info.setBianma(set.getString("bianma").trim());
            info.setFax(set.getString("fax").trim());
            info.setHao(set.getString("hao").trim());
            info.setLian(set.getString("lian").trim());
            info.setLtel(set.getString("ltel").trim());
            info.setMail(set.getString("mail").trim());
            info.setTel(set.getString("tel").trim());
            info.setXinhang(set.getString("xinhang").trim());
        }
    } catch (SQLException e) {
        e.printStackTrace();
    }
    return info;
}
// 读取指定供应商信息
public static TbGysinfo getGysInfo(Item item) {
    String where = "name='" + item.getName() + "'";
    if (item.getId() != null)
        where = "id='" + item.getId() + "'";
    TbGysinfo info = new TbGysinfo();
    ResultSet set = findForResultSet("select * from tb_gysinfo where "
```

```
                + where);
        try {
            if (set.next()) {
                info.setId(set.getString("id").trim());
                info.setAddress(set.getString("address").trim());
                info.setBianma(set.getString("bianma").trim());
                info.setFax(set.getString("fax").trim());
                info.setJc(set.getString("jc").trim());
                info.setLian(set.getString("lian").trim());
                info.setLtel(set.getString("ltel").trim());
                info.setMail(set.getString("mail").trim());
                info.setName(set.getString("name").trim());
                info.setTel(set.getString("tel").trim());
                info.setYh(set.getString("yh").trim());
            }
        } catch (SQLException e) {
            e.printStackTrace();
        }
        return info;
    }
    // 读取用户
    public static TbUserlist getUser(String name, String password) {
        TbUserlist user = new TbUserlist();
        ResultSet rs = findForResultSet("select * from tb_userlist where name='"
                + name + "'");
        try {
            if (rs.next()) {
                user.setName(name);
                user.setPass(rs.getString("pass"));
                if (user.getPass().equals(password)) {
                    user.setUsername(rs.getString("username"));
                    user.setQuan(rs.getString("quan"));
                }
            }
        } catch (SQLException e) {
            e.printStackTrace();
        }
        return user;
    }
    // 执行指定查询
    public static ResultSet query(String QueryStr) {
        ResultSet set = findForResultSet(QueryStr);
        return set;
    }
    // 执行删除
    public static int delete(String sql) {
        return update(sql);
    }
```

12.4.5 修改数据库信息

在本系统中，添加客户信息、修改客户信息和修改库存等一系列操作都是基于数据库的操作实现的，其代码如下：

```
    // 添加客户信息
    public static boolean addKeHu(TbKhinfo khinfo) {
        if (khinfo == null)
            return false;
        return insert("insert tb_khinfo values('" + khinfo.getId() + "','"
```

```
                + khinfo.getKhname() + "','" + khinfo.getJian() + "','"
                + khinfo.getAddress() + "','" + khinfo.getBianma() + "','"
                + khinfo.getTel() + "','" + khinfo.getFax() + "','"
                + khinfo.getLian() + "','" + khinfo.getLtel() + "','"
                + khinfo.getMail() + "','" + khinfo.getXinhang() + "','"
                + khinfo.getHao() + "')");
}
// 修改客户信息
public static int updateKeHu(TbKhinfo khinfo) {
    return update("update tb_khinfo set jian='" + khinfo.getJian()
                + "',address='" + khinfo.getAddress() + "',bianma='"
                + khinfo.getBianma() + "',tel='" + khinfo.getTel() + "',fax='"
                + khinfo.getFax() + "',lian='" + khinfo.getLian() + "',ltel='"
                + khinfo.getLtel() + "',mail='" + khinfo.getMail()
                + "',xinhang='" + khinfo.getXinhang() + "',hao='"
                + khinfo.getHao() + "' where id='" + khinfo.getId() + "'");
}
// 修改库存
public static int updateKucunDj(TbKucun kcInfo) {
    return update("update tb_kucun set dj=" + kcInfo.getDj()
                + " where id='" + kcInfo.getId() + "'");
}
// 修改供应商信息
public static int updateGys(TbGysinfo gysInfo) {
    return update("update tb_gysinfo set jc='" + gysInfo.getJc()
                + "',address='" + gysInfo.getAddress() + "',bianma='"
                + gysInfo.getBianma() + "',tel='" + gysInfo.getTel()
                + "',fax='" + gysInfo.getFax() + "',lian='" + gysInfo.getLian()
                + "',ltel='" + gysInfo.getLtel() + "',mail='"
                + gysInfo.getMail() + "',yh='" + gysInfo.getYh()
                + "' where id='" + gysInfo.getId() + "'");
}
// 添加供应商信息
public static boolean addGys(TbGysinfo gysInfo) {
    if (gysInfo == null)
        return false;
    return insert("insert tb_gysinfo values('" + gysInfo.getId() + "','"
                + gysInfo.getName() + "','" + gysInfo.getJc() + "','"
                + gysInfo.getAddress() + "','" + gysInfo.getBianma() + "','"
                + gysInfo.getTel() + "','" + gysInfo.getFax() + "','"
                + gysInfo.getLian() + "','" + gysInfo.getLtel() + "','"
                + gysInfo.getMail() + "','" + gysInfo.getYh() + "')");
}
// 添加商品
public static boolean addSp(TbSpinfo spInfo) {
    if (spInfo == null)
        return false;
    return insert("insert tb_spinfo values('" + spInfo.getId() + "','"
                + spInfo.getSpname() + "','" + spInfo.getJc() + "','"
                + spInfo.getCd() + "','" + spInfo.getDw() + "','"
                + spInfo.getGg() + "','" + spInfo.getBz() + "','"
                + spInfo.getPh() + "','" + spInfo.getPzwh() + "','"
                + spInfo.getMemo() + "','" + spInfo.getGysname() + "')");
}
// 更新商品
public static int updateSp(TbSpinfo spInfo) {
    return update("update tb_spinfo set jc='" + spInfo.getJc() + "',cd='"
                + spInfo.getCd() + "',dw='" + spInfo.getDw() + "',gg='"
                + spInfo.getGg() + "',bz='" + spInfo.getBz() + "',ph='"
                + spInfo.getPh() + "',pzwh='" + spInfo.getPzwh() + "',memo='"
                + spInfo.getMemo() + "',gysname='" + spInfo.getGysname()
```

```
                + "' where id='" + spInfo.getId() + "'");
    }
    // 读取商品信息
    public static TbSpinfo getSpInfo(Item item) {
        String where = "spname='" + item.getName() + "'";
        if (item.getId() != null)
            where = "id='" + item.getId() + "'";
        ResultSet rs = findForResultSet("select * from tb_spinfo where "
                + where);
        TbSpinfo spInfo = new TbSpinfo();
        try {
            if (rs.next()) {
                spInfo.setId(rs.getString("id").trim());
                spInfo.setBz(rs.getString("bz").trim());
                spInfo.setCd(rs.getString("cd").trim());
                spInfo.setDw(rs.getString("dw").trim());
                spInfo.setGg(rs.getString("gg").trim());
                spInfo.setGysname(rs.getString("gysname").trim());
                spInfo.setJc(rs.getString("jc").trim());
                spInfo.setMemo(rs.getString("memo").trim());
                spInfo.setPh(rs.getString("ph").trim());
                spInfo.setPzwh(rs.getString("pzwh").trim());
                spInfo.setSpname(rs.getString("spname").trim());
            }
        } catch (SQLException e) {
            e.printStackTrace();
        }
        return spInfo;
    }
    // 获取所有商品信息
    public static List getSpInfos() {
        List list = findForList("select * from tb_spinfo");
        return list;
    }
    // 获取库存商品信息
    public static TbKucun getKucun(Item item) {
        String where = "spname='" + item.getName() + "'";
        if (item.getId() != null)
            where = "id='" + item.getId() + "'";
        ResultSet rs = findForResultSet("select * from tb_kucun where " + where);
        TbKucun kucun = new TbKucun();
        try {
            if (rs.next()) {
                kucun.setId(rs.getString("id"));
                kucun.setSpname(rs.getString("spname"));
                kucun.setJc(rs.getString("jc"));
                kucun.setBz(rs.getString("bz"));
                kucun.setCd(rs.getString("cd"));
                kucun.setDj(rs.getDouble("dj"));
                kucun.setDw(rs.getString("dw"));
                kucun.setGg(rs.getString("gg"));
                kucun.setKcsl(rs.getInt("kcsl"));
            }
        } catch (SQLException e) {
            e.printStackTrace();
        }
        return kucun;
    }
    // 获取入库单的最大 ID，即最大入库票号
    public static String getRuKuMainMaxId(Date date) {
        return getMainTypeTableMaxId(date, "tb_ruku_main", "RK", "rkid");
```

```
}
// 在事务中添加入库信息
public static boolean insertRukuInfo(TbRukuMain ruMain) {
    try {
        boolean autoCommit = conn.getAutoCommit();
        conn.setAutoCommit(false);
        // 添加入库主表记录
        insert("insert into tb_ruku_main values('" + ruMain.getRkId()
                + "','" + ruMain.getPzs() + "'," + ruMain.getJe() + ",'"
                + ruMain.getYsjl() + "','" + ruMain.getGysname() + "','"
                + ruMain.getRkdate() + "','" + ruMain.getCzy() + "','"
                + ruMain.getJsr() + "','" + ruMain.getJsfs() + "')");
        Set<TbRukuDetail> rkDetails = ruMain.getTabRukuDetails();
        for (Iterator<TbRukuDetail> iter = rkDetails.iterator(); iter
                .hasNext();) {
            TbRukuDetail details = iter.next();
            // 添加入库详细表记录
            insert("insert into tb_ruku_detail values('" + ruMain.getRkId()
                    + "','" + details.getTabSpinfo() + "',"
                    + details.getDj() + "," + details.getSl() + ")");
            // 添加或修改库存表记录
            Item item = new Item();
            item.setId(details.getTabSpinfo());
            TbSpinfo spInfo = getSpInfo(item);
            if (spInfo.getId() != null && !spInfo.getId().isEmpty()) {
                TbKucun kucun = getKucun(item);
                if (kucun.getId() == null || kucun.getId().isEmpty()) {
                    insert("insert into tb_kucun values('" + spInfo.getId()
                            + "','" + spInfo.getSpname() + "','"
                            + spInfo.getJc() + "','" + spInfo.getCd()
                            + "','" + spInfo.getGg() + "','"
                            + spInfo.getBz() + "','" + spInfo.getDw()
                            + "'," + details.getDj() + ","
                            + details.getSl() + ")");
                } else {
                    int sl = kucun.getKcsl() + details.getSl();
                    update("update tb_kucun set kcsl=" + sl + ",dj="
                            + details.getDj() + " where id='"
                            + kucun.getId() + "'");
                }
            }
        }
        conn.commit();
        conn.setAutoCommit(autoCommit);
    } catch (SQLException e) {
        e.printStackTrace();
    }
    return true;
}

public static ResultSet findForResultSet(String sql) {
    if (conn == null)
        return null;
    long time = System.currentTimeMillis();
    ResultSet rs = null;
    try {
        Statement stmt = null;
        stmt = conn.createStatement(ResultSet.TYPE_SCROLL_INSENSITIVE,
                ResultSet.CONCUR_READ_ONLY);
        rs = stmt.executeQuery(sql);
        second = ((System.currentTimeMillis() - time) / 1000d) + "";
```

```
        } catch (Exception e) {
            e.printStackTrace();
        }
        return rs;
    }
    public static boolean insert(String sql) {
        boolean result = false;
        try {
            Statement stmt = conn.createStatement();
            result = stmt.execute(sql);
        } catch (SQLException e) {
            e.printStackTrace();
        }
        return result;
    }
    public static int update(String sql) {
        int result = 0;
        try {
            Statement stmt = conn.createStatement();
            result = stmt.executeUpdate(sql);
        } catch (SQLException e) {
            e.printStackTrace();
        }
        return result;
    }
```

12.4.6　退货管理

退货管理功能的具体实现代码如下：

```
public static List findForList(String sql) {
    List<List> list = new ArrayList<List>();
    ResultSet rs = findForResultSet(sql);
    try {
        ResultSetMetaData metaData = rs.getMetaData();
        int colCount = metaData.getColumnCount();
        while (rs.next()) {
            List<String> row = new ArrayList<String>();
            for (int i = 1; i <= colCount; i++) {
                String str = rs.getString(i);
                if (str != null && !str.isEmpty())
                    str = str.trim();
                row.add(str);
            }
            list.add(row);
        }
    } catch (Exception e) {
        e.printStackTrace();
    }
    return list;
}
    // 获取退货最大 ID
    public static String getRkthMainMaxId(Date date) {
        return getMainTypeTableMaxId(date, "tb_rkth_main", "RT", "rkthId");
    }
    // 在事务中添加入库退货信息
    public static boolean insertRkthInfo(TbRkthMain rkthMain) {
        try {
            boolean autoCommit = conn.getAutoCommit();
            conn.setAutoCommit(false);
```

```
            // 添加入库退货主表记录
            insert("insert into tb_rkth_main values('" + rkthMain.getRkthId()
                    + "','" + rkthMain.getPzs() + "'," + rkthMain.getJe()
                    + ",'" + rkthMain.getYsjl() + "','" + rkthMain.getGysname()
                    + "','" + rkthMain.getRtdate() + "','" + rkthMain.getCzy()
                    + "','" + rkthMain.getJsr() + "','" + rkthMain.getJsfs()
                    + "')");
            Set<TbRkthDetail> rkDetails = rkthMain.getTbRkthDetails();
            for (Iterator<TbRkthDetail> iter = rkDetails.iterator(); iter
                    .hasNext();) {
                TbRkthDetail details = iter.next();
                // 添加入库详细表记录
                insert("insert into tb_rkth_detail values('"
                        + rkthMain.getRkthId() + "','" + details.getSpid()
                        + "'," + details.getDj() + "," + details.getSl() + ")");
                // 添加或修改库存表记录
                Item item = new Item();
                item.setId(details.getSpid());
                TbSpinfo spInfo = getSpInfo(item);
                if (spInfo.getId() != null && !spInfo.getId().isEmpty()) {
                    TbKucun kucun = getKucun(item);
                    if (kucun.getId() != null && !kucun.getId().isEmpty()) {
                        int sl = kucun.getKcsl() - details.getSl();
                        update("update tb_kucun set kcsl=" + sl + " where id='"
                                + kucun.getId() + "'");
                    }
                }
            }
            conn.commit();
            conn.setAutoCommit(autoCommit);
        } catch (SQLException e) {
            e.printStackTrace();
        }
        return true;
    }
    // 获取销售主表最大 ID
    public static String getSellMainMaxId(Date date) {
        return getMainTypeTableMaxId(date, "tb_sell_main", "XS", "sellID");
    }
    // 在事务中添加销售信息
    public static boolean insertSellInfo(TbSellMain sellMain) {
        try {
            boolean autoCommit = conn.getAutoCommit();
            conn.setAutoCommit(false);
            // 添加销售主表记录
            insert("insert into tb_sell_main values('" + sellMain.getSellId()
                    + "','" + sellMain.getPzs() + "'," + sellMain.getJe()
                    + ",'" + sellMain.getYsjl() + "','" + sellMain.getKhname()
                    + "','" + sellMain.getXsdate() + "','" + sellMain.getCzy()
                    + "','" + sellMain.getJsr() + "','" + sellMain.getJsfs()
                    + "')");
            Set<TbSellDetail> rkDetails = sellMain.getTbSellDetails();
            for (Iterator<TbSellDetail> iter = rkDetails.iterator(); iter
                    .hasNext();) {
                TbSellDetail details = iter.next();
                // 添加销售详细表记录
                insert("insert into tb_sell_detail values('"
                        + sellMain.getSellId() + "','" + details.getSpid()
                        + "'," + details.getDj() + "," + details.getSl() + ")");
                // 修改库存表记录
                Item item = new Item();
```

```
                item.setId(details.getSpid());
                TbSpinfo spInfo = getSpInfo(item);
                if (spInfo.getId() != null && !spInfo.getId().isEmpty()) {
                    TbKucun kucun = getKucun(item);
                    if (kucun.getId() != null && !kucun.getId().isEmpty()) {
                        int sl = kucun.getKcsl() - details.getSl();
                        update("update tb_kucun set kcsl=" + sl + " where id='"
                                + kucun.getId() + "'");
                    }
                }
            }
            conn.commit();
            conn.setAutoCommit(autoCommit);
        } catch (SQLException e) {
            e.printStackTrace();
        }
        return true;
    }
    // 获取主表中的最大 ID
    private static String getMainTypeTableMaxId(Date date, String table,
            String idChar, String idName) {
        String dateStr = date.toString().replace("-", "");
        String id = idChar + dateStr;
        String sql = "select max(" + idName + ") from " + table + " where "
                + idName + " like '" + id + "%'";
        ResultSet set = query(sql);
        String baseId = null;
        try {
            if (set.next())
                baseId = set.getString(1);
        } catch (SQLException e) {
            e.printStackTrace();
        }
        baseId = baseId == null ? "000" : baseId.substring(baseId.length() - 3);
        int idNum = Integer.parseInt(baseId) + 1;
        id += String.format("%03d", idNum);
        return id;
    }
    public static String getXsthMainMaxId(Date date) {
        return getMainTypeTableMaxId(date, "tb_xsth_main", "XT", "xsthID");
    }
    public static List getKucunInfos() {
        List list = findForList("select id,spname,dj,kcsl from tb_kucun");
        return list;
    }
    // 在事务中添加销售退货信息
    public static boolean insertXsthInfo(TbXsthMain xsthMain) {
        try {
            boolean autoCommit = conn.getAutoCommit();
            conn.setAutoCommit(false);
            // 添加销售退货主表记录
            insert("insert into tb_xsth_main values('" + xsthMain.getXsthId()
                    + "','" + xsthMain.getPzs() + "'," + xsthMain.getJe()
                    + ",'" + xsthMain.getYsjl() + "','" + xsthMain.getKhname()
                    + "','" + xsthMain.getThdate() + "','" + xsthMain.getCzy()
                    + "','" + xsthMain.getJsr() + "','" + xsthMain.getJsfs()
                    + "')");
            Set<TbXsthDetail> xsthDetails = xsthMain.getTbXsthDetails();
            for (Iterator<TbXsthDetail> iter = xsthDetails.iterator(); iter
                    .hasNext();) {
                TbXsthDetail details = iter.next();
```

```
                // 添加销售退货详细表记录
                insert("insert into tb_xsth_detail values('"
                        + xsthMain.getXsthId() + "','" + details.getSpid()
                        + "'," + details.getDj() + "," + details.getSl() + ")");
                // 修改库存表记录
                Item item = new Item();
                item.setId(details.getSpid());
                TbSpinfo spInfo = getSpInfo(item);
                if (spInfo.getId() != null && !spInfo.getId().isEmpty()) {
                    TbKucun kucun = getKucun(item);
                    if (kucun.getId() != null && !kucun.getId().isEmpty()) {
                        int sl = kucun.getKcsl() + details.getSl();
                        update("update tb_kucun set kcsl=" + sl + " where id='"
                                + kucun.getId() + "'");
                    }
                }
            }
            conn.commit();
            conn.setAutoCommit(autoCommit);
        } catch (SQLException e) {
            e.printStackTrace();
        }
        return true;
    }
    // 添加用户
    public static int addUser(TbUserlist ul) {
        return update("insert tb_userlist values('" + ul.getUsername() + "','"
                + ul.getName() + "','" + ul.getPass() + "','" + ul.getQuan()
                + "')");
    }
    public static List getUsers() {
        List list = findForList("select * from tb_userlist");
        return list;
    }
    // 修改用户
    public static int updateUser(TbUserlist user) {
        return update("update tb_userlist set username='" + user.getUsername()
                + "',name='" + user.getName() + "',pass='" + user.getPass()
                + "',quan='" + user.getQuan() + "' where name='"
                + user.getName() + "'");
    }
    // 获取用户对象
    public static TbUserlist getUser(Item item) {
        String where = "name='" + item.getName() + "'";
        if (item.getId() != null)
            where = "username='" + item.getId() + "'";
        ResultSet rs = findForResultSet("select * from tb_userlist where "
                + where);
        TbUserlist user=new TbUserlist();
        try {
            if (rs.next()) {
                user.setName(rs.getString("name").trim());
                user.setUsername(rs.getString("username").trim());
                user.setPass(rs.getString("pass").trim());
                user.setQuan(rs.getString("quan").trim());
            }
        } catch (SQLException e) {
            e.printStackTrace();
        }
        return user;
    }
}
```

以上代码中用到了事件处理机制。有很多专家认为，事件处理机制是 C++、Java 和 C#的最大软肋之一。虽然事件处理机制解决了对象之间的普通消息传递用成员函数的调用问题，并且成员函数调用的速度够快，但是它导致消息发送者与接收者之间的紧耦合。在绝大多数情况下这无关痛痒，但是偏偏在事件处理上需要松耦合，于是暴露出来了事件处理机制的问题。这样在遇到此类问题时，需要编写额外的代码来解决这个问题，但是这部分额外代码从原理到实现都是初学者所难以理解的。

当遇到耦合问题时，其实我们可以借鉴 C 语言的做法：规定一个协议，把 event 数据准备好放在一个地方，由事件的接受者自己去取数据，自己解析，自己决定如何处理。在对象分类中，这样的接受者叫作主动对象(active object)。在嵌入式系统编程领域，大家都认为主动对象具有种种优势，主流编程领域也应该考虑一下这个问题。

12.4.7　商品信息管理

在前面介绍的 Main.java 文件中，已经实现了简单的商品添加功能。下面具体介绍添加、修改、删除商品信息的实现。

ShangPinTianJiaPanel.java 文件用于添加商品信息，具体代码如下：

```
public class ShangPinTianJiaPanel extends JPanel {
    private JComboBox gysQuanCheng;
    private JTextField beiZhu;
    private JTextField wenHao;
    private JTextField piHao;
    private JTextField baoZhuang;
    private JTextField guiGe;
    private JTextField danWei;
    private JTextField chanDi;
    private JTextField jianCheng;
    private JTextField quanCheng;
    private JButton resetButton;
    public ShangPinTianJiaPanel() {
        setLayout(new GridBagLayout());
        setBounds(10, 10, 550, 400);
        setupComponent(new JLabel("商品名称："), 0, 0, 1, 1, false);
        quanCheng = new JTextField();
        setupComponent(quanCheng, 1, 0, 3, 1, true);
        setupComponent(new JLabel("简称："), 0, 1, 1, 1, false);
        jianCheng = new JTextField();
        setupComponent(jianCheng, 1, 1, 3, 10, true);
        setupComponent(new JLabel("产地："), 0, 2, 1, 1, false);
        chanDi = new JTextField();
        setupComponent(chanDi, 1, 2, 3, 300, true);
        setupComponent(new JLabel("单位："), 0, 3, 1, 1, false);
        danWei = new JTextField();
        setupComponent(danWei, 1, 3, 1, 130, true);
        setupComponent(new JLabel("规格："), 2, 3, 1, 1, false);
        guiGe = new JTextField();
        setupComponent(guiGe, 3, 3, 1, 1, true);
        setupComponent(new JLabel("包装："), 0, 4, 1, 1, false);
        baoZhuang = new JTextField();
        setupComponent(baoZhuang, 1, 4, 1, 1, true);
        setupComponent(new JLabel("批号："), 2, 4, 1, 1, false);
        piHao = new JTextField();
        setupComponent(piHao, 3, 4, 1, 1, true);
```

```
setupComponent(new JLabel("批准文号: "), 0, 5, 1, 1, false);
wenHao = new JTextField();
setupComponent(wenHao, 1, 5, 3, 1, true);
setupComponent(new JLabel("供应商全称: "), 0, 6, 1, 1, false);
gysQuanCheng = new JComboBox();
gysQuanCheng.setMaximumRowCount(5);
setupComponent(gysQuanCheng, 1, 6, 3, 1, true);
setupComponent(new JLabel("备注: "), 0, 7, 1, 1, false);
beiZhu = new JTextField();
setupComponent(beiZhu, 1, 7, 3, 1, true);
final JButton tjButton = new JButton();
tjButton.addActionListener(new ActionListener() {
    public void actionPerformed(final ActionEvent e) {
        if (baoZhuang.getText().equals("")
                || chanDi.getText().equals("")
                || danWei.getText().equals("")
                || guiGe.getText().equals("")
                || jianCheng.getText().equals("")
                || piHao.getText().equals("")
                || wenHao.getText().equals("")
                || quanCheng.getText().equals("")) {
            JOptionPane.showMessageDialog(ShangPinTianJiaPanel.this,
                    "请完成未填写的信息。", "商品添加",
                    JOptionPane.ERROR_MESSAGE);
            return;
        }
        ResultSet haveUser = Dao
                .query("select * from tb_spinfo where spname='"
                        + quanCheng.getText().trim() + "'");
        try {
            if (haveUser.next()) {
                System.out.println("error");
                JOptionPane.showMessageDialog(
                        ShangPinTianJiaPanel.this,"商品信息添加失败, 存在同名
                        商品","客户添加信息", JOptionPane.INFORMATION_MESSAGE);
                return;
            }
        } catch (Exception er) {
            er.printStackTrace();
        }
        ResultSet set = Dao.query("select max(id) from tb_spinfo");
        String id = null;
        try {
            if (set != null && set.next()) {
                String sid = set.getString(1);
                if (sid == null)
                    id = "sp1001";
                else {
                    String str = sid.substring(2);
                    id = "sp" + (Integer.parseInt(str) + 1);
                }
            }
        } catch (SQLException e1) {
            e1.printStackTrace();
        }
        TbSpinfo spInfo = new TbSpinfo();
        spInfo.setId(id);
        spInfo.setBz(baoZhuang.getText().trim());
        spInfo.setCd(chanDi.getText().trim());
        spInfo.setDw(danWei.getText().trim());
        spInfo.setGg(guiGe.getText().trim());
```

```
                spInfo.setGysname(gysQuanCheng.getSelectedItem().toString()
                        .trim());
                spInfo.setJc(jianCheng.getText().trim());
                spInfo.setMemo(beiZhu.getText().trim());
                spInfo.setPh(piHao.getText().trim());
                spInfo.setPzwh(wenHao.getText().trim());
                spInfo.setSpname(quanCheng.getText().trim());
                Dao.addSp(spInfo);
                JOptionPane.showMessageDialog(ShangPinTianJiaPanel.this,
                        "商品信息已经成功添加", "商品添加",
JOptionPane.INFORMATION_MESSAGE);
                resetButton.doClick();
            }
        });
        tjButton.setText("添加");
        setupComponent(tjButton, 1, 8, 1, 1, false);
        final GridBagConstraints gridBagConstraints_20 = new GridBagConstraints();
        gridBagConstraints_20.weighty = 1.0;
        gridBagConstraints_20.insets = new Insets(0, 65, 0, 15);
        gridBagConstraints_20.gridy = 8;
        gridBagConstraints_20.gridx = 1;
        // "重添"按钮的事件监听类
        resetButton = new JButton();
        setupComponent(tjButton, 3, 8, 1, 1, false);
        resetButton.addActionListener(new ActionListener() {
            public void actionPerformed(final ActionEvent e) {
                baoZhuang.setText("");
                chanDi.setText("");
                danWei.setText("");
                guiGe.setText("");
                jianCheng.setText("");
                beiZhu.setText("");
                piHao.setText("");
                wenHao.setText("");
                quanCheng.setText("");
            }
        });
        resetButton.setText("重添");
    }
    // 设置组件位置并添加到容器中
    private void setupComponent(JComponent component, int gridx, int gridy,
            int gridwidth, int ipadx, boolean fill) {
        final GridBagConstraints gridBagConstrains = new GridBagConstraints();
        gridBagConstrains.gridx = gridx;
        gridBagConstrains.gridy = gridy;
        gridBagConstrains.insets = new Insets(5, 1, 3, 1);
        if (gridwidth > 1)
            gridBagConstrains.gridwidth = gridwidth;
        if (ipadx > 0)
            gridBagConstrains.ipadx = ipadx;
        if (fill)
            gridBagConstrains.fill = GridBagConstraints.HORIZONTAL;
        add(component, gridBagConstrains);
    }
    // 初始化供应商下拉列表框
    public void initGysBox() {
        List gysInfo = Dao.getGysInfos();
        List<Item> items = new ArrayList<Item>();
        gysQuanCheng.removeAllItems();
        for (Iterator iter = gysInfo.iterator(); iter.hasNext();) {
            List element = (List) iter.next();
```

```
            Item item = new Item();
            item.setId(element.get(0).toString().trim());
            item.setName(element.get(1).toString().trim());
            if (items.contains(item))
                continue;
            items.add(item);
            gysQuanCheng.addItem(item);
        }
    }
}
```

修改和删除商品信息的实现代码如下：

```
public class ShangPinXiuGaiPanel extends JPanel {
    private JComboBox gysQuanCheng;
    private JTextField beiZhu;
    private JTextField wenHao;
    private JTextField piHao;
    private JTextField baoZhuang;
    private JTextField guiGe;
    private JTextField danWei;
    private JTextField chanDi;
    private JTextField jianCheng;
    private JTextField quanCheng;
    private JButton modifyButton;
    private JButton delButton;
    private JComboBox sp;
    public ShangPinXiuGaiPanel() {
        setLayout(new GridBagLayout());
        setBounds(10, 10, 550, 400);

        setupComponet(new JLabel("商品名称："), 0, 0, 1, 1, false);
        quanCheng = new JTextField();
        quanCheng.setEditable(false);
        setupComponet(quanCheng, 1, 0, 3, 1, true);

        setupComponet(new JLabel("简称："), 0, 1, 1, 1, false);
        jianCheng = new JTextField();
        setupComponet(jianCheng, 1, 1, 3, 10, true);

        setupComponet(new JLabel("产地："), 0, 2, 1, 1, false);
        chanDi = new JTextField();
        setupComponet(chanDi, 1, 2, 3, 300, true);

        setupComponet(new JLabel("单位："), 0, 3, 1, 1, false);
        danWei = new JTextField();
        setupComponet(danWei, 1, 3, 1, 130, true);

        setupComponet(new JLabel("规格："), 2, 3, 1, 1, false);
        guiGe = new JTextField();
        setupComponet(guiGe, 3, 3, 1, 1, true);

        setupComponet(new JLabel("包装："), 0, 4, 1, 1, false);
        baoZhuang = new JTextField();
        setupComponet(baoZhuang, 1, 4, 1, 1, true);

        setupComponet(new JLabel("批号："), 2, 4, 1, 1, false);
        piHao = new JTextField();
        setupComponet(piHao, 3, 4, 1, 1, true);

        setupComponet(new JLabel("批准文号："), 0, 5, 1, 1, false);
```

```
wenHao = new JTextField();
setupComponet(wenHao, 1, 5, 3, 1, true);

setupComponet(new JLabel("供应商全称："), 0, 6, 1, 1, false);
gysQuanCheng = new JComboBox();
gysQuanCheng.setMaximumRowCount(5);
setupComponet(gysQuanCheng, 1, 6, 3, 1, true);

setupComponet(new JLabel("备注："), 0, 7, 1, 1, false);
beiZhu = new JTextField();
setupComponet(beiZhu, 1, 7, 3, 1, true);

setupComponet(new JLabel("选择商品"), 0, 8, 1, 0, false);
sp = new JComboBox();
sp.setPreferredSize(new Dimension(230, 21));
// 处理客户信息的下拉列表框的选择事件
sp.addActionListener(new ActionListener() {
    public void actionPerformed(ActionEvent e) {
        doSpSelectAction();
    }
});
// 定位商品信息的下拉列表框
setupComponet(sp, 1, 8, 2, 0, true);
modifyButton = new JButton("修改");
delButton = new JButton("删除");
JPanel panel = new JPanel();
panel.add(modifyButton);
panel.add(delButton);
// 定位按钮
setupComponet(panel, 3, 8, 1, 0, false);
// 处理删除按钮的单击事件
delButton.addActionListener(new ActionListener() {
    public void actionPerformed(ActionEvent e) {
        Item item = (Item) sp.getSelectedItem();
        if (item == null || !(item instanceof Item))
            return;
        int confirm = JOptionPane.showConfirmDialog(
                ShangPinXiuGaiPanel.this, "确认删除商品信息吗？");
        if (confirm == JOptionPane.YES_OPTION) {
            int rs = Dao.delete("delete tb_spinfo where id='"
                    + item.getId() + "'");
            if (rs > 0) {
                JOptionPane.showMessageDialog(ShangPinXiuGaiPanel.this,
                        "商品：" + item.getName() + "。删除成功");
                sp.removeItem(item);
            }
        }
    }
});
// 处理修改按钮的单击事件
modifyButton.addActionListener(new ActionListener() {
    public void actionPerformed(ActionEvent e) {
        Item item = (Item) sp.getSelectedItem();
        TbSpinfo spInfo = new TbSpinfo();
        spInfo.setId(item.getId());
        spInfo.setBz(baoZhuang.getText().trim());
        spInfo.setCd(chanDi.getText().trim());
        spInfo.setDw(danWei.getText().trim());
        spInfo.setGg(guiGe.getText().trim());
        spInfo.setGysname(gysQuanCheng.getSelectedItem().toString()
```

```
                    .trim());
            spInfo.setJc(jianCheng.getText().trim());
            spInfo.setMemo(beiZhu.getText().trim());
            spInfo.setPh(piHao.getText().trim());
            spInfo.setPzwh(wenHao.getText().trim());
            spInfo.setSpname(quanCheng.getText().trim());
            if (Dao.updateSp(spInfo) == 1)
                JOptionPane.showMessageDialog(ShangPinXiuGaiPanel.this,
                        "修改完成");
            else
                JOptionPane.showMessageDialog(ShangPinXiuGaiPanel.this,
                        "修改失败");
        }
    });
}
// 初始化商品下拉列表框
public void initComboBox() {
    List khInfo = Dao.getSpInfos();
    List<Item> items = new ArrayList<Item>();
    sp.removeAllItems();
    for (Iterator iter = khInfo.iterator(); iter.hasNext();) {
        List element = (List) iter.next();
        Item item = new Item();
        item.setId(element.get(0).toString().trim());
        item.setName(element.get(1).toString().trim());
        if (items.contains(item))
            continue;
        items.add(item);
        sp.addItem(item);
    }
    doSpSelectAction();
}
// 初始化供应商下拉列表框
public void initGysBox() {
    List gysInfo = Dao.getGysInfos();
    List<Item> items = new ArrayList<Item>();
    gysQuanCheng.removeAllItems();
    for (Iterator iter = gysInfo.iterator(); iter.hasNext();) {
        List element = (List) iter.next();
        Item item = new Item();
        item.setId(element.get(0).toString().trim());
        item.setName(element.get(1).toString().trim());
        if (items.contains(item))
            continue;
        items.add(item);
        gysQuanCheng.addItem(item);
    }
    doSpSelectAction();
}
// 设置组件位置并添加到容器中
private void setupComponet(JComponent component, int gridx, int gridy,
        int gridwidth, int ipadx, boolean fill) {
    final GridBagConstraints gridBagConstrains = new GridBagConstraints();
    gridBagConstrains.gridx = gridx;
    gridBagConstrains.gridy = gridy;
    if (gridwidth > 1)
        gridBagConstrains.gridwidth = gridwidth;
    if (ipadx > 0)
        gridBagConstrains.ipadx = ipadx;
    gridBagConstrains.insets = new Insets(5, 1, 3, 1);
    if (fill)
```

```
            gridBagConstrains.fill = GridBagConstraints.HORIZONTAL;
        add(component, gridBagConstrains);
    }
    // 处理商品选择事件
    private void doSpSelectAction() {
        Item selectedItem;
        if (!(sp.getSelectedItem() instanceof Item)) {
            return;
        }
        selectedItem = (Item) sp.getSelectedItem();
        TbSpinfo spInfo = Dao.getSpInfo(selectedItem);
        if (!spInfo.getId().isEmpty()) {
            quanCheng.setText(spInfo.getSpname());
            baoZhuang.setText(spInfo.getBz());
            chanDi.setText(spInfo.getCd());
            danWei.setText(spInfo.getDw());
            guiGe.setText(spInfo.getGg());
            jianCheng.setText(spInfo.getJc());
            beiZhu.setText(spInfo.getMemo());
            piHao.setText(spInfo.getPh());
            wenHao.setText(spInfo.getPzwh());
            beiZhu.setText(spInfo.getMemo());
            // 设置供应商下拉列表框的当前选择项
            Item item = new Item();
            item.setId(null);
            item.setName(spInfo.getGysname());
            TbGysinfo gysInfo = Dao.getGysInfo(item);
            item.setId(gysInfo.getId());
            item.setName(gysInfo.getName());
            for (int i = 0; i < gysQuanCheng.getItemCount(); i++) {
                Item gys = (Item) gysQuanCheng.getItemAt(i);
                if (gys.getName().equals(item.getName())) {
                    item = gys;
                }
            }
            gysQuanCheng.setSelectedItem(item);
        }
    }
}
```

12.4.8　进货管理

进货功能的实现文件是 JinHuoDan.java，具体代码如下：

```
public class JinHuoDan extends JInternalFrame
{
    private final JTable table;
    private TbUserlist user = Login.getUser();                          // 登录用户信息
    private final JTextField jhsj = new JTextField();                   // 进货时间
    private final JTextField jsr = new JTextField();                    // 经手人
    private final JComboBox jsfs = new JComboBox();                     // 计算方式
    private final JTextField lian = new JTextField();                   // 联系人
    private final JComboBox gys = new JComboBox();                      // 供应商
    private final JTextField piaoHao = new JTextField();                // 票号
    private final JTextField pzs = new JTextField("0");                 // 品种数量
    private final JTextField hpzs = new JTextField("0");                // 货品总数
    private final JTextField hjje = new JTextField("0");                // 合计金额
    private final JTextField ysjl = new JTextField();                   // 验收结论
    private final JTextField czy = new JTextField(user.getName());      // 操作员
```

```
    private Date jhsjDate;
    private JComboBox sp;
    public JinHuoDan() {
        super();
        setMaximizable(true);
        setIconifiable(true);
        setClosable(true);
        getContentPane().setLayout(new GridBagLayout());
        setTitle("进货单");
        setBounds(50, 50, 700, 400);

        setupComponet(new JLabel("进货票号: "), 0, 0, 1, 0, false);
        piaoHao.setFocusable(false);
        setupComponet(piaoHao, 1, 0, 1, 140, true);

        setupComponet(new JLabel("供应商: "), 2, 0, 1, 0, false);
        gys.setPreferredSize(new Dimension(160, 21));
        // 供应商下拉列表框的选择事件
        gys.addActionListener(new ActionListener() {
            public void actionPerformed(ActionEvent e) {
                doGysSelectAction();
            }
        });
        setupComponet(gys, 3, 0, 1, 1, true);

        setupComponet(new JLabel("联系人: "), 4, 0, 1, 0, false);
        lian.setFocusable(false);
        setupComponet(lian, 5, 0, 1, 80, true);

        setupComponet(new JLabel("结算方式: "), 0, 1, 1, 0, false);
        jsfs.addItem("现金");
        jsfs.addItem("支票");
        jsfs.setEditable(true);
        setupComponet(jsfs, 1, 1, 1, 1, true);

        setupComponet(new JLabel("进货时间: "), 2, 1, 1, 0, false);
        jhsj.setFocusable(false);
        setupComponet(jhsj, 3, 1, 1, 1, true);

        setupComponet(new JLabel("经手人: "), 4, 1, 1, 0, false);
        setupComponet(jsr, 5, 1, 1, 1, true);

        sp = new JComboBox();
        sp.addActionListener(new ActionListener() {
            public void actionPerformed(ActionEvent e) {
                TbSpinfo info = (TbSpinfo) sp.getSelectedItem();
                // 如果选择有效就更新表格
                if (info != null && info.getId() != null) {
                    updateTable();
                }
            }
        });

        table = new JTable();
        table.setAutoResizeMode(JTable.AUTO_RESIZE_OFF);
        initTable();
        // 添加事件完成品种数量、货品总数、合计金额的计算
        table.addContainerListener(new computeInfo());
        JScrollPane scrollPanel = new JScrollPane(table);
        scrollPanel.setPreferredSize(new Dimension(380, 200));
```

```
setupComponet(scrollPanel, 0, 2, 6, 1, true);

setupComponet(new JLabel("品种数量: "), 0, 3, 1, 0, false);
pzs.setFocusable(false);
setupComponet(pzs, 1, 3, 1, 1, true);

setupComponet(new JLabel("货品总数: "), 2, 3, 1, 0, false);
hpzs.setFocusable(false);
setupComponet(hpzs, 3, 3, 1, 1, true);

setupComponet(new JLabel("合计金额: "), 4, 3, 1, 0, false);
hjje.setFocusable(false);
setupComponet(hjje, 5, 3, 1, 1, true);

setupComponet(new JLabel("验收结论: "), 0, 4, 1, 0, false);
setupComponet(ysjl, 1, 4, 1, 1, true);

setupComponet(new JLabel("操作人员: "), 2, 4, 1, 0, false);
czy.setFocusable(false);
setupComponet(czy, 3, 4, 1, 1, true);

// 单击"添加"按钮,在表格中添加新的一行
JButton tjButton = new JButton("添加");
tjButton.addActionListener(new ActionListener() {
    public void actionPerformed(ActionEvent e) {
        // 初始化票号
        initPiaoHao();
        // 结束表格中没有编写的单元
        stopTableCellEditing();
        // 如果表格中还包含空行，就再添加新行
        for (int i = 0; i < table.getRowCount(); i++) {
            TbSpinfo info = (TbSpinfo) table.getValueAt(i, 0);
            if (table.getValueAt(i, 0) == null)
                return;
        }
        DefaultTableModel model = (DefaultTableModel) table.getModel();
        model.addRow(new Vector());
        initSpBox();
    }
});
setupComponet(tjButton, 4, 4, 1, 1, false);

// 单击"入库"按钮,保存进货信息
JButton rkButton = new JButton("入库");
rkButton.addActionListener(new ActionListener() {
    public void actionPerformed(ActionEvent e) {
        // 结束表格中没有编写的单元
        stopTableCellEditing();
        // 清除空行
        clearEmptyRow();
        String hpzsStr = hpzs.getText();                              // 货品总数
        String pzsStr = pzs.getText();                                // 品种数
        String jeStr = hjje.getText();                                // 合计金额
        String jsfsStr = jsfs.getSelectedItem().toString();           // 结算方式
        String jsrStr = jsr.getText().trim();                         // 经手人
        String czyStr = czy.getText();                                // 操作员
        String rkDate = jhsjDate.toLocaleString();                    // 入库时间
        String ysjlStr = ysjl.getText().trim();                       // 验收结论
        String id = piaoHao.getText();                                // 票号
        String gysName = gys.getSelectedItem().toString();            // 供应商名字
```

```
                if (jsrStr == null || jsrStr.isEmpty()) {
                    JOptionPane.showMessageDialog(JinHuoDan.this, "请填写经手人");
                    return;
                }
                if (ysjlStr == null || ysjlStr.isEmpty()) {
                    JOptionPane.showMessageDialog(JinHuoDan.this, "填写验收结论");
                    return;
                }
                if (table.getRowCount() <= 0) {
                    JOptionPane.showMessageDialog(JinHuoDan.this, "填加入库商品");
                    return;
                }
                TbRukuMain ruMain = new TbRukuMain(id, pzsStr, jeStr, ysjlStr,
                        gysName, rkDate, czyStr, jsrStr, jsfsStr);
                Set<TbRukuDetail> set = ruMain.getTabRukuDetails();
                int rows = table.getRowCount();
                for (int i = 0; i < rows; i++) {
                    TbSpinfo spinfo = (TbSpinfo) table.getValueAt(i, 0);
                    String djStr = (String) table.getValueAt(i, 6);
                    String slStr = (String) table.getValueAt(i, 7);
                    Double dj = Double.valueOf(djStr);
                    Integer sl = Integer.valueOf(slStr);
                    TbRukuDetail detail = new TbRukuDetail();
                    detail.setTabSpinfo(spinfo.getId());
                    detail.setTabRukuMain(ruMain.getRkId());
                    detail.setDj(dj);
                    detail.setSl(sl);
                    set.add(detail);
                }
                boolean rs = Dao.insertRukuInfo(ruMain);
                if (rs) {
                    JOptionPane.showMessageDialog(JinHuoDan.this, "入库完成");
                    DefaultTableModel dftm = new DefaultTableModel();
                    table.setModel(dftm);
                    initTable();
                    pzs.setText("0");
                    hpzs.setText("0");
                    hjje.setText("0");
                }
            }
        });
        setupComponet(rkButton, 5, 4, 1, 1, false);
        // 添加窗体监听器，完成初始化
        addInternalFrameListener(new initTasks());
    }
    // 初始化表格
    private void initTable() {
        String[] columnNames = {"商品名称", "商品编号", "产地", "单位", "规格", "包装",
"单价","数量", "批号", "批准文号"};
        ((DefaultTableModel) table.getModel())
                .setColumnIdentifiers(columnNames);
        TableColumn column = table.getColumnModel().getColumn(0);
        final DefaultCellEditor editor = new DefaultCellEditor(sp);
        editor.setClickCountToStart(2);
        column.setCellEditor(editor);
    }
    // 初始化商品下拉列表框
    private void initSpBox() {
        List list = new ArrayList();
        ResultSet set = Dao.query("select * from tb_spinfo where gysName='"
                + gys.getSelectedItem() + "'");
```

```
        sp.removeAllItems();
        sp.addItem(new TbSpinfo());
        for (int i = 0; table != null && i < table.getRowCount(); i++) {
            TbSpinfo tmpInfo = (TbSpinfo) table.getValueAt(i, 0);
            if (tmpInfo != null && tmpInfo.getId() != null)
                list.add(tmpInfo.getId());
        }
        try {
            while (set.next()) {
                TbSpinfo spinfo = new TbSpinfo();
                spinfo.setId(set.getString("id").trim());
                // 如果表格中已存在同样商品，商品下拉列表框中就不再包含该商品
                if (list.contains(spinfo.getId()))
                    continue;
                spinfo.setSpname(set.getString("spname").trim());
                spinfo.setCd(set.getString("cd").trim());
                spinfo.setJc(set.getString("jc").trim());
                spinfo.setDw(set.getString("dw").trim());
                spinfo.setGg(set.getString("gg").trim());
                spinfo.setBz(set.getString("bz").trim());
                spinfo.setPh(set.getString("ph").trim());
                spinfo.setPzwh(set.getString("pzwh").trim());
                spinfo.setMemo(set.getString("memo").trim());
                spinfo.setGysname(set.getString("gysname").trim());
                sp.addItem(spinfo);
            }
        } catch (SQLException e) {
            e.printStackTrace();
        }
    }
```

12.4.9　将组件添加到容器中

前面已经实现了一些数据库的基本功能，但是并不能进行可视化进货操作。如果要实现该操作，需要将界面中需要的组件添加到容器中去，具体实现代码如下：

```
    private void setupComponet(JComponent component, int gridx, int gridy,
            int gridwidth, int ipadx, boolean fill) {
        final GridBagConstraints gridBagConstrains = new GridBagConstraints();
        gridBagConstrains.gridx = gridx;
        gridBagConstrains.gridy = gridy;
        if (gridwidth > 1)
            gridBagConstrains.gridwidth = gridwidth;
        if (ipadx > 0)
            gridBagConstrains.ipadx = ipadx;
        gridBagConstrains.insets = new Insets(5, 1, 3, 1);
        if (fill)
            gridBagConstrains.fill = GridBagConstraints.HORIZONTAL;
        getContentPane().add(component, gridBagConstrains);
    }
    // 选择供应商时更新联系人字段
    private void doGysSelectAction() {
        Item item = (Item) gys.getSelectedItem();
        TbGysinfo gysInfo = Dao.getGysInfo(item);
        lian.setText(gysInfo.getLian());
        initSpBox();
    }
    // 在事件中计算品种数量、货品总数、合计金额
    private final class computeInfo implements ContainerListener {
```

```
    public void componentRemoved(ContainerEvent e) {
        // 清除空行
        clearEmptyRow();
        // 计算代码
        int rows = table.getRowCount();
        int count = 0;
        double money = 0.0;
        // 计算品种数量
        TbSpinfo column = null;
        if (rows > 0)
            column = (TbSpinfo) table.getValueAt(rows - 1, 0);
        if (rows > 0 && (column == null || column.getId().isEmpty()))
            rows--;
        // 计算货品总数和金额
        for (int i = 0; i < rows; i++) {
            String column7 = (String) table.getValueAt(i, 7);
            String column6 = (String) table.getValueAt(i, 6);
            int c7 = (column7 == null || column7.isEmpty()) ? 0 : Integer
                    .parseInt(column7);
            float c6 = (column6 == null || column6.isEmpty()) ? 0 : Float
                    .parseFloat(column6);
            count += c7;
            money += c6 * c7;
        }

        pzs.setText(rows + "");
        hpzs.setText(count + "");
        hjje.setText(money + "");
        // //////////////////////////////////////////////////////////////////
    }
    public void componentAdded(ContainerEvent e) {
    }
}
// 窗体的初始化任务
private final class initTasks extends InternalFrameAdapter {
    public void internalFrameActivated(InternalFrameEvent e) {
        super.internalFrameActivated(e);
        initTimeField();
        initGysField();
        initPiaoHao();
        initSpBox();
    }
    private void initGysField() {// 初始化供应商字段
        List gysInfos = Dao.getGysInfos();
        for (Iterator iter = gysInfos.iterator(); iter.hasNext();) {
            List list = (List) iter.next();
            Item item = new Item();
            item.setId(list.get(0).toString().trim());
            item.setName(list.get(1).toString().trim());
            gys.addItem(item);
        }
        doGysSelectAction();
    }
    private void initTimeField() {// 启动进货时间线程
        new Thread(new Runnable() {
            public void run() {
                try {
                    while (true) {
                        jhsjDate = new Date();
                        jhsj.setText(jhsjDate.toLocaleString());
                        Thread.sleep(100);
```

```
                        }
                    } catch (InterruptedException e) {
                        e.printStackTrace();
                    }
                }
            }).start();
        }
    }
    // 初始化票号文本框的方法
    private void initPiaoHao() {
        java.sql.Date date = new java.sql.Date(jhsjDate.getTime());
        String maxId = Dao.getRuKuMainMaxId(date);
        piaoHao.setText(maxId);
    }
    // 根据商品下拉列表框的选择，更新表格当前行的内容
    private synchronized void updateTable() {
        TbSpinfo spinfo = (TbSpinfo) sp.getSelectedItem();
        int row = table.getSelectedRow();
        if (row >= 0 && spinfo != null) {
            table.setValueAt(spinfo.getId(), row, 1);
            table.setValueAt(spinfo.getCd(), row, 2);
            table.setValueAt(spinfo.getDw(), row, 3);
            table.setValueAt(spinfo.getGg(), row, 4);
            table.setValueAt(spinfo.getBz(), row, 5);
            table.setValueAt("0", row, 6);
            table.setValueAt("0", row, 7);
            table.setValueAt(spinfo.getPh(), row, 8);
            table.setValueAt(spinfo.getPzwh(), row, 9);
            table.editCellAt(row, 6);
        }
    }
    // 清除空行
    private synchronized void clearEmptyRow() {
        DefaultTableModel dftm = (DefaultTableModel) table.getModel();
        for (int i = 0; i < table.getRowCount(); i++) {
            TbSpinfo info2 = (TbSpinfo) table.getValueAt(i, 0);
            if (info2 == null || info2.getId() == null
                    || info2.getId().isEmpty()) {
                dftm.removeRow(i);
            }
        }
    }
    // 停止表格单元的编辑
    private void stopTableCellEditing() {
        TableCellEditor cellEditor = table.getCellEditor();
        if (cellEditor != null)
            cellEditor.stopCellEditing();
    }
}
```

12.4.10 销售管理

销售管理功能的实现文件有 Xiaoshoudan.java、kuCunPanDain.java、JiaGeTiaoZheng.java 和 XiaoShouPaiHang.java。其中，Xiaoshoudan.java 文件的具体实现代码如下：

```
public class XiaoShouDan extends JInternalFrame {
    private final JTable table;
    private TbUserlist user = Login.getUser();                    // 登录用户信息
    private final JTextField jhsj = new JTextField();             // 进货时间
```

```
private final JTextField jsr = new JTextField();                    // 经手人
private final JComboBox jsfs = new JComboBox();                     // 计算方式
private final JTextField lian = new JTextField();                   // 联系人
private final JComboBox kehu = new JComboBox();                     // 客户
private final JTextField piaoHao = new JTextField();                // 票号
private final JTextField pzs = new JTextField("0");                 // 品种数量
private final JTextField hpzs = new JTextField("0");                // 货品总数
private final JTextField hjje = new JTextField("0");                // 合计金额
private final JTextField ysjl = new JTextField();                   // 验收结论
private final JTextField czy = new JTextField(user.getName());      // 操作员
private Date jhsjDate;
private JComboBox sp;
public XiaoShouDan() {
    super();
    setMaximizable(true);
    setIconifiable(true);
    setClosable(true);
    getContentPane().setLayout(new GridBagLayout());
    setTitle("销售单");
    setBounds(50, 50, 700, 400);

    setupComponet(new JLabel("销售票号: "), 0, 0, 1, 0, false);
    piaoHao.setFocusable(false);
    setupComponet(piaoHao, 1, 0, 1, 140, true);

    setupComponet(new JLabel("客户: "), 2, 0, 1, 0, false);
    kehu.setPreferredSize(new Dimension(160, 21));
    // 供应商下拉列表框的选择事件
    kehu.addActionListener(new ActionListener() {
        public void actionPerformed(ActionEvent e) {
            doKhSelectAction();
        }
    });
    setupComponet(kehu, 3, 0, 1, 1, true);

    setupComponet(new JLabel("联系人: "), 4, 0, 1, 0, false);
    lian.setFocusable(false);
    lian.setPreferredSize(new Dimension(80, 21));
    setupComponet(lian, 5, 0, 1, 0, true);

    setupComponet(new JLabel("结算方式: "), 0, 1, 1, 0, false);
    jsfs.addItem("现金");
    jsfs.addItem("支票");
    jsfs.setEditable(true);
    setupComponet(jsfs, 1, 1, 1, 1, true);

    setupComponet(new JLabel("销售时间: "), 2, 1, 1, 0, false);
    jhsj.setFocusable(false);
    setupComponet(jhsj, 3, 1, 1, 1, true);

    setupComponet(new JLabel("经手人: "), 4, 1, 1, 0, false);
    setupComponet(jsr, 5, 1, 1, 1, true);

    sp = new JComboBox();
    sp.addActionListener(new ActionListener() {
        public void actionPerformed(ActionEvent e) {
            TbSpinfo info = (TbSpinfo) sp.getSelectedItem();
            // 如果选择有效就更新表格
            if (info != null && info.getId() != null) {
                updateTable();
```

```
            }
        }
    });

    table = new JTable();
    table.setAutoResizeMode(JTable.AUTO_RESIZE_OFF);
    initTable();
    // 添加事件完成品种数量、货品总数、合计金额的计算
    table.addContainerListener(new computeInfo());
    JScrollPane scrollPanel = new JScrollPane(table);
    scrollPanel.setPreferredSize(new Dimension(380, 200));
    setupComponet(scrollPanel, 0, 2, 6, 1, true);

    setupComponet(new JLabel("品种数量: "), 0, 3, 1, 0, false);
    pzs.setFocusable(false);
    setupComponet(pzs, 1, 3, 1, 1, true);

    setupComponet(new JLabel("货品总数: "), 2, 3, 1, 0, false);
    hpzs.setFocusable(false);
    setupComponet(hpzs, 3, 3, 1, 1, true);

    setupComponet(new JLabel("合计金额: "), 4, 3, 1, 0, false);
    hjje.setFocusable(false);
    setupComponet(hjje, 5, 3, 1, 1, true);

    setupComponet(new JLabel("验收结论: "), 0, 4, 1, 0, false);
    setupComponet(ysjl, 1, 4, 1, 1, true);

    setupComponet(new JLabel("操作人员: "), 2, 4, 1, 0, false);
    czy.setFocusable(false);
    setupComponet(czy, 3, 4, 1, 1, true);

    // 单击"添加"按钮,在表格中添加新的一行
    JButton tjButton = new JButton("添加");
    tjButton.addActionListener(new ActionListener() {
        public void actionPerformed(ActionEvent e) {
            // 初始化票号
            initPiaoHao();
            // 结束表格中没有编写的单元
            stopTableCellEditing();
            // 如果表格中还包含空行，就再添加新行
            for (int i = 0; i < table.getRowCount(); i++) {
                TbSpinfo info = (TbSpinfo) table.getValueAt(i, 0);
                if (table.getValueAt(i, 0) == null)
                    return;
            }
            DefaultTableModel model = (DefaultTableModel) table.getModel();
            model.addRow(new Vector());
        }
    });
    setupComponet(tjButton, 4, 4, 1, 1, false);

    // 单击"销售"按钮,保存进货信息
    JButton sellButton = new JButton("销售");
    sellButton.addActionListener(new ActionListener() {
        public void actionPerformed(ActionEvent e) {
            stopTableCellEditing();                         // 结束表格中没有编写的单元
            clearEmptyRow();                                          // 清除空行
            String hpzsStr = hpzs.getText();                          // 货品总数
            String pzsStr = pzs.getText();                            // 品种数
```

```
            String jeStr = hjje.getText();                          // 合计金额
            String jsfsStr = jsfs.getSelectedItem().toString();     // 结算方式
            String jsrStr = jsr.getText().trim();                   // 经手人
            String czyStr = czy.getText();                          // 操作员
            String rkDate = jhsjDate.toLocaleString();              // 销售时间
            String ysjlStr = ysjl.getText().trim();                 // 验收结论
            String id = piaoHao.getText();                          // 票号
            String kehuName = kehu.getSelectedItem().toString();    // 供应商名字
            if (jsrStr == null || jsrStr.isEmpty()) {
                JOptionPane.showMessageDialog(XiaoShouDan.this, "请填写经手人");
                return;
            }
            if (ysjlStr == null || ysjlStr.isEmpty()) {
                JOptionPane.showMessageDialog(XiaoShouDan.this, "填写验收结论");
                return;
            }
            if (table.getRowCount() <= 0) {
                JOptionPane.showMessageDialog(XiaoShouDan.this, "填加销售商品");
                return;
            }
            TbSellMain sellMain = new TbSellMain(id, pzsStr, jeStr,
                    ysjlStr, kehuName, rkDate, czyStr, jsrStr, jsfsStr);
            Set<TbSellDetail> set = sellMain.getTbSellDetails();
            int rows = table.getRowCount();
            for (int i = 0; i < rows; i++) {
                TbSpinfo spinfo = (TbSpinfo) table.getValueAt(i, 0);
                String djStr = (String) table.getValueAt(i, 6);
                String slStr = (String) table.getValueAt(i, 7);
                Double dj = Double.valueOf(djStr);
                Integer sl = Integer.valueOf(slStr);
                TbSellDetail detail = new TbSellDetail();
                detail.setSpid(spinfo.getId());
                detail.setTbSellMain(sellMain.getSellId());
                detail.setDj(dj);
                detail.setSl(sl);
                set.add(detail);
            }
            boolean rs = Dao.insertSellInfo(sellMain);
            if (rs) {
                JOptionPane.showMessageDialog(XiaoShouDan.this, "销售完成");
                DefaultTableModel dftm = new DefaultTableModel();
                table.setModel(dftm);
                initTable();
                pzs.setText("0");
                hpzs.setText("0");
                hjje.setText("0");
            }
        }
    });
    setupComponet(sellButton, 5, 4, 1, 1, false);
    // 添加窗体监听器，完成初始化
    addInternalFrameListener(new initTasks());
}
// 初始化表格
private void initTable() {
    String[] columnNames = {"商品名称", "商品编号", "供应商", "产地", "单位", "规格",
"单价","数量", "包装", "批号", "批准文号"};
    ((DefaultTableModel) table.getModel())
            .setColumnIdentifiers(columnNames);
    TableColumn column = table.getColumnModel().getColumn(0);
```

```
    final DefaultCellEditor editor = new DefaultCellEditor(sp);
    editor.setClickCountToStart(2);
    column.setCellEditor(editor);
}
// 初始化商品下拉列表框
private void initSpBox() {
    List list = new ArrayList();
    ResultSet set = Dao.query(" select * from tb_spinfo"
            + " where id in (select id from tb_kucun where kcsl>0)");
    sp.removeAllItems();
    sp.addItem(new TbSpinfo());
    for (int i = 0; table != null && i < table.getRowCount(); i++) {
        TbSpinfo tmpInfo = (TbSpinfo) table.getValueAt(i, 0);
        if (tmpInfo != null && tmpInfo.getId() != null)
            list.add(tmpInfo.getId());
    }
    try {
        while (set.next()) {
            TbSpinfo spinfo = new TbSpinfo();
            spinfo.setId(set.getString("id").trim());
            // 如果表格中已存在同样商品，商品下拉列表框中就不再包含该商品
            if (list.contains(spinfo.getId()))
                continue;
            spinfo.setSpname(set.getString("spname").trim());
            spinfo.setCd(set.getString("cd").trim());
            spinfo.setJc(set.getString("jc").trim());
            spinfo.setDw(set.getString("dw").trim());
            spinfo.setGg(set.getString("gg").trim());
            spinfo.setBz(set.getString("bz").trim());
            spinfo.setPh(set.getString("ph").trim());
            spinfo.setPzwh(set.getString("pzwh").trim());
            spinfo.setMemo(set.getString("memo").trim());
            spinfo.setGysname(set.getString("gysname").trim());
            sp.addItem(spinfo);
        }
    } catch (SQLException e) {
        e.printStackTrace();
    }
}
// 设置组件位置并添加到容器中
private void setupComponet(JComponent component, int gridx, int gridy,
        int gridwidth, int ipadx, boolean fill) {
    final GridBagConstraints gridBagConstrains = new GridBagConstraints();
    gridBagConstrains.gridx = gridx;
    gridBagConstrains.gridy = gridy;
    if (gridwidth > 1)
        gridBagConstrains.gridwidth = gridwidth;
    if (ipadx > 0)
        gridBagConstrains.ipadx = ipadx;
    gridBagConstrains.insets = new Insets(5, 1, 3, 1);
    if (fill)
        gridBagConstrains.fill = GridBagConstraints.HORIZONTAL;
    getContentPane().add(component, gridBagConstrains);
}
//选择供应商时更新联系人字段
private void doKhSelectAction() {
    Item item = (Item) kehu.getSelectedItem();
    TbKhinfo khInfo = Dao.getKhInfo(item);
    lian.setText(khInfo.getLian());
}
// 在事件中计算品种数量、货品总数、合计金额
```

```
private final class computeInfo implements ContainerListener {
    public void componentRemoved(ContainerEvent e) {
        // 清除空行
        clearEmptyRow();
        // 计算代码
        int rows = table.getRowCount();
        int count = 0;
        double money = 0.0;
        // 计算品种数量
        TbSpinfo column = null;
        if (rows > 0)
            column = (TbSpinfo) table.getValueAt(rows - 1, 0);
        if (rows > 0 && (column == null || column.getId().isEmpty()))
            rows--;
        // 计算货品总数和金额
        for (int i = 0; i < rows; i++) {
            String column7 = (String) table.getValueAt(i, 7);
            String column6 = (String) table.getValueAt(i, 6);
            int c7 = (column7 == null || column7.isEmpty()) ? 0 : Integer
                    .valueOf(column7);
            Double c6 = (column6 == null || column6.isEmpty()) ? 0 : Double
                    .valueOf(column6);
            count += c7;
            money += c6 * c7;
        }
        pzs.setText(rows + "");
        hpzs.setText(count + "");
        hjje.setText(money + "");
        // ////////////////////////////////////////////////////////////////
    }
    public void componentAdded(ContainerEvent e) {
    }
}
// 窗体的初始化任务
private final class initTasks extends InternalFrameAdapter {
    public void internalFrameActivated(InternalFrameEvent e) {
        super.internalFrameActivated(e);
        initTimeField();
        initKehuField();
        initPiaoHao();
        initSpBox();
    }
    private void initKehuField() {// 初始化客户字段
        List gysInfos = Dao.getKhInfos();
        for (Iterator iter = gysInfos.iterator(); iter.hasNext();) {
            List list = (List) iter.next();
            Item item = new Item();
            item.setId(list.get(0).toString().trim());
            item.setName(list.get(1).toString().trim());
            kehu.addItem(item);
        }
        doKhSelectAction();
    }
    private void initTimeField() {// 启动进货时间线程
        new Thread(new Runnable() {
            public void run() {
                try {
                    while (true) {
                        jhsjDate = new Date();
                        jhsj.setText(jhsjDate.toLocaleString());
                        Thread.sleep(100);
```

```
                        }
                    } catch (InterruptedException e) {
                        e.printStackTrace();
                    }
                }
            }).start();
        }
    }
    private void initPiaoHao() {
        java.sql.Date date = new java.sql.Date(jhsjDate.getTime());
        String maxId = Dao.getSellMainMaxId(date);
        piaoHao.setText(maxId);
    }
    // 根据商品下拉列表框的选择，更新表格当前行的内容
    private synchronized void updateTable() {
        TbSpinfo spinfo = (TbSpinfo) sp.getSelectedItem();
        Item item = new Item();
        item.setId(spinfo.getId());
        TbKucun kucun = Dao.getKucun(item);
        int row = table.getSelectedRow();
        if (row >= 0 && spinfo != null) {
            table.setValueAt(spinfo.getId(), row, 1);
            table.setValueAt(spinfo.getGysname(), row, 2);
            table.setValueAt(spinfo.getCd(), row, 3);
            table.setValueAt(spinfo.getDw(), row, 4);
            table.setValueAt(spinfo.getGg(), row, 5);
            table.setValueAt(kucun.getDj() + "", row, 6);
            table.setValueAt(kucun.getKcsl() + "", row, 7);
            table.setValueAt(spinfo.getBz(), row, 8);
            table.setValueAt(spinfo.getPh(), row, 9);
            table.setValueAt(spinfo.getPzwh(), row, 10);
            table.editCellAt(row, 7);
        }
    }
    // 清除空行
    private synchronized void clearEmptyRow() {
        DefaultTableModel dftm = (DefaultTableModel) table.getModel();
        for (int i = 0; i < table.getRowCount(); i++) {
            TbSpinfo info2 = (TbSpinfo) table.getValueAt(i, 0);
            if (info2 == null || info2.getId() == null
                    || info2.getId().isEmpty()) {
                dftm.removeRow(i);
            }
        }
    }
    // 停止表格单元的编辑
    private void stopTableCellEditing() {
        TableCellEditor cellEditor = table.getCellEditor();
        if (cellEditor != null)
            cellEditor.stopCellEditing();
    }
}
```

kuCunPanDain.java 和 JiaGeTiaoZheng.java 文件的具体实现代码此处不再讲解，读者可以查看本书附带光盘中的源代码。源代码中包含有详细的注释，相信读者可以很轻松地看懂代码。

XiaoShouPaiHang.java 文件中实现了查询功能和系统设置功能，具体代码如下：

```
public class XiaoShouPaiHang extends JInternalFrame {
    private JButton okButton;
    private JComboBox month;
    private JComboBox year;
    private JTable table;
    private JComboBox operation;
    private JComboBox condition;
    private TbUserlist user;
    private DefaultTableModel dftm;
    private Calendar date = Calendar.getInstance();
    public XiaoShouPaiHang() {
        setIconifiable(true);
        setClosable(true);
        setTitle("销售排行");
        getContentPane().setLayout(new GridBagLayout());
        setBounds(100, 100, 650, 375);

        final JLabel label_1 = new JLabel();
        label_1.setText("对");
        final GridBagConstraints gridBagConstraints_8 = new GridBagConstraints();
        gridBagConstraints_8.anchor = GridBagConstraints.EAST;
        gridBagConstraints_8.gridy = 0;
        gridBagConstraints_8.gridx = 0;
        getContentPane().add(label_1, gridBagConstraints_8);

        year = new JComboBox();
        for (int i = 1981, j = 0; i <= date.get(Calendar.YEAR) + 1; i++, j++) {
            year.addItem(i);
            if (i == date.get(Calendar.YEAR))
                year.setSelectedIndex(j);
        }
        year.setPreferredSize(new Dimension(100, 21));
        setupComponet(year, 1, 0, 1, 90, true);

        setupComponet(new JLabel("到"), 2, 0, 1, 1, false);

        month = new JComboBox();
        for (int i = 1; i <= 12; i++) {
            month.addItem(String.format("%02d", i));
            if (date.get(Calendar.MONTH) == i)
                month.setSelectedIndex(i - 1);
        }
        month.setPreferredSize(new Dimension(100, 21));
        setupComponet(month, 3, 0, 1, 30, true);

        setupComponet(new JLabel(" 月份的销售信息，按"), 4, 0, 1, 1, false);
        condition = new JComboBox();
        condition.setModel(new DefaultComboBoxModel(new String[]{"金额", "数量"}));
        setupComponet(condition, 5, 0, 1, 30, true);

        setupComponet(new JLabel(" 进行"), 6, 0, 1, 1, false);

        operation = new JComboBox();
        operation.setModel(new DefaultComboBoxModel(
                new String[]{"升序排列", "降序排列"}));
        setupComponet(operation, 7, 0, 1, 30, true);

        okButton = new JButton();
        okButton.addActionListener(new OkAction());
        setupComponet(okButton, 8, 0, 1, 1, false);
```

```
        okButton.setText("确定");

        final JScrollPane scrollPane = new JScrollPane();
        final GridBagConstraints gridBagConstraints_6 = new GridBagConstraints();
        gridBagConstraints_6.weighty = 1.0;
        gridBagConstraints_6.anchor = GridBagConstraints.NORTH;
        gridBagConstraints_6.insets = new Insets(0, 10, 5, 10);
        gridBagConstraints_6.fill = GridBagConstraints.BOTH;
        gridBagConstraints_6.gridwidth = 9;
        gridBagConstraints_6.gridy = 1;
        gridBagConstraints_6.gridx = 0;
        getContentPane().add(scrollPane, gridBagConstraints_6);

        table = new JTable();
        table.setEnabled(false);
        table.setAutoResizeMode(JTable.AUTO_RESIZE_OFF);
        dftm = (DefaultTableModel) table.getModel();
        String[] tableHeads = new String[]{"商品编号", "商品名称", "销售金额", "销售数量",
                "简称", "产地", "单位", "规格", "包装", "批号", "批准文号","简介","供应商"};
        dftm.setColumnIdentifiers(tableHeads);
        scrollPane.setViewportView(table);
    }

    private void updateTable(Iterator iterator) {
        int rowCount = dftm.getRowCount();
        for (int i = 0; i < rowCount; i++) {
            dftm.removeRow(0);
        }
        while (iterator.hasNext()) {
            Vector vector = new Vector();
            List view = (List) iterator.next();
            Vector row=new Vector(view);
            int rowSize = row.size();
            for(int i=rowSize-2;i<rowSize;i++){
                Object colValue = row.get(i);
                row.remove(i);
                row.insertElementAt(colValue, 2);
            }
            vector.addAll(row);
            dftm.addRow(vector);
        }
    }
    // 设置组件位置并添加到容器中
    private void setupComponet(JComponent component, int gridx, int gridy,
            int gridwidth, int ipadx, boolean fill) {
        final GridBagConstraints gridBagConstrains = new GridBagConstraints();
        gridBagConstrains.gridx = gridx;
        gridBagConstrains.gridy = gridy;
        if (gridwidth > 1)
            gridBagConstrains.gridwidth = gridwidth;
        if (ipadx > 0)
            gridBagConstrains.ipadx = ipadx;
        gridBagConstrains.insets = new Insets(5, 1, 3, 1);
        if (fill)
            gridBagConstrains.fill = GridBagConstraints.HORIZONTAL;
        getContentPane().add(component, gridBagConstrains);
    }
    private final class OkAction implements ActionListener {
        public void actionPerformed(final ActionEvent e) {
```

```
                List list = null;
                String strMonth = (String) month.getSelectedItem();
                String date = year.getSelectedItem() + strMonth;
                String con = condition.getSelectedIndex() == 0 ? "sumje " : "sl ";
                int oper = operation.getSelectedIndex();
                String sql1 = "select spid,sum(sl)as sl,sum(sl*dj) as sumje from"
                        + " v_sellView where substring(convert(varchar(30)"
                        + ",xsdate,112),0,7)='" + date + "' group by spid";
                String opstr = oper == 0 ? " asc" : " desc";
                String queryStr = "select * from tb_spinfo s inner join (" + sql1
                        + ") as sp on s.id=sp.spid order by " + con + opstr;
                list = Dao.findForList(queryStr);
                Iterator iterator = list.iterator();
                updateTable(iterator);
            }
        }
}
```

以上代码足以应付大型数据的查询功能。在现实的 Java 程序中，很可能会遇到从上百万、上千万数据中筛选信息的情形，此时经常会出现程序连接超时的错误，其中最为常见的错误是“Timeout expired. The timeout period elapsed prior to completion of the operation or the server”，即超时问题。针对查询超时的问题，有如下解决方案。

(1) 查看 Connection 是否没关闭，很多新手都会犯这个错误。

(2) 将 SQL 语句复制到查询分析器中执行，如果执行时间超过 30 秒，则可采用如下解决方案：首先分析引起超时的原因：一般是由于 Connection 没关闭或者 SqlConnection. ConnectionTimeout 超时；也有可能是 SqlCommand.CommandTimeout 引起的。SqlCommand 的此方法用于获取或设置在终止执行命令的尝试并生成错误之前的等待时间，默认为 30 秒，可以将其设置为 0，即表示无限制。但是最好不要设置其为 0，否则程序会无限制地等待下去，只需要针对查询分析器的时间去设置即可。

12.5 调 试 运 行

视频讲解 光盘：视频\第 12 章\调试运行.avi

本项目是一个十分完整的数据库系统，是使用 Eclipse 开发工具实现的。读者在调试时可以先将代码从配书光盘中复制到计算机中，并通过 Eclipse 的导入功能导入到 Eclipse 工程中，然后将 SQL Sever 的驱动文件（Lib 格式的三个文件）加载到 Eclipse 工程中，如图 12-14 所示。在调试时需要确保安装了 SQL Server 2000 数据库，并将光盘中的数据库文件附加到服务器中。系统数据库默认的用户名为 sa，密码为空。

在登录窗口中，用户需要输入正确的用户名和密码，如图 12-15 所示。

单击“登录”按钮后，进入系统主窗口，如图 12-16 所示。

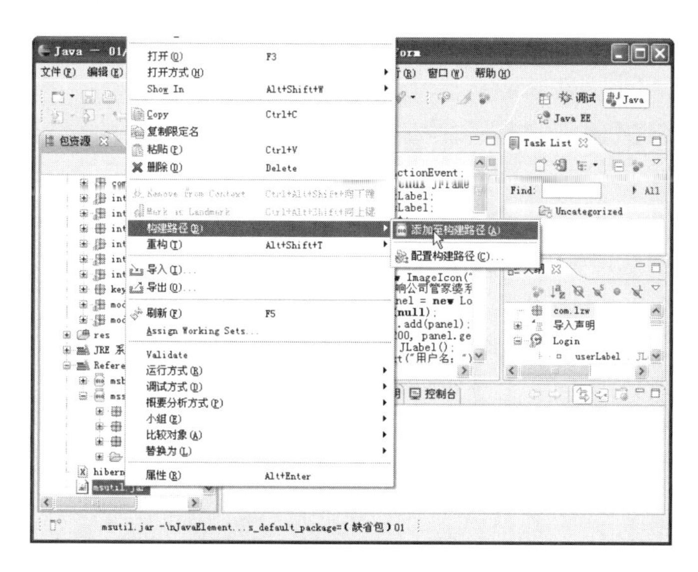

图 12-14　添加至构建路径

图 12-15　登录窗口

图 12-16　系统主窗口

登录后，用户可根据需要进行相应操作。界面最上方为菜单栏，其中列出了系统操作的全部命令，如图 12-17 所示。

图 12-17　菜单栏

图 12-18 所示为用于添加客户信息的对话框。

图 12-18　“客户信息管理”对话框

除了上述界面外，系统中还包含多个其他界面，在此不再一一展示，留给读者在学习和开发时慢慢琢磨。